数字经济下

水利工程建设管理创新与实践

余自业　唐文哲 等　著

清華大學出版社
北　京

内 容 简 介

本书从宁夏水利工程建设管理创新与实践角度，指出数字经济下水利工程建设管理应遵循“合作共赢、诚信履约”的理念，做到“管理制度规范化、工作流程标准化”，实现“工程数据实时共享、工程建设全维可视、施工过程智能管控、工程风险智慧管理、多方协同高效决策、各方资源优化配置”。书中内容涵盖数字经济下水利工程建设管理需求、创新管理、利益相关方合作管理、前期论证、设计、招标、合同、采购、质量、进度、投资、安全、环保、建设监理、风险管理、业务流程、接口管理、信息技术平台和激励机制与绩效考核指标体系等方面。

本书可供水利工程项目法人、设计方、施工方、监理方、供应商等从业人员和科研人员，以及高等院校师生参考。

图书在版编目(CIP)数据

数字经济下水利工程建设管理创新与实践/余自业等著. —北京：清华大学出版社，2022.9
ISBN 978-7-302-61915-4

Ⅰ. ①数… Ⅱ. ①余… Ⅲ. ①水利工程管理—研究 Ⅳ. ①TV6

中国版本图书馆 CIP 数据核字(2022)第 178339 号

责任编辑：张占奎
封面设计：陈国熙
责任校对：欧　洋
责任印制：朱雨萌

出版发行：清华大学出版社
　　网　　址：http://www.tup.com.cn，http://www.wqbook.com
　　地　　址：北京清华大学学研大厦 A 座　　**邮　　编**：100084
　　社 总 机：010-83470000　　**邮　　购**：010-62786544
　　投稿与读者服务：010-62776969，c-service@tup.tsinghua.edu.cn
　　质量反馈：010-62772015，zhiliang@tup.tsinghua.edu.cn
印 装 者：三河市东方印刷有限公司
经　　销：全国新华书店
开　　本：185mm×260mm　　**印　张**：22　　**字　　数**：532 千字
版　　次：2022 年 9 月第 1 版　　**印　　次**：2022 年 9 月第1 次印刷
定　　价：158.00 元

产品编号：096395-01

《数字经济下水利工程建设管理创新与实践》
撰写委员会

主　任　　余自业　唐文哲

副主任　　顾　宁　齐敦哲　潘自林　张玉强

宁夏回族自治区水利工程建设中心

王福升　杨庆胜　张海晨　廖万虎　张　宇　徐丽娟　马华锋　沈玉彬

王兴熙　杜立普　穆　娟　陈文婷　郭　巍　李晓刚　梁雅丹　邹　璇

尹　亮（大）　尹　亮　郭　锋　牛　东　贾　莉　白　璐　张　玺　尚昊炜

李　波　王　毅　王　婷　黄泽箴

清华大学

刘　扬　沈文欣　尤日淳　张旭腾　王运宏　张亚坤　娄长圣　张惠聪

吴泽昆　熊　谦　胡森昶　李芍毅　孟祥鑫　王　琪　赵宇滨　毛念泽

前言

为落实建设黄河流域生态保护和高质量发展先行区的要求，宁夏水利工程需要将水利工作的重心转到“新阶段水利高质量发展”上，推动宁夏水利工程在投资、建设、安全、运维与信息化等方面进行管理创新，以实现水利工程建设项目经济、社会、环境目标。为此，作者调研了水利部水利工程建设司、宁夏水利工程建设中心，以及有关设计单位、施工单位、监理单位和信息平台研发单位的管理与技术专家，实地考察了宁夏水利工程项目，总结了数字经济下水利工程建设管理创新与实践，完成了本书的撰写。本书内容涵盖数字经济下水利工程建设管理需求、创新管理、利益相关方合作管理、前期论证、设计、招标、合同、采购、质量、进度、投资、安全、环保、建设监理、风险管理、业务流程、接口管理、信息技术平台和激励机制与绩效考核指标体系等方面的内容。

数字经济下水利工程建设管理应遵循“**合作共赢、诚信履约**”的理念，做到“**管理制度规范化、工作流程标准化**”，实现“**工程数据实时共享、工程建设全维可视、施工过程智能管控、工程风险智慧管理、多方协同高效决策、各方资源优化配置**”，具体包括如下内容：

(1) 提出数字经济下水利工程建设管理创新理论，建立项目前期论证、设计、招投标、施工、验收和运营等环节合理的组织模式和业务流程，以及配置人力资源，以有效集成和管理各种资源，顺利实现水利工程建设目标。

(2) 提出水利工程建设利益相关方合作管理机制，指导如何在市场中选择优质的参建队伍，包括设计方、咨询方、监理方、施工单位和供应商等，明确管理过程中的责权边界、协调流程和公平的利益风险分配，保障项目顺利实施。

(3) 建立水利工程建设激励机制，明确项目实施过程与结果评价指标，以调动参建各方积极性，加强设计、采购、施工过程管理，实现质量、安全、成本、进度、环保、社会经济效益等目标。

(4) 提出水利工程参建各方合作风险管理体系，指导如何在复杂的工程建设管理过程中提高风险辨识、风险分析、风险应对和风险监控方面的能力，有效管理来自技术、经济、社会和自然环境等方面的风险。

(5) 提出水利工程建设信息技术平台如何与利益相关方合作管理组织平台耦合，运用BIM和移动互联网等技术，使性质不同、作用不同、地理空间分布的参建方间形成高效的协同工作流程，支持各方高效处理信息、协同工作、决策和应对各种风险，提高水利工程建设管理效率。

感谢宁夏水利工程建设中心全体人员对本研究的全方位支持，感谢水利部水利工程建设司以及有关设计单位、施工单位、监理单位和信息平台研发单位的专家在调研过程中给予的大力帮助。感谢宁夏水利工程建设中心系列科研项目（HNQJS-ZX-05，DSQZX-KY-03）的大力支持，感谢国家自然科学基金项目（72171128，51579135）和清华大学水沙科学与水利水电工程国家重点实验室项目（2022-KY-04）对本项目相关领域基础理论研究的支持。

作　者

2022年9月

目录

第1章 >>>>>>>>>>>>>>

数字经济下水利工程建设管理创新需求

1.1 研究背景

1.1.1 我国建设管理体制的发展阶段

1. 建设单位自营模式

20世纪50年代,新中国成立初期,为迅速推动基础设施建设,通过整合部分生产单位以及建设施工单位,我国开始实行建设单位自营模式。建设单位自营模式,即建设单位自行完成设计、施工人员的组织、工人的招募、施工机械以及各类材料的购置等工作,对工程建设施行较为统一的管理。建设单位自营模式能够充分调动设计和施工力量,但由于建设单位工程建设管理人员为临时调配,项目完成后从事运营管理工作,不利于项目管理经验的积累和管理水平的提升。

2. 甲、乙、丙三方制

为适应我国工程建设规模迅速扩大的发展需求,中央财政经济委员会于1952年颁发了《基本建设工作暂行办法》,要求学习苏联经验,转向甲、乙、丙三方独立运作的管理体制。甲、乙、丙三方制下,政府主管部门组建建设单位(甲方),负责建设项目的全过程管理工作;有关主管部门组建设计单位(乙方)与施工单位(丙方)。设计与施工任务由相应的政府主管部门下达,设计单位和施工单位具体落实。该制度通过行政指令的形式提升了管理效率,适应了当时我国工程建设任务重、时间紧的特点,但由于各方管理独立、缺少沟通交流,存在各自为政、协调难度大的问题。

3. 工程指挥部模式

20世纪60年代,我国开始推行工程指挥部建设管理体制。各建设项目由其所在单位牵头,相关部门按照职能分工派代表参加,组建工程指挥部。工程指挥部作为政府的派出机构,通过行政手段对工程建设过程中的设计、采购、施工等实施管理,凭借其行政权威性,能够充分调动各方力量,保证建设任务按时保质地完成。但是,工程指挥部模式存在管理人员管理经验缺乏,各方经济责任不明确,设计、施工间缺乏合同约束等问题,对工程建设造成了一定影响。

4. 项目业主责任制

改革开放后，我国由计划经济向市场经济转变，开始推进建设管理体制及投资模式的革新。1992 年国家计委颁发了《关于建设项目实行业主责任制的暂行规定》，初步形成了以业主为中心，以设计咨询、招标承包和建设监理为服务体系的建筑市场。项目业主责任制以业主管理为基础，采用工程发包的手段，加强合同管理，统筹安排，合理调度，提升了工作效益。但由于产权未确立，产权关系模糊，项目业主责任制存在建设管理组织形式、机构、责任、风险无法界定的问题。

5. 项目法人责任制

以现代企业制度为基础，项目法人责任制明确了项目法人的财产权，确立了项目法人投资、责任主体的地位，促使其对项目策划、建设、生产运营等方面实行全过程负责。项目法人责任制通过明确管理者的责、权、利，规范了项目法人的行为，确保其履行建设管理职责。同时，随着项目法人责任制的推行，政府逐渐脱离对项目的具体管理，负责更为宏观的管理与调控，以有效统筹区域的工程建设与社会经济发展。

1.1.2 我国水利工程建设管理模式发展历程

我国水利水电工程建设管理模式持续创新，自 1957 年新安江水电站建设以来，可分为三个发展阶段[1]。

1. 业主自行管理阶段

20 世纪 80 年代初期以前，我国实行计划经济，国家统一下达水电工程建设计划，统筹资金，并负责安排设计单位、施工力量、机电设备和材料的供应等。该阶段水电项目建设与运营相分离：建设阶段通常由水利部或各省下属的设计院、工程局分别负责设计和施工；运营阶段由相关生产管理单位负责运营。随后，计划经济向市场经济转型，我国的工程项目规模与难度均出现增长，该模式逐渐难以满足我国水利水电工程建设需求。

2. DBB 模式发展阶段

1984 年，鲁布革水电站的建设管理模式得到创新，率先引进世界银行贷款，按照世界银行要求对引水系统工程进行国际招标，并应用现代项目管理理论指导项目实施，取得了巨大成功。1984 年政府明确提出实施招标承包制，此后设计-招标-建造(design-bid-build，DBB)模式得到推广，逐渐成为水电行业的主要建设管理模式，其常见组织结构如图 1-1 所示。

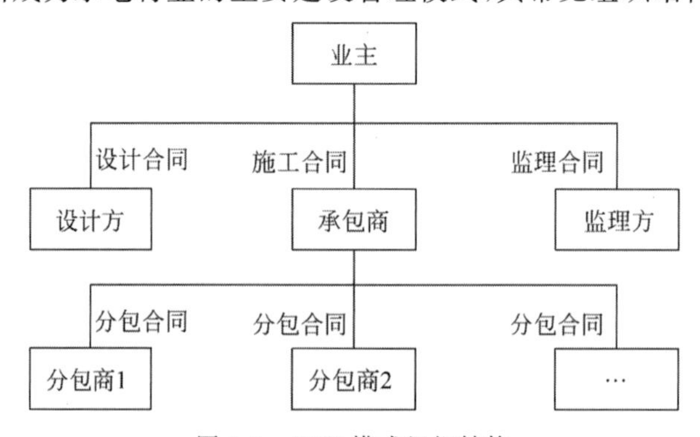

图 1-1 DBB 模式组织结构

DBB模式伴随着我国的建设管理体制改革过程逐步形成，是基于项目法人制、招标承包制、建设监理制、合同管理制（简称“四制”）体制框架下的传统项目管理模式，在我国水电工程项目中广泛使用。DBB模式下，业主聘请咨询方进行初步可行性研究和其他工作；项目获得批准后进行设计工作，设计工作由业主委托的设计方承担；之后进行承包商的选择，该过程一般通过招标的方式确定；承包商确定后，业主与其签订合同；之后，由承包商与分包商或供应商分别签订工程分包合同或物资供应合同并组织建设实施。DBB模式长期应用于国内外工程建设，管理经验丰富，但是存在业主管理工作量大，建设周期长，项目进度不易控制，工程投资控制难度较大和各方沟通协作受阻等问题。

3. EPC模式探索阶段

国内水电建设行业也对设计-采购-施工总承包（engineering procurement construction，EPC）模式的实践创新进行了探索。1988年，云南勐腊县团结桥水电站首次采用EPC模式，此后EPC模式在其他中小型水电项目中也得到了应用。2016年，杨房沟水电站作为首个采用EPC模式的百万千瓦级水电项目，在水利工程管理模式创新方面取得了卓越的成就。EPC模式常见组织结构如图1-2所示。

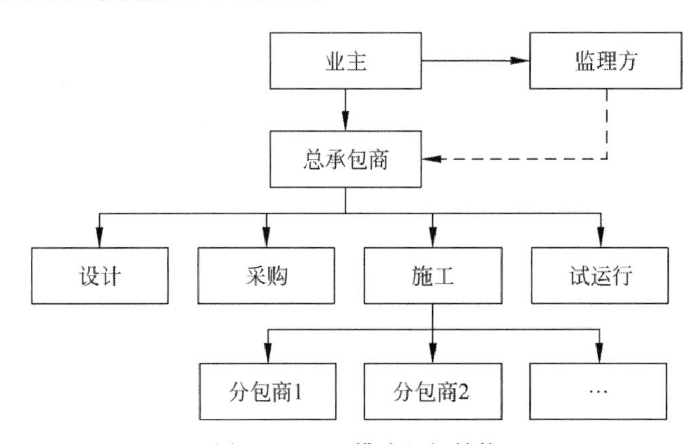

图1-2 EPC模式组织结构

EPC模式下，工程总承包商依据合同承担工程的设计、采购和施工工作，并根据业主要求，完成工期、成本、质量和健康、安全与环境（health，safety and environment，HSE）等工程目标的建设管理；业主仅需对工程提出原则性的功能要求，就能在工程完工时得到一个可以立即投入运行的工程产品。具体而言，业主在投资机会研究阶段委托咨询方进行项目初步投资方案的编制，在可行性研究阶段根据项目技术经济分析结果判断投资的可行性，在项目立项后进一步进行概念设计，并确定发包方式；在初步设计阶段，业主负责组建项目机构、筹集资金、提出初步设计的规划和要求、组织招投标，工程总承包商基于招标文件的概念设计提出设计方案并递交投标文件、与业主谈判并签订合同；项目实施阶段，工程总承包商全面负责工程的设计、采购和施工工作，业主通过监理工程师对设计和施工方案进行审查与监督；项目竣工后，工程总承包商联合业主进行工程试运行，并对可能存在的工程缺陷进行修补。与DBB模式相比，EPC模式具有业主管理投入少、投资可控性高、设计施工一体化、建设效率高的优点。

1.1.3 水利工程综合效益

水利工程以农田水利工程以及城市供水工程为主，工程综合效益主要涉及经济、社会、环境、技术与文化旅游5个方面，其具体含义与衡量指标如下。

1. 经济效益

经济效益主要包括渠道改造、维护带来的节水效益与灌溉效益，其衡量指标如表1-1所示。

表1-1 经济效益指标

指 标	内 容
节水效益	节约农业用水用于其他产业获得的效益；输水成本降低产生的效益
灌溉效益	灌溉条件的改善直接提高了粮食产量带来的效益
灌溉面积	工程建设前后影响区内灌溉面积的变化
灌溉水利用系数	工程建设前后影响区内灌溉水利用系数的平均变化

2. 社会效益

社会效益主要包括由农业经济发展、城市供水条件的改善带来的生活水平的提高、社会和谐稳定，以及工程实施过程中创造的工作岗位，其衡量指标如表1-2所示。

表1-2 社会效益指标

指 标	内 容
就业岗位	工程提供岗位人数 / 总劳动力人数
地方人均GDP	工程建设前后人均GDP的变化
农民人均纯收入	工程建设前后农民人均纯收入的变化
大学文化比例	工程建设前后“大学文化程度人数 / 人口总数”的变化
高中文化比例	工程建设前后“高中文化程度人数 / 人口总数”的变化

3. 生态环境效益

生态环境效益包括绿化面积的增加与水土保持等方面，其衡量指标如表1-3所示。

表1-3 生态环境效益指标

指 标	内 容
植被覆盖率	工程建设前后“植被覆盖面积 / 项目区总面积”的变化
灌溉水质	工程建设前后灌溉水质等级的变化
地表水资源量	工程建设前后由于节水效益给地表水资源量带来的变化
地下水资源量	工程建设前后由于节水效益给地下水资源量带来的变化

4. 技术效益

技术效益主要包括工程建设过程中的技术创新，主要衡量指标包括工程建设过程中的创新技术为工作流程带来的变化。

5. 文化旅游效益

文化旅游效益主要来自创建旅游城市、建设水利文化博物馆等方面，主要衡量指标为工程项目建设影响范围内的旅游业与文化产业带来的收益。

1.1.4　宁夏水利工程建设发展

黄河自中卫市南长滩入宁夏境，过青铜峡，到石嘴山市麻黄沟出境，全长397km。宁夏依黄河而生、因黄河而兴，是中华文明的发祥地之一，自古有“天下黄河富宁夏”之说。宁夏引黄灌溉始于秦汉时期，引黄灌区是中国最古老的大型灌区之一，距今已有2200多年的历史。秦朝建立以后，秦始皇派大将蒙恬到河套地区实施军民屯垦，至此，开启了农田水利建设和农业开发的序幕，后经历代不断发展，共有秦渠、汉渠、汉延渠、唐徕渠等12条引黄古渠，渠道总长1284km，灌溉面积达到192万亩。宁夏回族自治区成立后，灌区进行了大规模的扩建改造，新建了第一、第二农场渠、西干渠、东干渠、跃进渠、中卫北干渠。1960年建成青铜峡水利枢纽，结束了2000多年无坝引水的历史；1978年以来，又在中部干旱带修建了固海、盐环定、红寺堡和固海扩灌等大型扬水工程，灌区灌排体系不断完善，2021年灌溉面积达到1046万亩，总灌溉用水量40亿m^3，为保障宁夏粮食安全和生态用水提供了重要支撑。

可见，在引黄灌溉实践中，宁夏不断完善水利工程的建设，并积累了丰富的治水、用水与管水经验，一方面极大促进了宁夏的农业经济，带动了社会经济发展，另一方面也为全国乃至世界的灌溉做出了贡献。

1.1.5　宁夏水利工程建设单位

宁夏水利工程建设与管理一般由水利主管部门成立建设法人，宁夏水利工程建设中心，是宁夏重点水利工程建设的法人单位。宁夏于1996年7月初次成立宁夏水利工程建设管理局，2016年6月划分为公益二类事业单位，2019年5月更名为宁夏水利工程建设中心。宁夏水利工程建设中心内设5个科室：综合办公室、规划计划科、财务审计科、质量安全科、建设管理科。综合办公室主要负责人员组建以及团队发展工作，包括工程项目法人的确定、运行管理单位的组建以及廉政建设监督检查等；规划计划科主要负责工程项目施工的前期工作，包括项目计划书编制、审批要件编报以及招投标管理等；财务审计科主要负责财务审计与资金管理工作，包括工程进度款项的拨付，运行移交阶段的资产移交以及财务监察等；质量安全科主要负责施工质量的安全管理以及对相关人员或组织的考核，包括现场质量、安全监督及抽检，配合上级主管部门执行质检、验收工作，档案资料归档整理工作的监督，质量、安全专项监督检查以及第三方检测单位的考核等；建设管理科工作范围较广，涉及施工准备阶段、实施阶段以及运行移交阶段，主要负责工程建设方案的编报、项目建设管理制度的制定、施工准备工作、工程建设信息化管理、监督施工和监理单位、现场设计变更的管理、工程建设进度-投资-合同的控制与管理以及解决建设过程中各类技术问题。

宁夏水利工程建设中心在职员工46人，员工平均年龄41岁。具体教育水平和年龄分布情况如图1-3及图1-4所示。

从图1-3及图1-4可以看出，宁夏水利工程建设中心大部分职工接受过高等教育，整体受教育水平较高；职员的年龄集中在30～50岁，其中有高级工程师11名，高级经济师3名，本科及以上学历人员占85%，体现出宁夏水利工程建设中心职员丰富的工作经验和较高的工作能力。可见，尽管职员总人数较少，但宁夏水利工程建设中心具备较高的工程建设管理能力，发展潜力大。

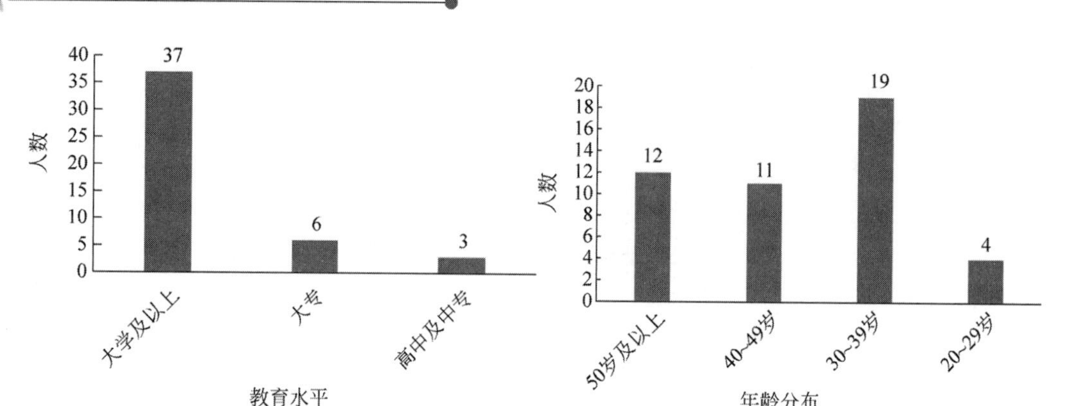

图 1-3　宁夏水利工程建设中心职工教育水平分布　图 1-4　宁夏水利工程建设中心职工年龄分布

宁夏水利工程建设中心在农业灌溉、供水服务、节水型社会建设等方面成果斐然。宁夏水利工程建设中心于 2019 年完成水利工程项目投资 5.5 亿元，在有限的人力资源条件下，2020 年完成投资 16.1 亿元，管理效率显著提升。十年来，宁夏水利工程建设中心完成了近 20 项国家及自治区重大水利工程建设，包括都市圈中线、遗产展示中心、盐环定扬黄工程更新改造项目、固海灌溉扬水泵站更新改造项目、红寺堡扬水工程更新改造项目、惠农渠更新改造工程项目和西干渠扩整改造项目等，累计投资达 65 亿元，为全区经济社会高质量发展发挥了重要的水利工程的基础性、先导性作用。都市圈中线供水工程成为先行区建设示范，宁夏水利工程建设中心获水利部 2021 年“全国水利扶贫先进集体”表彰。

1.1.6　研究方法

本书运用混合研究方法研究数字经济下水利工程建设管理创新。通过李克特五分法设计了调研问卷，以收集定量数据；利用访谈、现场考察和资料收集等方法收集定性数据，以提升研究数据的广度和深度。调研对象包括水利部水利工程建设司、宁夏水利工程建设中心，以及有关设计单位、施工单位、监理单位和信息平台研发单位的管理与技术人员。本次研究共进行了两次调研，第一次调研访谈了来自上述各单位的 56 位专家，收集了来自宁夏水利工程参建各方（宁夏水利工程建设中心、设计单位、施工单位、监理单位）的 114 份调研问卷，参建各方问卷占比情况如图 1-5 所示；第二次调研访谈了参建各方的 41 位专家，收集了综合问卷 172 份，专项问卷 156 份，参建各方问卷占比情况如图 1-6、图 1-7 所示。两次调研现场如图 1-8、图 1-9 所示。

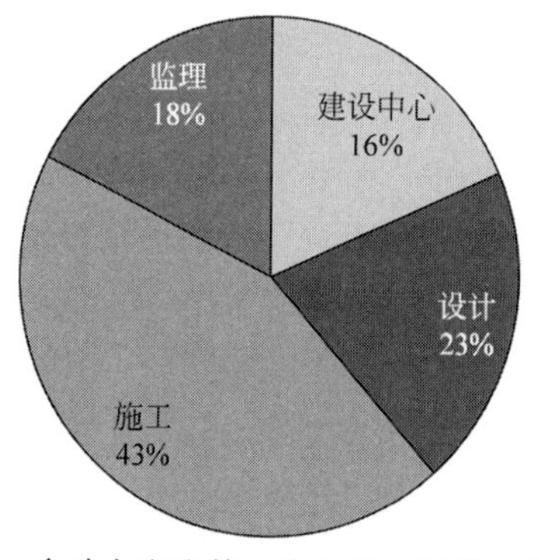

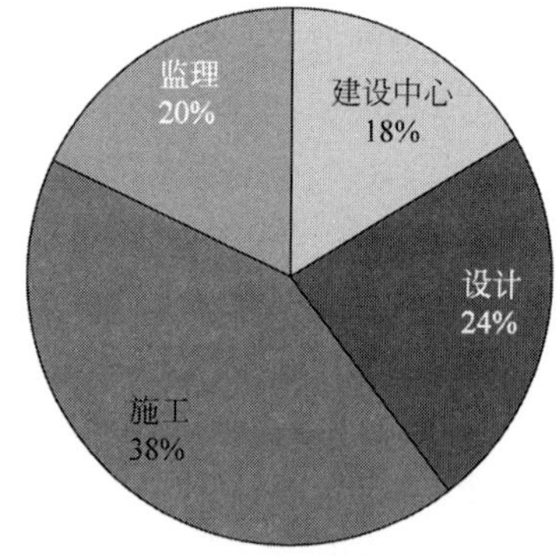

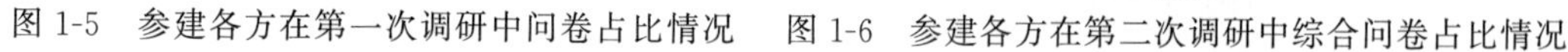
图 1-5　参建各方在第一次调研中问卷占比情况　图 1-6　参建各方在第二次调研中综合问卷占比情况

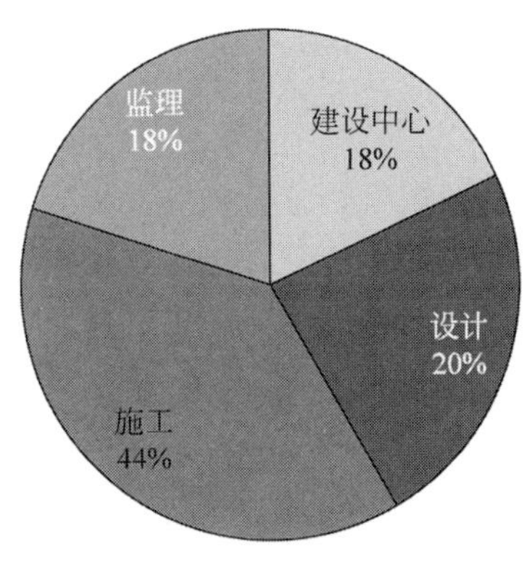

图 1-7　参建各方在第二次调研中专项问卷占比情况

图 1-8　第一次调研：专家访谈和盐环定扬黄工程更新改造项目现场考察

图 1-9　第二次调研：专家访谈和银川都市圈中线供水工程现场考察

调研主题包括水利工程建设设计、采购、施工、安全、环保、质量、进度、成本、业务流程、接口管理、风险、创新管理、数字化建设管理、激励机制和绩效评价等，旨在发现建设管理难点、提出管理措施和评价数字经济下水利工程建设管理成效。

1.2　水利工程建设管理模式创新需求

1.2.1　政策要求

随着我国水利事业的发展，以及节水、环保、脱贫和乡村振兴化理念的逐步兴起，我国编制了《中华人民共和国国民经济和社会发展第十三个五年规划纲要》(简称《“十三五”规划》)，印发了《深化农田水利改革的指导意见》和《全国水利信息化规划》(“金水工程”规划)

等一系列文件。为实现黄河流域生态保护和高质量发展的目标，需要将水利工作的重心转到水利改革和高质量发展上，推动宁夏水利工程在投资、建设、安全、环保、信息化等方面进行创新。

1. 水利工程投资

2020年，十三届全国人大三次会议提出，重点支持"两新一重"建设，即新型基础设施建设，新型城镇化建设，交通、水利等重大工程建设。一方面，我国水权制度有待完善，以发挥市场在资源配置中的作用；另一方面，重大水利工程建设的投融资制度仍需完善，以吸引更多的社会资本。需要加强在防洪减灾、水资源优化配置、水生态保护修复等方面的水利工程建设投资。

2. 水利工程建设

目前，我国重要流域的防灾、水资源配置、灌排体系基本建成，但水利工程的规模与空间布局和发达国家相比仍有差距，其中完善水利基础设施十分重要。黄河流域水患风险依然是最大威胁；流域水少沙多的特征更为宁夏水资源分配增加了难度。宁夏应依照"十三五"规划方向，进一步完善防洪减灾体系，并建立覆盖全区的山洪灾害防治区监测预警系统和防汛抗旱指挥体系。同时，在水资源匮乏的背景下，宁夏也需要通过建立健全管理体系，推进相关水利枢纽工程的建设，加快水资源配置体系建设，优化供水保障体系，助力建设黄河流域生态保护区和高质量发展先行区。

3. 水利工程建设安全

安全是水利工程建设应当保障的第一要务。为提高我国水利工程的安全生产水平，《水利安全生产标准化通用规范》(SL/T 789—2019)和《水利安全生产标准化评审管理暂行办法》等标准和文件依次发布，推动了我国水利工程安全标准化体系的构建与发展。宁夏水利工程施工具有空间上的线性特征，安全管理难度较大。如何及时发现安全隐患并处理，是宁夏水利工程建设面临的困难之一。随着信息技术的发展，高效的安全监管系统已逐步投入使用。尽快构建安全监管系统，规范安全管理，并探索与之相适应的管理模式是宁夏水利工程建设安全管理的重要发展方向。

4. 生态水利建设

黄河流域是我国重要的自然资源区域，对我国的经济发展与生态环境保护具有十分重要的意义。生态水利建设是水利工程建设管理创新的重要需求。因此，宁夏回族自治区人民政府提出了"山水林田湖草沙综合治理，构建人水和谐"的管理方针，以全面建设节水型社会。为实现生态水利可持续发展，应重视工程规划与设计对生态环境造成的影响，在工程建设前期进行严格评估，并以此为依据对设计方案进行优化；也应选择环境友好的建筑材料与施工工艺，以减少建设材料对生态环境的破坏；同时，在水资源调度上需要考虑生态用水，减少人为水资源调度对生态环境的影响，保护当地物种。

5. 水利信息化技术

为贯彻落实中央信息化和保障水安全战略、国务院"互联网＋"行动和宁夏回族自治区"智慧宁夏"建设部署，应充分利用云计算、大数据、物联网等现代信息技术，以已有成果为基础，结合水利工作特点，融合新技术、新理念，构建智慧水利总体框架的要求。通过推进信息化与水利工程建设的深度融合，全面提升水利工程建设和运维管理效率。

综上，来自政策方面的创新需求包括以下几方面：

(1) 加强防洪减灾、水资源优化配置、水生态保护修复等方面的水利工程建设投资；

(2) 优化水资源配置体系和供水保障体系，以助力建设黄河流域生态保护和高质量发展先行区；

(3) 构建安全监管系统，以规范安全管理，并探索与之相适应的水利工程建设管理模式；

(4) 加强对工程规划、设计、施工、运行、维护的监管力度，最大限度减少工程建设与运维的负面环境影响，以实现生态水利；

(5) 通过推进信息化与水利工程建设的深度融合，全面提升水利工程建设和运维管理效率。

1.2.2 市场机制

水利工程建设管理模式创新的市场机制动因调研结果如表1-4所示。其中，得分1为“动力很小”，得分5为“动力很大”。

表1-4 水利工程建设管理模式创新的市场机制动因评分情况

指标	总体		业主		设计		施工		监理	
	得分	排序	得分	排序	得分	排序	得分	排序	得分	排序
提升业主建设管理能力	4.11	1	4.45	2	4.29	1	3.91	5	4.10	1
提升水利工程前期论证与设计管理水平	4.11	2	4.30	4	4.07	3	4.06	2	3.95	2
提升施工管理水平	4.08	3	4.40	3	3.64	4	4.15	1	3.90	4
提升施工监理水平	3.95	4	4.55	1	3.14	7	3.94	3	3.95	2
提升工程运维管理水平	3.81	5	3.45	7	4.21	2	3.92	4	3.48	7
提升招投标管理水平	3.78	6	3.84	5	3.47	6	3.90	6	3.62	5
提升采购管理水平	3.61	7	3.58	6	3.53	5	3.65	7	3.52	6
均值	**3.92**		**4.08**		**3.76**		**3.93**		**3.79**	

由表1-1可知，7项市场动因指标的总体平均得分为3.92分，参建各方平均得分均在3.70分以上，表明业主、设计方、施工方和监理方都有较强的管理创新需求。其中，业主平均得分最高，为4.08分，对提升施工监理水平的需求最高；设计方、监理方平均得分分别为3.76分和3.79分，均对提升业主建设管理能力的需求最高；施工方平均得分为3.93分，对提升施工管理水平的需求最高。

从总体评分上看：

“提升业主建设管理能力”的得分最高，为4.11分，原因是业主需负责协调参建各方，即统筹管理工程各项工作，加上水利工程投资任务越来越重，迫切需要进行管理创新。“提升水利工程前期论证与设计管理水平”的得分也为4.11分，是因为水利工程受政策影响较大，项目前期论证和设计工期紧张，所以加强设计管理对于减少项目变更和确保项日进度非常重要。

“提升施工管理水平”与“提升施工监理水平”排名分别为第 3 名与第 4 名，平均得分分别为 4.08 分与 3.95 分，表明施工管理和监理工作都需要通过创新得到进一步提升。施工单位是工程建设的主体单位，施工管理能力大小能直接影响工程的质量、进度与成本。同时，监理工作对于施工过程和结果的监督与管理，对于确保施工单位按要求履约也很关键。

“提升招投标管理水平”的得分为 3.78 分，表明如何通过招投标管理创新提升水利工程的建设管理水平也很重要。业主通过制定规范的招投标制度与流程，能够选择出能力强的施工、设计与监理单位，以保障顺利实现水利工程项目目标。

“提升采购管理水平”的得分为 3.61 分，表明采购管理有一定的创新需求。为此，可通过加强供应链全流程管理，提高设备物资采购的性价比和效率。

综上，来自市场方面的创新动因包括以下几方面：

(1) 水利工程投资任务越来越重，且受政策影响较大，重视管理创新并加强设计管理，对于减少项目变更和确保项目进度十分重要。

(2) 施工管理和监理工作都需要通过创新进一步提升。施工单位是工程建设的主体单位，施工管理直接影响工程的质量、进度与成本，监理工作是对施工过程和结果进行监督管理，这对确保施工单位按要求履约十分关键。

(3) 招投标管理创新对提升水利工程的建设管理水平来说十分重要，规范的招投标制度与流程，能够保障水利工程项目建设目标顺利实现。

(4) 采购管理工作是提升水利工程建设管理水平的重要一环，可通过加强供应链全流程管理，提高设备物资采购的性价比和效率。

1.2.3 公益性作用

水利工程建设管理模式创新的公益性动因调研结果如表 1-5 所示。其中，得分 1 为“动力很小”，得分 5 为“动力很大”。

表 1-5 水利工程建设管理模式创新的公益性动因评分情况

指标	总体		业主		设计		施工		监理	
	得分	排序	得分	排序	得分	排序	得分	排序	得分	排序
促进社会经济可持续发展	4.27	1	4.15	2	4.40	2	4.29	3	4.24	1
推进生态水利建设	4.25	2	4.05	3	4.33	5	4.39	2	3.95	5
完善防洪减灾体系建设	4.19	3	3.48	6	4.40	2	4.47	1	4.00	3
推进智慧水利建设	4.17	4	4.52	1	4.07	6	4.20	4	3.62	6
构建节水型社会	4.16	5	3.81	4	4.47	1	4.19	5	4.00	3
优化水资源配置	4.14	6	3.76	5	4.40	2	4.14	6	4.24	1
均值	**4.20**		**3.96**		**4.35**		**4.28**		**4.01**	

从表 1-5 可知，公益性动因的 6 项指标总体平均得分为 4.20 分，参建各方平均得分均不低于 3.96 分，表明公益性动因是推动宁夏水利工程建设管理模式创新的重要动因。业主

平均得分为3.96分，对推进智慧水利建设的需求最高；设计方、监理方平均得分分别为4.35分和4.01分，均对促进社会经济可持续发展和优化水资源配置的需求最高；施工方平均得分为4.28分，对完善防洪减灾体系建设的需求最高。

从总体评分上看，“促进社会经济可持续发展”与“推进生态水利建设”得分最高，分别为4.27分与4.25分，表明参建各方都十分重视社会经济可持续发展以及生态环境保护。宁夏地处我国西北部，农业灌溉水资源匮乏，经济发展落后，水利工程公益性强，因此，水利工程建设管理模式的创新能够有效推动宁夏地区农业、旅游业的发展，并通过减少地下水开采、开展生态保护，实现可持续发展目标。

“完善防洪减灾体系建设”的总体得分为4.19分，表明水利工程建设对防洪减灾具有十分重要的意义。根据“十三五”规划，宁夏回族自治区人民政府提出通过加强黄河干流及清水河流域综合治理、加快城市防洪排涝工程建设以及加强防汛抗旱工作等方式完善防洪减灾体系建设。为实现该目标，需要加快完善河道、排洪沟道、泵站、水库等水利设施的建设与维护。

“推进智慧水利建设”的总体得分为4.17分，表明宁夏水利工程建设正在向现代化发展。为贯彻落实国家信息化和保障水安全战略并尽快完成宁夏回族自治区“智慧宁夏”的建设部署，水利工程建设需要大力发展水利数字化，提升管理效率，以充分发挥水利工程的公益性作用。

“构建节水型社会”的总体得分为4.16分，表明水利工程对构建节水型社会的重要性。宁夏地处腾格里、乌兰布和毛乌素三大沙漠包围之中，主要依靠过境黄河水资源，因此节水意识至关重要。近年来，宁夏加快引扬黄灌区现代化改造，开展大型灌区续建配套与节水改造工程，重点提升了高效节水灌溉工程的建设力度。

“优化水资源配置”的总体得分为4.14分，表明在可利用水资源受国家分配指标限制的前提下，合理配置水资源至关重要。随着宁夏回族自治区人口增加，城镇化、工业化发展与生态保护意识的增强，水资源供需矛盾逐渐凸显。因此，加强计划用水管理，优化用水结构，提高水资源利用效率的需求迫切。

综上，来自公益方面的创新动因包括以下几方面：

(1) 促进社会经济可持续发展，推进生态水利建设，需要进行水利工程的建设管理模式的创新，以推动农业、旅游业发展，并减少地下水开采，实现可持续发展目标。

(2) 完善防洪减灾体系建设，需要加快完善河道、排洪沟道、泵站、水库等水利设施的建设与维护。

(3) 为充分发挥水利工程的公益性作用，需要尽快完成宁夏回族自治区“智慧宁夏”的建设部署，以提升管理效率。

(4) 构建节水型社会与优化水资源配置的需求迫切，需要提升高效节水灌溉工程的建设力度，加强计划用水管理，优化用水结构。

1.2.4 信息技术

水利工程建设管理模式创新的信息技术创新动因调研结果如表1-6所示，其中，得分1为“动力很小”，得分5为“动力很大”。

表 1-6 水利工程建设管理模式创新的信息技术创新动因评分情况

指标	总体		业主		设计		施工		监理	
	得分	排序	得分	排序	得分	排序	得分	排序	得分	排序
质量安全监控技术需求	3.99	1	4.40	2	4.00	5	3.85	1	3.90	1
互联网技术需求	3.94	2	4.25	4	4.20	3	3.85	1	3.67	2
大数据分析技术需求	3.93	3	4.35	3	4.40	1	3.79	4	3.52	3
BIM 等信息技术需求	3.89	4	4.45	1	4.00	5	3.83	3	3.29	5
人工智能技术需求	3.80	5	4.15	5	4.27	2	3.73	5	3.29	5
地理信息系统(GIS)技术需求	3.76	6	4.05	6	4.13	4	3.65	6	3.43	4
均值	**3.89**		**4.28**		**4.17**		**3.78**		**3.52**	

从表 1-6 可知，信息技术创新动因 6 项指标的总体平均得分为 3.89 分，参建各方平均得分都不低于 3.52 分，表明信息技术的发展能够推动宁夏水利工程建设管理模式的创新。其中，业主平均得分最高，为 4.28 分，对建筑信息模型(building information modeling，BIM)等信息技术的需求最高；设计方平均得分为 4.17 分，对大数据分析技术的需求最高；施工方平均得分为 3.78 分，对质量安全监控技术和互联网技术的需求最高；监理方平均得分为 3.52 分，对质量安全监控技术的需求最高。

从总体评分上看，“质量安全监控技术需求”得分最高，为 3.99 分。质量安全是施工管理最重要的部分，因此，运用信息化技术实现质量安全实时、无死角的监控能够极大地提高管理效率，减少质量成本，避免安全事故的发生。

“互联网技术需求”和“大数据分析技术需求” 的得分分别为 3.94 分与 3.93 分。随着《“十三五”规划》的推进与实施，水利工程的建设强度提升，“互联网＋水利”模式的发展能够提升水利工程的管理效率，大数据分析技术则能够快速分析信息，及时做出决策。

“BIM 等信息技术需求”的总体得分为 3.89 分，表明水利工程建设对 BIM 技术的需求程度较大。水利工程设计复杂，图纸信息繁多且修改过程复杂，设计质量难以控制。BIM 作为一种集成建筑完整数字化信息的三维框架，能够通过加入施工进度信息模拟施工，有效规避设计失误，同时能够实现工程信息在多平台间联动修改。宁夏水利工程已经建设有初步的 BIM 平台辅助施工，但是仍需建立与之相适应的管理体系，为此，水利工程建设对 BIM 等信息技术的运用水平提出了更高的要求。

综上，在信息技术方面的创新动因包括以下几方面：

(1) 质量安全是施工管理最重要的部分，运用信息化技术能够极大地提高管理效率，减少质量成本，避免安全事故的发生。

(2) 提高水利工程的管理效率，需要用到“互联网＋水利”模式和大数据分析等技术，以便快速处理信息，及时做出决策。

(3) 为实现施工模拟，有效规避设计失误，提升管理效率，需要建立完善的 BIM 管理平台以及与之相适应的管理体系。

1.3　数字经济下水利工程建设管理创新模式

基于水利工程建设需求，应创新数字经济下水利工程建设管理模式，如图 1-10 所示。

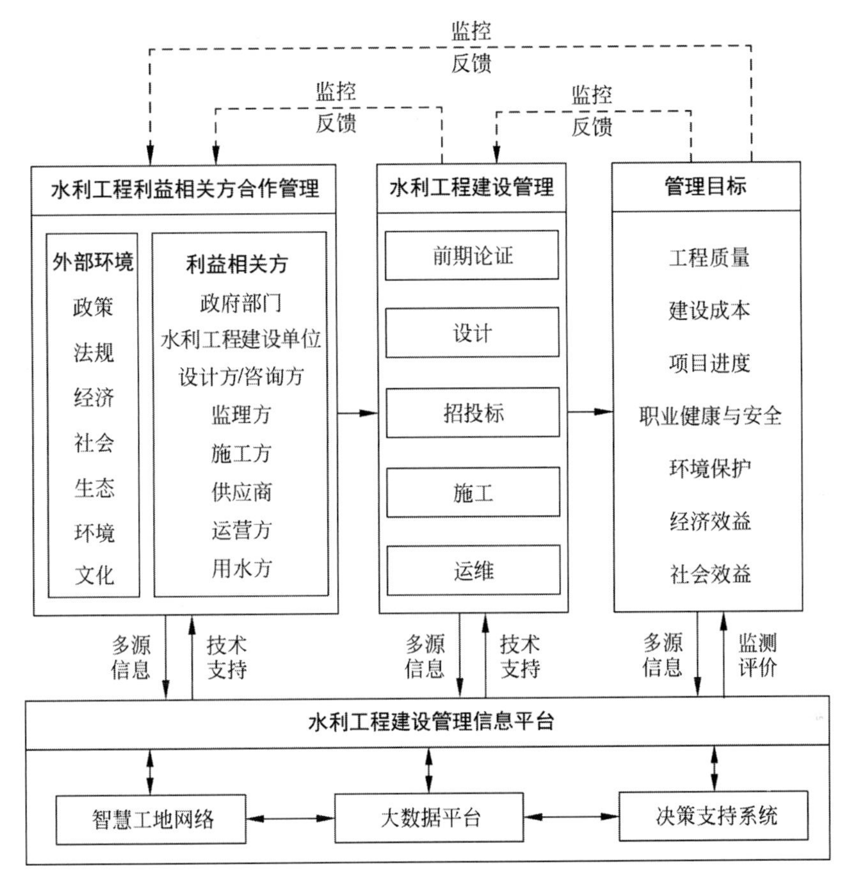

图 1-10　数字经济下水利工程建设管理创新模式

数字经济下水利工程建设管理创新模式包括以下内容：

(1) 建立项目前期论证、设计、招投标、施工、验收和运营等环节合理的组织模式和业务流程，以及配置人力资源，以有效集成和管理各种资源，顺利实现水利工程建设目标。

(2) 在市场中选择优质的参建队伍，包括设计方、咨询方、监理方、施工方和供应商等，并建立各方合作机制，明确管理过程中的责权边界、协调流程和公平的利益风险分配，保障项目顺利实施。

(3) 根据水利工程建设绩效链建立多视角、多层次的考核与激励机制，评价项目实施过程与结果，调动参建各方的积极性，加强设计、采购、施工过程管理，实现质量、安全、成本、进度、环保、社会效益与经济效益等方面均有保障的目标。

(4) 在复杂的工程建设管理过程中提高风险辨识、风险分析、风险应对和风险监控方面的能力，有效管理来自技术、经济、社会和自然环境等方面的风险。

（5）水利工程建设信息技术平台与利益相关方合作管理组织平台耦合，运用 BIM 和移动互联网等技术，使性质不同、作用不同、地理空间分布不同的参建各方之间形成高效的协同工作流程，并结合大数据、物联网、人工智能、虚拟现实等技术，支持各方高效处理信息、协同工作、决策和应对各种风险，提高水利工程建设管理效率。

第2章 >>>>>>>>>>>>>>

数字经济下水利工程建设创新管理

我国已开发建设了多个大型水利工程，如长江三峡水利枢纽工程、南水北调工程等，通过水能综合开发利用、水资源优化配置，有效地促进了经济、社会、环境可持续发展。2020年，十三届全国人大三次会议提出，重点支持“两新一重”建设，即新型基础设施建设，新型城镇化建设，交通、水利等重大工程建设。“两新一重”的提出，为水利工程建设、发展带来了新的机遇。

我国水利工程建设在快速发展的同时，仍面临诸多挑战。部分水利工程项目具备经营能力，但水利工程市场整体投融资机制还有待完善。水利工程是一项需要多方参与、多方交叉、多学科多专业协调配合的复杂系统工程，需要设计、采购、施工、合同、融资、环保等多个专业领域协调配合，并综合考虑社会、经济、环保要求，项目组织管理难度较大。随着项目规模扩大，项目信息的数量和复杂程度大大增加，需要工程企业进行信息化和智能化转型，研究并应用BIM等信息工具进行项目管理，以充分协调各方关系，提高决策效率。

对宁夏而言，在水资源匮乏的背景下，宁夏水利工程建设需要加强创新力度，推进水利枢纽工程建设创新，建立创新管理机制，从而优化水资源配置、完善供水保障体系，助力建设黄河流域生态保护和高质量发展先行区。

2.1 创新理论概述

2.1.1 创新相关理论

创新的研究聚焦于如何通过创新改变企业在市场中的竞争地位，以及如何进行创新，需回答为什么组织会进行创新的问题，寻找驱动创新的因素，探究创新对宏观经济中产行业、市场和整体经济的影响。主要与创新相关的理论可概括如下。

(1) 创新扩散理论[2-3]：重点研究在社会系统中一项创新随时间逐渐被大众讨论、接受和采纳的过程。该理论指出了实施变革的领导者在创新扩散过程中的重要作用，并将创新扩散过程分为5个阶段：概念传播和需求识别；将需求与潜在的创新相匹配；重新定义或重构创新来使其更好地适应组织需求；仔细阐明创新以加深其被理解和使用的程度；将创新带来的改变作为日常工作或组织的常规性活动。

(2) 创新演进理论[4]：将创新视为路径依赖的过程，通过各类要素和参与者之间一系列的相互作用而产生相对应的产品，并在之后经历市场的检验。这些相互作用和市场的检验在很大程度上决定了哪些产品能够被开发、哪些会迎来成功，据此影响未来的经济发展方式。因此，具有创造性的决策制定、问题解决方法和设计性思维对于组织创新至关重要。

(3) 创新系统理论[5]：强调创新并非是线性、序列化的过程，创新的产生依赖于各类知识创造和运用过程中的相互作用和反馈。此外，创新依赖于学习过程，需要运用多种知识和方法，往往离不开持续性的问题解决过程。

创新领域系统性视角强调多学科和跨学科的方法运用，探究要素之间的依赖性、成果的不确定性，以及系统中复杂的和非线性的路径依赖和演化特点。创新系统可以按照行业、技术或地理位置进行分类和描述，例如国家性或全球性的创新系统。

2.1.2 工程建设行业创新

在工程建设行业，最初阶段的创新研究大多集中于产品或施工技术，随后研究焦点逐步转向建设流程和组织变革。工程建设行业创新的主要特征是，虽然创新的决策通常由高层管理人员做出，但创新需要在项目实施过程中开展，由承包商、设计方、监理方及供应商实现。创新过程中形成众多接口，需要各相关方之间相互协调配合，相互协同以充分利用各方资源是建设行业中促进创新的有效方式。

应用新技术是提升生产力的重要手段，如何实现流程、技术和产品创新是当前工程建设领域创新的重点，包括数字化(BIM、大数据及人工智能等)、建筑自动化(自动控制、建筑机器人等)、建筑产品和系统的创新等，旨在更好地实现项目目标，节能减排、减少污染，提高资源利用效率。

2.2 水利工程建设创新现状

2.2.1 水利工程建设的创新形式

水利工程建设中，创新的形式如表 2-1 所示，其中，得分 1 为“完全不符”，得分 5 为“完全符合”。

表 2-1 水利工程建设创新形式

指标	总体		业主		设计		施工		监理	
	得分	排序	得分	排序	得分	排序	得分	排序	得分	排序
研发、应用 BIM 等新的信息管理技术	3.84	1	4.14	1	4.44	1	3.58	4	3.37	3
管理模式创新	3.73	2	3.82	3	3.97	2	3.70	2	3.43	2
采用新的安全管理手段，如实时监控、早期预警等	3.70	3	3.82	3	3.78	3	3.68	3	3.53	1
采用新的项目运行管控技术	3.63	4	3.64	5	3.72	5	3.72	1	3.34	5
采用新技术进行设计方案创新	3.58	5	3.61	7	3.78	3	3.58	4	3.33	6

续表

指　标	总体		业主		设计		施工		监理	
	得分	排序	得分	排序	得分	排序	得分	排序	得分	排序
研发、应用新设备	3.52	6	3.64	5	3.50	8	3.58	4	3.30	7
采用新的环保技术	3.48	7	3.43	8	3.67	6	3.52	7	3.23	8
研发、应用新的施工工艺	3.47	8	3.86	2	3.44	9	3.42	10	3.23	8
采用智能化的质量检测技术	3.45	9	3.29	10	3.53	7	3.52	7	3.37	3
研发、应用新材料	3.35	10	3.32	9	3.44	9	3.37	12	3.23	8
采用新的碳排放控制技术	3.29	11	2.93	11	3.42	11	3.48	9	3.10	11
融资模式创新	3.10	12	2.43	12	3.39	12	3.38	11	2.83	12
均值	**3.51**		**3.49**		**3.67**		**3.54**		**3.27**	

由表2-1可知,“研发、应用BIM等新的信息管理技术”“管理模式创新”和“采用新的安全管理手段,如实时监控、早期预警等”排名前3位,总体得分均值在3.70分以上。该结果表明当前水利工程创新更多地体现在运用信息技术加强管理,优化项目资源配置上。BIM能够实现数字化设计,高效管理项目全生命周期的数字信息,提高设计效率、加强设计管理,并且能促进参建各方之间的协调与沟通,提升项目整体绩效。通过设计合理的项目工作流程、制定有效的激励机制、提升沟通合作效率等管理模式创新措施,也可提高项目管理绩效。

“融资模式创新”的总体得分为3.10分,排名末尾,表明当前水利工程融资方面的创新较少,这与我国水利工程市场总体上以政府投资为主的模式有关。未来在法律法规允许范围内可在融资模式方面进行进一步创新。例如,通过引入社会资本来提高水利工程投融资效率,为缓解政府资金压力,保障大型水利工程建设资金充足。

除管理创新以外,技术创新同样值得重视。为此,在水利工程建设创新形式的过程中需协调技术创新与管理创新的关系,使二者能够相互促进。例如,在管理过程中支持和鼓励引入新技术、新材料,针对技术进步对相应的管理模式进行调整和优化,从而提高项目整体创新水平。

2.2.2　水利工程建设的创新障碍

水利工程建设中,创新时遇到的常见障碍如表2-2所示。其中,得分1为“很不赞同”,得分5为“很赞同”。

表2-2　水利工程建设中创新遇到的常见障碍

指　标	总体		业主		设计		施工		监理	
	得分	排序	得分	排序	得分	排序	得分	排序	得分	排序
项目工期紧张	3.78	1	4.25	1	4.08	1	3.62	1	3.28	6
项目各方利益分配与创新目标不匹配	3.39	2	3.54	3	3.38	5	3.38	9	3.30	4
项目各方对创新目标难以达成共识	3.37	3	3.46	9	3.38	5	3.38	9	3.27	7

续表

指　　标	总体		业主		设计		施工		监理	
	得分	排序	得分	排序	得分	排序	得分	排序	得分	排序
缺乏创新型人才	3.36	4	3.54	3	3.05	19	3.53	2	3.23	10
缺少引入外部技术的渠道	3.35	5	3.39	10	3.08	18	3.48	4	3.40	2
创新的试错成本较高	3.34	6	3.07	19	3.41	3	3.40	7	3.41	1
倾向于采用传统设计方法、施工工艺和设备	3.34	6	3.32	11	3.32	8	3.37	13	3.30	4
项目各方风险分担与创新目标不匹配	3.33	8	3.50	6	3.38	5	3.35	14	3.07	17
单位中缺乏足够资源来支持创新活动	3.32	9	3.11	16	3.51	2	3.40	7	3.13	13
单位创新动力不足	3.31	10	3.14	15	3.27	9	3.38	9	3.38	3
项目中缺乏足够资源来支持创新活动	3.31	10	3.11	16	3.41	3	3.43	5	3.13	13
项目各方缺乏合作创新	3.31	10	3.57	2	3.24	12	3.35	14	3.07	17
对行业前沿技术了解不足	3.30	13	3.50	6	3.24	12	3.27	20	3.23	10
项目创新动力不足	3.28	14	3.18	13	3.27	9	3.35	14	3.24	9
对行业技术发展方向了解不足	3.27	15	3.50	6	3.11	17	3.27	20	3.27	7
项目人员配备数量不足	3.26	16	3.54	3	3.16	15	3.28	18	3.07	17
单位创新能力不足	3.22	17	3.21	12	3.00	20	3.38	9	3.17	12
创新带来的直观收益和社会效益不明显	3.20	18	3.11	16	3.27	9	3.28	18	3.03	21
单位内部管理机制与创新不匹配	3.17	19	3.18	13	2.97	21	3.30	17	3.13	13
已取得的创新成果缺乏在后续项目中的推广应用	3.13	20	2.86	20	2.92	22	3.42	6	3.07	17
外部监管环境与创新不匹配	3.12	21	2.86	20	3.22	14	3.18	22	3.10	16
创新活动缺乏具体工程项目依托	3.10	22	2.39	22	3.14	16	3.50	3	2.90	22
均值	**3.30**		**3.29**		**3.26**		**3.38**		**3.19**	

由表 2-2 可知，各项障碍因素的总体得分均值为 3.30 分，表明各项因素均对水利工程创新有一定不利影响。其中，“项目工期紧张”得分为 3.78 分，排名第一，且分数显著高于其他各项指标，表明水利工程项目创新受工期的影响最大。水利工程项目需要在规定时间内完成，在项目工作任务较为繁重的情况下，项目参与方往往没有足够时间和精力额外投入创新工作。针对这一问题，应合理制定创新计划，综合考虑工期对创新的影响，加大对时间上的支持力度，并配备足够的资源。

在总体得分中“项目各方利益分配与创新目标不匹配”“项目各方对创新目标难以达成共识”与“项目各方风险分担与创新目标不匹配”的总体得分分别为 3.39 分、3.37 分和 3.33 分，表明在创新问题上各方之间的关系和具体工作还需要进一步协调。工程项目各项工作通常需要各方合作完成，在进行创新时，具体的工作任务也需要各方之间的协调配合。各方之间应就创新达成统一的目标，根据各方资源投入程度、创新工作贡献，合理分担收益和潜在风险，从而提高各方参与创新的动力。

“缺乏创新型人才”和“缺少引入外部技术的渠道”的总体得分分别为 3.36 分和 3.35 分，表明水利工程创新目前缺少关键的人才和技术渠道。应综合考虑创新目标，合理制定人力资源管理方案，设计有吸引力的激励机制来吸引关键人才。工程领域创新难以完全靠某个单位单独实现，因此，可考虑与高校、研究所等科研机构建立伙伴关系，通过合作来获得技术进步。

“创新的试错成本较高”和“倾向于采用传统设计方法、施工工艺和设备”的总体得分均为 3.34 分。任何创新都有失败风险，其中，失败的风险狭义上指的是创新本身失败导致投入的资源无法收回，广义上还包括创新研发和实施过程中带来的各项不利影响。在水利工程建设中，由于工程规模大，涉及大量人力、材料、设备等资源投入，在有限的工期要求下，很多工作往往要求一次性成功，深入的、颠覆性的创新试错成本通常很高，如果工作不当会导致项目失败等严重后果。出于规避风险考虑，参建各方更加倾向采用传统的、已经经过实践检验的设计和施工方法，不愿进行冒险尝试。对此，需要各方进行合作，提前进行计划和资源投入，覆盖创新工作可能带来的风险损失，公平分配收益、分担风险。

2.2.3　水利工程建设参建各方对创新的影响

水利工程建设中，参建各方对创新的影响如表 2-3 所示。其中，得分 1 为“影响很小”，得分 5 为“影响很大”。

表 2-3　水利工程建设参建各方对创新的影响

指标	总体		业主		设计		施工		监理	
	得分	排序	得分	排序	得分	排序	得分	排序	得分	排序
业主因素	3.77	1	3.94	1	4.03	2	3.71	1	3.42	1
设计方因素	3.72	2	3.77	2	4.12	1	3.63	2	3.35	2
承包商因素	3.52	3	3.61	3	3.56	4	3.56	3	3.30	3
监理方因素	3.51	4	3.52	4	3.61	3	3.56	3	3.30	3
均值	**3.63**		**3.71**		**3.83**		**3.62**		**3.34**	

由表 2-3 可以看出，水利工程建设主要相关方对创新影响的总体评价中，“业主因素”和“设计方因素”的得分分别为 3.77 分和 3.72 分，排名前两位，表明二者在创新中占据非常重要的地位。水利工程项目中，出于节约成本、提高质量、缩短工期的考虑，业主是创新活动的主要动力。业主可以提出创新需求、创造支持创新的环境，鼓励参建方通过创新来解决问题、提高项目绩效。设计方在创新中也具有关键作用，能够为创新提供具体的技术方案，提出如何创新的方法。

“承包商因素”和“监理方因素”的总体得分分别为 3.52 分和 3.51 分。尽管得分较低，但承包商往往是创新活动和工作任务的具体实施者，而监理方也在工作实施过程中发挥着监督、管理、协调的作用。因此，应充分引导承包商和监理方进行创新，制定鼓励性的管理制度，为其提供必要的资源。通过业主、设计方、承包商和监理方的共同努力来实现水利工程建设创新。

2.3 数字经济下水利工程建设创新管理体系与指标

数字经济下水利工程建设创新管理指标体系和阶段性工作如表 2-4 所示。

表 2-4 数字经济下水利工程建设创新管理指标体系和阶段性工作

阶段划分	一级指标	二级指标
第一阶段： 建立创新机制	建立知识管理与创新管理制度	建立创新相关专业部门
		确定创新管理负责人员及其职权范围
		建立知识管理系统
	建立内外部学习与培训机制	鼓励交流，定期举办跨项目学习活动
		建立并执行内部培训制度
		建立与高校和科研机构合作机制
		建立向同行学习交流机制
		购买行业知识数据库
	建立项目经验总结机制	建立针对项目的经验教训总结机制
		完工后总结相关经验教训
		改善后续项目的技术方法、管理方式、工作流程
	建立激励机制，投入创新所需的资源	设置创新的激励机制（如提供物质奖励、精神奖励等）
		投入足够资源支持创新活动
第二阶段： 建立知识与创新管理信息平台	在建管平台中设置学习、知识管理与创新模块	设置知识管理模块
		设置学习模块
		设置创新成果分享模块
第三阶段： 推动数字化转型	建立信息技术引进机制	持续关注信息技术发展
		加快应用先进信息技术
	推动数字化、智能化转型	应用数字化项目实施技术
		推动安全、质量、环保、管控智能化

1. 建立创新机制

在数字经济下，首先需要建立良好的创新机制以促进创新，包括内部机制和外部机制两个方面。在建设中心内部，需要制定知识管理系统、内部学习等制度，促进建设中心内部的知识共享和经验学习，充分利用内部资源。针对创新相关活动制定有吸引力的激励措施，鼓励建设中心的工作成员积极思考、参与创新活动。

应重视与外部组织的合作创新。对于设计、施工、监理的水利工程建设关键参与方，应提前制定创新计划和相关工作流程。在项目规划阶段确定创新目标，通过项目计划和后续工作开展来逐步实现。此外，要制定临时创新目标的相关预案和资源投入计划，项目实施过程中发现创新需求时，按照预先制定的规则执行，确保各方投入与产出相符，公平分担创新带来的收益与风险。还应制定对其他参建方的创新激励措施。建设中心还需要与高校、科研院所等机构建立合作机制，共同推进水利工程建设创新。

2. 建立知识与创新管理信息平台

在现有数字建管平台的基础上，应建立知识与创新管理模块，促进组织内外知识、经验的总结、积累、提炼和分享,提高学习效率。通过一段时间的积累,当知识数据库储备至一定规模时,可进一步利用机器学习、人工智能等工具进行分析,逐步走向智能化管理。在知识积累和分析的基础上找到创新点,将创新案例和经验教训也全部总结下来,实现滚动提升。

3. 推动数字化转型

应用数字建管平台和BIM等信息管理技术是水利工程建设创新的重要举措,数字建管技术的应用在提高项目管理效率的同时,可支持参建各方进行充分沟通和信息共享,促进水利工程建设持续创新。因此,应不断提高数字化程度,实现组织的数字化转型。应根据现有的技术水平和工程需要,灵活调整组织结构和组织制度,充分发挥数字平台的优越性,提高组织工作效率。在建设中心营造开放、包容、鼓励沟通与共享、支持创新的文化氛围,使数字化平台的应用与创新能够相互促进、相互加强,形成创新的良性循环。

2.4 水利工程建设创新管理成效

宁夏水利工程建设创新机制的制定和执行情况评价结果如表2-5所示。其中,得分1为“完全不符”,得分5为“非常符合”。

表2-5 水利工程建设创新管理成效

指标	总体		业主		设计		施工		监理	
	得分	排序	得分	排序	得分	排序	得分	排序	得分	排序
按照当前机制积累的项目经验教训报告对创新非常有价值	3.75	1	3.75	3	4.00	5	3.72	2	3.50	1
按照当前机制积累的项目经验教训报告对学习非常有价值	3.73	2	3.71	4	4.08	1	3.65	10	3.46	2
向创新能力突出的同行学习	3.73	2	3.71	4	4.05	2	3.72	2	3.32	6
内部培训制度执行良好	3.70	4	3.57	6	4.03	4	3.68	5	3.43	3
鼓励内部不同项目之间进行交流,定期举办跨项目学习活动	3.67	5	3.82	1	3.81	15	3.68	5	3.32	6
通过与高校和科研机构的合作帮助员工不断学习	3.67	5	3.79	2	3.95	8	3.67	8	3.21	10
创新机制充分考虑了市场竞争需求,有利于提高单位竞争力	3.65	7	3.43	9	3.97	6	3.72	2	3.32	6
创新机制充分关注信息技术发展,加快应用先进信息技术	3.63	8	3.54	7	4.05	2	3.63	11	3.18	12
规定了利用以前项目的经验教训来改善后续项目的技术方法、管理方式、工作程序	3.63	8	3.43	9	3.95	8	3.68	5	3.29	9
对创新和学习建立了评价体系	3.61	10	3.25	14	3.92	11	3.78	1	3.18	12
设置了针对项目的经验教训总结机制,项目实施过程中和完工后会总结相关经验教训	3.59	11	3.29	13	3.95	8	3.60	13	3.39	4

续表

指　　标	总体		业主		设计		施工		监理	
	得分	排序	得分	排序	得分	排序	得分	排序	得分	排序
购买了行业知识数据库来提供学习资源	3.56	12	3.25	14	3.97	6	3.63	11	3.18	12
创新机制充分响应了行业发展趋势，符合“新基建”和低碳等理念	3.55	13	3.36	11	3.89	12	3.58	16	3.21	10
设置了专门部门或人员负责创新管理	3.54	14	3.46	8	3.89	12	3.55	17	3.11	16
设置了创新的激励机制（如物质奖励、精神奖励等）	3.54	14	3.21	16	3.78	16	3.60	13	3.39	4
当前机制下的资源投入和支持力度足以促进创新	3.54	14	3.36	11	3.89	12	3.60	13	3.11	16
建立了专门的知识管理系统	3.49	17	3.04	17	3.78	16	3.67	8	3.18	12
均值	**3.62**		**3.47**		**3.94**		**3.66**		**3.28**	

由表 2-5 可知，各项机制评价指标的总体平均得分为 3.62 分，表明当前的创新机制对创新具有一定的促进作用。其中，“按照当前机制积累的项目经验教训报告对创新非常有价值”和“按照当前机制积累的项目经验教训报告对学习非常有价值”的得分分别为 3.75 分和 3.73 分，表明项目经验教训总结是目前最为有效的组织学习和创新机制，通过总结已有项目经验，并在后续项目中加以学习、运用，有助于在已有知识的基础上通过进一步思考、提升、产生新知识。

“设置了专门部门或人员负责创新管理”和“建立了专门的知识管理系统”的总体得分分别为 3.54 分和 3.49 分，表明还需要进一步将知识管理和创新管理规范化、正式化。在现有建管平台的基础上，应开发知识管理和创新管理模块，推动单位成员对经验教训进行总结、存储和分享，促进个人拥有的“隐性知识”转变为可交流、可共享的“显性知识”，提高成员的学习效率、改善学习效果。在充分利用内部知识资源的同时，积极接入外部平台，通过知识的集成管理为创新奠定良好的基础。

“设置了创新的激励机制（如物质奖励、精神奖励等）”和“当前机制下的资源投入和支持力度足以促进创新”的总体得分均为 3.54 分，表明应进一步加大资源的投入，制定有效的激励措施来鼓励创新。在完成项目本职工作的压力下，创新活动会额外消耗资源、占用项目成员的时间；在缺少支持和鼓励的情况下，项目成员进行创新的意愿和能力会受到较大的不利影响。因此，应加大资源投入，并使项目成员参与创新活动的回报与付出相匹配，从而提高项目成员和项目各方参与创新的程度。

第3章 >>>>>>>>>>>>>>>

数字经济下水利工程利益相关方合作管理

3.1 利益相关方理论

水利工程项目实施不仅需考虑承包商组织内部管理,还需考虑与众多利益相关方构成的复杂外部环境的契合。工程管理理论已经从单一组织、组织内部视角扩展到组织与外部环境、组织与组织间关系的全局视角来构建管理框架,以提升企业业务管理能力;研究重点也从竞争博弈关系转移到合作共赢、资源集成的战略视角来应对市场挑战,以增强企业履约能力,持续扩大企业竞争优势。

利益相关方的概念最早由斯坦福研究所(Stormford Research Institute,SRI)于1963年提出,指的是一些具有重要利益的个人和群体。对于企业而言,缺乏这些个人和群体企业将无法生存,这些个人和群体最初包括股东、员工、客户、供应商、贷款人和社会公众。Freeman[6]的开创性研究推动了利益相关方理论的迅猛发展,使得利益相关方理论在企业战略管理、公司治理和企业社会责任等方面得到广泛的接受。利益相关方理论认为,公司的使命应为使包括股东在内的利益相关方价值最大化,其负责的对象也由股东扩展至股东、员工、客户等利益相关方。公司的社会责任和社会绩效也成为评价管理者业绩的手段,公司的经营者不再只是股东的代理人,而应成为所有利益相关方的代理人,协调各利益相关方的利益与冲突,实现利益相关方的共同治理,使得项目目标从实现质量、进度、成本三大控制,逐渐向让项目利益相关方满意转变。

3.2 水利工程利益相关方分析

利益相关方管理的首要任务是利益相关方的识别。水利工程建设项目(以宁夏水利工程为例)的利益相关方一般如图3-1所示[7]。

对于图3-1所示的利益相关方,可通过分析各利益相关方对工程项目的影响力、与项目的利益相关性、在工程项目建设过程中所承担的责任与所具有的权利,以及其需求和目的,明确该利益相关方对工程项目的利益诉求,并制定有效应对利益相关方的策略,协调利益相关方之间的冲突,促进利益相关方协同工作[8]。

通过调研,得到的水利工程利益相关方影响力和利益相关性如图3-2所示。

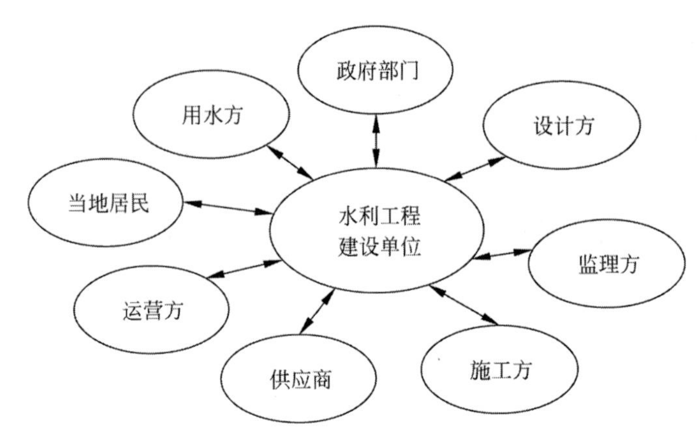

图 3-1　水利工程建设项目利益相关方

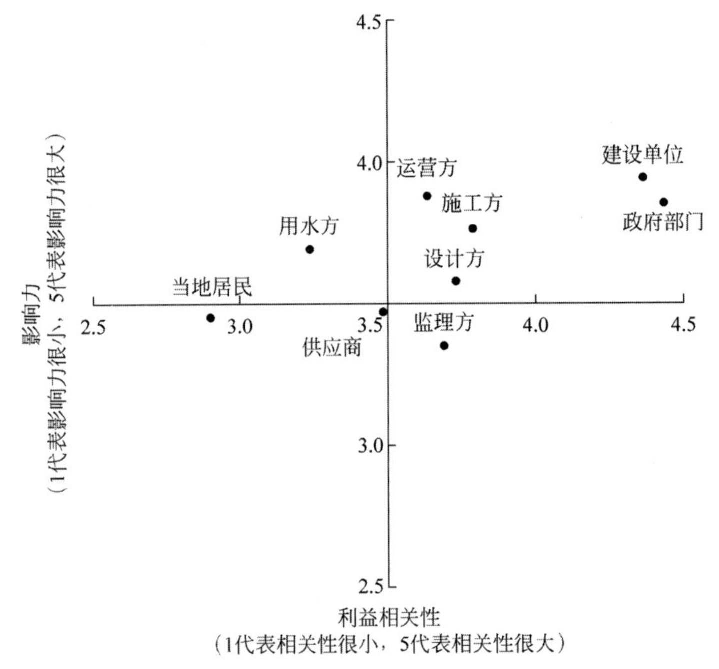

图 3-2　水利工程利益相关方影响力与利益相关性象限图

由图 3-2 可知，各利益相关方的影响力和利益相关性整体上成正相关关系。根据图中各方分布情况及其在项目中的角色，可将各利益相关方分为三类。

(1) 政府部门和水利工程建设单位：具有很高的利益相关性和明显高于其他利益相关方的影响力，是工程项目最为关键的参与者；

(2) 设计方、监理方、施工方、供应商和运营方：具有较高的利益相关性和影响力，为项目的主要参与者；

(3) 用水方和当地居民：利益相关性和影响力均较低，不直接参与项目决策和建设。

对各利益相关方责权利的调研结果如图 3-3 所示。

由图 3-3 可知，与影响力和利益相关性类似，也可以将水利工程各利益相关方分为三类。

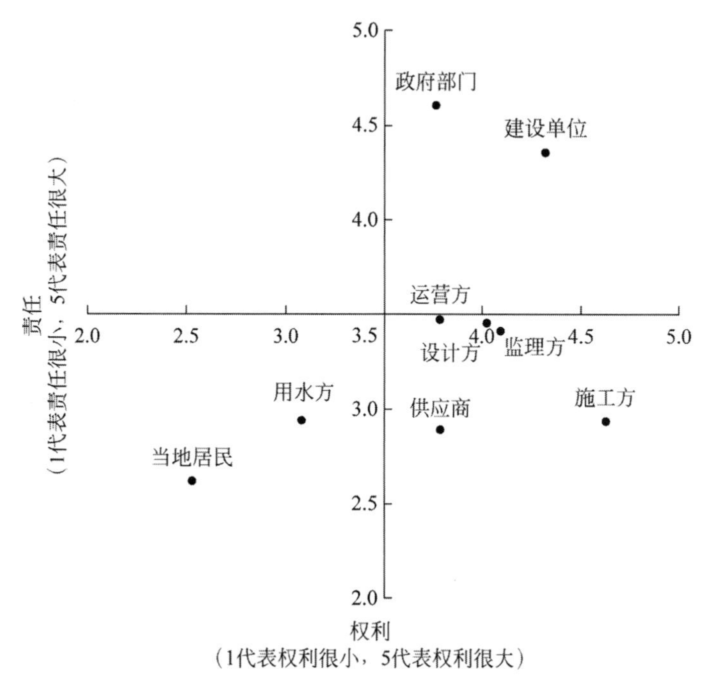

图 3-3 水利工程利益相关方责任与权利象限图

（1）政府部门和水利工程建设单位：责任得分较高，且权利得分明显高于其他利益相关方，是工程项目的主导者和决策者；

（2）设计方、监理方、施工方、供应商和运营方：责任得分较高，但权利得分低于政府部门和水利工程建设单位，是项目实施的重要参与方，需要对自己所分配的工作负责；

（3）用水方和当地居民：责权利得分均较低，不对项目负责，但可以反馈自己的意见。

针对不同的利益相关方，应具体分析其在项目建设过程中的角色、需求和目的，制定有效的应对策略，促进各方协同工作。

3.2.1 政府部门

政府部门指国家各级政府以及相关职能部门和行业主管部门，包括国家或省（区）发展和改革委员会（简称“发改委”）、自然资源厅、生态环境厅、林业和草原局、水行政主管部门等。政府部门原则上不直接参与水利工程的设计、招标、施工等工作，也不干预项目的正常实施。但公益性的水利工程项目，一般都由政府和水行政主管部门牵头并进行初步规划后再交由水利工程建设单位实施。各类政府部门和职能部门可以通过相关的政策法规、技术标准以及各主管部门的行政许可，规范水利工程项目前期论证、设计、招投标、采购、施工、运营等全过程的行为活动，全面涉及项目的规划、用地、建设、质量、进度、安全、环保、税务等方面。各相关方的一切行为，都必须遵守法律法规，符合各类方针政策和技术标准的规定，自觉接受其职能主管部门的监督和检查，并按照建设行政审批程序办理相关手续。这是保障整个工程建设项目顺利实施的基本要求。

结合图 3-2、图 3-3 数据，对政府部门进行利益相关方分析，结果如表 3-1 所示。

表 3-1 利益相关方分析：政府部门

影响力得分	4.431(排名第 1)	责任得分	3.769(排名第 7)
利益相关性得分	3.855(排名第 3)	权利得分	4.602(排名第 1)
需求	• 工程建设满足各项法律法规 • 工程建设符合各类方针政策和技术标准的规定 • 严格管控施工过程中安全和质量，避免造成不良影响 • 通过工程建设，提升经济和社会效益，改善地方形象		

由表 3-1 可知，政府部门影响力、利益相关性和权利得分均排名靠前。其中，影响力得分 4.431 分，权利得分 4.602 分，均排名第 1，体现了政府部门对公益性水利工程项目的主导性和监督检查作用。在项目建设过程中，为协调与政府部门关系，满足政府部门各项要求，相关利益方需要注意以下方面：

(1) 优先考虑国家及地方政府相关政策法规、技术标准等方面的要求。

(2) 及时申报办理项目的规划、用地、建设、质量、安全、环保、审计、劳动等相关手续。

(3) 健全质量、进度、安全、环保、资金、劳动等管控体系，及时做好各项检查的准备工作，主动接受主管部门的监督和检查。

(4) 建立与政府各部门沟通与反馈的机制，及时落实并反馈相关部门提出的监督意见。

(5) 与政府部门合作协调解决土地占用、移民等问题。

3.2.2 水利工程建设单位

水利工程建设单位负责水利工程建设的组织，需要对项目的项目建议书、可行性研究、设计、招投标、施工、竣工验收和运营全过程负责。水利工程建设单位也是项目参与各方的总体组织协调者，通过签订各类合同，与设计方、监理方、施工方、供应商形成合同关系，并在项目实施过程中协调各利益相关方之间的关系。建设单位为项目设计施工提供必要的条件，有权在项目施工过程中检查工程的质量、进度、安全等情况，对未能满足合同要求的方面提出改正要求，也可根据需要提出工程变更。在工程竣工时，通过支付合同工程款成为项目的拥有者和最终受益人。

结合图 3-2、图 3-3 数据，对水利工程建设单位进行利益相关方分析，结果如表 3-2 所示。

表 3-2 利益相关方分析：水利工程建设单位

影响力得分	4.364(排名第 2)	责任得分	4.321(排名第 2)
利益相关性得分	3.945(排名第 1)	权利得分	4.349(排名第 2)
需求	• 实现项目的功能目标 • 项目质量、进度、费用得以保障 • 项目收益最优化 • 项目风险最小化		

由表 3-2 可知，水利工程建设单位影响力得分 4.364 分，排名第 2，仅次于政府部门，利益相关性得分 3.945 分，排名第 1，充分说明建设单位是工程项目管理的中心，对项目绩效具有决定性的影响，并且项目绩效与建设单位效益密切相关。

建设单位权利得分 4.349 分，排名第 2，仅次于政府部门，由于政府部门并不直接参与工程项目管理，因此，水利工程建设单位实际掌握项目建设过程中的主导权，能够直接参与、监督、指导项目全过程的管理。其责任得分 4.321 分，排名第 2，次于施工方，说明建设单位对工程项目责任重大，需要对工程建设过程进行质量、成本、进度控制，确保项目按计划实施。建设单位在具体工作中，需注意以下方面：

(1) 建立与各方的合作关系，加强信息沟通与交流，并以合同为依据，明确各方责任，确保各方对项目功能、安全、质量、工期、环境等目标认识达成统一，有效推进项目实施。

(2) 在项目建议书编制阶段，需配合水行政主管部门完成项目建议书的编制，并编制投资建议计划和前期工作建议计划。

(3) 在可行性研究阶段，应对项目可行性进行深入研究，包括项目选址意见书、使用林地/土地预审、环境影响评估、水土保持评估、矿产压覆评估、地质灾害评估、节能评估、社会风险评估、安全鉴定等。

(4) 在设计阶段，负责组建项目法人，进行设计招标并组织工程建设方案的编报和审查，并向水行政主管部门报批。

(5) 在招标阶段，需制定招标实施方案和工作计划，选定招标代理机构，组织招标工作，并编写招标情况报告交水行政主管部门审批。

(6) 在建设实施阶段，需组织项目开工、设计交底、拨付各类款项、对施工质量安全监督抽检，并负责设计变更的管理和解决建设过程中的各类问题。

(7) 在竣工验收阶段，组织项目法人配合政府部门验收，进行项目资料归档工作和工程决算与交付。在工程交付后，还需进行项目后评价等工作。

3.2.3 设计方

设计方通过设计合同为业主提供专业化的服务，同时承担项目整体规划的技术转化工作，是施工运营的重要依托。设计方与施工承包商不构成直接合同关系，在合同关系上二者相互独立。在工作关系上，设计方与承包商一起为同一项目服务，承担不同的工作，二者共同完成项目建设工作。

结合图 3-2、图 3-3 数据，对设计方进行利益相关方分析，结果如表 3-3 所示。

表 3-3 利益相关方分析：设计方

影响力得分	3.734(排名第 4)	责任得分	4.028(排名第 4)
利益相关性得分	3.582(排名第 6)	权利得分	3.422(排名第 4)
需求	• 工程费用和结构安全性最优化 • 无干扰因素阻碍项目设计 • 设计费满足需要		

由表 3-3 可知，设计方影响力得分 3.734 分，排名第 4，低于政府部门、建设单位和施工方，利益相关性得分 3.582 分，排名第 6，均位于中等水平，说明设计方能够在较大程度上对项目实施造成影响，并且其收益也在一定程度上与项目绩效挂钩。设计方责任得分 4.028 分，权利得分 3.422 分，均排名第 4，说明设计方所承担的责任和所拥有的权利较为匹配。

为避免出现设计深度不够、地质勘测精度不足、设计变更频繁等问题，并保证设计满足工程实际需要，设计方应注意以下方面：

(1) 确保地质勘测工作满足精度要求；

(2) 严控设计进度，确保设计深度满足工程施工和设备材料需求；

(3) 建立图纸审核制度，确保设计质量；

(4) 严格控制设计变更，减少变更对工程施工进度和成本的影响；

(5) 基于 BIM 等信息化技术，提升设计管理效率。

3.2.4 监理方

监理方的主要任务是在项目建设过程中为项目法人提供技术咨询服务，同时确保工程质量、进度、成本、安全、环保等方面满足相应政策法规、技术标准以及项目需求。

结合图 3-2、图 3-3 数据，对监理方进行利益相关方分析，结果如表 3-4 所示。

表 3-4 利益相关方分析：监理方

影响力得分	3.694(排名第 5)	责任得分	4.093(排名第 3)
利益相关性得分	3.355(排名第 9)	权利得分	3.413(排名第 5)
需求	• 施工单位按照设计文件要求加以执行，满足项目的质量、进度、投资要求		

由表 3-4 可知，监理方影响力得分 3.694 分，排名第 5，低于政府部门、建设单位、施工方和设计方。责任得分 4.093 分，排名第 3，权利得分 3.413 分，排名第 5，说明监理方承担的责任较大而拥有的权利相对较小。为保证监理方能切实履行监理职责，确保施工质量，应注意以下方面：

(1) 聘请有资质、高水平的监理单位，保证监理有能力组织、协调、指导、监督项目实施；

(2) 保障监理方能有效行使监理权利；

(3) 建立协同工作流程，使参建单位与监理单位紧密配合，以确保项目实施满足质量、成本、进度等指标要求。

3.2.5 施工方

施工方是项目实施的主体，对工程的总体进度、质量、安全负责。施工方应编制工程总进度计划，以及施工组织总设计、工程质量保障措施和各种安全专项施工方案。

结合图 3-2、图 3-3 数据，对施工方进行利益相关方分析，结果如表 3-5 所示。

表 3-5 利益相关方分析：施工方

影响力得分	3.789(排名第 3)	责任得分	4.624(排名第 1)
利益相关性得分	3.764(排名第 4)	权利得分	2.935(排名第 7)
需求	• 按时支付工程进度款 • 设计方案合理，施工性强 • 无意外因素干扰施工 • 施工组织安排合理 • 施工资源配置到位 • 减少设计变更		

由表 3-5 可知，施工方影响力得分 3.789 分，利益相关性得分 3.764 分，分别排名第 3 和第 4，处于较高的水平，说明施工方作为项目的实施者，能够直接影响项目实施过程中的各项决策，并且施工质量、进度、成本等与施工方的利益所得关系密切。此外，施工方责任得分 4.624 分，排名第 1，可见施工方对项目实施负主要责任；而其权利得分仅 2.935 分，排名第 7，说明施工方在项目实施过程中的话语权较低。为保证施工方能够切实履行相应责任，顺利开展施工工作，保证施工质量、进度和成本，应注意以下方面：

（1）选择优秀的项目经理、管理人员、劳务队伍和购买合格的原材料和中间产品，确保施工单位所获利润合理；

（2）加强施工单位技术与管理能力建设；

（3）加强合同管理，建立绩效评价与激励机制，确保项目实施符合要求；

（4）建立主要参建方协作机制，保证施工单位充分了解设计意图，及时反馈现场情况，确保项目顺利实施。

3.2.6 供应商

供应商是向企业及其竞争对手供应各种所需资源的企业和个人，包括提供原材料、设备、能源、劳务资源等。

结合图 3-2、图 3-3 数据，对供应商进行利益相关方分析，结果如表 3-6 所示。

表 3-6 利益相关方分析：供应商

影响力得分	3.486(排名第 7)	责任得分	3.789(排名第 5)
利益相关性得分	3.473(排名第 7)	权利得分	2.890(排名第 8)
需求	• 工程项目按时支付货款，且有较高的利润率 • 业主和项目法人有履行订货合同的能力 • 从订货到发货时间充裕 • 产品规格明确，质量要求合理		

由表 3-6 可知，供应商影响力、利益相关性、责任以及权利得分均排名较低，其需求包括按时支付货款、履行订货合同、发货时间充裕、产品规格明确等。供应商管理应注意以下方面：

(1) 建立稳定合格的供应商数据库,在大型建造类工程项目竞标时,主要设备、物料和服务采购成本可以精确核算,保证投标价格有可靠的成本计算依据,从而有效降低投标风险;

(2) 对供应商进行统一管理,并对主要供应商进行绩效评估,为有效管理供应商数据库提供依据;

(3) 与主要供应商建立良好的合作伙伴关系,并制订长期合作发展计划,使主要供应商为了长远商业利益有意愿给予项目更好的合作条件;

(4) 在和供应商进行采购合同谈判或签署时,对项目执行中涉及的可能违约情形进行清晰约定并量化相关条例,形成合同条款,做到有据可依、有量可依。

3.2.7 运营方

在工程建成投产后,工程项目运营方根据既定的效益目标,通过有效利用各种资源,对工程项目的运营过程进行计划、组织与控制,保障工程安全发挥工程效益,以满足社会需要和市场需求。

结合图 3-2、图 3-3 数据,对运营方进行利益相关方分析,结果如表 3-7 所示。

表 3-7 利益相关方分析:运营方

影响力得分	3.636(排名第 6)	责任得分	3.789(排名第 5)
利益相关性得分	3.883(排名第 2)	权利得分	3.472(排名第 3)
需求	• 项目质量满足运营要求 • 运营成本低		

由表 3-7 可知,运营方利益相关性得分较高,是项目建成后运营和维护的主体,负责在建成工程的基础上,为社会提供对应的产品和服务。在工程运营和维护的过程中,应注意以下方面:

(1) 明确项目需求,设计时充分考虑运营维护需要,使工程设计满足运营所需的各项功能要求;

(2) 保证工程质量,降低运营和维护成本;

(3) 运用 BIM 技术,实现工程从设计、施工到运营的全生命周期管理;

(4) 借助信息化手段,实现水利工程自动化运维。

3.2.8 用水方和当地居民

水利工程是造福百姓、利于社会的重要项目,在防洪安全、水资源合理利用、水生态环境保护以及区域经济发展等方面发挥着不可替代的重要作用。水利工程在建设和运营过程中,可能会对当地居民和用水方的生产生活造成一定影响,包括征地、移民等。因此,用水方和当地居民也应作为水利工程项目的主要利益相关方进行分析,其结果如表 3-8 和表 3-9 所示。

表 3-8 利益相关方分析：用水方

影响力得分	3.236(排名第 8)	责任得分	3.083(排名第 8)
利益相关性得分	3.697(排名第 5)	权利得分	2.944(排名第 6)
需求	• 优良的水质 • 优惠的水价 • 供水稳定性 • 供水设施维护与检修服务		

表 3-9 利益相关方分析：当地居民

影响力得分	2.898(排名第 9)	责任得分	2.533(排名第 9)
利益相关性得分	3.455(排名第 8)	权利得分	2.620(排名第 9)
需求	• 施工区域内的治安、交通、环境保护 • 工程项目有社会效益 • 妥善安置移民 • 合理的征地补偿		

由表 3-8 和表 3-9 可知，用水方和当地居民的影响力、利益相关性、责任、权利得分排名均靠后，归因于两方不直接参与工程建设。在项目建设过程中，为协调与当地居民以及用水方之间的关系，需要注意以下方面：

(1) 保证工程质量，满足用水方对于水质和水价的需求；

(2) 注重与政府部门的沟通与合作，确保水利工程建设合法合规；

(3) 配合地方政府做好征地补偿工作；

(4) 建立与用水方和当地居民的沟通与反馈机制，降低项目实施过程的社会风险。

3.3 水利工程利益相关方合作伙伴关系

3.3.1 伙伴关系理论模型

从国内外工程建设实践来看，水利工程管理越来越强调各利益相关方之间建立合作伙伴关系。伙伴关系理论的应用源于美国，20 世纪 80 年代，美国陆军工兵团在亚拉巴马州水电资源开发利用中首次应用伙伴关系理论取得成功，进而成功应用于北美、欧洲和澳洲等地。工程建设领域的伙伴关系定义为“两个或多个组织间一种长期的合作关系，旨在为实现特定目标尽可能有效利用所有参与方的资源。这要求参与方改变传统关系，打破组织间壁垒，发展共同文化；参与方间的合作关系应基于信任、致力于共同目标和理解尊重各自的意愿”[9]。2000 年英国咨询建筑师协会(association of consultant architects，ACA)出版的《项目伙伴关系标准合同格式》(standard form of contract for project partnering，PPC2000)是国际上第一个以项目伙伴关系命名的标准合同，该合同倡导信任与合作，将伙伴关系的理念付诸实践，应用于各类项目，产生了巨大的经济和社会效益。伙伴关系的作用机理如图 3-4 所示。

图 3-4 所示的伙伴关系理论模型包含两类伙伴关系要素：一类是行为要素，包括共同

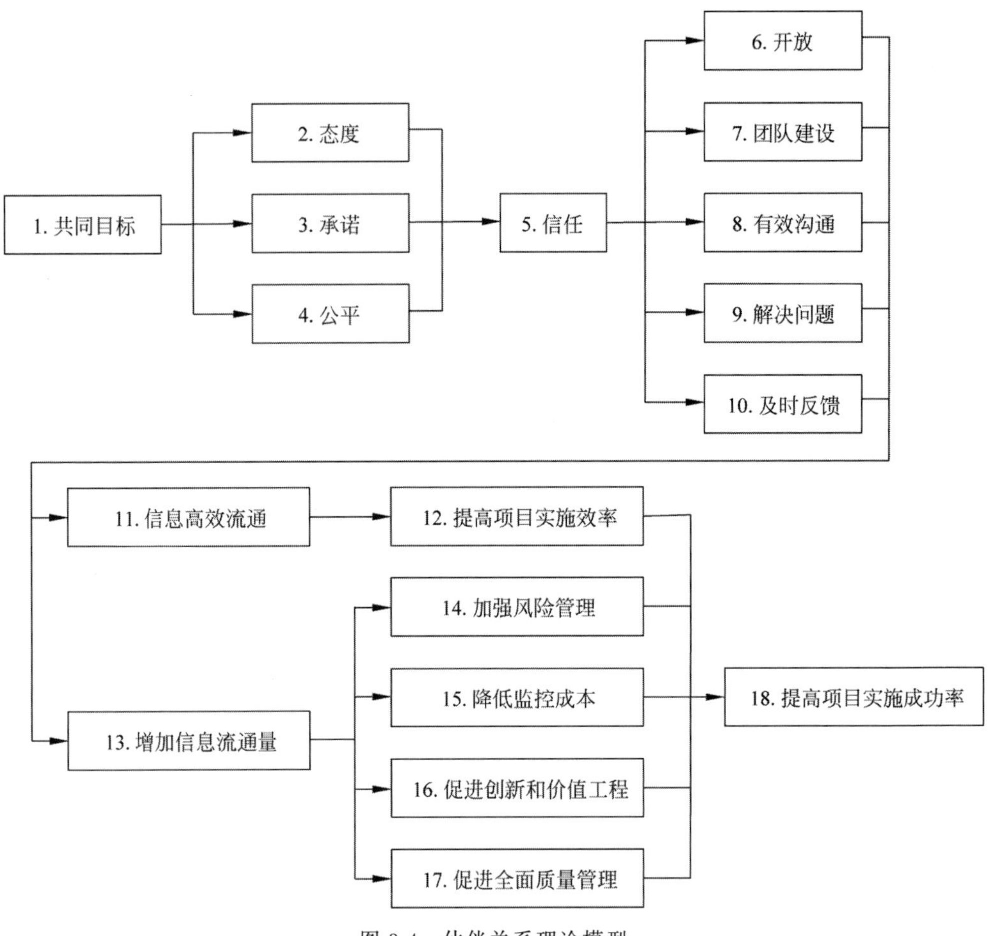

图 3-4 伙伴关系理论模型

目标、态度、承诺、公平和信任，其中信任是核心；另一类是交流要素，包括开放、团队建设、有效沟通、解决问题和及时反馈，其中解决问题是关键[10-11]。在伙伴关系的实践过程中，首先要建立起项目组织的共同目标，使各方能以积极的态度进行合作，积极态度就是执行力。如果在执行过程中各方能信守承诺，奉行公平原则，就能逐渐建立起信任的关系。信任的作用在于能促进项目各方开放，加强团队建设，有效沟通，解决问题和及时反馈。这使项目管理系统内各种信息能顺畅交流，加快信息流动，从而提高项目实施效率，并鼓励各方分享经验和对问题的看法，有助于增加决策信息，加强风险管理，降低监控成本，促进创新和价值工程，推进全面质量管理，最终提升项目绩效。因此，在水利工程建设中引入伙伴关系理论非常必要，参建各方建立伙伴关系有助于实现工程项目从可行性研究、设计、采购、施工到运营的全生命周期管理，解决复杂的工程管理问题[10,12]。

3.3.2 水利工程参建方伙伴关系情况

对宁夏水利工程业主与其他参建方伙伴关系各要素实现情况进行评估，结果如表 3-10 所示。其中，得分 5 为“情况很好”，得分 1 为“情况很差”。

表 3-10　水利工程业主与其他参建方伙伴关系要素实现情况

要素	总体		业主-设计方		业主-施工方		业主-监理方		业主-供应商	
	得分	排序	得分	排序	得分	排序	得分	排序	得分	排序
共同目标	4.01	1	3.92	1	4.07	2	4.04	1	4.01	1
承诺	4.00	2	3.90	3	4.08	1	4.03	2	3.98	2
有效沟通	3.95	3	3.92	1	3.97	6	3.98	4	3.92	6
公平	3.95	3	3.85	5	4.03	3	3.95	5	3.95	4
信任	3.94	5	3.89	4	3.94	7	3.95	5	3.98	2
团队建设	3.91	6	3.84	6	3.98	5	3.91	10	3.90	8
态度	3.90	7	3.69	10	4.00	4	3.99	3	3.93	5
开放	3.88	8	3.79	7	3.88	8	3.95	5	3.92	6
解决问题	3.86	9	3.78	8	3.85	10	3.94	8	3.87	10
及时反馈	3.85	10	3.75	9	3.86	9	3.93	9	3.88	9
均值	**3.92**		**3.83**		**3.97**		**3.97**		**3.93**	

由表 3-10 可知，总体上业主与其他参建方之间伙伴关系各要素得分均值为 3.92 分，表明参建各方之间建立了相对较好的伙伴关系。

“共同目标”“承诺”“有效沟通”三个要素得分排名前三，可见水利工程参建方之间有共同目标，建有相对完善的沟通交流机制，能够积极履约，愿意为完成项目目标共同努力。共同目标是各方开展良好合作的基础，有利于各方之间建立顺畅的沟通渠道，提高项目决策水平。

“开放”“解决问题”“及时反馈”等要素得分排名靠后，说明水利工程参建方之间氛围不够开放，各方信息交流存在一定的隔阂，从而导致信息反馈不够迅速，难以及时根据项目实施情况对项目活动进行调控。此外，各方之间解决问题的方法与流程还不够完善，不利于参建各方共同解决项目实施过程中遇到的各类问题。

对伙伴关系各要素间相关性进行分析，其皮尔逊相关系数如表 3-11 所示。

表 3-11　伙伴关系要素间相关性

要素	共同目标	态度	承诺	公平	信任	开放	有效沟通	团队建设	解决问题	及时反馈
共同目标	1									
态度	0.773**	1								
承诺	0.787**	0.762**	1							
公平	0.705**	0.740**	0.800**	1						
信任	0.735**	0.670**	0.829**	0.815**	1					
开放	0.660**	0.655**	0.670**	0.757**	0.785**	1				
有效沟通	0.699**	0.690**	0.723**	0.741**	0.811**	0.787**	1			
团队建设	0.646**	0.652**	0.712**	0.759**	0.732**	0.770**	0.776**	1		
解决问题	0.625**	0.625**	0.694**	0.747**	0.728**	0.736**	0.738**	0.751**	1	
及时反馈	0.603**	0.656**	0.637**	0.735**	0.723**	0.767**	0.728**	0.751**	0.791**	1

注：** 表示显著性在 0.01 级别。

由表 3-11 可知，伙伴关系各要素之间具有一定的相关性，其相关显著性均达到 0.01 级别，说明水利工程参建各方之间的伙伴关系各要素相互影响。

对水利工程参建各方责权分配与合作关系情况进行评估，结果如表 3-12 所示。其中，得分 1 为“差”，得分 5 为“很好”。

表 3-12 水利工程参建各方责权分配与合作关系情况

指标	总体		业主		设计		施工		监理	
	得分	排序	得分	排序	得分	排序	得分	排序	得分	排序
各方参与项目的积极性高	4.06	1	3.75	1	4.53	1	4.06	1	4.00	1
各方建立了良好的合作关系，以高效利用各方资源	3.99	2	3.65	3	4.47	2	4.02	2	3.90	2
各方责任分配明确、合理	3.89	3	3.70	2	4.33	3	3.92	3	3.67	4
各方能切实履行各自的责任	3.87	4	3.50	5	4.33	3	3.92	3	3.76	3
各方权利分配明确、合理	3.86	5	3.65	3	4.33	3	3.89	5	3.67	4
均值	**3.93**		**3.65**		**4.40**		**3.96**		**3.80**	

由表 3-12 可知，各方责权分配与合作关系情况平均得分 3.93 分，说明各方责权分配比较合理，并建立了良好的合作关系，能够较好地利用各方资源。各方参与项目积极性和各方合作关系排名靠前，说明在共同目标的引导下，各方能相互建立合作关系，积极把各类资源投入项目建设中。但责权分配、责任履行等指标得分排名靠后，可见各方在责权分配上可能存在责权边界模糊、责任落实不到位等问题。

对表 3-12 中的各指标进行系统聚类分析，其结果如图 3-5 所示（*** 表示显著性在 0.001 水平）。

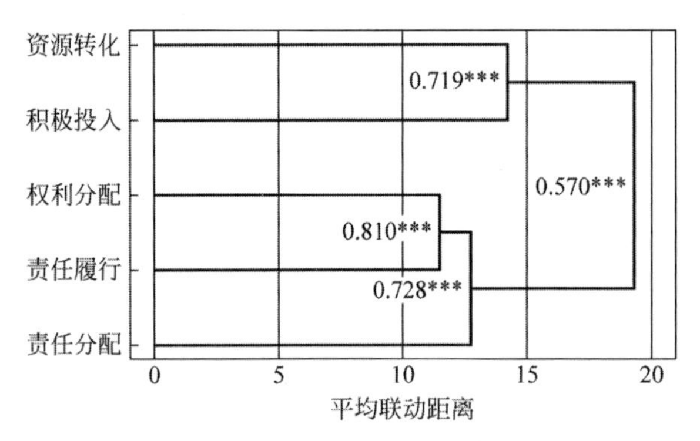

图 3-5 水利工程参建各方责权分配与合作关系系统聚类分析

由图 3-5 可知，“责任分配”（各方责任分配明确、合理）、“责任履行”（各方能切实履行各自的责任）、“权利分配”（各方权利分配明确、合理）3 个指标可被分为一类，用来描述各方责权利分配和责任履行关系。“积极投入”（各方参与项目的积极性高）和“资源转化”（各方建立了良好的合作关系，以高效利用各方资源）两个指标可分为一类，用于描述各方资源投入、集成与转化水平。

对各方伙伴关系、责权分配、资源集成与转化以及项目绩效进行结构方程建模和分析，结果如图 3-6 所示(*** 表示显著性在 0.001 水平)。

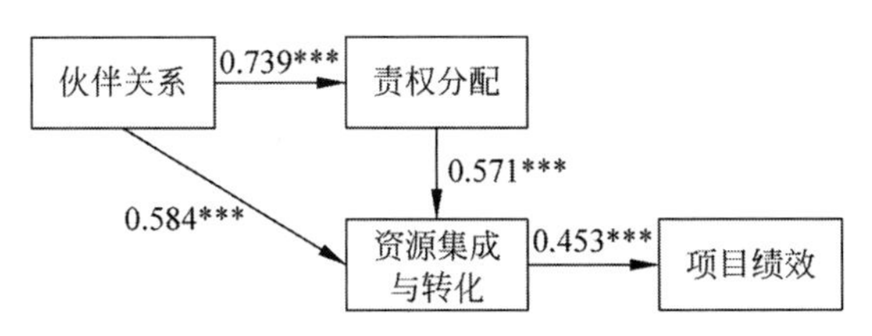

图 3-6　水利工程参建各方伙伴关系作用机理

由图 3-6 可知，伙伴关系可以通过两种途径提升项目绩效：一是促进各方积极投入资源参与项目建设，通过合作实现项目资源高效集成与转化；二是通过合理分配各方责任和权利，使参建各方资源在项目实施过程中得以优化配置，并高效转化为项目最终成果。

3.4　基于云平台的利益相关方信息化管理

基于利益相关方合作管理理论，可以看出水利工程利益相关方众多，工程项目管理涉及大量的工程数据，包括建设单位在内的政府部门、设计方、监理方、施工方、供应商等参建各方要实现协同工作，需要实现工程信息集成处理、高效传递、交流和共享。因此，结合云计算技术构建水利工程建设云管理平台，能够实现工程信息的高效集成与共享，大大简化传统的信息交流沟通方式，促进各方资源高效利用，如图 3-7 所示。

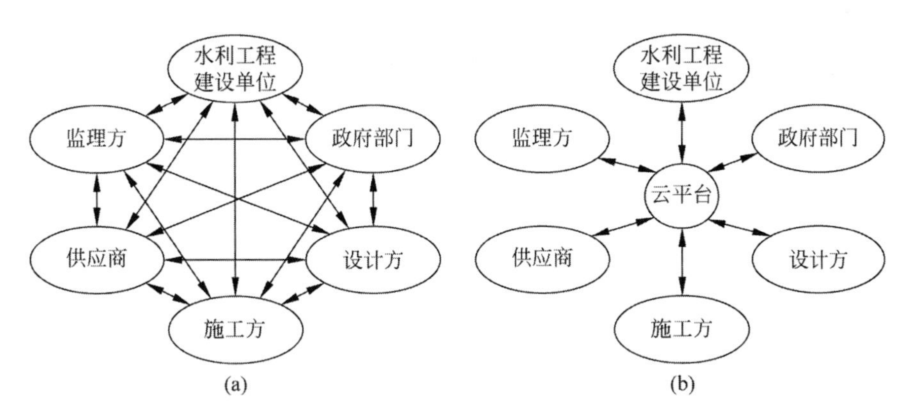

图 3-7　传统工程和基于云平台的各方沟通方式

(a) 传统工程各方沟通方式；(b) 基于云平台的各方沟通方式

云平台通过集成参建各方信息，简化了沟通方式，实现了各方高效协同。与传统模式相比，基于云平台的管理模式具有以下特点：

(1) 云平台可以为项目参建各方提供一个开放的信息沟通环境。云平台采用集成共享式的信息交流和沟通方式，可以显著提高各方沟通效率、降低沟通成本、提升沟通过程中信息传递的稳定性、准确性和及时性。

（2）云平台可以提高信息的可获取性和可重用性。云平台可以根据参建各方的需求自动收集、整理、分发、公开信息，使各方信息的共享和交流变得更加便利和灵活。参建各方可以摆脱时间空间限制，通过互联网或局域网随时随地获取所需信息，并及时做出处理和响应。

（3）云平台可以提高信息利用效果和决策效率。云平台通过集成各方信息，使参建各方能够最大限度获取所需要的工程项目信息，同时通过为不同参建方、不同岗位的项目成员设定信息管理的权限，提高信息获取的效率和准确度，从而提高各方信息利用的效果，避免因信息缺失导致的决策失误。

为实现水利工程建设项目利益相关方信息化管理，云平台建设应满足以下三个层次的需求：

（1）云平台应高效集成和共享信息。水利工程规模大，项目建设中产生信息总量巨大、结构化程度低。工程参建各方既是项目信息的供给方，同时也是项目信息的需求方，因此，工程项目信息化管理首先要满足信息的高效集成和共享需求。

（2）云平台应满足不同参建方、不同岗位的项目成员获取信息与管理权限的需求。例如，建设单位需要及时掌握工程规划、设计、投资、进度、质量、安全、环保等相关信息，而对于施工方，则需要及时把握工程项目的人、机、料、法、环等信息。

（3）云平台应能实现信息动态更新和可视化要求。即利用各类传感器和物联网技术，实现工程现场信息的自动化采集、传输、集成和更新，提高信息获取的及时性，同时借助信息可视化手段，直观呈现项目信息，提高决策效率。

3.5 数字经济下水利工程利益相关方管理指标体系

为实现水利工程利益相关方信息化管理，促进工程参建各方合作共赢，需要设立以下阶段目标，并建立如表 3-13 所示的项目利益相关方管理评价指标体系。

第一阶段：建立利益相关方合作机制，明确各方责权分配，实现各方资源高效集成。

第二阶段：建设基于云计算技术的数字化利益相关方管理云平台，促进参建各方信息公开和交流。

第三阶段：在信息公开、资源集成的基础上，与各利益相关方形成开放信任的合作伙伴关系，实现多方合作共赢目标。

表 3-13 数字经济下利益相关方管理指标体系与阶段性目标

阶段划分	指标	内容
第一阶段： 利益相关方资源集成	责任分配	各方明确各自的责任分配
	权利分配	各方明确各自的权利分配
	各方积极性	各方主动提议和主动沟通交流的次数
	各方履约情况	各方由于沟通问题导致履约不利的次数
	各方资源利用	项目能够充分利用各方资源
	各方满意度	项目各方的满意程度

续表

阶段划分	指标	内容
第二阶段：建设利益相关方管理云平台	信息交流	各方利用信息平台进行信息交流的次数
	信息利用	各方利用云平台能够获取所需信息的次数
	沟通频率	项目各阶段与参建各方沟通次数
	沟通时间	项目各阶段与参建各方沟通时间
	及时回复	回复参建方提议的评价延迟时间
	回复满意度	参建方对提议回复的满意程度
第三阶段：建立参建方合作伙伴关系	共同目标	各方能清楚认识到共同的目标，并致力于实现这些目标
	态度	对他方提议态度积极
	承诺	各方信守承诺
	公平	各方处事公正
	信任	各方相互信任
	开放	相互间有开放的氛围，以鼓励信息顺畅交流
	团队建设	鼓励团队合作，促使每个成员积极参与
	有效沟通	相互间建有完善的正式与非正式交流渠道，并有效沟通
	解决问题	相互间建有完善的解决问题的方法与流程，并行之有效
	及时反馈	信息反馈迅速，以及时调控项目活动

第4章 >>>>>>>>>>>>>>>

数字经济下水利工程建设前期论证和设计管理

4.1 前期论证和设计管理的内容

项目前期论证是影响水利项目决策投资的决定性环节，是指对特定的项目进行计划、组织和分析论证，以判断该项目是否符合组织目标[13]。前期论证需要综合研究和科学论证拟实施项目的技术可能性、经济有利性和建设可行性[14]，并对多个实施方案进行优选，为项目投资决策提供依据，减少或避免决策失误，确保投资决策的顺利进行。

项目前期论证需要收集国家和地方政策法规、项目所在地地质情况、水文条件、施工组织条件、材料设备信息、交通运输情况等资料，进而进行多方案比选，论证项目合理性和可行性，明确项目范围、投融资情况、质量和进度要求，完成立项审批工作。

项目前期论证工作完成后，进入设计环节。设计是项目实施的关键环节，对项目整体的质量、进度和成本影响巨大。水利工程的设计过程主要包括初步设计、施工图设计和竣工图编制。设计工作具有创造性高、专业性强和多参建方参与的特点[15]。

设计管理涉及众多利益相关方，包括业主、设计方、供应商、施工方、监理方、相关政府机构、当地社区和居民等。从管理主体而言，工程项目的设计管理主要分为业主方的设计管理和设计方自身的设计管理。前期论证和设计阶段对整个项目价值影响最大，业主的设计管理尤为重要。设计管理过程中，业主应明确设计不同阶段的深度要求，确定按进度计划里程碑应交付的设计成果，并注意协调与设计相关的工作。

4.1.1 机会研究

项目的提出有如下动因：①符合法律法规或社会要求；②满足相关方的要求或需求；③执行组织技术与管理战略；④创造和改进产品或服务[16]。促成项目立项可以包括上述一种或多种动因。机会阶段需要进行明确的市场定位，寻找市场需求，并分析项目顺利进行需考虑的各种因素，包括组织内部的资源配置和组织外部的政策、经济、社会、合作伙伴、交通运输、材料设备、劳动力和自然条件等。

对于政府主导的工程项目而言，项目机会研究需要考虑政策法规的符合性和区域发展的协调性。水利工程项目立项最首要的前提是符合国家和地方产业政策法规、水利水务相关政策、环境保护政策等；同时要符合区域规划，协调区域整体发展，针对项目所在地的性质不同，对经济开发区、居民生活区、生态保护区、农业种植区等采取不同的项目建设管理模式，因地制宜建设水利工程，并进行项目建议书的编制工作[17]。

项目建议书是可行性研究的前提，指根据国民经济和社会发展的多项规划政策，结合可获得的资源条件和建设要求，对项目进行调查预测和分析，论述项目建设的必要性，供有关部门决定是否进行可行性研究。水利工程的项目建议书主要论证项目建设的必要性和依据，基本确定项目各项任务、实施次序、实施方案并进行投资估算，初步分析项目资源情况和建设条件，初步明确项目实施后对所在流域和项目所在地产生的经济、社会和环境影响等。项目建议书审批通过后即可进行可行性研究。

4.1.2　可行性研究

工程项目的可行性研究阶段主要包括可行性研究报告和要件的编制与审批工作，一般由建设单位委托专业的设计单位或咨询公司进行编制。可行性研究报告的编制人员通过权衡多方案的优劣，科学全面地评估项目方案在技术、经济、社会、环境等方面的可行性和合理性，提出明确的评估结论。经过批准的可行性研究报告，是行业主管部门进行项目决策的依据，也是初步设计的基础。

可行性研究报告是在已批复的项目建议书基础上编制的。宁夏水利工程项目的可行性研究报告一般由水行政主管部门组织或委托具有相应等级资质的设计、咨询机构，以批准的流域（河段）、区域综合规划或专业、专项规划为依据，按照《水利水电工程可行性研究报告编制规程》（SL 618—2021）编制。水利工程的可行性研究报告的内容主要包括：论证工程建设的必要性，预测市场需求，确定水文参数，查明并评价地质条件，确定项目范围和布局、设计标准、工程技术方案、交通运输条件和征地范围，基本选定材料设备的参数和施工方法，预测并评价项目对所在地环境和社会的影响，编制投资估算并进行国民经济评价，明确招标方案等，并做好流域影响评价、制定水土保持办法，关注水资源利用和水权问题。在报批可行性研究报告时，需要完成各项要件的审批，包括土地预审、选址意见书和社会稳定风险评估等。

4.1.3　初步设计

初步设计工作在可行性研究报告批复后完成，设计成果需要满足可行性研究报告的批复要求，编制设计概算文件，依据提高质量、确保安全和降低造价的原则，进行更加全面细致的方案比选，确保设计技术可行、经济合理、设计深度满足施工招标和采购工作的需要。

初步设计是整个设计过程的关键阶段，对后续项目实施的质量、成本影响巨大。业主应在此阶段加大管理力度，重视初步设计成果审查，以减少项目实施过程的设计变更。初步设计完成后进行招标设计，依据发包人的计划安排，分批提交招标设计图纸、工程量（设备）清单、技术要求（设备、材料和土建）等。

4.1.4　施工图设计

在施工图设计阶段，设计单位以满足施工进度为原则，按合同要求分批次提交设计成果，由业主组织设计图的审查工作。业主在施工图设计阶段的主要管理内容包括施工图审查、组织设计交桩和设计交底、控制设计变更、协调设计与施工和采购工作，使施工过程出现的设计问题能够得到及时响应和反馈。需要重视对设计图纸的审查，特别要考虑与初步设计批复的一致性、设计可施工性、设计与其他专业的匹配性等问题。

4.1.5 竣工图编制

竣工图在工程完工后提供，需要真实反映竣工验收时的工程实际情况，并符合施工图设计、设计和材料变更、施工和质检记录情况。对于没有改动的施工图，直接加盖竣工图标志；能在图纸上修改补充的一般设计变更，由施工单位标注修改内容和修改依据；对于变更较多的设计图纸，需要按原图编号重新绘制竣工图。竣工图依据专业进行系统分类，同时需要编制竣工图总说明和专业的编制说明，阐述编制原则和情况。

4.2 前期论证和设计管理调研结果

4.2.1 水利工程项目机会研究影响因素

对宁夏水利工程项目机会研究各影响因素的影响程度进行评估的结果如表 4-1 所示。其中，得分 1 为“影响很小”，得分 5 为“影响很大”。

表 4-1 各因素对项目机会研究的影响程度

指标	总体		业主		设计		施工		监理	
	得分	排序	得分	排序	得分	排序	得分	排序	得分	排序
国家政策的推动	4.31	1	4.33	1	4.61	1	4.20	2	4.30	1
地区政策的推动	4.28	2	4.17	3	4.56	2	4.22	1	4.30	1
当地社会经济发展的需要	4.09	3	4.22	2	4.50	3	3.96	7	3.90	5
政府优惠条件的吸引	4.09	3	3.83	6	4.50	3	4.00	6	4.15	3
法律法规的要求	4.07	5	3.94	5	4.22	10	4.13	4	3.90	5
企业发展战略的需要	4.02	6	3.76	8	4.44	7	4.15	3	3.55	10
投资收益的需要	4.01	7	3.47	10	4.50	3	4.04	5	3.95	4
环境保护的需要	3.94	8	3.78	7	4.39	8	3.85	8	3.90	5
适应技术进步与创新的需要	3.94	8	4.06	4	4.28	9	3.85	8	3.74	9
市场/客户的需求	3.89	10	3.56	9	4.50	3	3.85	8	3.75	8
均值	**4.06**		**3.91**		**4.45**		**4.02**		**3.94**	

由表 4-1 可知，项目机会研究各影响指标总体得分均值大于 4 分，表明各因素对项目机会研究都较为重要。其中，“国家政策的推动”和“地区政策的推动”排名前 2 位，表明宁夏水利工程项目的发起受政策影响较大，水利工程项目多来源于宁夏自治区人民政府和水利厅的要求；“当地社会经济发展的需要”指标排名第 3，表明宁夏水利项目具有公益性特征，水利工程立项应从促进当地社会经济发展考虑；“市场/客户的需求”指标得分最低，源于宁夏水利工程主要为公益性项目，与城乡饮水项目等经营性项目针对特定的客户需求有所区别。

4.2.2　水利工程项目可行性研究影响因素

对宁夏水利工程项目可行性研究各影响因素的重要程度进行评估的结果如表4-2所示。其中，得分1为“非常不重要”，得分5为“非常重要”。

表4-2　项目可行性研究影响因素的重要程度

指　　标	总体		业主		设计		施工		监理	
	得分	排序	得分	排序	得分	排序	得分	排序	得分	排序
市场分析										
市场需求分析	4.06	7	3.65	12	4.47	4	4.13	7	3.90	8
市场定位	4.03	11	3.41	17	4.53	3	4.13	7	3.90	8
市场供给分析	3.94	18	3.35	18	4.35	9	4.11	10	3.70	18
项目的市场潜力分析	3.90	19	3.29	21	4.35	9	4.07	13	3.65	19
技术评估										
项目选址	4.16	1	3.94	2	4.56	1	4.09	12	4.15	1
技术方案选择	4.15	2	3.89	3	4.44	5	4.18	5	4.05	2
项目所在地自然条件	4.12	3	4.00	1	4.56	1	4.07	13	3.95	5
技术标准选择	4.07	5	3.83	4	4.39	7	4.04	16	4.05	2
技术与工艺条件	4.05	9	3.83	4	4.33	11	4.04	16	4.00	4
项目组织、实施与进度安排	4.03	11	3.67	11	4.33	11	4.13	7	3.85	11
施工条件	3.95	16	3.56	15	4.33	11	4.04	16	3.75	15
材料与设备供应	3.88	20	3.78	7	4.33	11	3.87	20	3.60	20
劳务供应条件	3.77	21	3.61	13	4.06	18	3.82	21	3.55	21
社会与环境影响评估										
环境影响	4.07	5	3.78	7	4.44	5	4.11	10	3.90	8
社会影响	4.05	9	3.78	7	4.39	7	4.07	13	3.95	5
对区域经济的影响	3.95	16	3.76	10	4.11	17	4.00	19	3.85	11
财务评估										
投融资分析	4.08	4	3.59	14	4.17	15	4.37	1	3.75	15
项目实施成本	4.06	7	3.82	6	4.17	15	4.15	6	3.95	5
项目盈利水平	4.02	13	3.35	18	4.06	18	4.37	1	3.75	15
风险分析	3.99	14	3.53	16	4.00	21	4.24	3	3.80	13
国民经济分析	3.97	15	3.35	18	4.06	18	4.24	3	3.80	13
均值	**4.01**		**3.66**		**4.31**		**4.11**		**3.85**	

由表4-2可知，各指标总体得分均值大于4分，表明所列指标均是可行性研究的重要考查因素。其中，“项目选址”得分排名第1，表明项目地址的选择对项目可行性研究影响最大。近年来国家对土地预审的手续要求较为严格，规定前期论证时的工程选址不能在后期随意变更，否则需要重新审批；而工程选址与布局在前期论证阶段存在很多不确定性，这就导致土地预审的办理周期较长，影响前期论证工作的顺利进行。

“技术方案选择”排名第2,表明项目技术方案的比选应在可行性研究中重点论证;“项目所在地自然条件”排名第3,归因于自然条件对项目设计、施工环节影响大,可行性研究需要重点收集项目所在地自然环境中的水文、地质条件等资料,以减少技术方案的不确定性和提高投资估算的准确性。环境与社会影响排名较为靠前,反映了宁夏水利项目的公益性特征,前期论证应充分体现水利工程的社会效益和生态环境保护作用。

4.2.3 水利工程项目立项审批影响因素

对宁夏水利工程项目立项审批各影响因素的影响程度进行评估的结果如表4-3所示。其中,得分1为“影响很小”,得分5为“影响很大”。

表4-3 项目立项审批各影响因素的影响程度

指标	总体		业主		设计		施工		监理	
	得分	排序	得分	排序	得分	排序	得分	排序	得分	排序
项目符合地区发展规划	4.25	1	4.44	1	4.61	1	4.09	6	4.10	2
项目符合国家发展规划	4.24	2	4.28	3	4.61	1	4.11	4	4.15	1
项目的法律合规性	4.24	2	4.28	3	4.61	1	4.13	3	4.10	2
项目的风险考量	4.17	4	4.33	2	4.44	7	4.17	2	3.75	8
项目的财务可行性	4.14	5	4.11	7	4.28	9	4.22	1	3.85	7
项目对区域经济的促进作用	4.14	5	4.22	5	4.39	8	4.11	4	3.90	5
项目的技术可行性	4.09	7	4.06	9	4.56	5	4.00	8	3.90	5
项目的环境影响	4.09	7	4.22	5	4.61	1	3.98	9	3.75	8
项目的社会影响	4.07	9	4.11	7	4.28	9	4.02	7	3.95	4
项目符合市场需求	4.03	10	4.00	10	4.56	5	3.96	10	3.75	8
均值	**4.15**		**4.21**		**4.50**		**4.08**		**3.92**	

由表4-3可知,以上各指标总体得分均超过4分,表明所列各因素对项目立项审批都非常重要。其中,“项目符合地区发展规划”和“项目符合国家发展规划”排名前2位,表明在立项审批过程中应重点关注项目目标与国家/地区发展规划的一致性;“项目的法律合规性”得分排名靠前,表明项目立项过程中应在建设征地、移民、水资源分配、压覆矿产资源、水土保持等方面高度重视相关法律法规;“项目的风险考量”得分也较为靠前,表明项目立项应重视风险识别、分析与评估,如地质灾害危险性评估、防洪影响评价和社会稳定风险分析等。

4.2.4 设计单位选择因素重要性

对宁夏水利工程选择设计单位的考查因素重要性进行评估的结果如表4-4所示。其中,得分1为“非常不重要”,得分5为“非常重要”。

表 4-4 设计单位选择因素的重要性

指标	总体		业主		设计		施工		监理	
	得分	排序	得分	排序	得分	排序	得分	排序	得分	排序
设计单位前期论证介入程度	4.35	1	4.35	2	4.83	1	4.22	1	4.21	2
设计资质与专业能力	4.33	2	4.41	1	4.72	4	4.11	6	4.42	1
投标文件中的设计方案技术可行性	4.30	3	4.29	3	4.78	2	4.15	4	4.21	2
以往承担过的项目设计经验	4.28	4	4.24	4	4.78	2	4.22	1	4.00	4
设计单位的业界声誉	4.22	5	4.18	5	4.72	4	4.13	5	4.00	4
与设计单位的以往合作经历	4.19	6	4.12	7	4.61	6	4.17	3	3.89	6
设计单位与业主的协调效率	4.13	7	4.12	7	4.61	6	4.04	8	3.89	6
投入设计团队的人员配置	4.11	8	4.12	7	4.56	8	4.04	8	3.84	8
信息化设计管理水平(BIM 等技术应用)	4.01	9	4.18	5	4.22	9	4.07	7	3.53	9
设计费用报价	3.91	10	3.94	10	4.22	9	3.93	10	3.53	9
均值	**4.18**		**4.20**		**4.61**		**4.11**		**3.95**	

由表 4-4 可知,“设计单位前期论证介入程度”总体得分排名第 1,表明前期介入对于中标设计任务至关重要。从项目前期论证介入的设计单位能够掌握项目地质勘探资料,在后期的设计招标竞争中往往能凸显出较大优势,获得设计合同,这也是宁夏大多数水利工程由熟悉宁夏自然环境的本地设计院负责设计的原因。外地设计院对宁夏当地的地质资料掌握有限,而设计招标文件往往要求的设计工期紧,在没有前期介入的情况下完成令业主满意的设计工作并不容易。“设计资质与专业能力”排名第 2,归因于设计单位的专业设计能力达到资质要求是中标的前提条件。“设计费用报价”指标排名最末位,表明设计费用报价对于设计单位选择的影响相对较小,因为设计取费标准根据定额确定,在设计单位选择过程中无需过多考虑。

值得注意的是,业主对“信息化设计管理水平(BIM 等技术应用)”指标的打分排名较高,反映出业主较为重视设计单位运用 BIM 等技术的能力,因为设计信息化与水利工程建设管理信息化密切相关。

4.2.5 设计单位能力

对宁夏水利工程设计单位各方面的能力进行评估的结果如表 4-5 所示。其中,得分 1 为“很差”,得分 5 为“很好”。

表 4-5 设计单位能力

指标	总体		业主		设计		施工		监理	
	得分	排序	得分	排序	得分	排序	得分	排序	得分	排序
设计单位的技术能力										
工程建设设计文件编制	4.12	3	3.59	12	4.78	1	4.13	3	3.95	5

续表

指标	总体		业主		设计		施工		监理	
	得分	排序	得分	排序	得分	排序	得分	排序	得分	排序
设计单位的技术能力										
项目立项审批文件编制	4.08	5	3.53	18	4.72	5	4.02	9	4.11	1
设计方案的可施工性	4.07	7	3.65	6	4.72	5	4.09	5	3.79	15
设计准则和标准的选用	4.06	8	3.71	2	4.78	1	3.91	17	4.05	2
工程建设土地使用方案合规性与合理性	4.04	10	3.71	2	4.67	13	4.04	7	3.74	18
项目策划与可行性研究	4.03	11	3.65	6	4.72	5	3.90	20	4.00	4
机电设备参数的设计和要求	4.02	12	3.65	6	4.67	13	3.98	11	3.84	11
理解并准确反映业主意图	4.02	12	3.71	2	4.78	1	3.89	21	3.89	8
设计符合健康安全环保要求	4.01	14	3.53	18	4.61	20	4.07	6	3.74	18
项目基础资料获取	4.01	14	3.65	6	4.72	5	3.93	15	3.84	11
设计方案的技术可行性	4.01	14	3.59	12	4.67	13	3.98	11	3.84	11
突发事件应急处置	3.99	17	3.71	2	4.67	13	3.91	17	3.78	17
设计方案的造价合理性	3.97	18	3.53	18	4.67	13	3.98	11	3.68	22
事故评估与处理	3.93	20	3.53	18	4.67	13	3.89	21	3.68	22
设计优化	3.92	21	3.59	12	4.67	13	3.91	17	3.53	28
设计单位的管理能力										
设计人员配置	3.85	24	3.35	27	4.50	22	3.82	25	3.72	21
建立设计管理体系和流程	3.96	19	3.53	18	4.56	21	3.93	15	3.84	11
设计文件、资料和图纸的信息化管理	3.87	22	3.47	23	4.39	30	3.89	21	3.74	18
设计文件内部审查	3.86	23	3.18	31	4.44	27	3.98	11	3.63	25
设计文件、资料和图纸的规范化管理	3.85	24	3.59	12	4.44	27	3.76	26	3.68	22
重大设计方案外部评审	3.85	24	3.35	27	4.50	22	3.76	26	3.89	8
设计相关的合同管理	3.83	27	3.41	24	4.44	27	3.87	24	3.53	28
设计进度管理	3.76	28	3.41	24	4.39	30	3.70	28	3.63	25
工程现场的设计服务	3.75	29	3.41	24	4.50	22	3.67	30	3.53	28
设计变更	3.73	30	3.24	29	4.50	22	3.70	28	3.53	28
设计与采购、施工业务协调	3.70	31	3.24	29	4.50	22	3.61	31	3.58	27
设计人员能力与素质										
职业道德	4.14	1	3.76	1	4.71	12	4.17	1	3.89	8
专业能力	4.14	1	3.65	6	4.78	1	4.15	2	3.95	5
沟通协调能力	4.09	4	3.59	12	4.72	5	4.04	7	4.05	2
合同素养	4.08	5	3.59	12	4.72	5	4.13	3	3.79	15
共赢意识	4.06	8	3.65	6	4.72	5	4.00	10	3.95	5
均值	**3.96**		**3.54**		**4.62**		**3.93**		**3.79**	

由表 4-5 可知，业主对设计能力的评价得分均值为 3.54 分，与设计自评的 4.62 分有显著差异，表明从业主视角，设计单位的能力还需进一步加强。总体来看，设计单位的管理能

力在参建各方的排名中普遍靠后，表明设计单位应重视管理能力的提升，尤其应加强设计进度管理、设计变更、信息化管理以及与采购、施工业务的协调能力。

“设计文件、资料和图纸的信息化管理”指标总体排名第22位，表明设计方需充分学习和利用BIM等信息技术，实现设计方案的可视化，提高设计过程的信息化管理水平和项目的建设管理效率。“设计进度管理”指标排名第28位，反映出当前设计单位需要提升进度控制的管理能力，归因于设计单位承接项目多，设计资源紧张，设计人员往往需要同时完成多个项目的设计任务，设计进度管控难度大。“设计变更”指标排名第30位，反映出设计变更较难管控。对此，应明确各阶段设计工作深度，并确保地勘资料的精度。此外，应在设计审查过程中尽早纳入运管单位，避免项目实施后期出于运行维护考虑提出变更需求。

“设计与采购、施工业务的协调”排名末位，表明设计需要加强在采购、施工业务方面的沟通与协调，以及时掌握现场信息，根据施工情况完善设计方案，提高设计深度；并及时进行设计交底，尽快反馈施工现场的问题，提高施工效率。设计单位需要与参建各方建立相互信任的合作伙伴关系，基于共赢理念实现共同目标，提高水利工程项目建设管理效率。

4.2.6 业主设计管理能力

对宁夏水利工程业主设计管理能力进行评估的结果如表4-6所示。其中，得分1为“很差”，得分5为“很好”。

表4-6 业主设计管理能力

指标	总体		业主		设计		施工		监理	
	得分	排序	得分	排序	得分	排序	得分	排序	得分	排序
设计招标										
设计需求表达明确	4.14	1	3.83	5	4.61	2	4.17	2	3.89	9
设计招标文件完整清晰	4.09	7	4.00	1	4.56	4	4.04	9	3.84	12
选择合适的设计单位	4.05	8	3.78	7	4.67	1	3.96	14	3.95	7
项目基础资料收集充分	4.04	10	3.61	9	4.61	2	4.04	9	3.89	9
设计合同管理										
设计变更管理流程明确	4.14	1	3.72	8	4.44	9	4.22	1	4.05	3
设计范围与深度明确	4.14	1	3.89	4	4.50	5	4.16	4	4.00	5
合同中双方责任、权利和义务明确	4.13	4	3.94	2	4.50	5	4.09	7	4.05	3
设计进度要求明确	4.12	5	3.94	2	4.50	5	4.04	9	4.11	1
设计质量要求明确	4.10	6	3.83	5	4.50	5	4.04	9	4.11	1
设计过程控制										
设计质量控制	4.05	8	3.56	10	4.44	9	4.17	2	3.84	12
重大技术方案审核	4.04	10	3.50	13	4.44	9	4.11	5	4.00	5
设计变更管理	4.01	12	3.50	13	4.44	9	4.11	5	3.84	12
协调设计、采购、施工活动	4.00	13	3.44	15	4.44	9	4.07	8	3.95	7
设计进度控制	3.98	14	3.56	10	4.44	9	4.00	13	3.89	9
设计方案造价分析与决策	3.94	15	3.56	10	4.44	9	3.92	15	3.84	12
均值	**4.06**		**3.71**		**4.50**		**4.08**		**3.95**	

由表 4-6 可知，设计过程控制指标得分大多低于设计招标和设计合同管理的得分，表明业主在设计过程控制方面有待提高。其中，“协调设计、采购、施工活动”排名较为靠后，表明业主需进一步加强设计、采购和施工之间的协调；应建立参建各方基于信任的合作伙伴关系，促进各方沟通交流，共同解决项目实施过程中的问题。

“设计进度控制”得分较低，反映出进度控制是设计管理工作中较为突出的问题。造成设计进度管理问题的原因有两方面：一方面在于设计单位承接项目多，设计资源紧张，设计投入难以保证；另一方面在于水利工程受政策影响较大，设计任务安排往往时间紧，导致设计进度管控压力增大。

4.2.7 设计优化管理情况

对宁夏水利工程建设过程中的设计优化管理情况进行评估的结果如表 4-7 所示。其中，得分 1 为“完全不符”，得分 5 为“完全符合”。

表 4-7 项目设计优化管理情况

指标	总体		业主		设计		施工		监理	
	得分	排序	得分	排序	得分	排序	得分	排序	得分	排序
设计优化建议经常由业主提出，以减少投资、利于工程运行管理	3.81	1	3.78	1	3.72	2	3.85	2	3.84	1
业主与设计单位之间良好的合作关系能有效促进设计单位进行设计优化	3.74	2	3.56	2	3.83	1	3.85	2	3.58	4
设计优化建议经常由施工单位提出，以提高设计方案的可施工性	3.67	3	3.33	4	3.22	5	3.98	1	3.68	3
设计优化建议经常由设计单位提出，源于设计单位在项目进展过程中认为设计方案有必要优化	3.59	4	3.33	4	3.72	2	3.78	7	3.26	7
设计优化奖励措施能有效促进设计单位进行设计优化	3.57	5	3.06	7	3.72	2	3.80	6	3.37	5
设计单位在提交施工图纸后，缺少设计优化动力	3.56	6	3.50	3	3.17	6	3.85	2	3.32	6
设计优化建议经常由监理单位提出，源于监理单位根据现场实际情况判断设计方案有优化空间	3.53	7	3.22	6	2.89	7	3.83	5	3.74	2
设计单位进行设计优化会获得相应奖励	3.30	8	3.00	8	2.61	8	3.74	8	3.16	8
均值	**3.60**		**3.35**		**3.36**		**3.84**		**3.49**	

由表 4-7 可知，在总体得分中设计优化建议从参建各方提出的指标得分由高到低依次为业主、施工单位、设计单位和监理单位，表明业主提出的设计优化建议最多，其次为施工单位，设计单位和监理单位相对较少。业主出于优化项目功能和提高项目质量安全等绩效的

考虑，会对设计方案提出优化变更建议；施工单位在具体施工过程中会提出更具可施工性、更符合项目现场实际情况的优化建议。

“业主与设计单位之间良好的合作关系能有效促进设计单位进行设计优化”排名靠前，归因于业主与设计单位之间建立的良好伙伴关系有利于双方充分地沟通交流，使设计单位更加深入地了解业主的需求，从而促进设计优化；同时，设计单位完成优化充分的高质量水利工程设计，会进一步得到业主的信任，与业主形成长期战略合作伙伴关系，能够在未来获得更多的设计业务。“设计单位进行设计优化会获得相应奖励”得分最低，反映出对设计单位的设计优化激励较少，设计单位进行优化变更的动力不足。

4.3　前期论证和设计管理的难点

1. 多部门要件审核

可行性研究阶段的要件需要上报发展改革委、自然资源厅、水行政主管部门等政府相关部门审批，审批过程需要经过多人审核。审核者的审批角度和重点不同，使报批工作难度有所增加。要件准备过程应考虑各部门具体要求，有针对性地组织编制。

2. 设计单位选择

宁夏大多数水利工程由熟悉宁夏自然环境的本地设计院负责设计。外地设计院对宁夏当地的地质资料掌握有限，而设计招标文件往往要求的设计工期紧，在没有前期介入的情况下完成令业主满意的设计工作并不容易。选择出设计能力强和信息化水平高的设计单位，是水利工程建设管理创新目标之一。

3. 设计进度管理

进度控制是设计管理工作较为突出的问题。造成设计进度管理问题的原因有两个方面：一方面在于设计单位承接项目多，设计资源紧张，设计投入难以保证；另一方面在于水利工程受政策影响较大，设计任务安排往往时间紧张，导致设计进度管控压力增大。

4. 设计变更

在工程建设过程中，有时运营管理单位会提出不同的需求，使项目实施过程中发生多次设计变更，影响项目实施。设计深度不足也会导致施工阶段的变更，尤其是地质勘探方面深度不足的问题对后续设计和施工影响较大，一旦开挖后遇到不利地质情况，就需要进行设计变更，采取补救措施进行额外处理，从而导致项目投资成本难以控制，并影响施工进度。

5. 设计接口管理

设计过程涉及业主、监理、设计和施工等参建方，各方在设计管理过程中存在接口管理问题。参建各方的沟通方式多为合同双方的直接沟通，缺乏共同沟通协商机制，导致各方的意见难以快速传递与反馈。例如，在现场施工面临设计问题时，施工方的意见和建议需要通过业主或监理方向设计方传达，增加了信息传递环节，不能及时准确地把施工方的意见反馈给设计方，设计方也难以准确把握现场情况进行设计优化。同时，在施工过程中提出的设计交底问题可能难以及时得到设计方的响应回复,从而影响项目进度。

6. 设计信息化

水利工程设计还难以基于 BIM 进行全过程设计,信息化程度有待提升,归因于以下方面:

(1) 水利工程行业信息化管理处于初级阶段,尚缺乏成熟经验;

(2) 设计信息化管理需投入大量资金进行信息平台系统搭建,短时间内难以看到信息化设计的显著成效,设计单位缺乏足够的资金和动力进行信息化建设;

(3) 设计人员现阶段大多使用 CAD 二维设计,设计习惯难以快速转变,缺乏具有三维设计技术的专业人才,设计单位需投入资源对设计人员进行专业化培训;

(4) 当前大部分水利工程设计工期紧,难以短时间内完成信息化设计平台和人才队伍建设。

总之,设计单位需要充分认识信息化技术的重要性,加强对设计信息化管理的投入,研发基于 BIM 的设计技术,不断提升水利工程设计的信息化程度。

4.4 水利工程前期论证与设计管理的措施

4.4.1 优化组织结构

组织结构是为了让组织成员在不同位置上发挥作用而形成的组织形式,项目组织应该根据项目特点进行选择和组建。常见的组织结构包括职能型组织、项目型组织、矩阵型组织和横向型组织。

1. 职能型组织

职能型组织是按照不同职能形成的层次结构,其中每一位成员都有明确的上级,并按照专业隶属不同的职能部门,例如建设中心的办公室、规划计划科、财务审计科、建设管理科、质量安全科等科室,如图 4-1 所示。

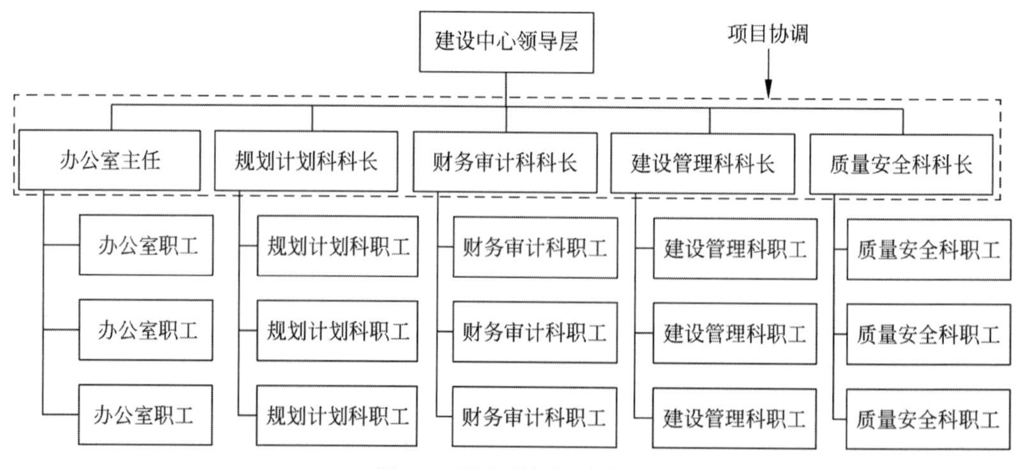

图 4-1 职能型组织示意图

职能型组织按专业划分，有问题可以直接上报上级领导，通过领导层协调各部门科长，科长再将协调结果向下传达给部门职工。这种组织形式有利于发挥职工专业特长，部门各成员无后顾之忧。但会受到部门制约，部门成员不易产生事业感和成就感，也不利于不同部门职工之间就特定项目进行协调工作，项目的发展空间易受限制。

2. 项目型组织

项目型组织是按照不同项目划分形成的层次结构，每一位成员都有明确的上级，并按照项目隶属不同的项目小组，如图 4-2 所示。

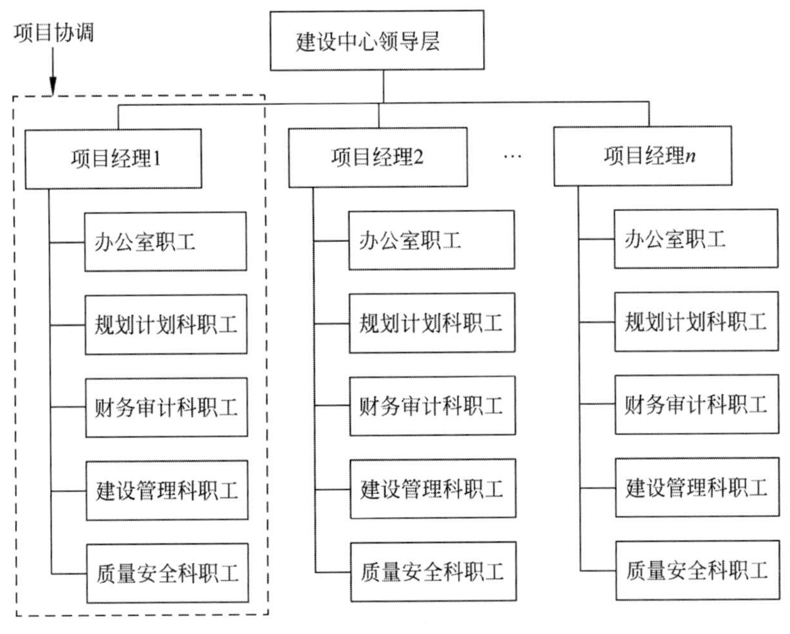

图 4-2 项目型组织示意图

项目型组织的大部分资源都用来进行特定项目的组织，由项目经理和项目成员组成，项目经理在小组内拥有独立行动自由和权限；同时下设不同的部门，使项目人员能在一起协同工作，有问题上报项目经理，通过项目经理对项目内不同专业的职员进行协调解决。这种结构能够使决策速度、响应速度加快，项目团队容易沟通，更容易进行项目费用、质量和进度控制。但是这种组织形式容易出现配置重复、资源浪费的问题，不利于分属不同项目的同专业成员进行沟通交流，易出现不愿分享、交流不充分的问题，能力传承性差，团队成员在项目后期没有归属感。

3. 矩阵型组织

矩阵型组织是职能型和项目型的混合形式，如图 4-3 所示。

矩阵型组织中的团队成员既隶属于所在的职能部门，受部门主管领导，又属于项目团队，受项目经理领导，人员在项目和职能部门都可以进行资源共享。但矩阵型组织下，人员受双重领导，有时会产生工作难以平衡的问题。项目经理如果不是由高层领导兼任，则会存在权威性不足、调配资源难度大的问题。

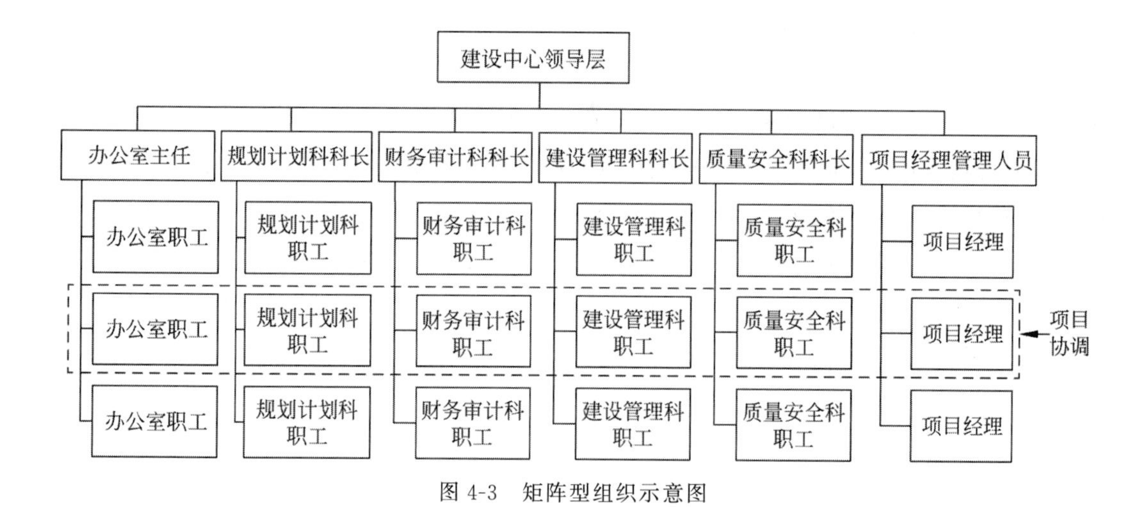

图 4-3 矩阵型组织示意图

4. 横向型组织

如图 4-4 所示，横向型组织是按照核心流程来组织员工的，它把为特定流程工作的所有人员都组合在一起，以便于沟通和协调。每个项目都基于项目特点建立核心流程，项目流程主管对各自的核心流程负全面责任，可以在不同流程环节根据需要调动人员，使其跨越原有的职能边界。例如，在前期论证和设计过程中，由前期论证流程主管和设计流程主管全面负责，根据需要抽调施工管理人员提前介入，使方案的设计更为合理；在施工过程中，由施工流程主管全面负责，根据需要抽调前期设计过程中的设计管理人员对技术施工图审查、设计交底、设计变更管理等活动进行管理。

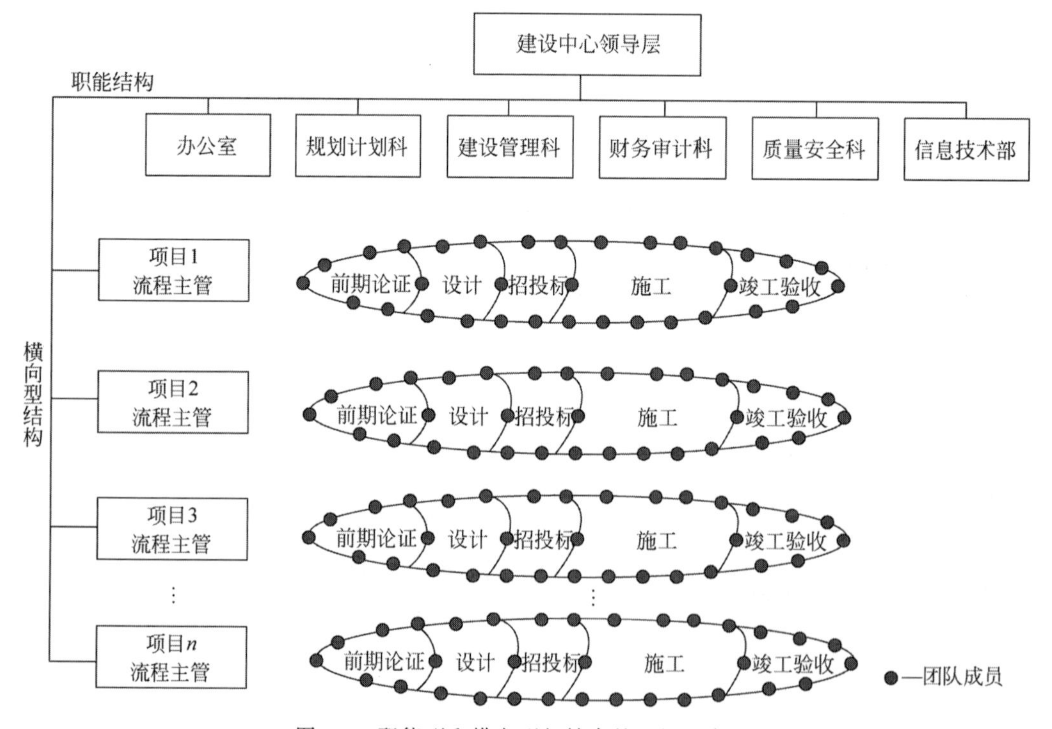

图 4-4 职能型和横向型相结合的组织示意图

横向型结构跨越了原有的职能边界，员工有机会发挥专长，并学习新的技能，承担更大的责任，因此可以提高组织结构的灵活性。同时，员工视野从职能部门目标拓宽到项目目标、组织目标，使员工更注重团队合作，能有效提高组织工作效率。

针对管理人员少，项目实施涉及专业多的现状，水利工程项目组织结构可以采用职能型组织和横向型组织结合的模式，如图 4-4 所示。数字经济下，信息技术管理是重要的职能之一，可新增信息技术部，负责信息技术管理相关工作。对于具体的项目管理，应按不同项目的特点建立核心流程，每个项目分别设立项目前期论证、设计、招投标、施工和竣工验收等流程主管。流程主管是负责人，项目成员在项目不同阶段根据流程需要进行流动，以实现跨专业人员协同工作，优化人力资源配置。将内部人员流动起来，有利于培养熟悉不同阶段业务的综合型人才，提高建设管理绩效。

4.4.2 重视流程制定

项目任务流程图的制定是非常重要的。在制定管理流程图时，应明确各项任务的责任部门，确定任务先后次序，明确规定每一项任务的输出成果，使各项工作有序进行、有章可循。下面以机会研究、可行性研究和初步设计阶段的流程设计为例进行说明。图 4-5 给出了宁夏水利工程机会研究管理工作流程。

宁夏水利工程在机会研究阶段的管理工作主要是对项目建议书的管理，具体包括：①现场查勘、调研；②项目建议书编制单位选取；③合同签订；④项目建议书编制技术管理；⑤组织内审；⑥配合审批部门审查；⑦项目建议书组织修订；⑧审批请示编写、上报；⑨归档。该阶段的管理工作主要涉及第三方咨询单位和国家或省(区)发改委。

图 4-6 给出了宁夏水利工程可行性研究管理工作流程。

宁夏水利工程在可行性研究阶段的管理工作包括：①设计单位招标；②合同签订；③可行性研究报告组织编制及技术管理；④组织内审；⑤配合审批部门审查；⑥可行性研究报告组织修订；⑦审批要件编报管理工作；⑧要件报批；⑨可行性研究报告审批请示编写、上报；⑩归档。可行性研究阶段的管理工作主要涉及可行性研究报告设计单位、第三方要件编制咨询单位、要件审批部门(发改委、自然资源厅、环境保护厅、林业和草原局、水行政主管部门等)、可行性研究报告审批部门(自治区发改委、水行政主管部门)等。

如图 4-7 所示，给出了宁夏水利工程初步设计管理工作流程。

宁夏水利工程在初步设计研究阶段的管理工作主要包括：①编制工程项目法人组建方案；②签订项目法人责任书；③项目选定招标代理机构，签订招标代理合同；④初步设计至竣工图阶段设计招标，签订设计合同；⑤初步设计报告组织编制及技术管理；⑥组织内审；⑦配合审批部门审查；⑧初步设计报告组织修订；⑨审批请示编写、上报；⑩配合主管部门落实投资计划；⑪工程建设方案编报(工程建设计划、奖项目标)；⑫归档。初步设计阶段的管理工作主要涉及招标代理机构、设计单位、水行政主管部门、投资计划审批部门。

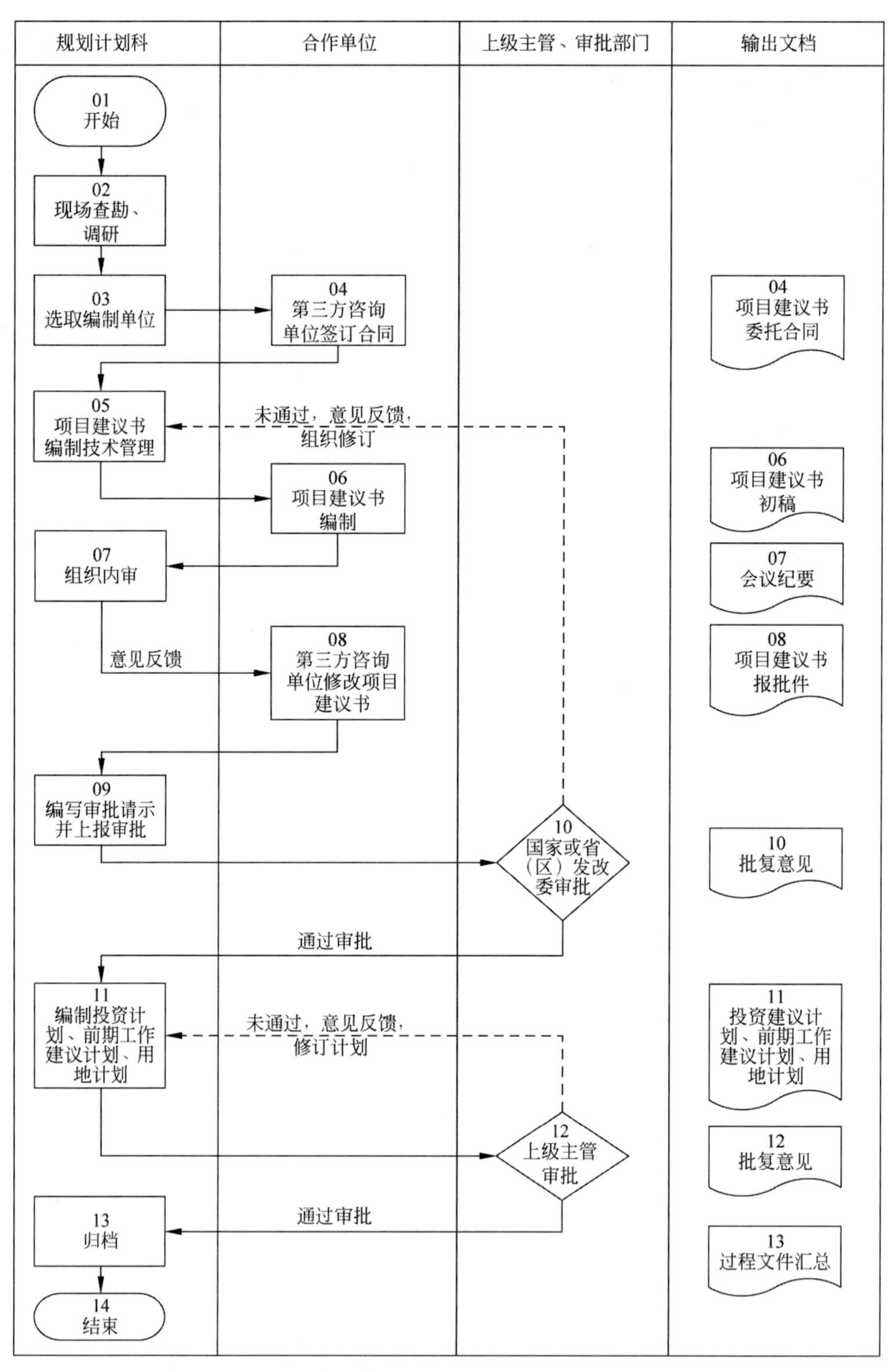

图 4-5　宁夏水利工程机会研究管理工作流程

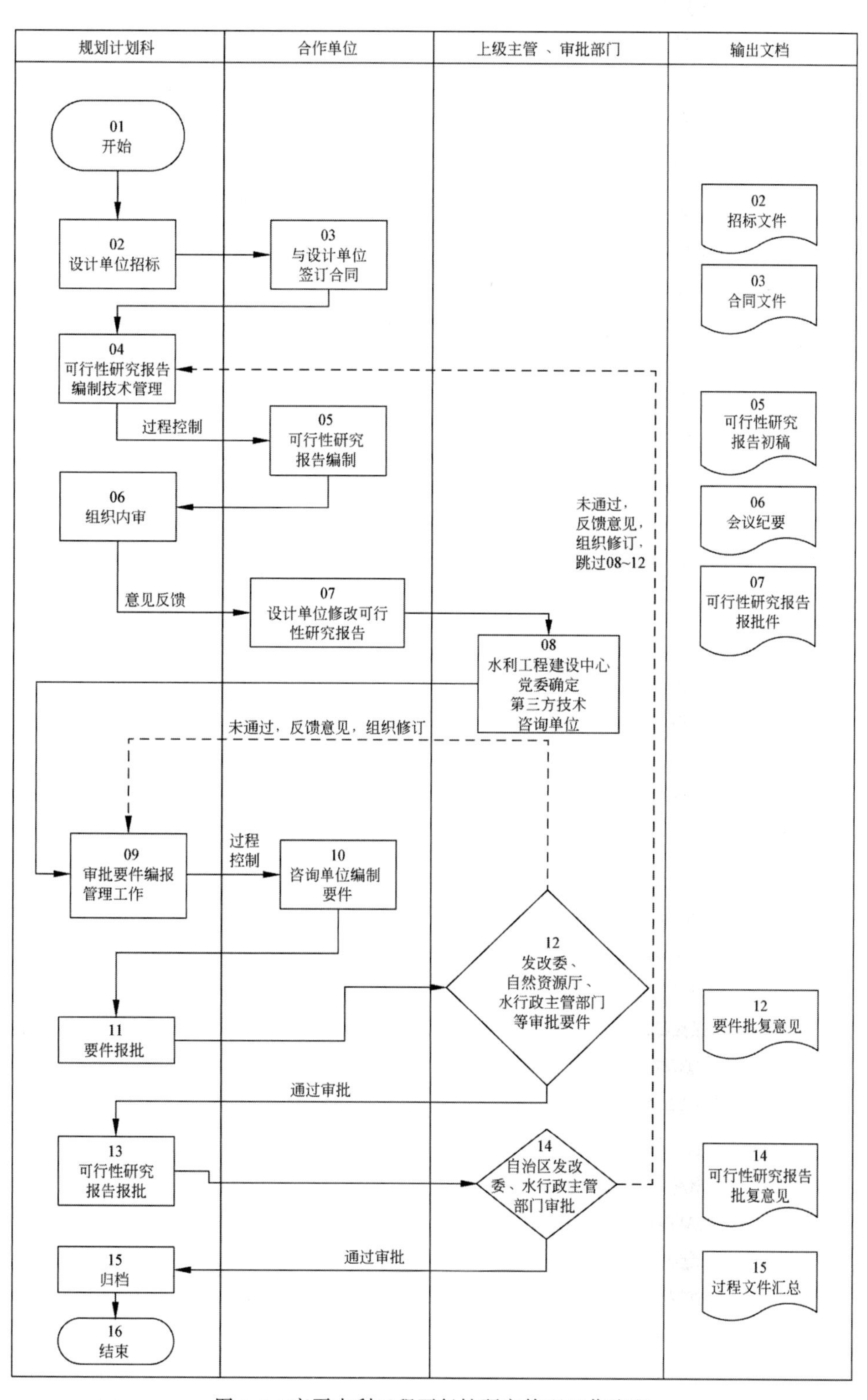

图 4-6 宁夏水利工程可行性研究管理工作流程

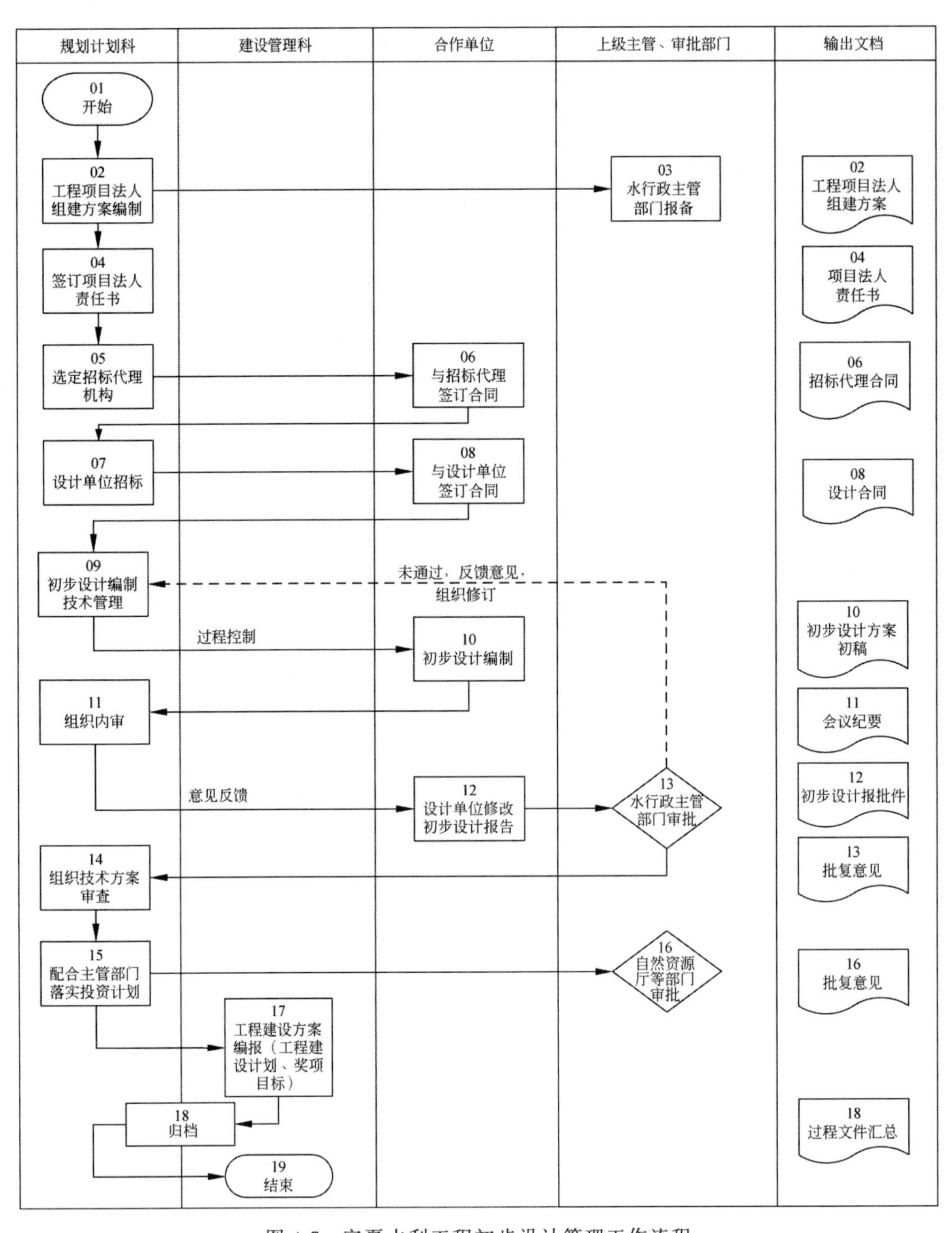

图 4-7　宁夏水利工程初步设计管理工作流程

4.4.3　建立设计进度动态管控机制

设计进度是影响设计绩效的重要因素。常见的影响设计进度按时完成的因素来源于众多项目利益相关方，包括政府部门、业主单位、设计单位和其他不确定因素，如表 4-8 所示。

表 4-8 影响设计进度的因素

影响因素来源	原因
政府部门	临时提前提交设计文件进行审批的时间 设计审批周期长 部门责任分配不明确
业主单位	设计意图表达不明确 对设计确认不及时 设计变更
设计单位	设计任务饱满,设计人力资源投入不足 设计人员专业能力欠缺,设计深度不足,难以获得批复 对项目地质情况和现场施工条件掌握不足,设计方案可施工性有待加强,造成设计返工
其他不确定因素	法律法规变化 其他不可控因素,例如自然灾害、疫情等

设计进度的控制应该围绕规划、控制和协调进行,具体如下:

(1) 制订进度计划。进行进度管理时,首先,需要进行项目任务分解,明确项目要求,确立项目的节点里程碑,制定进度计划,设立进度基准;其次,需要对项目可获取资源进行评估,包括拟投入人力、成本、时间等;最后,进行资源配置,明确流程主管。

(2) 滚动更新进度计划。进度控制的基准是进度计划。业主应明确设计进度目标,督促设计方按时提交勘测设计工作大纲、全周期设计进度计划和供图计划,并根据合同工期和进展情况制订年度、月度和连续 3 个月的滚动勘测设计工作计划,以对进度计划进行实时调整。

(3) 动态进度控制。应对设计方提交的设计进度计划进行复核,并通过横道图、网络图、里程碑图等形式完成项目进度表,设置进度基准。在项目实施过程中每周或每两周进行进度更新,不断进行进度检查,并通过横道图比较法或 S 曲线法分析实际进度与计划进度的偏差,及时纠偏。

(4) 加强设计与施工进度的协调。加强设计与施工进度的协调对设计进度管控非常重要。设计方与施工方的沟通有利于施工方及时将现场信息反馈给设计方,从而提高设计人员对现场施工条件和施工进度的掌握程度,使设计进度满足项目要求。

4.4.4 选择合适的设计单位

1. 选择优质设计单位进行设计

设计招标的主要目的是选择有竞争力,能高质量完成利益相关方设计要求的设计单位。选取设计单位时应考虑项目本身因素,例如项目规模、总投资和技术方案重/难点等,通过考查设计单位的设计资质和专业能力,以及设计单位前期论证的介入程度,选择最适合、最有能力承担项目设计任务的设计单位;同时结合设计单位的设计报价、团队人员素质、信息化管理水平、设计经验、业界声誉以及以往合作经历等因素综合考量。

2. 引入外部优质设计单位进行设计咨询

可以考虑由一家设计院进行项目设计,同时引入另一家外部优质设计单位进行设计咨询和审查，这样不仅可以对重大设计方案进行针对性咨询，也可以进行全过程设计咨询，以加强设计质量和控制设计进度。

4.4.5 加强设计合同管理

设计合同管理的工作内容包括编制合同管理初步规划、识别风险并编制风险管理方案、为编制设计文件提出合同管理角度的建议、确定设计合同模式、设计合同的起草与签订、分析合同管理风险并制定合同管理方案、跟踪设计合同执行情况、设计变更与索赔管理、编制设计合同报告与报表等。在设计合同中要明确设计深度和责任，完善设计费用支付和设计激励等制度，设计合同管理对水利工程设计管理工作非常重要。

1. 完善设计激励机制

奖励措施可以有效提高设计方进行设计工作的积极性。通过在合同中列出暂定奖励金额，为设计方制定定制化的关键绩效指标（key performance indicator，KPI）考核机制，按照考核结果将暂定奖励金额按比例奖励给设计方，可以有效提高设计人员的主动性和规范性。

2. 细化设计费用的里程碑支付节点

设计合同的费用支付可以细化支付的里程碑节点，并根据工程项目的建筑特点按照单项工程、单位工程、分部工程等细分设计里程碑节点，例如，增加初步设计和施工图设计阶段的设计基础资料完成节点等；也可以根据项目整体进度规划，按照进度计划完成情况进行设计费用支付，例如，若2020年第三季度的设计工作按进度完成，并通过相关设计审查后，可以支付该季度的设计费用。

3. 明确地质勘探审查机制

地质勘探不规范，难以掌握全面的设计基础资料是宁夏水利工程当前设计管理的重点问题，为此，应加大对设计基础资料的管控力度。可以在合同中规定地质勘探范围和精度，要求设计方将勘探结果反映到信息平台，定期对设计地质勘探工作进行质量抽查。

4. 合适条件下选择EPC模式

选择合适的合同模式建设项目非常重要，水利工程项目在合适条件下可以选择EPC模式实施。EPC模式下，总承包商全面负责工程设计、采购、施工和试运行，有利于实现工程设计施工一体化，最大限度发挥设计方的主动性，提高设计可施工性；同时，可以减少业主管理投入，业主介入具体组织建设的程度较小，有利于业主精简机构，节约管理资源；将业主需承担的部分风险转移给总承包商，有利于分担成本风险，使设计变更和进度管理更加可控。但在EPC模式下，承包商可能会为了节约成本进行过度优化，为此，需要制定完善的设计审核制度，引入设计监理审查设计文件，以避免过度优化，影响项目的质量安全。

4.4.6 加强与利益相关方的沟通协调

前期论证和设计管理阶段在项目全生命周期的管理工作中非常重要。研究表明，在设计阶段做好质量控制能够避免80%的质量事故；初步设计影响投资的可能性为75%～95%，设计阶段影响投资的可能性为35%～75%，施工图设计阶段影响投资的可能性为

25%～35%。应将传统重施工管理的理念向前期论证和设计管理阶段倾斜，加大资源投入，重视设计质量、投资和进度管理。同时运用系统思维，将工程项目全生命周期看成一个整体，考虑项目对周围社会和环境造成的影响，将前期论证和设计管理工作的管理视角扩大至项目所在的自然、政治、经济、社会文化、技术环境中。不仅要管理好组织内部相关方，也要加强与政府、设计方、施工方、监理方等利益相关方的沟通协调。

1. 前期论证阶段加强与政府、设计方和咨询方的协调

应明确不同项目的决策人和对接人，在前期论证阶段加强与政府、设计方和咨询方的协调。要件审批的对接人应加强与该项目要件审核人的沟通，明确审核要求和审查重点，并准确传达给咨询方。同时，建立与政府、设计方和咨询方的协调会议制度，定期进行设计单位可行性研究和咨询方要件编制的进度汇报审查工作，及时获取项目进度情况，并主动向主管部门汇报项目进展。

2. 设计管理阶段加强参建各方的协调

设计过程涉及众多项目参建方，需要建立设计过程中参建各方的协调机制，加强业主、设计方、施工方和监理方的沟通协调，使设计成果满足业主的功能要求，并具有现场可施工性。设计协调通常包括设计协调会议、设计报告制度、书面函件和信息化设计管理等方面。

1）设计协调会议

设计协调会议分为常规协调会议和临时协调会议。常规协调会议应是日常工作中参建各方进行的周期性协调会议。业主和设计方的协调会议主要用于业主了解设计进度和设计过程出现的问题，并及时沟通设计意图；设计方、监理方和施工方的协调会议主要用于设计方了解现场施工情况，监理方和施工方将设计图纸的疑问和现场出现的设计问题进行反馈，设计方表达设计意图并进行详细交底，及时解决现场出现的技术问题，提高设计方案的可施工性。临时协调会议主要用于对重大设计方案进行沟通，以及突发设计问题的协调解决。定期召开业主、设计方、施工方和监理方共同参与的协调会有利于减少组织接口，缩短信息传递链条，实现项目信息的有效传递和资源共享，从而促进项目的顺利实施。

2）设计报告制度

设计报告制度主要为设计方向业主定期提交月进度报告和季度进度报告，以便业主及时跟踪设计进展，在设计过程中进行进度和质量控制，及时发现问题并纠偏。

3）书面函件

书面函件包括日常设计事务的记录和确认，以及设计突发问题的解决，是设计协调会议的书面补充。例如，当业主需要进行设计变更时，需要下达书面函件告知设计方，要求其配合现场施工过程进行优化变更。

4）信息化设计管理

信息化设计管理是参建各方协调开展设计管理工作的有效途径。通过信息平台，缩短参建各方交流路径，便于各方随时交流，保障信息的高效传递。业主、设计方、施工方和监理方可以在信息平台上获取设计和施工信息，便于监理方和施工方反馈现场情况，也有利于设计方提交设计文件进行审批，提高各方协同工作效率。

4.4.7 重视设计考核

为进行设计质量的过程控制，可以在特定的节点对设计方的设计工作进行考核，根据考核结果进行合同设计费用的支付或激励。应对设计方固定周期（如年度、季度、月度）设计任务完成情况进行考核，依据为设计合同和已通过审核的设计计划等。需要确定并完善当前考核周期内的考核指标，并制定可操作性强的指标细则，明确考核依据，对设计方在设计质量管理、进度管理、接口管理、现场设代管理、事故和突发事件应急处置方面的表现情况进行考核，以持续管控设计进度和质量。

4.4.8 加强设计信息化管理

信息化管理是提高设计管理水平的关键。通过信息技术的应用，可以实现地质勘探的高效化、数字化和设计过程可视化；通过碰撞检查可以避免设计的“错、漏、碰、缺”问题，实现“一处修改，处处更新”的智能设计；也能使设计资料通过信息平台共享给参建各方，加强参建各方的沟通协调，减少冲突成本和后期的图纸变更。为提高前期论证和设计管理阶段的信息化水平，可以采取以下方式。

1. 在招标文件中明确设计信息管理要求

在招标文件中应明确项目对设计信息管理的要求，比如实现 BIM 全过程设计、自动化地质勘探等，提高设计投标的准入门槛，促进设计方信息管理水平的提升。

2. 在合同中划分信息管理费用

要将设计信息化成果列入合同要求中，在合理的范围内将设计费用划出部分，专门用于设计方进行信息系统开发、人员培训和系统维护，逐步实现全过程信息化设计管理。

3. 资料的信息化管理

项目前期论证和设计管理阶段涉及资料数量多、内容繁杂，可以采用信息数字化管理手段，将收集到的项目资料在信息平台共享给所需要的参建各方，但应注意针对不同人员设置不同的权限，以保障信息安全性。信息定量化和数字化处理有利于项目管理者综合分析项目信息，随时随地获取项目组织模式、设计方案、实施进度和成本控制等相关信息，便于对项目实施动态跟踪管理。

4. 开发地质勘探信息化系统

应重视地质资料的信息化管理。例如，开发测绘三维地理信息系统，涵盖测绘和观测专业；研发地质三维勘察系统，涵盖勘探、试验、物探、地质和岩土专业，实现地层定义、钻孔地层一键导入、统计与计算报表、数据驱动自动建模、钻孔数据一键生成体、数据库直接生成图纸等基本功能。

5. 开发移动端信息共享 App

水利工程现场施工条件复杂，开发移动端信息共享 App 有利于解决施工现场不方便使用计算机的问题。移动端信息共享 App 与计算机端信息平台应实现资源信息的同步，引入电子签章制度，推动设计审查工作向无纸化方向发展，提高设计成果审查的效率。同时，移动端信息共享 App 有利于参建各方随时查看项目信息和流程进度，实现信息的高效传递。

4.5 基于BIM的设计管理

4.5.1 基于BIM的设计管理内涵

数字经济下水利工程前期论证和设计管理依托数字技术和现代信息网络，利用数字化的知识和信息对水利工程项目的前期论证和设计过程进行有效管控，以提升设计管理的数字化、网络化和智能化水平。

数字经济下水利工程前期论证和设计管理主要基于BIM技术实现。在前期论证阶段，设计方通过数字技术勘测并处理水利项目的地形地质情况，获取可行性研究和设计过程所需的基础资料，并以三维形式呈现在BIM平台。在初步设计阶段，设计人员依托BIM平台，基于项目所在地地质条件，以及工程建设范围和建筑物功能特性等要求，提出满足业主要求的初步设计方案，并通过BIM平台构建出可视化的三维设计模型。在施工图设计阶段，业主和监理方通过BIM平台进行设计审批，施工方和采购方也通过BIM平台获取设计方案中对材料参数、设备规格和施工工艺等的要求，并结合实际情况对设计方案的可行性提出建议；设计方通过BIM平台了解现场情况，以获取有效的现场信息并对施工方案进行优化，提高设计可施工性，从而有效控制项目建设进度和成本。

4.5.2 BIM相关技术

BIM(Building Information Modeling)依托建筑相关信息数据建立模型，并通过数字信息仿真模拟建筑物的真实信息[18]。它为建设行业提供了更有效地规划、设计、建造和管理建筑物和基础设施的工具，是应用于建设项目全生命周期的数字化技术，覆盖规划立项、概念设计、详细设计、方案分析比选、4D/5D施工和运营维护拆除阶段。BIM具有可视化、模拟性、协调性、可出图性和优化性特点，在建设行业应用的优势主要包括加强协作与沟通、模型成本估算、项目可视化、冲突检测、降低成本、减轻风险、缩短工期、提高工作效率、准确预制构件、提高安全绩效、顺利进行交付等。

BIM技术有一系列相关软件，包括Revit系列软件、Bentley系列软件、ArchiCAD系列软件、Tekla系列软件、CATIA系列软件、MagiCAD系列软件、Rhino系列软件、Onuma Planning System、ETABS、PKPM、3DS Max、Artlantis、Solibri Model Checke、Innovaya、鲁班软件、广联达、ArchiBUS等[19]。

BIM技术最先在美国、芬兰、挪威和新加坡等国家发展起来。美国已有多个州的法律明确在大型公共建设项目中应用BIM技术的必要性，同时成立了美国国家BIM标准和技术委员会，为建设行业提供指导。此外，日本和欧洲国家的BIM技术也受到广泛关注和应用：日本应用BIM技术建设地震区的高层和超高层预制建筑，提高了建筑的性能；英国的公共建设项目通过BIM技术降低了15%～20%的成本等。

20世纪80年代的伦敦希思罗机场是首次应用数字建筑模型的项目。Autodesk公司在2002年发布了《建筑信息模型》白皮书，以促进“BIM”及“建筑信息模型”技术推广和术语传播[20]。然而直到现在，BIM的优势在很大程度上仍未应用于建筑行业，建筑行业仍然习惯于应用纸质图纸和二维文件。

BIM 技术在我国房建行业应用广泛，尤其是万科企业股份有限公司、绿地控股集团有限公司等房地产商，中国建筑集团有限公司、中国铁路工程集团有限公司等承包商，三一集团有限公司、中联重科股份有限公司等制造商企业，大力推进 BIM 技术的研究与应用，以实现产业转型，实现数字化和现代化建设。

对于我国水利水电行业而言，中国电建集团华东勘测设计研究院有限公司等设计单位较早开展了三维设计和 BIM 应用，例如，杨房沟水电工程利用 BIM 平台实现了设计施工一体化高效管理。但目前多数省级及以下的设计单位对 BIM 的应用仍处于起步阶段，尚未具备利用 BIM 技术进行三维设计的能力。

4.5.3 BIM 的国家相关政策

我国住房和城乡建设部(以下简称“住建部”)在 2015 年 6 月印发了《关于推进建筑信息模型应用的指导意见》(以下简称《意见》)，对 BIM 技术在建筑领域应用的重要意义、指导思想与基本原则、发展目标、工作重点和保障措施予以明确[21]。该《意见》表明推进 BIM 技术应遵循企业主导、行业服务和政策引导的基本原则，并提出了到 2020 年末，以国有资金投资为主的大中型建筑、申报绿色建筑的公共建筑和绿色生态示范小区的新立项项目勘察设计、施工和运营维护中，集成应用 BIM 的项目比率达到 90%，促进 BIM 在我国建设行业的发展和广泛应用[21]。

《意见》指出，有关单位和企业要根据实际需求制定 BIM 应用发展规划、分阶段目标和实施方案，合理配置 BIM 应用所需的软硬件；改进传统项目管理方法，建立适合 BIM 应用的工程管理模式；构建企业级各专业族库，逐步建立覆盖 BIM 创建、修改、交换、应用和交付全过程的企业 BIM 应用标准流程；通过科研合作、技术培训、人才引进等方式，推动相关人员掌握 BIM 应用技能，全面提升 BIM 应用能力[21]。

同时，《意见》对建设单位提出了明确推进 BIM 技术的要求：全面推行工程项目全生命期、各参与方的 BIM 应用，实现工程项目投资策划和勘察设计等各阶段基于 BIM 标准的信息传递和信息共享[21]。具体措施包括建立科学的决策机制、建立 BIM 应用框架、建立 BIM 数据管理平台、建筑方案优化、施工监控和管理、投资控制以及运营维护和管理等方面[21]。

我国正在制定 BIM 相关的国家标准，包括最高标准、基础数据标准和执行标准三个层级，具体如图 4-8 所示。

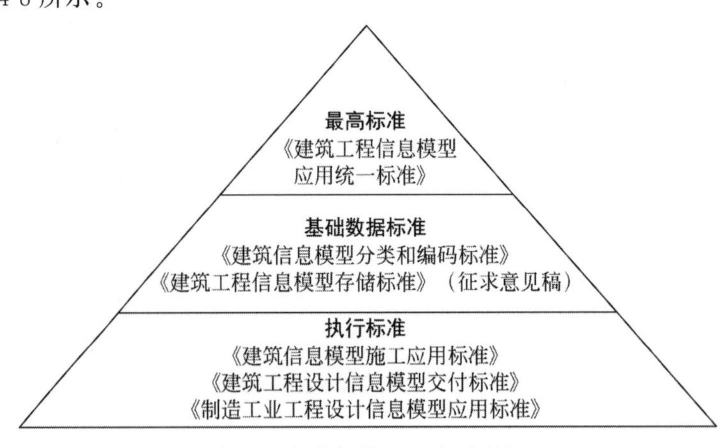

图 4-8 国家级的 BIM 标准层级

(1) 最高标准：住建部于2016年12月发布的国家标准《建筑信息模型应用统一标准》(GB/T 51212—2016,自2017年7月1日起实施)[22]。

(2) 基础数据标准：住建部于2017年10月联合发布的国家标准《建筑信息模型分类和编码标准》(GB/T 51269—2017,自2018年5月1日起实施)[23]；2021年10月发布的《建筑工程信息模型存储标准》(2022年2月1日实施)[24]。

(3) 执行标准：住建部于2017年5月发布的国家标准《建筑信息模型施工应用标准》(GB/T 51235—2017,自2018年1月1日起实施)[25]；2018年12月发布的国家标准《建筑信息模型设计交付标准》(GB/T 51301—2018,自2019年6月1日起实施)[26]；2019年5月发布的国家标准《制造工业工程设计信息模型应用标准》(GB/T 51362—2019,自2019年10月1日起实施)[27]。

此外,2018年12月,住建部发布了行业标准《建筑工程设计信息模型制图标准》(JGJ/T 448—2018,自2019年6月1日起实施)[28]；上海、浙江和深圳等省市也出台了有关BIM应用的地方标准或导则。2016年,中国水利水电勘测设计协会的34家会员单位发起并成立了水利水电BIM设计联盟,致力于制定行业内的BIM标准、推广BIM技术应用[29]。例如,该联盟组织编制了《水利水电BIM标准体系》[30],推动了水利水电行业内的BIM技术的建设与发展。

4.5.4 基于BIM的设计管理应用

1. 数字化勘探

数字化设计管理可利用无人机、遥感和地理信息系统等技术实现数字化测绘,以获取设计所需的地形数据信息,提高勘探测量速度和精度,有效节约人力资源。

2. 数字化设计

1) 设计建模

进行数字化勘探后,需要建立BIM信息模型,实现设计方案可视化,促进参建各方积极参与决策,形成科学的决策机制。数字化设计建模需要利用BIM技术从传统的二维绘图设计模式转变为三维空间设计模式,在BIM信息平台呈现建筑构件的三维几何形状信息,包括建筑建设中涉及的材料、性能、价格、重量、位置和建设进度等,使BIM模型完全模拟真实建筑物情况。利用BIM技术建立三维信息模型后,业主可以随时查看模型,及时评价设计意图,提高设计管理效率。

水利水电工程常采用多种建模技术与BIM对接,例如地形建模技术、地质建模技术、水工建筑物建模技术和水工结构建模技术等。在进行地形建模时,可以对接国内外卫星遥感和航空遥感数据、地面测量数据和水下地形数据等；进行地质建模时,可以利用GOCAD等软件,实现对地质结构面、断层、褶皱等的精细化建模；在进行水工建筑物和结构建模时,可以对接水工结构三维配筋技术、末班设计技术和三维参数化设计技术等。

国内已有水利工程采用Revit软件进行水工建筑物的建模,并结合Civil 3D软件处理实际地形。Civil 3D软件能够基于测量地形图的等高线、高程点和横断面信息生成三维地形图,以更直观地获取地形地质信息。

2）设计方案比选

在项目前期论证和设计阶段，业主可以通过BIM技术开展相关专业的性能分析和对比，实现设计方案比选，选择出经济、社会和环境效益最大化的设计方案，并动态模拟项目开发成本、质量和进度等绩效；也可以利用该功能进行建筑方案的优化。

3）设计变更

BIM平台能够对设计变更进行动态调控，设计方将设计变更内容提交到BIM平台后，BIM平台能够实时更新变更内容，便于业主实时查看，缩短了设计方与业主间的信息传递时间，提高工作效率。完成设计变更后，BIM平台能够呈现出变更前后的模型对比，便于提取变更内容，对比并分析变更对项目成本和进度造成的影响。

4）设计编码管理

设计构件的编码和命名可以通过Dynamo来实现。对于水利工程中的大量重复性构件（如桩基础、墙后反滤包等），Revit软件自带的Dynamo可以添加构件名称和编码的程序，选定添加的族类型和编码前缀，自动完成编码和命名，减少工作量，节省大量时间[31]。

5）设计标准参数提取

设计标准参数提取是实现建筑成本估算自动化的重要环节。当前实现成本估算的过程需要从成本数据库中检索单位成本，并采用单位成本和模型中已扣除的工作量进行成本估算。但目前大多数商业软件程序需要人工从施工标准或规范中提取并输入建筑元素的材料及所需的基本信息要求。利用自然语言处理技术可以从建筑规范中提取所需的设计信息，以实现建筑成本估算的自动化。

3. 数字化审批

设计审批是业主进行设计管理的重点工作。在数字化审批流程下，业主/监理工程师的设计审批人员能够通过BIM系统实时了解设计进度，提高读图效率和审核效率。设计工作人员需要根据设计进度节点随时上传设计模型，设计审查人员通过对设计模型进行碰撞检测、能耗分析等操作可以检查设计成果的质量，提出相应的改进意见。同时，BIM平台可以供多人同时查看设计图纸，设计审查不再受纸质图纸传阅时的空间与时间限制，能够显著缩短设计审批周期，也有利于设计审批意见的及时反馈。

开发水利工程BIM信息平台时，设计审批应具备以下功能。

（1）标记功能：业主/监理工程师能够在图纸和BIM模型上添加审批意见，对工作表和模型添加形状、线条或文本标记，以便于与设计方沟通，将设计审批意见在图纸或模型中反馈出来。

（2）测量功能：审批者能够对图纸或模型的特定元素进行线性、角度和面积测量，以提高设计审批精确度，并通过标记沟通测量内容。

（3）检测功能：审批者能够通过碰撞检测、能耗分析等操作，通过BIM技术模拟设计方案实施后的效果，自动检测出设计“错、漏、碰、缺”等问题，提高审批效果。

（4）隐私设置功能：审批者能够设置标记的可见性权限为仅个人可见、仅特定群组可见或公开，也可以在不同的设计版本中维护并修改相关标记。

（5）修改任务创建和分配功能：审批者可以创建设计意见修改项目并指定设计人员处理，以及时解决图纸或模型的错误或遗漏。所有设计修改的反馈均能显示处理人信息，以保证设计管理责任到人，提高设计管理效率。

(6) 跟踪功能：BIM 系统应能够自动跟踪每一个文档的更新，自动记录设计修改，并能够同时保持和查阅当前设置和旧版本的记录，使审批者能够跟踪审批进程，提高设计审批的协同性。

(7) 流程自定义功能：设计审批工作流程能够自定义设置，以区分一般设计方案和关键设计方案的流程，使设计审批更有针对性，提高设计审批效率。

(8) 变更比对功能：设计方依据设计审批意见进行修改后，业主/监理工程师能够在 BIM 系统中利用指示器查看设计方添加、删除或修改的项目，并能够看出设计相关图纸和模型版本之间的变化，以及这些变化对施工、采购等环节的影响。

(9) 风险管理功能：能够进行设计审批风险管理，对设计审批的重点关注因素进行分类和统计，包括规范符合性、关键设计方案、文件完整性、设计审批时限等，以便于及时避免设计审批风险。

4. 数字化信息管理

水利工程的设计环节涉及众多利益相关方，设计方与业主、施工方和相关政府部门有大量的接口数据和文件。通过建设信息化平台可以对设计文件进行规范化和信息化管理，实现数据和文件的存储、实时查阅与提取，保证信息能在相关方之间共享传递，改善传统媒介容易造成信息丢失的弊端。

水利工程设计过程中需要大量的河流水文、地质地形、气候条件等基础资料，施工图设计也往往需要上一阶段的设计模型和图纸作为参考依据。BIM 技术的信息管理功能便于设计方掌握较为完善的设计基础资料，从而提高设计成果的质量；设计人员可以随时查看以往设计输出文件，便于进行信息衔接和知识管理，以实现对各个阶段设计输入的动态调整；同时，施工方依据 BIM 平台也能随时查看设计图纸，了解设计方案对施工的要求，有利于提高设计交底效果，显著加快施工进度，提高施工质量。

5. 数字化设计协同管理

数字化设计协同管理的重要手段是通过 BIM 一体化信息管理平台实现参建各方在项目各阶段的 BIM 应用，为数据共享和协同工作提供支持，主要体现在多专业协同设计、设计方案的施工模拟和材料设备可视化方面。

1) 多专业协同设计

三维设计以协同为中心，不同专业开展设计工作时，可参考不同专业设计成果，将专业协同工作从传统的完成后检查提前到设计过程中实时检查，提高设计人员的工作效率。同时，可以根据施工包划分，将三维设计提交的设计模型进行切分编码，并轻量化发布至数字化管理平台网页端，使相关工作人员能直接查看三维模型，并能进行旋转缩放、按图层显示、三维漫游等操作。

2) 设计方案的施工模拟

BIM 技术的设计模型可视化和施工模拟功能可以有效提高设计的可施工性。施工单位在施工前可以根据 BIM 平台呈现的设计模型对施工活动进行模拟，及时向业主或设计方反馈设计缺漏或不利于施工的部分，有利于提高设计的可施工性，避免因设计返工而影响项目进度。

3）材料设备可视化

BIM 平台能够完整展示所需的材料设备参数和位置，避免设计的“错、漏、碰、缺”现象，同时能够及时为采购过程提供所需参数，提高设计与采购过程的协同管理效率。

4.5.5 基于 BIM 的设计管理实施方案

基于 BIM 的设计管理旨在实现设计资料信息化、设计图纸多维化、设计勘察数字化、设计专业协同化、设计变更可视化、设计审批自动化、方案比选最优化。其具体实施阶段及内容如表 4-9 所示。

表 4-9 基于 BIM 的设计管理实施方案

实施阶段	目　　标	具 体 内 容
1	设计资料信息化	实现信息实时存储、查阅、提取与共享
2	设计图纸多维化	搭建 BIM 信息平台，实现 BIM 多维设计建模功能
3	设计勘察数字化	开发三维地理信息系统、三维地质勘探系统，实现多维数字化勘测
4	设计专业协同化	开发移动端、网页端等多种平台，实现各平台智能交互；参建方可查看 BIM 模型并批注，实现多专业协同设计
5	设计变更可视化	开发设计变更比对功能、跟踪功能等，能够将变更对项目全周期影响可视化
6	设计审批自动化	开发测量功能、碰撞检测和能耗分析等功能，自动完成设计“错、漏、碰、缺”检查；开发流程自定义功能、修改任务创建和分配功能、风险管理功能等，提高设计审批效率
7	方案比选最优化	实现自动编码、自动提取标准参数功能，开发设计产出效益自动测算功能，自动选择最优方案

4.6 数字经济下水利工程设计管理激励机制与指标

4.6.1 设计激励机制

1. 合同中设置激励条款

在合同中列出暂定金额，制定地质勘探、设计质量、设计进度、现场设计配合、“四新”技术应用及科技创新激励条款。依据设计合同和已通过审核的设计计划等对设计单位固定周期（如年度、季度、月度）设计任务完成情况进行考核，并按照考核结果将暂定金额按比例奖励给设计方。例如，可设置地质勘探奖励机制，规定在一定范围内未因地质勘探而影响后续施工过程，设计单位可获得地质勘探奖励。

2. 建立信息化设计激励机制

为提高设计信息化能力，在设计合同中将设计费用划出一部分用于设计方进行信息系统开发、人员培训和系统维护，逐步实现全过程信息化设计管理。例如，工程全过程采用 BIM+GIS 正向设计，结算费率调整系数为 1.02，后 BIM 模型设计结算费率调整系数为 0.98。

3. 细化设计费用的里程碑支付节点

根据工程项目的建筑特点，按照单项工程、单位工程、分部工程等细化设计合同费用支付的里程碑节点。也可以根据项目整体进度规划，按照进度计划完成情况进行设计费用支付。例如，2020年第三季度的设计工作按进度完成，并通过了相关设计审查，则支付该季度设计费用。

4.6.2　设计考核指标

设计考核指标包括设计资质、质量管理、进度管理、投资管理、接口管理、现场设计配合、设计变更与优化、事故和突发事件应急处置、工程验收、科技创新以及设计信息化等内容，如表4-10所示。

表4-10　水利工程设计考核指标

序　号	内　　容	指　　标
1	设计资质	承揽的设计业务资质许可范围
		设计人员和设备的投入情况
2	设计质量管理	设计质量管理体系
		设计标准选用情况
		设计功能要求的实现程度
		设计地质资料完整性和准确性
		设计审查一次性通过率
		初步设计批复落实情况
		设计"错、漏、碰、缺"情况
		设计的可施工性
		设计对机电参数设置的合理性和及时性
		设计方案对健康、安全、环保规定的符合程度
		设计方案中的征地移民安置情况
		设计工作日志的记录情况
3	设计进度管理	设计信息化管理应用情况
		设计进度计划及时报送
		设计地质勘探计划完成情况
		设计供图进度计划执行情况
		设计进度对后续环节的影响
4	设计投资管理	设计方案符合核定的投资概算
5	设计接口管理	参加参建方例会等协调会议
		参加重要隐蔽(关键部位)单元工程验收
		对业主、监理方和施工方协调工作响应的及时性
		审批意见的落实情况
6	现场设计配合	现场设代机构设置
		现场设代人员配置
		现场设代人员驻工地现场时间
		设计交底的准确性和完整性
		设计交底的及时性
		对施工提出的交底问题反馈及时性
		设代日志等施工现场设代记录资料编写情况

续表

序号	内容	指标
7	设计变更与优化	设计变更及时性、准确性
		设计变更依据的充分性
		设计变更内容和深度对标准要求的符合程度
		设计变更程序合规性
		设计优化
8	事故和突发事件应急处置	因设计问题导致工程质量缺陷情况
		工程质量事故的调查和处理完成情况
		提出质量事故设计处理意见的及时性
		突发事件应对和处置的及时性
9	工程验收	设计工作报告对验收要求的符合程度
		提交验收资料的真实性、完整性和准确性
		工程验收参与情况
		对不合格工程(项目)的验收意见
10	科技创新	新技术、新材料、新工艺、新设备应用情况
		科技进步奖、专利、论文情况
11	设计信息化	全过程 BIM+GIS 正向设计
		设计勘察和设计资料数字化
		设计方案比选数字化
		设计变更可视化
		设计审批流程化、电子化
		运用建管平台设计模块,与参建各方高效协同

4.6.3 数字经济下水利工程设计管理阶段性工作与指标体系

数字经济下水利工程建设的设计管理阶段性工作与指标体系见表4-11。第一阶段应实现设计管理的体系制度建设,包括优化组织结构,制定完善的流程、制度和考核体系等。第二阶段应基于第一阶段的体系制度完善设计过程控制措施,包括设计质量、进度和成本过程控制,以及建设中心与利益相关方的接口管理等。第三阶段应实现数字化设计管理,依次实现设计资料信息化、设计图纸多维化、设计勘察数字化、设计专业协同化、设计变更可视化、设计审批自动化和方案比选最优化。

表4-11 数字经济下水利工程设计管理阶段性工作与指标体系

阶段	指标体系
第一阶段:设计管理体系规范化	优化采用职能型和横向型相结合的组织结构
	建立规范完善的前期论证和设计管理流程
	明确项目前期论证和设计管理工作内容
	建立完善清晰的设计招标制度
	制定完善清晰的设计合同文件
	制定明确的前期论证和设计管理责任分工
	制定完善的设计管理考核体系

续表

阶　段	指 标 体 系
第二阶段：设计过程控制精细化	实施有效的设计质量、进度和成本过程控制
	实施有效的设计、施工和供应商沟通协调管理
	完善项目参建各方与政府部门的接口管理
	完善并创新设计咨询和审查管理机制
	实施差别化的设计优化和变更分级管理
第三阶段：设计管理数字化	实现设计资料信息化，建立设计信息平台
	实现设计图纸多维化，实现设计建模功能
	实现设计勘察数字化，开发三维地理信息系统和地质勘探系统
	实现设计专业协同化，开发移动端、网页端平台和 BIM 专业协同功能
	实现设计变更可视化，开发变更比对、跟踪和全过程影响可视化功能
	实现设计审批自动化，开发测量、碰撞检测、能耗分析、流程自定义、修改任务创建和分配以及风险管理等功能
	实现方案比选最优化，开发自动编码、提取参数、效益测算等功能

4.7　数字经济下宁夏水利工程设计管理成效

4.7.1　设计方与其他参建方的合作关系

对宁夏水利工程建设过程中设计方与其他参建方之间合作关系的评估结果如表 4-12 所示。其中，得分 1 为“完全不符”，得分 5 为“完全符合”。

表 4-12　设计方与其他参建方的合作关系

指　标	总体		业主		设计		施工		监理	
	得分	排序	得分	排序	得分	排序	得分	排序	得分	排序
业主与设计方目标一致、态度积极、信守承诺、处事公平，值得信任	4.19	1	3.96	1	4.36	1	4.11	5	4.36	1
业主与设计方有开放氛围，鼓励团队合作，能有效沟通与解决问题，并及时反馈	4.18	2	3.88	2	4.28	2	4.16	3	4.36	2
设计方与施工方有开放氛围，鼓励团队合作，能有效沟通与解决问题，并及时反馈	4.05	3	3.73	3	4.08	7	4.21	1	3.92	5
设计方与施工方目标一致、态度积极、信守承诺、处事公平，值得信任	4.04	4	3.54	7	4.24	3	4.19	2	3.85	7
设计方与监理方有开放氛围，鼓励团队合作，能有效沟通与解决问题，并及时反馈	4.02	5	3.62	6	4.08	5	4.11	5	4.15	3

续表

指标	总体		业主		设计		施工		监理	
	得分	排序	得分	排序	得分	排序	得分	排序	得分	排序
设计方与供应商目标一致、态度积极、信守承诺、处事公平，值得信任	4.00	6	3.65	5	4.00	8	4.14	4	3.92	5
设计方与监理方目标一致、态度积极、信守承诺、处事公平，值得信任	4.00	7	3.54	7	4.18	4	4.04	7	4.12	4
设计方与供应商有开放氛围，鼓励团队合作，能有效沟通与解决问题，并及时反馈	3.92	8	3.65	4	4.08	5	4.02	8	3.84	8
均值	**4.05**		**3.70**		**4.16**		**4.12**		**4.07**	

由表4-12可知，设计方与其他参建方的合作关系总体得分均值为4.05分，表明设计方与业主、施工方、监理方和供应商均建立了相互信任的良好伙伴关系，能够基于共赢理念努力实现共同目标，提高水利工程建设项目的管理效率。其中，业主与设计方的关系总体得分最高，表明设计方与业主的合作关系最为突出，归因于业主与设计方为合同关系，设计方直接对业主负责，与业主有共同目标，在设计阶段双方沟通密切，设计成果能够满足业主要求。

4.7.2 设计资源配置

对宁夏水利工程建设过程设计资源配置情况的评估结果如表4-13所示。其中，得分1为“完全不符”，得分5为“完全符合”。

表4-13 设计资源配置情况

指标	总体		业主		设计		施工		监理	
	得分	排序	得分	排序	得分	排序	得分	排序	得分	排序
设计方投入的设计人员充足	3.85	1	3.07	2	4.33	1	3.90	1	3.79	2
设计前期论证资料充分	3.84	2	3.52	1	4.33	1	3.68	4	3.89	1
勘察设计过程投入设备充足	3.83	3	3.00	3	4.33	1	3.89	2	3.75	3
设计方投入的设计时间充足	3.73	4	2.93	5	4.23	4	3.81	3	3.61	4
信息化设计资源(如BIM平台)投入充足	3.59	5	2.96	4	4.20	5	3.66	5	3.15	5
均值	**3.77**		**3.10**		**4.28**		**3.79**		**3.64**	

由表4-13可知，设计人员配置指标的总体得分最高，表明设计方在项目中投入的人员充足。“设计前期论证资料充分”的总体得分排名第2，表明设计方提供的前期设计深度满足项目需要，可以减少设计变更，有效控制项目实施进度和投资成本。“信息化设计资源投

入充足”指标排名靠后，表明设计方应加大信息化投入，通过 BIM 等信息化技术提高设计人员的工作效率。

4.7.3　设计激励

对宁夏水利工程建设过程中设计激励情况进行评估的结果如表 4-14 所示。其中，得分 1 为“完全不符”，得分 5 为“完全符合”。

表 4-14　项目设计激励情况

指　标	总体		业主		设计		施工		监理	
	得分	排序	得分	排序	得分	排序	得分	排序	得分	排序
业主支付给设计方的设计费用充足	3.97	1	4.56	1	3.65	4	3.93	3	3.96	1
业主对设计方的激励强度合理，能有效调动设计人员的积极性	3.68	2	3.12	3	3.65	4	3.97	1	3.54	6
设计方对参与项目的设计人员有明确的激励措施	3.67	3	2.85	9	3.85	1	3.93	3	3.54	6
业主对设计方案的成本控制有完善的激励措施	3.66	4	3.15	2	3.65	4	3.84	9	3.75	3
业主对设计方提供有合同外潜在激励(如未来长期合作机会等)	3.65	5	2.69	10	3.70	3	3.91	5	3.88	2
业主对设计方的激励明确规定了奖惩标准，并能及时有效执行	3.65	5	3.00	8	3.75	2	3.88	6	3.54	6
业主对设计优化有完善的激励措施	3.64	7	3.12	3	3.60	7	3.88	6	3.63	4
业主对设计方激励奖惩得当	3.64	7	3.12	3	3.60	7	3.96	2	3.38	10
业主对设计质量有完善的激励措施	3.60	9	3.12	3	3.48	9	3.86	8	3.63	4
业主对设计进度有完善的激励措施	3.55	10	3.04	7	3.48	9	3.82	10	3.50	9
均值	**3.67**		**3.17**		**3.64**		**3.90**		**3.64**	

由表 4-14 可知，项目设计激励指标中，设计费用的总体得分最高，表明业主给设计方的设计费用充足，能够满足设计方进行各项规划设计活动的需要。激励强度的总体排名第 2，表明业主设置的设计激励措施强度合理，能充分调动设计人员的积极性。设计方内部的激励措施总体排名第 3，但在业主打分中排名靠后，表明业主认为设计方仍应该加强内部的激励措施，以将设计激励落到实处，有效发挥设计人员的能动性。

设计奖惩分配指标的总体得分排名第 7，表明设计方的激励措施应平衡奖励和惩罚的比例，在通过惩罚控制设计失误的同时，设置合理的奖励制度激励设计方进行设计优化，以提高项目质量和成本绩效。设计质量激励的总体得分为 3.60 分，表明设计方应在设计激励中设置完善的设计质量激励措施，使设计方能依据设计质量保证体系开展工程设计，设计成果满足采购、施工等环节要求，减少因设计失误导致的设计变更或返工。同时，设计进度激励的总体得分排名靠后，表明应建立完善的设计进度激励并有效执行，以使设计方严格执行出图计划，保障工程建设顺利进行。

4.7.4 设计单位表现

对宁夏水利工程建设过程中设计单位表现情况进行评估的结果如表 4-15 所示。其中，得分 1 为“很差”，得分 5 为“很好”。

表 4-15 水利工程设计单位表现

指标	总体		业主		设计		施工		监理	
	得分	排序	得分	排序	得分	排序	得分	排序	得分	排序
工程设计能力	3.99	1	3.33	1	4.58	3	3.94	1	3.93	1
学习能力	3.96	2	3.26	3	4.60	1	3.92	2	3.82	5
内部管理水平	3.93	3	3.15	4	4.60	1	3.85	6	3.93	1
设计方与其他参建方的沟通协调能力	3.92	4	3.33	1	4.43	5	3.90	4	3.79	6
地质勘察情况	3.90	5	3.04	5	4.50	4	3.90	4	3.86	3
信息技术运用情况	3.88	6	3.00	6	4.43	5	3.92	3	3.86	3
创新能力	3.78	7	2.96	7	4.40	7	3.82	7	3.61	7
均值	**3.91**		**3.15**		**4.51**		**3.89**		**3.83**	

由表 4-15 可知，衡量设计单位能力的各指标总体得分中，“工程设计能力”得分最高，表明设计方的专业设计能力得到了参建各方的认可，能够较为完整地掌握设计基础资料，编制的设计方案具有技术可行性，并能考虑资源可获得性，准确反映业主意图。“设计方的创新能力”总体得分排名靠后，表明设计方需提高创新能力，根据建筑物功能特性、工程任务及建设范围等特点进行创新设计，并能够进行合理的设计优化，不断提高设计方案的商务可行性和可施工性，提升设计成果质量。

“设计方与其他参建方的沟通协调能力”在业主打分中排名第 1，表明业主认为设计方与业主、施工方、监理方和供应商之间的接口管理表现出色，能够保证设计图纸的进度和深度符合采购施工等环节要求。例如，设计方能够与施工方进行有效的沟通与协调，通过及时详细的设计交底，使施工方准确理解设计方案并进行施工；同时，施工方向设计方反馈施工问题，能够使设计方及时掌握现场信息，并根据施工情况完善设计方案，提高设计方案的可施工性。

4.7.5 业主设计管理表现

对宁夏水利工程建设过程中业主设计管理表现进行评估的结果如表 4-16 所示。其中，得分 1 为“很差”，得分 5 为“很好”。

表 4-16 业主设计管理表现

指标	总体		业主		设计		施工		监理	
	得分	排序	得分	排序	得分	排序	得分	排序	得分	排序
设计合同管理	4.01	1	3.48	3	4.08	3	4.13	1	4.15	1
设计相关的接口管理	3.98	2	3.56	2	4.15	1	4.01	2	4.07	2
设计方案技术审查	3.96	3	3.59	1	4.13	2	3.99	3	4.04	3
均值	**3.98**		**3.54**		**4.12**		**4.04**		**4.09**	

由表 4-16 可知，业主设计管理能力的总体得分均值为 3.98 分，表明业主有较好的设计合同管理能力、设计相关接口管理能力和设计方案技术审查能力。业主较好的合同管理能力能够保证设计合同明确设计的深度和责任，保证因设计变更引起的争端和索赔得到及时处理；设计相关接口管理能力能够促进设计方与参建各方的有效沟通，保证设计方及时准确提供技术规格，满足采购计划制定、供货商选择和设备制造、交付、安装与调试的要求，并能结合现场信息对设计方案进行优化；设计方案技术审查能力能够对设计方案的造价核算、质量审核和进度分析等建立完善的设计审核流程，确保设计方案符合要求。

4.7.6 水利工程设计绩效

对宁夏水利工程设计绩效进行评估的结果如表 4-17 所示。其中，得分 1 为“很差”，得分 5 为“很好”。

表 4-17 水利工程设计绩效

指标	总体		业主		设计		施工		监理	
	得分	排序	得分	排序	得分	排序	得分	排序	得分	排序
设计方案能充分发挥水利工程经济、社会和环境效益	3.94	1	3.33	2	4.31	3	4.01	1	3.86	1
设计方案造价合理，满足工程财务可行性指标要求	3.91	2	3.48	1	4.33	1	3.87	3	3.82	3
设计成果按时交付，符合设计进度目标	3.88	3	3.19	4	4.33	1	3.94	2	3.75	4
设计成果质量高，满足水利工程建设要求	3.84	4	3.26	3	4.31	3	3.80	4	3.86	1
均值	**3.89**		**3.32**		**4.32**		**3.91**		**3.82**	

由表 4-17 可知，项目设计绩效的总体得分均值为 3.89 分，表明项目设计在质量、成本、进度和 HSE 方面表现良好。设计方案能及时集成环保移民等信息，充分发挥水利工程经济、社会和环境效益；设计方能按时交付造价合理、满足深度要求的设计成果，符合水利工程建设进度、成本和质量目标。

4.7.7 数字经济下水利工程设计管理创新

1. 制定了标准化设计管理制度与流程并予以实施

宁夏水利工程建设中心制定了标准化的设计管理制度，对项目策划、初步设计、招标图设计、施工图设计、施工期设代现场服务和竣工验收的前期规划和设计管理全过程进行了明确规定；同时，制定了各职能部门的工作手册，明确了设计管理归口部门——规划计划科的各项工作内容及流程，包括投资计划编报、项目用地计划编报、工程进度款拨付计划编制、工程前期管理、咨询机构选取、项目建议书管理、审批要件管理、可研报告管理工作流程、初设报告管理工作流程等。标准化制度和流程的建立使设计管理工作更为规范，有利于促进项目统筹规划，降低设计管理风险，确保工程设计质量，使工程建设管理更具科学性与前瞻性。

数字建管平台规划了项目前期和工程设计流程，以实现电子化管理设计策划、初步设计、施工图设计、现场设代、设计变更、后期服务和合同结算等工作，优化参建各方之间的业务接口，提高设计管理效率。

2. 数字建管平台设置了“要件办理计划”模块

水利工程建设涉及多个要件编制与审批工作，需要上报发改委、自然资源厅、环境保护厅、林业和草原局、水行政主管部门等众多政府相关部门审批。为此，宁夏水利工程建设中心通过数字建管平台设置了“要件办理计划”模块，将水利工程项目要件审批节点以时间轴的形式呈现出来，使管理人员能迅速了解要件办理进程，获取相关要件计划完成时间和批复状态，并能及时查阅审查意见，使要件办理高效可控。例如，通过数字建管平台“要件办理计划”模块，可以清晰地看到银川都市圈中线供水工程项目于 2020 年 6 月 18 日完成了《水资源论证报告》审批，于 2020 年 9 月 17 日完成了《矿产压覆评估报告》审批。

3. 建立了设计进度动态管控机制

宁夏水利工程建设中心建立了设计进度动态管控机制，在设计管理制度中明确要求设计服务单位在合同执行过程中每周书面报告设计工作实施计划的执行情况，包括设计计划执行情况、存在的问题及解决措施、计划偏离的原因分析及纠偏措施等内容。通过制订进度基准计划、滚动更新进度计划和动态进度控制，能够有效控制设计进度，保障设计工作顺利进行。

4. 引入了外部优质设计单位进行设计咨询

为提高设计成果质量，宁夏水利工程建设中心引入了外部优质设计单位进行设计咨询。设计咨询单位定期对项目设计成果进行设计咨询和审查，并对重大设计方案进行针对性咨询，以有效控制设计质量和进度。

5. 设置了设计激励机制

数字经济下水利工程设计管理通过在合同中设置奖惩措施，来调动设计方的积极性，有效激励设计方按时交付设计成果，提高设计质量。例如，宁夏水利工程建设中心在银川都市圈中线供水工程合同中设置了设计奖励措施，对设计方提出的能降低工程投资、缩短施工期限或提高工程经济效益的合理化建议给予奖励；同时设置了相应惩罚措施，规定设计方每延误交付设计文件一天，会被减收该项目应收设计费的0.2%；各阶段设计成果如果不满足BIM设计技术要求，每组织审查一次就减收设计费的0.3%，各阶段设计成果达不到要求的减收0.5%。

6. 对设计单位进行了全面绩效考核

宁夏水利工程建设中心在数字经济下进行水利工程设计管理时，高度重视对设计单位的绩效考核评价，制定了对设计单位的合同履约评价方法和水利建设项目稽查常见问题清单，对设计单位的设计资格、设计文件编制和设计服务质量、设计标准应用等情况进行考核，以促进设计质量的提高。

7. 使用了数字化BIM设计

信息化管理是提高设计管理水平的关键。以往的水利工程项目设计管理主要通过CAD进行二维设计，而宁夏水利工程建设项目的设计管理通过在合同中要求"设计全过程采用BIM+GIS设计"，初步使用了数字化BIM设计，实现了设计方案三维可视化表达。使用BIM模型的碰撞检查功能能够检查出设计的"错、漏、碰、缺"问题，使设计质量得到显著提高，也减少了设计失误。

8. 数字建管平台设置了"电子沙盘"模块

数字建管平台的"电子沙盘"模块实现了与BIM模型的对接，以进行三维电子化设计成果展示。同时，可以通过电子沙盘模块进行刨切、测距等操作，使设计成果更为形象直观；也可以通过BIM模型进行碰撞检测，识别出该设计条件下的危险源、质量问题和安全问题等，从而有效避免设计中的"错、漏、碰、缺"现象，提高设计方案的可施工性，提高设计与施工、采购的协同管理效率。

4.7.8 数字建管平台设计管理重点

1. 设计工作纳入数字建管平台

将设计工作纳入建管平台，可以实现设计方与建设单位(业主)、施工方和监理方的快速对接。例如，将设计变更通知通过建管平台及时下发到工程建设现场；工程建设现场发现的问题能够通过平台及时反馈给设计方，从而提高设计管理效率，加强设计方在建管平台的参与度。

2. 提高数字建管平台可操作性

例如，在工作台上查看的各个统计图表选中后可以直接链接到相应的统计模块；建管平台上方的绿色工具栏在缩小界面后仍然可以查阅；优化建管平台分区，将原有工作整合为较少的分区(如设计管理、合同管理、建设管理、验收评价等)，使分区更为简洁，更易上手操作。

3. 设置文件管理模块

设置文件管理模块，可以使同一项目的相关文件进行集中查阅或下载，无须在各个分区逐个查找，从而提高平台使用效率，有利于知识积累和项目后评价工作。但应注意针对不同人员应设置合理的权限，以保障信息安全性。

4. 设置流程节点自定义功能

水利工程设计工作涉及众多利益相关方，除了满足关键必要流程节点功能外，还需设置自定义功能，以满足参建方各层级管理人员的文件审批需求，并留下全过程审批痕迹。除审批功能外，加入知会功能，可以提高组织内和组织间的接口管理效率。在设计变更审批流程中设置知会节点，可以使设计变更通知及时传达给现场施工方和监理方。同时，施工现场发现的地质勘探等问题，能够通过建管平台及时通知设计方，并知会业主和监理方，使参建各方能够及时获取相关信息，提高协同工作效率。

5. 设置设计方的进度计划管理模块

数字建管平台除了应体现业主对设计方的工作进度要求外，还应设置设计方的进度计划管理模块，使设计方能够在平台上提交周期性进度计划。业主通过平台能够定期动态考核设计方进度计划完成情况并及时纠偏调整，使设计进度满足采购、施工环节的要求，有效避免设计方供图不及时的问题。

6. 设置设计审批模块

设计审批是设计管理工作的重要环节，建议在建管平台中设置设计审批模块并引入电子签章制度，向无纸化设计审查方向发展，以提高设计成果审查的效率。在该模块中，设计方将设计图纸、设计计算书等文件上传到平台，由建管中心登记评审专家信息，并上传审批意见。施工图设计审批、设计变更等环节还可以将施工方和监理方纳入设计审批流程中，以提高设计方案的可施工性。通过在平台中纳入设计审批流程，评审专家、业主和设计方都可以快速查阅历史审批记录和设计文件，从而有效提高设计审批效率。

7. 加强地质勘探信息化管理

应重视地质勘探资料的信息化管理，涵盖勘探、试验、物探、地质和岩土专业，实现地层定义、钻孔地层一键导入、统计与计算报表、数据驱动自动建模、钻孔数据一键生成、数据库直接生成图纸等内容，加强设计地勘管理，以控制地勘质量。

8. 实现全过程 BIM+GIS 正向设计

数字建管平台除了开发电子沙盘，实现设计方案三维可视化外，还应逐步实现全过程BIM+GIS 正向设计。当前大部分水利工程项目设计管理仍处在后 BIM 水平：设计师使用二维 CAD 设计，再由 BIM 团队将 CAD 文件转化为 BIM 模型，BIM 的碰撞检查功能很难在设计和审查过程中发挥效用。为此，数字建管平台应开发设计变更比对功能、跟踪功能、测量功能、碰撞检测功能和能耗分析功能等，将设计变更对项目全周期影响可视化，实现设计的“错、漏、碰、缺”检查和方案比选功能。

9. 移动 App 中开发设计管理模块

水利工程现场施工条件复杂，在移动 App 中开发设计管理模块有助于解决施工现场不方便使用计算机的问题，可以将施工现场信息及时反馈给设计方，也有助于施工方随时查看设计文件。移动端 App 与计算机端信息平台应实现资源信息的同步，确保参建各方能随时查看项目信息和流程进度，实现信息的高效传递。

第5章 >>>>>>>>>>>>>>

数字经济下水利工程建设招投标管理

5.1 招投标管理概述

招投标是招标和投标工作的统称，是进行大宗商品交易、工程建设项目发包与承包、服务项目采购等工作时通用的一种交易手段[32]。

在工程建设领域，通常项目的发包人作为招标方，通过发布招标公告或者向特定承包商发送招标邀请等形式发布招标信息[33]。招标方结合工程项目的具体情况，针对工程项目实施过程的设计、施工、咨询等活动中的一项或多项工作，拟定对项目的范围、质量、功能、进度等方面的要求并公布相关条件，并根据条件对投标人的资质和能力进行评判，最终选择合适的投标人作为工程项目的承包商，完成相应的工作。投标是指资质和能力都满足招标方要求的承包商向招标方以正式文件的形式提出所提供的工程或服务的报价，并对招标方的招标要求做出一一响应的过程，投标方之间通常是一种竞争性活动。招投标工作的最终结果是发包人和承包人签署工程承包合同，形成合同关系。招投标工作体现了市场经济下的竞争性、公开性和公平性原则[34]。

5.2 招投标工作内容

1. 招标管理工作[35]

(1) 招标方案规划。通过市场信息调研、可行性研究等工作，对拟建设的工程项目做出规划，是招标工作的基础。

(2) 招标文件编制。将规划的招标方案进行具体化和数量化，形成规范的招标文件，是招标工作后续决策的重要部署。

(3) 确定并制定评标原则和细则。

(4) 协调招投标时间。根据规划和计划，协调各方参与招投标的时间，确保招投标活动顺利进行。

(5) 发布招标公告或招标邀请函。

(6) 发售招标文件。

(7) 招标答疑。组织投标单位进行现场踏勘，并对招标文件进行答疑。

(8) 开标评标。组织开标活动并组织评标委员会进行评标，公示评标结果。

（9）合同谈判。与投标人进行合同谈判，确定合同细则。

（10）合同签订。

2. 投标管理工作[35]

（1）获取招标信息。通过各种渠道获知招标信息，并进行评估，确定是否参与投标。

（2）获取招标文件。向招标方购买招标文件，并进行深入研究。

（3）现场踏勘与答疑。进行现场踏勘并参与招标方组织的答疑活动，明确招标文件中的发包人要求。

（4）投标文件编制。进行投标报价，并对招标文件中的招标方要求进行一一响应。

（5）递交投标文件。正式参与投标。

（6）参加开标、评标。

（7）合同谈判。与招标人进行合同谈判，确定合同细则。

（8）合同签订。

5.3 数字化招投标管理的意义

（1）招投标管理数字化建设能有效规范招投标流程，最大限度地避免人为操作失误，使招投标工作更加便捷的同时，显著提高招投标管理工作的质量。

（2）招投标管理数字化建设能有效促进招标过程的资源共享。传统的招标管理工作中，市场中的各种信息相对混乱，不同部门间缺乏沟通交流。通过数字化招投标管理，能提升市场中信息的流通速度，从而建立多样化的信息体系，使工程建设市场在稳定环境中持续运作，并且能有效避免围标、串标等招投标违法事件的发生，保证招投标工作的竞争性、公平性和公开性。

（3）招投标管理数字化建设能规范招标工作过程中信息的真实性，保证招投标信息的安全性。招投标管理数字化建设能对信息进行加密处理，防止招投标信息被窃取或者泄露，同时也能更系统地为招标管理部门工作提供基础信息[36]。

5.4 水利工程建设招投标管理情况

5.4.1 招投标管理体系建设

宁夏水利工程招投标管理体系建设情况如表5-1所示。其中，得分1为“完全不符”，得分5为“完全符合”。

表 5-1 招投标管理体系建设情况

指标	总体		业主		设计		施工		监理	
	得分	排序	得分	排序	得分	排序	得分	排序	得分	排序
具有规范的招投标流程体系	4.20	1	4.32	3	4.22	1	4.08	3	4.18	1
有专门的招投标管理队伍	4.15	2	4.35	1	4.18	6	4.06	4	4.01	3

续表

指 标	总体		业主		设计		施工		监理	
	得分	排序	得分	排序	得分	排序	得分	排序	得分	排序
具有完善的信息管理体系	4.15	2	4.28	5	4.19	5	4.12	1	4.01	3
能严格依照单位的招投标流程体系进行管理	4.14	4	4.25	7	4.22	1	4.05	5	4.04	2
实施严格的招投标程序(开标、评标)	4.14	4	4.33	2	4.21	4	4.09	2	3.93	5
制订适宜的招投标工作计划	4.12	6	4.30	4	4.20	7	4.05	5	3.93	5
招标管理队伍人员工作经验丰富	4.09	7	4.28	5	4.22	1	4.01	7	3.85	7
均值	**4.14**		**4.30**		**4.21**		**4.07**		**3.99**	

表 5-1 显示,项目招投标管理各项指标的总体得分均值为 4.14 分,表明招投标管理情况较好,招投标方能严格依照公司的招投标流程体系进行管理,并拥有经验丰富的专业人才,有效保障招投标各项工作流程的顺利进行。其余参建方和业主对招标管理体系建设的评价存在显著差异,业主的总体得分均值高于设计方、施工方和监理方,表明从其余参建方的角度而言,业主的招标管理体系建设仍有一定的提升空间。

5.4.2 招标文件编制

宁夏水利工程项目招标文件编制情况如表 5-2 所示。其中,得分 1 为"完全不符",得分 5 为"完全符合"。

表 5-2 项目招标文件编制情况

指 标	总体		业主		设计		施工		监理	
	得分	排序	得分	排序	得分	排序	得分	排序	得分	排序
明确项目范围(特性、功能、质量等)	4.19	1	4.41	1	4.23	1	4.06	2	4.06	2
责权利界定清晰	4.18	2	4.39	2	4.19	4	4.07	1	4.07	1
合同条款完整详尽	4.13	3	4.28	3	4.21	3	4.05	3	3.98	3
合理分配风险	4.06	4	4.23	4	4.22	2	3.89	4	3.90	4
均值	**4.14**		**4.33**		**4.21**		**4.02**		**4.00**	

表 5-2 显示,项目招标文件编制各项指标的总体得分均值为 4.14 分,表明招标文件编制整体而言较为清晰合理。其中,"明确项目范围"排名第 1,归因于业主在招标文件中明确了各项关键指标,例如关键项目、关键节点、里程碑目标、安全管理目标等,对于项目范围(特性、功能、质量等)方面的描述比较完善。"责权利界定清晰"和"合同条款完整详尽"得分排名较高,表明项目在招标文件范本适用、项目风险划分、责权分配、设计审查和设计管理等方面较为清晰合理。"合理分配风险"虽然排名末位,但得分仍在 4 分以上,表明在招标文件中对于项目风险的划分较为合理。其余参建各方对业主招标文件编制情况的评分均值显著低

于业主自评均值 4.33 分，表明参建各方认为业主招标文件中对项目范围、责权利、合同条款和风险分配等方面的编制仍有提升空间。

5.4.3 招标准备工作情况

宁夏水利工程对项目招标准备工作情况的分析如表 5-3 所示。其中，得分 1 为“很不符合”，得分 5 为“非常符合”。

表 5-3 招标准备工作情况

指标	总体		业主		设计		施工		监理	
	得分	排序	得分	排序	得分	排序	得分	排序	得分	排序
履约重点	4.03	1	4.33	1	4.06	1	3.92	1	3.81	4
合同文件组成与要求	4.00	2	4.30	2	3.99	3	3.88	3	3.83	3
合同具体内容	3.98	3	4.29	3	4.01	2	3.90	2	3.72	7
行业规则与习惯(工作范围、职责等)	3.95	4	4.21	5	3.96	5	3.77	6	3.86	2
争议解决机制	3.94	4	4.25	4	3.99	3	3.78	5	3.74	6
合同条款表述	3.93	6	4.16	6	3.89	7	3.88	3	3.79	5
变更、索赔流程	3.93	6	4.11	7	3.92	6	3.71	7	3.98	1
均值	**3.97**		**4.24**		**3.97**		**3.83**		**3.82**	

招标准备工作各项指标的总体得分均值为 3.97 分，表明招标准备工作整体表现良好。其中，“履约重点”和“合同文件组成与要求”排名前两位，说明项目在合同交底时，业主能够对合同内容进行深入研究，明确履约重点，使参建各方能够掌握合同的主旨及各项条款及其在工程项目管理上的各项程序，把合同责任落实到各责任人和合同实施的具体环节上。其余参建各方对招标准备阶段各项指标的评价均显著低于业主自评得分，表明相对业主的自我认知而言，其他参建方认为业主的招标准备工作仍有一定的提升空间。

5.5 数字经济下水利工程建设招投标管理措施

数字经济下项目招投标管理措施重要性评价如表 5-4 所示。其中，得分 1 为“非常不重要”，得分 5 为“非常重要”。

表 5-4 数字经济下水利工程招投标管理措施重要性

指标	总体		业主		设计		施工		监理	
	得分	排序	得分	排序	得分	排序	得分	排序	得分	排序
标准化招投标文件管理	4.34	1	4.39	1	4.40	2	4.14	3	4.42	1
建立招投标数据库，为过往招投标项目编制电子档案	4.30	2	4.39	1	4.35	4	4.19	2	4.26	3

续表

指　　标	总体		业主		设计		施工		监理	
	得分	排序	得分	排序	得分	排序	得分	排序	得分	排序
数字化招投标流程，支持管理人员实时掌握招投标项目各项工作进展	4.27	3	4.18	4	4.48	1	4.21	1	4.23	4
智能化分析过往招投标数据，为当前项目招投标文件编制提供依据	4.24	4	4.32	3	4.38	3	4.05	4	4.19	5
建设招投标管理平台，以提高招投标管理人员的工作效率	4.17	5	4.11	5	4.33	5	3.96	5	4.29	2
均值	**4.26**		**4.28**		**4.39**		**4.11**		**4.28**	

表5-4显示，在数字经济下水利工程项目招投标管理措施的各项重要性指标总体得分均值为4.26分，表明所选取的各项指标对于建设数字经济下水利工程有重要意义。其中，“标准化招投标文件管理”总体得分排名最高，表明招投标文件的标准化工作是数字经济下水利工程招投标管理的基础要求；“建立招投标数据库”得分4.30分，排名靠前，表明招投标数据库的建立对水利工程的数字化管理有重要意义。参建各方对所选取的各项指标总体评分均值较为接近，无明显差异，表明在数字经济下水利工程建设招投标管理措施的重要性评价方面，各方持一致态度。

数字经济下水利工程采取的招投标管理措施如下。

1. 建设招投标管理网络平台

建设招投标管理网络平台，能够在实际招投标工作过程中体现出数字化管理的相关优势。通过招投标管理网络平台，能对招标单位现有招标项目和计划中的全部招标项目进行实时监控和管理，突破传统管理方式缺乏全局视角的局限性和障碍；能辅助招标方进行招投标文件管理工作，促进招投标文件的标准化，并进行定期查询和监督；能帮助提升招标相关信息在招投标部门内部以及其他业务部门的流通性，从而建立多样化的信息体系，促进部门内部和部门之间的沟通交流，使招投标管理工作更加立体化。

2. 建立招投标数据库

招标工作的全过程会产生大量信息，这些信息的掌握程度对招投标管理工作的质量有重要影响。建立招投标数据库，有助于真正实现招投标管理部门的信息化办公，利用招投标数据库可以对所属企业的已完成项目、在建项目和规划项目进行全面的掌控。与此同时，招投标数据库的建立可以帮助企业制定计算机辅助评标的相关方案，通过现存的历史招投标大数据，对当前项目进行分析，帮助招标单位对参与投标的企业进行资格审查，避免出现围标、串标等虚假招投标行为，从而建立真实有效的数字化招投标管理工作程序。

3. 标准化招投标文件管理

数字化招投标管理模式有助于进行招投标文件的标准化管理。在招投标管理网络平台中，开放文件的发布、查询和下载功能，可为招投标管理工作中的信息发布、数据查询等业务带来便利，从而确保招标文件的标准化和统一化。在招标文件标准化的基础上，系统能进行招标文件数字化加工工作，自动计算招标工作的相关信息数据并进行内容评价，为智能化招投标分析提供基础信息。

4. 智能化招投标分析

数字化招投标管理模式的建设可以帮助招投标单位进行历史招标数据的智能化分析工作，帮助研究市场的未来发展趋势，为招标规划提供数据支撑。智能化分析需要以大量历史数据的积累为基础，否则无法保证智能化分析的准确性与合理性。

5.6 数字经济下水利工程建设招投标管理指标体系

数字经济下水利工程招投标管理应实现“招投标体系规范化，招投标文件标准化，招投标管理数字化”三重目标，以适应数字建管模式对招标计划、招标流程、招标管理、文件编制、信息管理和招标分析等工作内容的要求，具体内容如表 5-5 所示。

表 5-5 数字经济下水利工程招投标管理指标体系

序号	招投标管理内容	指　　标
1	招投标体系规范化	规范的招标流程体系
		专门的招标管理队伍
		适宜的招标工作计划
		严格的招标程序
		完善的信息管理体系
		明确评标标准和方法
2	招投标文件标准化	明确项目范围
		责权利界定清晰
		合同条款完整详尽
		合理分配风险
		明确合同激励的方式与额度
3	招投标管理数字化	建设数字化招标管理平台，以提高招投标管理人员的工作效率
		数字化招标流程，支持管理人员实时掌握招投标项目各项工作进展
		标准化招标文件管理
		建立招投标数据库，为过往招投标项目编制电子档案
		智能化分析过往招标数据，为当前项目招标文件编制提供依据

5.7 数字经济下水利工程招投标管理成效

数字经济下宁夏水利工程项目招投标管理成效如表 5-6 所示。其中，得分 1 为“很不符合”，得分 5 为“非常符合”。

表 5-6 数字经济下宁夏水利工程项目招投标管理成效

指标	总体		业主		设计		施工		监理	
	得分	排序	得分	排序	得分	排序	得分	排序	得分	排序
实施严格的招投标程序	4.35	1	4.41	1	4.50	2	4.25	3	4.35	4
能严格依照单位的招投标流程体系进行管理	4.35	1	4.30	5	4.53	1	4.26	2	4.36	3
有专门的招投标管理队伍	4.34	3	4.26	6	4.50	2	4.25	3	4.41	1
具有规范的招投标流程体系	4.33	4	4.32	4	4.45	6	4.25	3	4.38	2
招投标管理队伍经验丰富	4.30	5	4.37	2	4.40	8	4.23	6	4.28	5
制订适宜的招投标工作计划	4.29	6	4.33	3	4.45	5	4.19	7	4.25	7
具有完善的信息管理体系	4.22	7	3.89	9	4.48	5	4.27	1	4.04	12
明确项目范围(特性、功能、质量等)	4.21	8	4.07	7	4.40	8	4.15	10	4.23	8
合同条款完整详尽	4.20	9	3.85	10	4.50	2	4.14	11	4.27	6
明确评标标准和方法	4.19	10	4.00	8	4.33	13	4.19	7	4.20	10
合理分配风险	4.12	11	3.78	11	4.40	8	4.05	12	4.23	8
责权利界定清晰	4.11	12	3.78	11	4.38	11	4.05	12	4.20	10
明确合同激励的方式与额度	4.04	13	3.56	13	4.35	12	4.12	11	3.83	13
均值	**4.23**		**4.07**		**4.44**		**4.19**		**4.23**	

表 5-6 显示，采取数字经济下水利工程的项目招投标管理措施后的各项指标总体得分均值为 4.23 分，较以往模式来说有了显著提升。其中，“实施严格的招投标程序”“能严格依照单位的招投标流程体系进行管理”得分相同且最高，表明在数字经济水利工程下的招投标管理规范性更为完善，招投标方能严格依照公司的招投标流程体系进行管理，有效保障招投标各个流程的工作。参建各方的总体评分均值显著高于业主自评得分均值 4.07 分，表明参建各方对业主在数字经济下水利工程招投标管理工作的高度认可。

招标工作是水利工程建设中的重要环节，在数字经济的大环境下，水利工程项目的建设方应建立完善的招标管理制度与工作流程，加强招标相关信息的公开性与透明性，在当前招标活动的基础上大力推进电子招标工作，进而达到招投标程序的标准化、流程化和数字化。建设单位在与政府采购相关的招投标法律法规和监管要求的基础上，充分考虑了数字建管平台的实际应用情况，积极探索电子招投标工作的方法与流程，有效应用了数字经济下水利工程在招投标工作的相关成果。

1. 建立了招标数据库

建设单位内部建立了招标数据库，实现招标管理部门的信息化办公。在开展招标工作的时候，以数据库中的历史招标文件作为工作参考，使招标管理人员在进行招标计划、招标文件编制、发布招标公告等工作中的效率得到了有效提升。

2. 建立了数字化招标流程

建设单位在数字建管平台中完善了招标管理模块系统，为招标管理人员的信息发布、资料信息下载和数据查询等工作带来了便利。在数字建管平台招标管理模块系统中明确了招投标工作的具体工作步骤，包括选定招标代理机构、编制审定招标文件、招标等级核备、发布招标公告、编制审定招标工程量清单、组织查勘、答疑、编制审定招标控制价、开评标、中标通知书下发、编制招标情况报告等，并明确了各工作步骤的具体要求和输出成果标准，实现了文件管理标准化、工作流程可视化、文件修订可追溯。与招标工作相关的其他部门管理人员也可参照招标管理模块中发布的信息对自己的工作进行统筹安排、有效协调，从而提升整个建设单位的工作效率。

3. 建立了招标台账管理机制

为提升招标管理人员的工作效率，建设单位在数字建管平台招标管理模块系统中建立了招标台账管理机制，实时发布招标台账信息，对建设单位各个项目的招标工作进行实时监控，有助于招标管理人员对各项目工作进行统筹安排，保障各项目招标工作的顺利进行。

4. 建立了供应商数字化评价方法

可基于数字建管平台招标文件数据库和智能化招标分析结果，对过往项目中的供应商进行评价，有效避免围标、串标等招投标违法事件的发生，保证招投标工作的竞争性、公平性和公开性，为今后项目招标制定评标细则提供依据。

第6章 >>>>>>>>>>>>>>

数字经济下水利工程建设合同管理

6.1 合同管理概述

合同管理是指对工程建设项目的合同范围、成本、进度、风险、变更和索赔等进行管理的工作，同时还包括对分包合同的承担单位进行监管的工作[38]。

一般而言，发包方是工程建设项目的业主，是项目产品的最终交付对象，同时也是项目的主要计划人，因此，工程建设项目一般由合同的发包方作为合同管理的主体。根据合同交付模式的不同，业主进行合同管理的方式也有所不同。业主可以全程参与工程项目的建设，对项目实施的全过程进行监督管控，或者委托业主代表进行相应的合同监管工作；业主也可以选择将权力下放，由工程建设项目的总承包方进行合同的监管工作[39]。

合同管理的最终目标是保证工程建设项目在计划的时间内和预期的成本下顺利交付。业主需要依据合同管理目标，有计划地开展相关工作，并最终保证工程建设项目顺利完成。同时，为保证目标的实现，业主还应尽可能地为合同的承包方提供相应的便利。合同管理工作成功的体现应是合同双方达成双赢的目标，即业主对工程项目所交付的产品满意，承包方也对完成工程项目建设产生的利润满意，从而构建合同双方的合作共赢关系[40]。

6.2 合同管理的内容

工程建设项目的合同管理工作应包含如下工作内容：合同签订管理、合同履约管理、合同风险管理、合同变更管理和合同索赔管理。

6.2.1 合同签订管理

合同签订管理是指在达成合作意向后，双方进行接触、洽谈和交换意见的过程，其目标在于促使合同签订双方对合同主要条款达成一致意见，并明确彼此的合同义务、过失责任、合同终止条件等方面的内容，最终签订合同[38,41]。

合同签订管理的重点内容包括：

(1) 明确合同双方的义务和责任；

(2) 合同范围管理；

(3) 合同谈判阶段管理；

(4) 合同档案管理。

6.2.2 合同履约管理

合同履约管理是指在合同签订完成后，在合同履约时间内对工程建设项目的全过程进行计划、组织、监控和管理的工作。主要工作内容包括对工程建设项目实施的重点内容进行动态控制，排查隐患，及时发现并解决问题，处理合同履约过程中出现的变更、争议和索赔事项。其目的在于确保合同顺利履约[38,42]。

合同履约管理的具体工作内容包括：

(1) 合同变更索赔管理；

(2) 合同风险管理；

(3) 合同价款支付管理；

(4) 合同文件管理。

6.2.3 合同风险管理

风险指某种不确定性结果在某一时间的特定环境条件下发生的可能性，通常用某段具体时间内实际结果与期望之间的偏差进行描述。风险管理主要是指对未来可能存在的意外和损失进行科学的识别、评估和预先防控的管理过程。通常情况下，风险和收益一般在工程项目的合同分配中呈现变化趋势的正相关关系，这也就意味着高风险通常伴随着高收益的可能性。因此，运用具有前瞻性的主动风险管理方式并辅以一定相关的方法，可以大大提升风险管理者对风险的解析评估和应对控制效率，通过有效识别、评价、分担和应对工程项目全寿命周期的潜在风险，保证工程项目目标的顺利完成并实现最小化潜在损失和最大化潜在收益[43]。

工程项目风险管理最主要的目标是主动控制和处理风险，逐渐降低和消除项目存在的不确定性，以防止或减少损失，保证项目朝既定的方向发展，最终实现项目目标。

工程项目合同风险管理的重要内容是通过合同确立风险在业主和其他参建方之间的分配方式。对于不同的项目管理模式以及不同的工程种类，具体的合同风险分配方法并不完全相同，但基本原则是：风险分担应在有利于激励合同双方实现己方收益最大化的同时，也能有利于完成项目总体目标，即“激励相容原则”。

总体来说，工程项目风险分担的准则主要有以下几点：

(1) 风险与收益相匹配。工程项目风险与风险主体的收益应该呈正相关关系，对于承担风险的一方，应该享有对应的收益。在整个项目风险分担的过程中，应当形成必要的风险分担机制约束与激励机制。在项目实施过程中，由于承包商在项目中承担较多风险，应当建立风险管理费制度，保证总承包商收益。对于不可抗力风险，总承包商可以通过协商或索赔的方式取得相应补偿。

(2) 风险由具有管理能力的一方承担。从工程项目建设的全生命周期而言，各利益相关方对于不同风险的管理能力有所不同，这跟各利益相关方的项目实施经验以及资源集成能力有关。把风险分担给最有能力的利益相关方管理，有助于提升应对风险的效率，保证项目顺利实施。施工方或者设计方较为擅长应对自然条件、地质状况、项目管理等方面的风险，而业主在资源集成方面，对征地移民、不可抗力等方面的风险有着更强的应对能力。

（3）单一利益相关方承担的风险要有上限。我国水利工程承包企业的专长在于施工，但缺乏对设计、采购的把控能力和经验。因此，在国内项目实施中，业主也应对自身提出合同内容外的要求以及不可抗力风险等进行负责。同时，业主和监理方在项目实施过程中应不断对重大风险进行监控，积极同总承包商协调，并共同应对好能力范围外的风险，保证项目目标得以顺利实现。

（4）风险由项目实施过程中具有过错的一方来承担。如果风险是由一方的不当行为或者缺乏谨慎性而引起的，则该风险所带来的损失应由过错方来承担。例如，在项目实施过程中，由业主提出的不合理的设计变更、采购等，给项目实施带来物质和时间上的损失，承包商可依据合同中的规定进行索赔。如果是因为承包商管理不当而导致的项目损失，则应该由承包商来承担。

6.2.4　合同变更管理

工程建设项目实施过程中，由于外部环境条件、技术条件等的复杂性，经常会发生现场情况与原合同条件存在差别，在这种情况下，就需要进行“合同变更”。

工程变更所涉及的范围可以覆盖下列内容：

（1）单项工作工程量改变；

（2）单项工作质量改变；

（3）工程项目特性参数改变；

（4）合同范围改变；

（5）工程建设进度安排改变。

合同变更权属于业主，承包商需严格遵守总承包合同的约定进行项目实施，在未获得变更指示的情况下不得改变总承包合同的约定内容。承包商可以根据现场情况随时通过向业主提交建议书的方式，对业主提出合同变更申请，但此类申请在得到业主批准前，承包商不应延误或变更工程的任何工作。

工程项目变更管理应遵循的原则：

（1）变更后不降低工程的安全运行标准和使用功能；

（2）工程变更设计技术可靠；

（3）工程变更费用经济合理；

（4）工程变更尽可能不对后续施工产生不良影响，不因工程变更导致合同工期目标的推迟；

（5）当工程变更对合同工期、工程费用产生较大影响，但有利于提高工程效益时，监理机构应作出分析和评价供业主参考。

6.2.5　合同索赔管理

按照美国建筑师协会的定义：“索赔是合同中的一方提出诉求，目的是维护一定的权利，使合同条件得到合理调整或进一步解释，使付款问题获得解决或工期能够延长，或使合同其他条款的争议得到裁决。”也就是说，索赔是合同签订双方向对方要求取得合理利益或要求补偿损失的权利。

工程承包项目索赔管理应遵循以下准则。

(1) 承包商应该设立相应的合同管理部门或专职的合同工程师负责合同管理工作，建立健全索赔管理机制，及时识别或发现索赔机会；尽早成立索赔处理中心，明确人员构成和工作职责，在出现索赔事件时，有准备地开展索赔工作；充分利用法务、专家等外部力量提高索赔能力。

(2) 承包商中标后，应及时、谨慎地与业主签订合同。合同中应明确工程范围，在专业条款中应明确追加调整合同价款及索赔的政策、依据和计算公式，为竣工结算时调整工程造价和索赔提供合同依据和法律保障，尽可能做到考虑周详，措辞严谨，明确权利和义务，平等互利。

(3) 承包商应严格遵守合同，实施和完成工程并修补其中缺陷，同时应根据现场实际情况和资源配置编制切实可行的技术方案和进度计划并严格执行，以避免业主进行索赔。对非承包商原因导致的进行赔事件，承包商应与业主保持沟通，尽可能形成双方认可的事件处置方案，以避免因承包商单独决策产生的意见分歧，给索赔带来阻碍。

(4) 承包商应仔细分析并依据合同所赋予的权利、使用的法律、合同解释规则等，基于掌握的事实或证据，充分论证自己的索赔权利。承包商需要按照合同约定开展索赔程序，严格在规定时间内发出索赔通知和索赔报告，声明自己的权利。

(5) 合同双方因合同词义表达模糊而产生不同理解时，应该按照如下规则做出解释：从整体上解释合同、按合同文件优先次序解释、合理确定的合同文字含义解释、以手写文字为准的解释、以定量描述的条款优先于定性描述的条款解释、反义居先解释、以明示条款为准解释、参照先例和惯例解释等。

(6) 索赔工作关系到企业的经济利益，所有施工管理人员都应该重视索赔、了解索赔、善于索赔，并把索赔工作贯穿于工程项目建设的全过程。

(7) 承包商应采取必要的预防措施，避免业主提出索赔，或者在项目实施过程中提出工期延长索赔和额外费用索赔，或者采取加快施工措施，防止承包商延误责任的发生。

(8) 合理索赔是所有项目参与方的正当权益，承包商应该积极争取，但应做到有理、有据、有节，不能过度索赔。承包商对待索赔应秉持自觉、诚信和公正的理念，通过自身不断树立和维护的公信力提升项目各参与方的认可程度，进而使得索赔更容易获得成功。

6.3 数字经济下的水利工程建设合同管理

在全球经济一体化和互联网信息技术飞速发展的背景下，工程建设领域内传统的合同管理方式已无法适应越来越复杂的合同管理需求。因此，数字化合同管理方式越来越受到工程建设企业的重视。信息技术的应用给水利工程建设项目管理带来了合同管理模式的革新。合同管理数字化建设工作有助于系统地整合合同履约过程所产生的信息资料，并进行规范化管理，从而达到对合同履约过程的动态控制[44]。

在传统方式的合同管理工作中，项目部各职能部门分工不同，彼此之间信息交流较少，在实际工作中更多的是各司其职，缺乏合作管理的动力和能力，导致传统合同管理缺乏系统性、统一性和全局性视角，难以形成全面有效的合同管理体系。各职能部门只关注与各自业务联系紧密的合同风险，部门与部门之间不能进行有效紧密的协作，导致项目部对整体业务流程的监管力降低，合同风险增加。由此传统的合同管理已难以适应复杂的水利工程建设管理需求，需要对合同管理模式进行创新，建立满足水利工程建设发展需求的数字化合同管理方式，建立全面系统的合同管理体系，促进企业适应市场竞争环境，保障工程建设项目的顺利实施。

6.4 水利工程建设合同管理情况

6.4.1 合同内容情况

宁夏水利工程项目合同内容情况如表 6-1 所示。其中，得分 1 为“完全不符”，得分 5 为“完全符合”。

表 6-1 合同内容情况

指标	总体		业主		设计		施工		监理	
	得分	排序	得分	排序	得分	排序	得分	排序	得分	排序
支付条件、支付方式描述清晰、合理	4.06	1	4.35	4	3.88	3	3.88	4	4.07	1
价格调整机制描述清晰、合理	4.06	1	4.37	1	3.89	2	3.90	1	4.04	3
项目范围描述清晰、合理	4.04	3	4.36	3	3.90	1	3.89	3	3.92	4
业主与承包商责权利分配清晰、合理	4.04	3	4.37	1	3.83	6	3.90	1	3.82	7
变更流程描述清晰、合理	3.99	5	4.30	5	3.81	7	3.82	7	3.97	5
不可抗力风险分配清晰、合理	3.99	5	4.29	6	3.82	8	3.83	5	4.07	1
争议解决机制描述清晰、合理	3.96	7	4.29	6	3.84	4	3.83	5	3.74	8
索赔条件和流程描述清晰、合理	3.95	8	4.29	6	3.84	4	3.82	7	3.63	9
变更风险分配清晰、合理	3.87	9	4.17	9	3.72	9	3.70	9	3.95	8
均值	**4.00**		**4.31**		**3.84**		**3.84**		**3.91**	

表 6-1 显示，合同内容各项指标的总体得分均值为 4.00 分，整体而言，合同内容描述较为清晰、合理。其中，对于合同支付条件、支付方式的描述，价格调整机制的描述，项目范围的描述，和业主与承包商责权利分配等指标得分排名靠前，表明项目合同对于客观合同事项的描述最为清晰、合理。

合同中对变更流程，争议解决机制和索赔条件和流程的描述总体得分均略低于 4.00 分，表明合同对于变更、争议和索赔事项的规定也较为明确。对于项目实施过程中发生的争议、变更和索赔事项，承包商和业主双方能依据合同条款的要求解决相关事宜。

合同中“变更风险分配清晰、合理”的总体得分最低，表明合同对于承包商和业主间变更风险分配方式的描述仍需进一步明确。不仅需考虑变更导致的工程造价变化，还需考虑变更对施工工艺和工期的影响，及其所导致的施工成本增加等风险因素。

6.4.2 项目合同管理过程情况

宁夏水利工程项目合同管理过程情况如表 6-2 所示，其中，得分 1 为“完全不符”，得分 5 为“完全符合”。

表 6-2 项目合同管理过程情况

指标	总体		业主		设计		施工		监理	
	得分	排序	得分	排序	得分	排序	得分	排序	得分	排序
各业务部门能详细研究合同条款中的有利和不利条件，并配合合同管理部门提出应对措施	4.07	1	4.33	4	3.92	2	3.88	4	4.15	4
能很好地组织制定合同管理目标，并对各部门工作进行指导、监督、检查和协调	4.06	2	4.35	3	3.95	1	3.92	1	4.18	1
能明确本单位各职能部门的合同管理职责	4.05	3	4.36	2	3.91	3	3.83	3	4.16	2
有专门人员负责对外和对内协调合同方面事宜，以及对合同履行情况进行实时跟踪	4.04	4	4.37	1	3.88	4	3.85	2	4.14	5
能有效收集合同相关信息，形成合同管理资料并存档	4.04	4	4.32	5	3.87	6	3.81	8	4.16	2
能明确谈判目的、内容和影响因素	4.02	6	4.25	6	3.85	7	3.84	5	4.02	2
能明确合同的工作内容、关键时间节点和各方的具体职责	4.02	6	4.25	6	3.84	8	3.81	6	4.07	6
合同管理部门会向其他业务部门进行合同内容的传递	3.95	8	4.24	8	3.81	9	3.85	7	3.90	13
能够对因工程实际情况变化产生的合同问题及时协调处理	3.94	9	4.19	9	3.88	4	3.74	9	3.95	12
能够保留合同争议相关证据并有效处理合同索赔与争端	3.94	9	4.08	12	3.79	10	3.73	10	4.06	7
合同管理部门能根据实际工作情况反馈进行调整与改进	3.94	9	4.12	11	3.77	12	3.71	12	4.04	9
能准确识别和规避潜在重要风险	3.92	12	4.14	10	3.78	11	3.72	11	4.05	8
能利用信息系统高效进行合同管理工作	3.88	13	4.01	13	3.71	13	3.65	13	4.04	9
均值	**3.99**		**4.23**		**3.84**		**3.80**		**4.07**	

表 6-2 显示，合同管理过程各项指标的总体得分均值为 3.99 分，表明项目合同管理过程总体情况较好。其中，合同拟定、谈判与签订过程的各项指标得分均在 4 分以上，表明合同拟定、谈判和签订过程中表现较好，且能较好地理解合同内容，并明确合同中的工作内容和关键时间节点以及各参与方的职责。

“合同管理部门会向其他业务部门进行合同内容的传递”“能够对因工程实际情况变化产生的合同问题及时协调处理”“能够保留合同争议相关证据并有效处理合同索赔与争端”“合同管理部门能根据实际工作情况反馈进行调整与改进”和“能准确识别和规避潜在重要风险”几项指标的总体得分排名相对靠后，表明在项目履约过程中的合同监控与动态控制工作仍有进步空间。

“能利用信息系统高效进行合同管理工作”的总体得分最低，表明项目信息管理系统中的合同管理模块还需进一步完善，以提高合同管理工作的效率。

6.4.3 工程变更情况

对宁夏水利工程项目变更的评价结果如表 6-3 所示。其中，得分 1 为“很不符合”，得分 5 为“非常符合”。

表 6-3 工程变更评价

指标	总体		业主		设计		施工		监理	
	得分	排序	得分	排序	得分	排序	得分	排序	得分	排序
对于业主提出并产生工作范围变化的变更，相关方就成本或工期补偿能够达成一致	3.69	1	3.73	1	3.69	1	3.66	1	3.68	1
相关方对业主提出的变更是否产生工作范围变化能够达成一致	3.67	2	3.73	1	3.69	1	3.62	2	3.64	2
相关方对承包商提出的变更是否产生工作范围变化能够达成一致	3.58	3	3.68	4	3.61	3	3.54	3	3.49	3
业主经常提出工程变更	3.55	4	3.67	5	3.56	5	3.53	4	3.44	4
对于承包商提出并产生工作范围变化的变更，相关方就成本或工期补偿能够达成一致	3.54	5	3.73	1	3.57	4	3.45	5	3.40	5
信息系统能够对工程变更的申请和审核起到有效技术支持作用	3.44	6	3.57	6	3.46	6	3.43	6	3.30	7
承包商经常提出工程变更	3.41	7	3.51	7	3.43	7	3.35	7	3.36	6
均值	**3.55**		**3.66**		**3.57**		**3.51**		**3.47**	

由表 6-3 可以看出，工程变更评价各项指标的总体得分均值为 3.55 分，表明工程变更应对措施仍有较大提升空间。参建各方应建立规范的变更流程，注意保存变更相关资料，加强沟通协调，基于共赢理念处理因变更产生的工作范围变化和工期、成本补偿。项目实施过程中，一些体量较小的项目变更往往不进入正式变更程序，这无形中会影响项目的顺利实施。对此，应注意工程变更无论大小，都要及时、规范地进行处理。

“信息系统能够对工程变更的申请和审核起到有效技术支持作用”的总体得分排名较为靠后，表明应加强信息系统对工程变更事项的支持功能，以有效支持合同管理人员进行合同变更管理。

6.4.4 工程索赔情况

对宁夏水利工程项目索赔工作的评价结果如表 6-4 所示。其中，得分 1 为“很不符合”，得分 5 为“非常符合”。

表 6-4 项目索赔工作评价

指标	总体		业主		设计		施工		监理	
	得分	排序	得分	排序	得分	排序	得分	排序	得分	排序
索赔审核的周期较长	3.83	1	3.84	2	3.84	1	3.76	1	3.88	1
业主和监理为审核索赔需要投入大量资源	3.72	2	3.85	1	3.74	2	3.68	2	3.61	2
合同双方掌握信息的差异对索赔结果的影响很大	3.56	3	3.67	3	3.59	3	3.48	3	3.51	3
索赔的相关流程合理、明确	3.53	4	3.61	5	3.56	5	3.47	4	3.49	4
合同双方能够通过友好协商有效解决索赔问题	3.46	5	3.65	4	3.49	4	3.40	5	3.30	6
合同对可能引起索赔的风险描述清晰、分配合理	3.43	6	3.59	5	3.45	6	3.35	6	3.33	5
索赔对于合同双方关系没有影响	3.38	7	3.56	7	3.41	7	3.35	6	3.20	7
承包方提出的索赔能够得到批准和赔偿	3.31	8	3.46	8	3.34	8	3.30	8	3.14	8
承包方经常提出工程索赔	3.21	9	3.26	9	3.24	9	3.20	9	3.14	8
均值	**3.49**		**3.61**		**3.52**		**3.44**		**3.40**	

由表 6-4 可以看出，“索赔审核的周期较长”“业主和监理为审核索赔需要投入大量资源”的总体得分排名前两位，表明索赔管理工作负担较重。这是由于现有合同模式的合同界面较多，索赔原因较多，设计变更、不利地质条件和业主指令等都可导致索赔事件的发生，从而影响项目的索赔管理效率。

“合同双方掌握信息的差异对索赔结果的影响很大”的总体得分排名第 3，反映出参建各方掌握信息的不对称性会对索赔工作产生较大影响。参建各方应建立基于共赢理念的合作伙伴关系，加强互信，促进相互之间的开放与交流，从而减少项目实施过程中的信息不对称，提高索赔管理效率。

参建各方应建立规范完善的索赔流程，在合同中明确风险分担方式，避免承包人承担过多的、不能控制的风险，以保证项目顺利实施。

6.5 数字经济下水利工程合同管理措施

数字信息技术是一门新兴的科学技术，它不仅改变了每个人的生活方式，而且对经济发展和社会进步产生了巨大的推动作用。在数字信息时代背景下，水利工程合同管理也应依托计算机技术进行创新，提出符合新时代要求的合同管理体系建设方式。

6.5.1 建立完善的合同管理组织机构

完善的合同管理组织机构设置是进行数字化合同管理工作的基础。合同管理组织应负责的主要工作内容包括：

(1) 市场信息和工程信息收集；

(2) 参与招标工作；

(3) 审查合同草案；

(4) 合同谈判与签订；

(5) 编制工程建设项目的进度计划和预算；

(6) 动态监控合同履约过程；

(7) 处理合同争议；

(8) 变更索赔。

6.5.2 建立完善的合同管理流程与制度

数字化合同管理体系应包含规范的组织工作流程，充分发挥工程项目建设管理平台(以下简称"建管平台")的作用，建立合同管理工作分解结构，将工作内容的具体职责分工到人，确保组织内的每一名员工都能清楚明确自己的工作内容与职责。

为保证合同管理工作流程的规范化，应制定如下合同管理制度：

(1) 建立会议沟通制度。在合同履约过程中，组织工程建设项目的各参与方定期开展合同管理专项会议，对合同履约过程中的各项争议进行统一处理。

(2) 规范化合同管理的各项工作流程。以正式文件的形式规范经常性工作(如变更、索赔、工程款支付等)的管理程序，对参建各方的工作进行有效指导。

(3) 在合同管理实施过程中，承包人的合同、技术、质量、安全等方面的管理人员都必须参与，他们之间也应经常沟通交流。

6.5.3 建立完善的针对典型合同风险的评估流程制度

建设工程项目风险管理过程中最主要的障碍是缺乏正式的风险管理系统，无法进行高效的风险辨识、分析、应对和监控流程，不利于系统地管理风险。为此，依托工程项目建管平台，建立起一套高效的合同风险管理系统，可以帮助各项目参与方建立互信机制和交流机制，实现各方之间的信息资源共享，消除对风险管理的分歧，提高风险管理水平。

针对典型合同风险的评估流程应包括风险辨识、风险分析、风险应对和风险监控 4 个方面。

(1) 风险辨识：常使用的方法为主要相关人员集体讨论。应将风险相关人员的个人认识固定为组织知识，并纳入相应的风险辨识过程，以大数据为依托进行系统性的风险辨识。

(2) 风险分析：常使用的方法为主要相关人员共同评估。主要项目管理人员依靠自身经验共同讨论分析风险，建立有利于总结历史项目经验的风险管理数据库，从而对今后项目的风险做出预警。

(3) 风险应对：常使用的方法为减少风险后果/可能性。风险管理的重点在于主动预防或积极减少风险事件的后果，而非尽量把风险转移给其他项目参与方，合理处理风险后果有利于与其他参建方建立良好的互信关系，有助于推动项目的和谐健康发展。

(4) 风险监控：常使用的方法为定期进行文件、报表和现场检查。工程项目建管平台的建立能有效帮助合同管理人员进行文件报表的定期检查。同时，应充分利用 BIM 技术和视频监控技术，尽量保证管理人员的远程监管效率与效果，有效配合现场检查工作，做到风险实时远程监控。

6.5.4 建立完善的合同履行情况监控流程与制度

合同履行情况监控流程与制度的建立是工程总承包项目合同管理中必不可少的一项管理工作，对于合同目标的确认、保障合同利益相关方正当权益均具有十分重要的意义，因此，合同管理人员应负责各种合同资料和工程资料的收集、整理、保存等管理工作。

合同履行情况监控工作应包括：

(1) 依照统一规定的格式和数据结构收集工程项目各种文件、报表、单据；

(2) 实行专人负责制将原始资料进行及时收集、整理；

(3) 明确资料提供时间及准确性要求；

(4) 依托工程项目建管平台建立合同履行情况监控文档系统；

(5) 根据合同履行情况对监控汇总的资料进行合理分析与调控，确保合同履行情况不偏离计划。

6.5.5 建立完善的合同争议解决机制

合同争议是指业主和承包商在履行承包合同时，由于一方违约或双方对合同条款的解释产生分歧而发生的争执。如果签订合同的双方当事人，对合同的履行情况或不履行合同所产生的后果有不同认识，则容易发生合同争议。合同争议管理工作应注意以下方面：

(1) 争议管理应以预防为主；

(2) 相关方应综合考虑项目管理过程中的各种风险，尽可能制定出相应的风险控制方法并体现在具体合同条款中；

(3) 确保合同条款的明确、具体，避免因措辞不准确、含糊有歧义等原因引发合同争议。

6.5.6 建立完善的合同变更管理制度

完善的合同变更管理制度应明确以下内容。

(1) 启动变更有 3 种方式：①业主发布变更指示；②业主要求承包商提交变更建议书；③承包商依据价值工程条款提出对工程的优化建议。采用后两种变更方式必须获得业主的批准，否则承包商不能对工程作出任何改变。

(2) 如果业主直接发布变更指示，应详细说明变更的内容。业主的变更指示内容至少包括：变更所依据的合同条款号、变更原因说明和变更工作内容。承包商应注意变更工作的实施流程，是先实施变更工作再确定变更价格，还是先确定变更价格再实施变更工作。承包商应及时向业主发出要求增加变更工作费用和延长工期的通知。

(3) 如果业主通过承包商提交建议书的方式来实施变更，而编制建议书产生的费用较大时，承包商可以向业主提出补偿要求。承包商根据业主要求所提交的建议书应包括以下内容：①如何修改设计和因此增加的工作，并附细节说明；②实施变更工作的进度安排和对竣工时间的影响及建议；③如何调整合同价格等。

(4) 如果承包商提出对工程进行优化的建议，则其需要自费编制变更建议书。变更建议书的详细程度应能让业主进行评估并决定是否变更。该建议书必须得到业主批准，在业主正式下达变更令前，承包商不应对工程实施任何变更。承包商提出的优化建议应该是缩短竣工时间，降低业主建设、维护或运行费用，或给业主带来其他利益等。

(5) 如果承包商无法执行业主的变更指示，应及时通知业主，并说明无法执行的确切理由。这些理由可能包括以下内容：①承包商难以在业主要求的时间内取得实施该变更所需要的资源；②变更将影响到工程的安全；③变更将降低工程的设计功能和性能；④变更将减少工程的预期使用寿命等。

(6) 承包商应对业主发来的信函和文件进行仔细审核，识别这些函件是否根据合同构成变更。如果在承包商审核中发现，某信函或文件依据合同规定构成一项变更，则应向业主发出变更确认函，并说明所依据的合同变更条款，启动变更程序。

(7) 对在履行合同过程中业主提出的任何要求，特别是在审核承包商的设计方案时提出的修改要求或建议，承包商应对照合同规定仔细分析是否构成变更，并确定业主提出的要求或建议对总承包合同价格的影响程度。如果业主提出的要求或建议会大幅提高合同价格，承包商应启动合同评审机制，及时进行评审，由公司合同管理专家确定该要求的合理性和是否构成变更。

(8) 承包商应独立保存每一项变更的完整证据资料，包括变更令、变更文件以及与变更相关的往来函件、发票、收据等书面文件，以作为提出变更及索赔的依据。

(9) 变更工作应按合同约定的估价方法进行估价。承包商应对实施变更工作保持详细的同期记录，并与业主一起对完成的变更工作的数量进行测量。

(10) 依托工程项目建管平台建立合同变更管理工作系统，使变更流程的工作方式由线下逐步转变为线上。

6.5.7　建立完善的索赔管理流程

完善的合同变更管理制度应明确以下内容：

(1) 坚持以书面指令为主，即使在特殊情况下必须执行业主或监理人员的口头命令，也应在事后立即要求其用书面文件或致函进行确认。同时，做好施工日志、技术资料、签证手续等佐证资料的收集保管工作。此外，要十分熟悉各种索赔事项的签证时间要求。

(2) 可以作为索赔证据的文件，包括合同文件、招标文件、变更指示、法律法规、试验记录、往来函件、会议纪要、施工现场记录、工程材料记录、气候条件记录、市场信息等。

(3) 承包商有时难以精确计算和量化工期延长时间和额外费用，但业主并不能因此否定承包商获得补偿的权利，受损害的一方不能精确计量损失金额的事实不能妨碍其获得损害赔偿的权利，且精确的定量分析也不是补偿所必备的前提条件。

(4) 对合同文件进行全面、完整、详细的分析，深入了解合同规定的缔约双方的责任、权利和义务，预测合同风险，分析合同变更和索赔的可能性，以便采取最有效的合同管理策略和索赔策略。合同分析包括结构分析、风险分析、总体分析和扩展分析，结果是将划分的责权利关系和合同基本特征落实到合同执行过程中的具体问题中，得出具体的结论。

(5) 应要求承包商的索赔报告做到实事求是、准确无误、文字简练、组织严密、资料充足、条理清晰。必要时,对于款额巨大或技术复杂的索赔事件,可要求聘用合同专家、律师或技术权威人士担任咨询顾问,以最大程度提升索赔报告的可信度。

6.5.8 建立完善的合同管理信息系统模块

工程承包项目的参建各方都应以书面文件形式进行信息沟通,或以书面形式作为最终依据。完善的合同管理信息系统模块的建立有助于参建各方信息沟通渠道、方式和内容的保存,做到可追溯性和不可更改性。

信息系统模块应包括以下几方面内容:

(1) 工程建设情况报告。应以正式文件的形式规定工程建设情况报告的撰写方法、格式、程序和时间。

(2) 项目履约过程资料。对项目履约过程中发生的各种特殊情况都需要监理工程师的确认,并将相应资料妥善保存。合同双方进行的各项协商、意见、请示、指示、指令工作均应以书面形式进行确认并做好备案。

(3) 各类工程活动资料。材料设备的到场验收资料、现场工程监测检测资料、设计图纸等各类文件都应进行记录保存。

6.6 数字经济下水利工程合同管理指标体系

数字经济下水利工程合同管理应对合同管理体系建设、合同内容、合同管理过程和数字经济下的合同管理工作模式进行考核。具体内容如表6-5所示。

表6-5 数字经济下水利工程合同管理指标体系

序号	合同管理内容	考核指标
1	合同管理体系建设	完善的合同管理组织机构
		完善的合同管理流程与制度
		完善的合同争议解决机制
		完善的合同变更管理流程
		完善的索赔管理流程
		完善的合同履行情况监控流程与制度
		完善的针对典型合同风险的评估流程制度
		完善的合同管理信息系统模块
2	合同内容	支付条件、支付方式描述
		价格调整机制描述
		项目范围描述
		业主与承包商责权利分配
		变更流程描述
		不可抗力风险分配
		争议解决机制描述
		索赔条件和流程描述
		变更风险分配

续表

序号	合同管理内容	考核指标
3	合同管理过程	各业务部门能详细研究合同条款中的有利和不利条件，并配合合同管理部门提出应对措施
		合同管理部门能很好地组织制定合同管理目标，并对各部门工作进行指导、监督、检查和协调
		能明确本单位各职能部门的合同管理职责
		有专门人员负责对外和对内协调合同方面事宜，以及对合同履行情况进行实时跟踪
		能够有效收集合同相关信息，形成合同管理资料并存档
		能明确谈判目的、内容和影响因素
		能明确合同的工作内容、关键时间节点和各方的具体职责
		合同管理部门会向其他业务部门进行合同内容的传递
		能及时协调处理因工程实际情况变化产生的合同问题
		能保留合同争议相关证据并有效处理合同索赔与争端
		合同管理部门能根据实际工作情况反馈进行调整与改进
		能准确识别和规避潜在重要风险
		能利用信息系统高效进行合同管理工作
4	数字经济下的合同管理工作模式	无纸化合同管理办公模式
		合同信息共享
		健全的风险预警机制
		全面梳理合同管理工作及确认管理需求
		建立规范合同管理信息化的管理制度
		加强合同管理信息化人员培训
		完善合同管理信息化的监督制度
		缩短合同审批工作时间
		减少合同管理人力资源需求

6.7 数字经济下水利工程合同管理成效

宁夏水利工程项目合同管理体系建设情况如表6-6所示。其中，得分1为“完全不符”，得分5为“完全符合”。

表6-6　合同管理体系建设情况

指标	总体		业主		设计		施工		监理	
	得分	排序	得分	排序	得分	排序	得分	排序	得分	排序
建立了完善的合同管理组织机构	4.18	1	4.35	1	4.25	1	4.01	1	4.11	1
建立了完善的合同管理流程与制度	4.05	2	4.32	2	4.18	3	3.84	3	3.86	7
建立了完善的合同争议解决机制	4.04	3	4.22	4	4.19	2	3.88	2	3.87	6
建立了完善的合同变更管理流程	4.03	4	4.25	3	4.16	4	3.78	6	3.93	4

续表

指　标	总体		业主		设计		施工		监理	
	得分	排序	得分	排序	得分	排序	得分	排序	得分	排序
建立了完善的索赔管理流程	3.99	5	4.12	7	4.02	7	3.81	4	4.01	2
建立了完善的合同履行情况监控流程与制度	3.97	6	4.18	5	4.03	6	3.79	5	3.88	5
建立了完善的针对典型合同风险的评估流程与制度	3.95	7	4.14	6	4.14	5	3.77	7	3.75	8
建立了完善的合同管理信息系统模块	3.93	8	4.08	8	4.01	8	3.63	8	4.00	3
均值	**4.02**		**4.21**		**4.12**		**3.81**		**3.93**	

表 6-6 显示，合同管理体系建设的总体得分均值为 4.02 分，表明合同管理体系较为规范。其中，“建立了完善的合同变更管理流程”“建立了完善的索赔管理流程”和“建立了完善的合同争议解决机制”获得了较高的得分，表明合同争议、变更与索赔管理方面也较为完善。

“建立了完善的针对典型合同风险的评估流程与制度”排名靠后，表明在合同风险评估流程与制度建设方面仍有进步空间。合同管理人员应注意系统性地加强风险管理，以风险预防为主，并能有效控制和及时应对风险事件。

“建立了完善的合同管理信息系统模块”得分最低，表明建设管理信息系统中的合同管理模块建设需进一步加强。合同管理人员应注意利用信息系统提高合同管理工作效率，例如，完善线上审批流程，支持履约过程管理。

宁夏水利工程建设有效应用了数字经济下水利工程在合同管理工作的相关成果，取得了良好成效，具体内容如下。

(1) 提升了工作效率。数字化合同管理体系的建设，减少了合同管理的工作量，有效解决了合同管理工作效率偏低的问题。合同管理信息系统在功能上包含了建设中心合同管理的全流程，实现了无纸化办公，帮助合同管理人员快捷地查询和调阅各个项目的合同信息资料。通过授权的方式实现了不同职能部门权限的划分，使各部门在同一个办公系统下工作，促进了各部门间的合作交流，将各方职能部门提出的意见整合在一起，从全局的视角进行统一处理，有效提升了合同管理工作的效率。

(2) 实现了合同信息共享。数字化合同管理体系的建设，为合同信息资源共享提供了便利。合同管理系统有助于对历史合同信息资料进行整合和处理。合同管理人员能通过系统便捷地对合同信息资料进行条件搜索、归类和分析等管理工作，对建设中心当前项目数据和历史数据信息进行科学有效的整理分析，形成分析报告，协助合同管理部门进行决策制定。

(3) 健全了风险预警机制。数字化合同管理系统的建设使风险预警机制更加健全，有利于不同职能部门人员在授权范围内对合同相关信息进行查询与调阅，既便于了解本部门的合同管理情况，也可以查阅其他部门的合同信息，进行学习与借鉴。同时，各个职能部门间对合同提出的要求与注意事项也可以在系统中实时沟通与呈现，从而避免重复出现合同履约问题。同时，数字化合同管理系统能提供动态的合同管理监控机制，在合同动态流转周期内，准确及时地掌握合同所处节点、进展情况以及出现风险点或者已经出现的风险点的提示。这是对建设中心风险预警机制的完善，极大地降低了合同管理工作的风险系数。

第7章 >>>>>>>>>>>>>>

数字经济下水利工程建设采购管理

7.1 水利工程建设采购管理理论

7.1.1 采购管理与供应链管理

采购的本质是企业为了维持运营、发展和管理等各项活动，从外部获取各种资源的行为。传统的采购管理是指企业基于库存进行采购，目的是维持一定的、合理的库存量，保证生产经营等各项活动正常进行，在变化的市场环境下，研究如何确定最优的订购数量和时间，实现最低的采购和库存成本。随着社会生产力和社会分工的不断发展，企业采购成本逐渐提高，因此，采购管理的工作愈发受到企业重视。采购管理不仅是买卖双方之间的买卖关系，企业还应重视在采购过程中双方在各方面进行的交流，包括资金、信息和技术等，促使企业采购管理逐渐转变为供应链一体化管理[45]。

供应链管理理论发源于工业产品生产和分配领域，随后在工程管理领域中也得到了很高的关注度。工程项目管理中，供应链管理理论虽然与设备物资采购环节联系紧密，但其一体化的管理思路使得对它的研究应用扩展到整个工程管理层面，对工程总承包商实现设计、施工和采购协同管理具有重要的理论和实践意义[46]。

供应链是指与产品、服务、资金、信息生产和流动有关的上下游实体通过相互联系形成的网链结构，其目的在于将产品或产品服务由生产源头传递到最终用户[47]。供应链管理指的是对供应链涉及的全部活动进行管控，强调从整体上进行供应链业务流程的整合；促进产品、服务、信息、资金和价值的流动，进行一体化的组织与管理；充分考虑并满足各利益相关方的需求，实现最优的供应链效率[48]。

通常的供应链管理战略包含以下诸要素[49]：

(1) 供应链涉及的利益相关方多数能够达成长期共识；

(2) 各方努力建立并维持信任与伙伴关系；

(3) 物流一体化活动(包括需求与数据共享)；

(4) 传统的物流管理逐渐转变为更加灵活和公开透明的供应链模式；

(5) 各方致力于实现利益共享、风险共担。

工程项目的内容有别于一般的生产制造项目，二者的价值链也有所差异。工程项目具有一次性、大规模、非标准等特点，不同于一般的制造业；工程项目涉及的利益相关方众多，具有比一般制造业更长的生命周期，并且具有更高的复杂性和风险性以及不确定性。在这些特点的影响下，应用供应链一体化管理能取得更为显著的成果。工程项目供应链指项目利益相关方构成的网络，旨在高效管理和控制物流、信息流、资金流及其相关活动。由于项目具有临时性特点，工程项目供应链会随项目特点而发生变化，为此，在项目供应链管理方面需要有足够的灵活性和高效性。

7.1.2 水利工程建设采购特点

在工程项目中，采购是实现设计目的、顺利进行施工的保障，是项目建设与运营的基础，对项目成功实施具有重要的意义。相对于工业产品制造和生产，工程项目有其特殊性，例如利益相关方众多、项目复杂性高等，这些特点会影响采购管理进度并加大采购管理的难度。因此，须对工程项目自身的特点及其对采购工作的影响进行分析，探究影响项目采购工作的根本原因，从而制定并实施合理的采购策略，以提升采购效率和采购管理水平。

1. 利益相关方众多

工程项目涉及的利益相关方包括业主、监理方、设计方、施工方、设备及主材供应商、安装服务商、物流服务商等，各方共同参与导致采购工作接口众多，流程复杂，各方之间需要进行大量的信息交换。此外，各方目标的不一致性会影响具体的采购活动。例如，业主强调主材质量而工程总承包商关注降低成本，导致采购过程中工程总承包商采购的材料可能不满足业主要求[50]。因此，在工程项目采购工作中应营造各方合作的氛围，基于共赢的理念和公平的收益与风险分担机制来进行采购管理，使各方根本目标达成一致，从而提高采购工作效率并使各方利益得到满足。

2. 业务分散

长期以来，国内外工程项目一直存在项目组织结构上的问题，尤其是业务分散，被认为是导致项目绩效偏低的重要原因。业务分散的直接原因包括项目的唯一性和固定性。

项目的唯一性是指每个工程项目都有其自身的特点，这一特点由众多因素所决定，例如工程地质条件、工程目的、工程布置形式、业主要求等，因此，项目物资和技术需求都趋向于定制化，每个项目所需要的资源种类、数量都存在区别。在这种条件下，需要多种专业的设计人员、施工人员以及物资设备供应商协同工作才能满足业主的需求，各方不仅应该按照计划进行物资设备的生产制造、物流运输和现场施工，也要妥善进行关系管理。因此，在采购过程中需要从项目整体的角度出发，建立适当的供应链以保障项目所需的物资。

固定性是指每个工程项目的位置固定，在特定位置进行建设和运营。在项目实施过程中，各个利益相关方的工作人员都会分驻工程现场和后方总部，他们需要分工合作、协调配合，才能保证物资的采购和调配，因此，项目的固定性直接导致了工作业务分散，效率较低。

3. 市场信任程度低，竞争性和交易成本高

我国工程市场有待进一步规范。由于工程项目的业务分散，并且各个利益相关方的目的存在差异，竞争性的招投标方式会使相关各方尽可能地将风险转移给对方，造成采购相关方之间的关系趋于紧张，不利于合作。在高度竞争的环境下，大量的承包、分包等工作都以较低的价格在各方之间进行交易，很容易导致机会主义行为。

我国工程市场的规范程度低，低信任的环境也对工程项目造成了负面影响，导致检测、验收和确保履约的成本较高，并且对项目绩效水平的提高和创新造成阻碍。此外，为提高收益水平，采购过程中各方都力图降低风险、追求利益最大化，容易出现不公平的风险和收益分配方式。在这种环境下，工程项目采购工作界面众多，容易成为各方关系紧张甚至是冲突的来源，最终导致项目成本增加和效率降低。

7.2 水利工程建设采购管理情况

7.2.1 供应商选择与供应商管理

宁夏水利工程建设中，各因素对于供应商选择的重要性如表 7-1 所示。其中，得分 1 为“极不重要”，得分 5 为“十分重要”。

表 7-1 各因素对于供应商选择的重要性

指标	总体		业主		设计		施工		监理	
	得分	排序	得分	排序	得分	排序	得分	排序	得分	排序
供应商的业绩和声誉	3.86	1	3.86	1	4.23	1	3.94	3	3.81	4
设备运维的成本和便利性	3.67	2	3.67	2	4.23	1	3.89	7	3.67	6
以前项目合作经验	3.67	2	3.67	2	4.23	1	3.98	1	3.90	2
供应商的技术能力	3.62	4	3.62	4	4.23	1	3.91	6	3.76	5
供应商的财务和经营状况	3.62	4	3.62	4	4.23	1	3.94	3	3.52	7
产品的性价比	3.57	6	3.57	6	4.23	1	3.96	2	3.86	3
项目的个性化需求	3.55	7	3.55	7	4.23	1	3.87	8	3.52	7
与供应商有长期合作关系	3.48	8	3.48	8	4.23	1	3.94	3	3.95	1
均值	**3.63**		**3.63**		**4.23**		**3.93**		**3.75**	

由表 7-1 可知，供应商选择的各项指标总体得分平均为 3.63 分，各项指标均较为重要。其中，“供应商的业绩和声誉”得分为 3.86 分，排名最高，表明在进行设备供应商选择时，供应商的业绩和声誉是决定供应商的最重要因素。在采购招投标过程中，应合理、明确地提出供应商的业绩标准，作为评选依据。

“设备运维的成本和便利性”和“以前项目合作经验”得分均为 3.67 分，表明设备运维的成本和便利性和以前合作经验也是决定供应商选择的重要因素。在进行设备供应商招标时，应提出运维方面的明确要求，以保障项目顺利运行。

供应商管理的表现情况如表 7-2 所示。其中，得分 1 为“完全不符”，得分 5 为“完全符合”。

表 7-2　水利工程建设供应商管理

指　　标	总体		业主		设计		施工		监理	
	得分	排序	得分	排序	得分	排序	得分	排序	得分	排序
合理选择采购渠道	3.83	1	3.67	1	3.83	1	3.62	2	3.76	1
对成套设备的技术、商务进行综合分析	3.82	2	3.62	2	3.83	1	3.81	1	3.71	2
建立完善的供应商选择体系	3.79	3	3.67	1	3.83	1	3.62	2	3.52	3
均值	**3.81**		**3.65**		**3.83**		**3.68**		**3.66**	

由表 7-2 可知，供应商管理各项指标的总体得分平均为 3.81 分。其中，“合理选择采购渠道”的总体得分为 3.83 分，表明在水利工程项目中需要选择更加合理的采购渠道。“建立完善的供应商选择体系”的总体得分为 3.79 分，表明需要进一步完善供应商选择体系的建设。由于水利工程建设的复杂性和对于民生的重要性，应逐步建立供应商选择体系，根据市场情况和项目特点合理选择采购渠道，确保技术和商务目标的充分实现，从而保证工程质量，提升成本和进度效益。

7.2.2　采购管理制度制定

宁夏水利工程建设采购管理制度制定情况的评价结果如表 7-3 所示。其中，得分 1 为“完全不符”，得分 5 为“完全符合”。

表 7-3　水利工程建设采购管理制度制定

指　　标	总体		业主		设计		施工		监理	
	得分	排序	得分	排序	得分	排序	得分	排序	得分	排序
与相关方协调后制定采购计划，并充分考虑物资使用、库存及运输情况	3.87	1	3.62	1	3.92	1	4.04	1	3.67	3
采购制度能为采购活动提供指导，并规范采购业务	3.86	2	3.43	5	3.92	1	3.96	2	4.00	1
充分考虑不同项目的物资、设备需求，从总体角度进行采购规划	3.84	3	3.52	3	3.92	1	3.92	4	3.90	2
设备、物资采购能充分考虑项目流程不同阶段的需求，进行技术与管理优化，以降低总体成本	3.79	4	3.48	4	3.92	1	3.96	2	3.57	5
合理掌握设计方案的渐进明细尺度，为机电设备的采购、制造和安装预留充足时间	3.77	5	3.62	1	3.92	1	3.87	5	3.57	5
建立有规范的采购全过程管理制度	3.71	6	3.38	6	3.92	1	3.81	6	3.67	3
均值	**3.81**		**3.51**		**3.92**		**3.93**		**3.73**	

由表 7-3 可知，采购管理制度的各项指标平均得分为 3.81 分，表明需要进一步加强采购管理制度建设。其中，“与相关方沟通协调后制定采购计划，并充分考虑物资使用、库存及运输情况”得分为 3.87 分，表明项目参建各方能够根据各自需求协同制定较为合理的采购计划，采购过程中参建各方高效协调，有助于综合考虑物资采购、运输、库存和使用情况，从而实现库存集约化管理，降低库存成本。

“采购制度能为采购活动提供指导，并规范采购业务”得分为 3.86 分，表明在水利工程项目中，采购制度能够指导和规范各项采购活动。“设备、物资采购能充分考虑项目流程不同阶段的需求，进行技术与管理优化，以降低总体成本”得分为 3.79 分，表明在采购优化方面仍有提升空间。应对设备的设计、制造和安装及物资供应等方面的优化制定相应的激励措施，充分发挥各方的优势来优化资源采购和配置。

“合理掌握设计方案的渐进明细尺度，为机电设备的采购、制造和安装预留充足时间”得分为 3.77 分，参建各方应进一步加强协作，提高设计、采购和施工的衔接效率，在采购过程和项目实施中综合考虑设计和施工需求，从而更加合理高效地完成采购工作。“建立有规范的采购全过程管理制度”得分为 3.71 分，排名最后，表明参建各方还需从全流程视角提高采购供应链一体化管理效率。

7.2.3 采购合同管理与执行

宁夏水利工程建设采购合同管理情况的评价结果如表 7-4 所示。其中，得分 1 为“完全不符”，得分 5 为“完全符合”。

表 7-4　水利工程建设采购合同管理

指标	总体		业主		设计		施工		监理	
	得分	排序	得分	排序	得分	排序	得分	排序	得分	排序
合同管理有完善的招投标体系	4.01	1	3.71	1	4.31	1	4.08	1	3.95	1
对合同相关信息进行有效收集与存档	3.95	2	3.71	1	4.31	1	4.02	2	3.81	3
能够依照规范的流程起草和订立合同	3.93	3	3.67	3	4.31	1	3.94	3	3.90	2
均值	**3.96**		**3.70**		**4.31**		**4.01**		**3.89**	

由表 7-4 可知，合同管理各项指标的总体得分平均为 3.96 分，表明采购合同管理较好，能够建立完善的招投标体系，依照规范和流程进行合同的起草和签订。应进一步对合同相关信息进行有效收集和存档，将其电子版本存放在水利工程建设管理系统中。

采购合同的执行情况如表 7-5 所示。其中，得分 1 为“完全不符”，得分 5 为“完全符合”。

表 7-5　水利工程建设采购合同执行

指　　标	总体		业主		设计		施工		监理	
	得分	排序	得分	排序	得分	排序	得分	排序	得分	排序
有严格的验收制度，严格按标准进行设备、物资的质量管理	4.00	1	3.81	1	4.15	1	4.02	3	4.05	1
采购技术和商务目标能够顺利实现	3.91	2	3.57	3	4.15	1	4.06	2	3.71	2
能够不断优化采购流程以适应外部环境和项目需求变化	3.85	3	3.52	4	4.15	1	3.96	7	3.71	2
采购合同执行供应链资源优化配置	3.83	4	3.62	2	4.15	1	3.96	7	3.52	6
仓储管理措施完善，有完善的瓶颈物资控制体系	3.82	5	3.48	6	4.15	1	3.98	4	3.57	5
各相关方保持良好沟通，及时进行信息共享	3.82	5	3.33	9	4.15	1	3.98	4	3.71	2
能够利用信息化技术支持采购业务高效运作	3.82	5	3.33	9	4.15	1	4.08	1	3.43	9
设备、物资交付高效	3.80	8	3.48	6	4.15	1	3.94	9	3.52	6
有完善的物流监管机制和风险预警机制	3.79	9	3.48	6	4.15	1	3.98	4	3.38	10
能够对采购各业务环节绩效进行及时、有效的评价	3.75	10	3.52	4	4.15	1	3.83	10	3.52	6
均值	**3.84**		**3.51**		**4.15**		**3.98**		**3.61**	

由表 7-5 可知，采购合同执行各项指标的总体得分平均为 3.84 分，表明采购合同执行方面需要进一步加强。其中，“有严格的验收制度，严格按标准进行设备、物资的质量管理”得分最高，为 4.00 分，表明设备与物资进场环节把控严格。“采购技术和商务目标能够顺利实现”得分为 3.91 分，表明在采购过程中能够做到设备与物资在满足技术要求的同时，以合理的价格购取。

“能够对采购各业务环节绩效进行及时、有效的评价”得分为 3.75 分，排名最低，归因于采购涉及的参建方以及业务环节多，及时进行绩效评价难度大。除注意设备与物资价格比选外，应进一步完善质量检测制度，可考虑临时取样抽检的方式进行质量检测，从而避免工程缺陷、减少安全隐患，以保障所采购设备和物资的合理性价比。同时，应制定合理的采购计划，并进行采购全流程监控，确保采购进度满足设备制造和水利工程施工需求。

7.2.4　采购管理绩效

宁夏水利工程建设采购管理绩效的评价结果如表 7-6 所示。其中，得分 1 为“完全不符”，得分 5 为“完全符合”。

表 7-6　水利工程建设采购绩效评价

指　　标	总体		业主		设计		施工		监理	
	得分	排序	得分	排序	得分	排序	得分	排序	得分	排序
采购质量	3.91	1	3.65	1	4.15	1	3.96	1	3.86	2
采购合同履约	3.89	2	3.50	3	4.15	1	3.94	2	3.95	1
采购进度	3.79	3	3.45	4	4.15	1	3.94	2	3.48	6
采购成本	3.78	4	3.35	6	4.15	1	3.94	2	3.52	5
物流	3.76	5	3.30	7	4.15	1	3.89	5	3.62	3
仓储	3.74	6	3.40	5	4.15	1	3.83	6	3.57	4
设备售后运营与维护	3.67	7	3.55	2	4.15	1	3.69	7	3.43	7
均值	**3.79**		**3.46**		**4.15**		**3.88**		**3.63**	

由表 7-6 可知，水利工程建设采购绩效各项指标的总体得分平均为 3.79 分，表明采购绩效评价仍存在提升空间。其中，“采购质量”的总体得分为 3.91 分，排名最高，表明设备和材料的质量把控较好。

“物流”和“仓储”的总体得分较低，应重视提高物流、仓储效率。水利工程具有特殊性，项目多为“线状工程”且周期较长，工作环节较为复杂，材料和设备运输的风险较大。为此，应逐步建立物流风险预警及应急措施机制，提高物流风险预警和应急能力，充分运用信息化手段进行物流跟踪和预警。在仓储方面也应制定完善的管理制度，如特殊材料保存和领用制度、瓶颈物资的风险监控体系等。应以水利建设信息管理系统为基础，不断加强对关键设备或材料的仓储风险识别能力与风险应对能力。

“设备售后运营与维护”的总体得分为 3.67 分，排名最低，表明设备运维服务需要进一步引起重视。在供应商招投标过程中，应对投标的供应商售后运营与维护的能力、以往业绩和声誉进行考查，选择能够提供相应服务的供应商；在合同签订时，应将设备售后运营和维护作为单独的合同内容列举，以保证能够得到及时的售后服务。

7.3　数字经济下采购管理体系及指标

7.3.1　数字经济下采购管理指标体系

随着数字经济迅速崛起，全球正加速迈向以万物互联、数据平台为支撑的数字经济时代。在水利行业中，项目物资和设备采购在很大程度上决定了项目施工效率、项目成本、质量和安全。因此，对于水利行业实现数字化发展而言，采购管理标准化和智能化至关重要。

结合当前采购管理现状和数字化经济发展趋势，应采用“对内建立标准、向外深度整合、采购管理数字化转型”的采购管理数字化发展策略。“对内建立标准”指建管中心内部设立采购部门，专职负责采购工作；建立采购标准化工作流程，按该流程进行采购工作，以提高采购工作效率。“向外深度整合”分为两步：第一步，将单一组织的采购业务向外发展为供应链一体化管理；第二步，推动采购业务与设计、施工业务逐步深化整合，弱化业务与组织边界，实现一体化发展。“采购管理数字化转型”是指，在采购管理体系建设过程中，充分发挥项目管理信息平台的作用，汇集、整合建筑市场宏观数据、政府水利部门建设规划、主要供应商价格、产量数据等信息，涵盖完整采购决策流程，推动数字经济下采购管理工作不断发展。

数字经济下采购管理指标体系和阶段性工作如表7-7所示。

表7-7 数字经济下采购管理指标体系和阶段性工作

阶段划分	一级指标	二级指标
第一阶段：设立采购部门	建立部门管理制度	部门工作目标确定
		采购部门责权范围
		部门内部责权划分
		部门绩效考核办法
		配套设施建设及管理办法（如仓储、物流监控系统）
	部门人员任命	工作能力
		工作业绩
		工作态度
	采购业务与其他部门对接	接口设置的合理化
		接口流程的规范化
		协同工作高效
	采购平台初步建立	建立供应商数据库
		建立项目采购管理功能
		采购招投标管理模块
		采购计划管理模块
		采购合同管理模块
		采购进度管理模块
		物流管理模块
		设备交付及付款管理模块
		物资仓储及领用管理模块
		设备和物资质量管理模块
		运营及售后服务管理模块
		采购绩效评价模块
第二阶段：建立采购标准化工作流程	建立采购管理制度	《设备物资采购管理标准化制度》
		《合格供应商管理办法》
		《采购管理实施细则》
		《物资使用管理办法》
		《设备物资计划管理办法》
		《承包商采购合同管理办法》
	建立采购执行与监督体系	采购执行考评制度
		采购工作监督体系

续表

阶段划分	一级指标	二级指标
第三阶段：供应链一体化管理	建立合作伙伴关系	理解不同组织的结构和行为特点
		了解各方的需求和管理方式（如定价政策、控制措施和创新管理等）
		明确各方组织建立和管理的方式
		将基础数据保存到采购管理信息平台
	供应链建立	横向的供应链结构建立
		纵向的供应链结构建立
		明确各组织在横向供应链中的位置和角色
第四阶段：采购与设计、施工一体化	采购管理平台拓展	各方行为及信任程度分析功能
		融入供应商、物流方、承包商管理系统
		建立数据分析功能模块
		建立智能化采购决策功能模块
	推动设计方、施工方参与采购工作	共同确定采购需求
		共同完成采购工作
	设计、施工纳入采购管理平台	逐渐消除组织边界
		促进各方交流

7.3.2 对内建立标准

1. 设立采购部门

为提高水利工程建设效率，建设单位在短期内应完成专职负责采购工作部门的建立，明确采购部门的责权范围，具体包括采购流程确定、招投标、合同编制与签订、物流监控、设备物资检验、物资仓储和领用管理、供应商数据库建立与维护等各项工作在采购部门与其他相关部门之间的责权划分。组织内部主要采购相关方如图 7-1 所示。

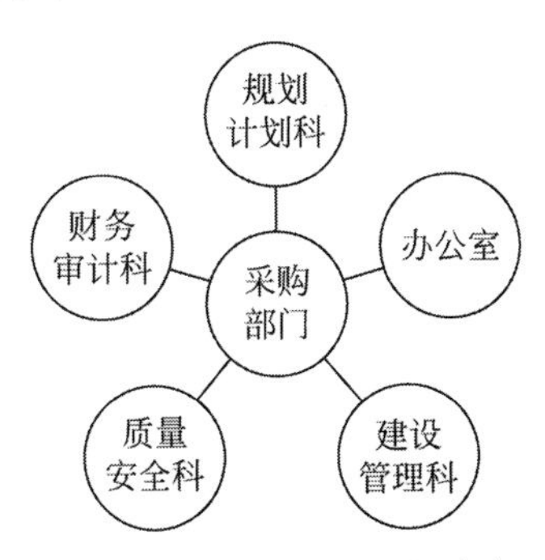

图 7-1 组织内部采购相关方

在建设管理信息系统中，应建立采购工作平台，由采购部门负责管理和运营。该工作平台中，应包括供应商数据库及各项目供应商、采购招投标进度、各项目采购合同、各项目采购流程进度、各项目物资物流仓储及领用情况等。

采购工作平台应当整合来自业主、监理方、设计方、施工方、供应商、海关部门、安装服务商、物流服务商等所有供应链参与方的信息，涵盖从项目前期规划、招投标、采购计划管理、供应商管理、采购合同管理、设备和物资质量管理、物流管理、仓储管理、设备交付管理、运营及售后服务到采购绩效评价的采购全流程，并具备实时监控采购状态的功能以支持参与方的及时调整[51]。通过采购信息化，保证相关信息的实时共享，实时监控供应商生产及储备信息、发货信息、铁路与公路运输中转信息、现场储备信息及使用信息，从而为后续采购决策、资金支付、采购绩效评价等流程提供依据。

在管理平台中，应以采购工作为基础，将各部门横向串联起来，明确显示当前采购工作的进度，以及各部门的工作内容、进度和工作完成质量，从而使采购工作可视化，便于各部门进行沟通、合作。通过信息共享，实现采购动态化管理。采购过程中，采购发起、申请、审批、采买、仓储、现场供给和领用等各环节的工作均应以信息系统为基础进行。

2. 建立采购标准化工作流程

在采购管理部门建立之后，可结合以前的工作经验，确定采购标准化工作流程。应制定以下采购管理相关制度从而规范采购工作。

(1)《设备物资采购管理标准化制度》，主要用于从总体层面规范项目设备物资的采购管理。明确设备物资的采购管理要求，相关法律法规文件，采购管理的职责分工，采购计划制定标准及流程，招标采购管理程序，设备监造管理办法，物资催交、包装、运输以及验收管理标准与程序。

(2)《合格供应商管理办法》，主要用于规范对合格供应商的管理工作。明确合格供应商的准入评价标准条件、合格供应商名录的建立流程、供应商分级标准、对供应商的履约考核办法、合格供应商名录的修编办法。

(3)《采购管理实施细则》，主要用于规范项目具体采购管理工作，实现降本增效，提升管理水平。

(4)《物资使用管理办法》，主要用于规范现场物资的使用管理工作。明确物资使用需求计划的编制内容、审核程序、物资进场验收依据、验收内容、验收程序、检验与试验管理办法、物资保管与代保管办法、物资领用流程、物资盘点要求及盈亏分析、物资验收结算流程、物资消耗过程控制办法。

(5)《设备物资计划管理办法》，主要是为规范承包商设备物资计划管理工作，有利于策划和制定经济合理的设备物资采购预案，更好地发挥采购优势，提高采购效率和采购质量，降低采购成本。

(6)《承包商采购合同管理办法》，主要用于规范承包商采购工作。明确承包商与业主、监理方等各单位的分工及管理职责，对承包商自行采购范围内的采购合同订立、执行、变更、索赔及解决争议的过程进行有效控制，加强合同管理和执行，及时发现合同执行中的偏离行为，积极采取措施，避免造成违约和争端，以确保合同顺利执行。

应结合工作需要，对上述采购制度不断进行更新调整。应将上述制度规定的工作流程纳入采购管理平台作为标准流程，实施信息化、数字化管理。在现阶段，采购管理平台运行一段时间后，将数字化、信息化作为要求融入到各项采购制度中。例如，提出对供应商信息化管理的要求，从而不断完善对物资、设备生产、物流运输、验收领用全过程的数字化管控。通过将信息化不断融入采购管理制度，未来应实现询价、招投标、合同签署、驻厂监造、检测、运输、验收、安装等采购全过程数字化管理。

7.3.3 向外深度整合

“向外深度整合”分为两步：第一步，将单一组织的采购业务向外发展为供应链一体化管理；第二步，推动采购业务与设计、施工业务逐步深化整合，弱化业务与组织边界，实现一体化发展。

1. 供应链一体化管理

实施供应链一体化的主要障碍在于对承包商和供应商进行整合，即需要应对供应链一体化的组织外部障碍因素带来的问题，因此，仅提高组织内部的能力，加强对组织内部的控制是无法真正实现供应链一体化的。

为实现在数字经济下的领先地位，要进行供应链一体化建设。当前，在水利工程建设领域，构成供应链的各个组织之间仍存在互不信任的情况、缺少共赢的观念。在这种情况下，组织之间的边界化会导致较高的交易成本，因此，组织之间的关系融洽与否是提升供应链管理效率的核心问题。

参建各方之间建立合作伙伴关系，是供应链建设的基础。参建各方都要对信任关系的建立负责，并考虑建立适当的合作关系，解决供应不可靠的问题。这就需要业主理清不同组织的结构和行为特点，了解各方的需求和管理方式(如定价政策、控制措施和创新管理等)，明确各方组织建立和管理的方式，并将这些基础数据保存到采购管理信息平台中。在长时间的合作中，基于采购管理信息平台中积累的采购流程执行的各项数据，通过数据挖掘和行为预测，分析各个主要组织的可信赖程度，业主可以通过主导地位引导各方不断改进和规范化自身行为，建立双方、多方互信的局面。

在此基础上，信息平台中的采购管理应逐步走向供应链一体化管理。管理平台中，应建设以下内容：

(1) 横向的供应链结构，在不同组织、不同专业之间建立紧密的联系。

(2) 纵向的供应链结构，提高各个供应商和分包商的竞争力。

(3) 各个组织在横向供应链中的位置应符合纵向供应链建设的需求和水平。

在供应链参与方之间应建立完善的信息网络和管理机制，以促进供应链参与方在采购全流程中的信息传递，实现各方的高效决策[51]。企业资源规划和运作系统组成了内部供应链管理系统，供应商管理系统、第三方物流系统、承包商管理系统等组成了外部供应链管理系统，应将内外部供应链管理系统整合成为整体的信息管理系统，通过优化整体信息管理系统实现供应链的增值[51]。

结合数据积累和数据分析、决策技术，实现采购工作智能化管理。例如，基于以往经验和数据积累，研发物资智能化管控功能，能够结合当前物资库存及历史领用信息，自动预测出何时出现物资需求，而无须承包商在施工过程中进行人为判断。该需求在预测时能够同步传输给供应链各相关方，业主和监理等监管方可以迅速审批需求；供应商能够快速反应，提前备货、及时运输，各方均能实现“零库存”管理的精益管理模式，大幅降低供应链整体成本，提高供应链运行效率。基于各部门合作的采购流程如图7-2所示，未来实现该过程数字化、自动化管理。

2. 推动采购与设计、施工一体化管理

除建立可靠、高效的供应链之外，还应推动采购业务与设计、施工业务的一体化管理，从

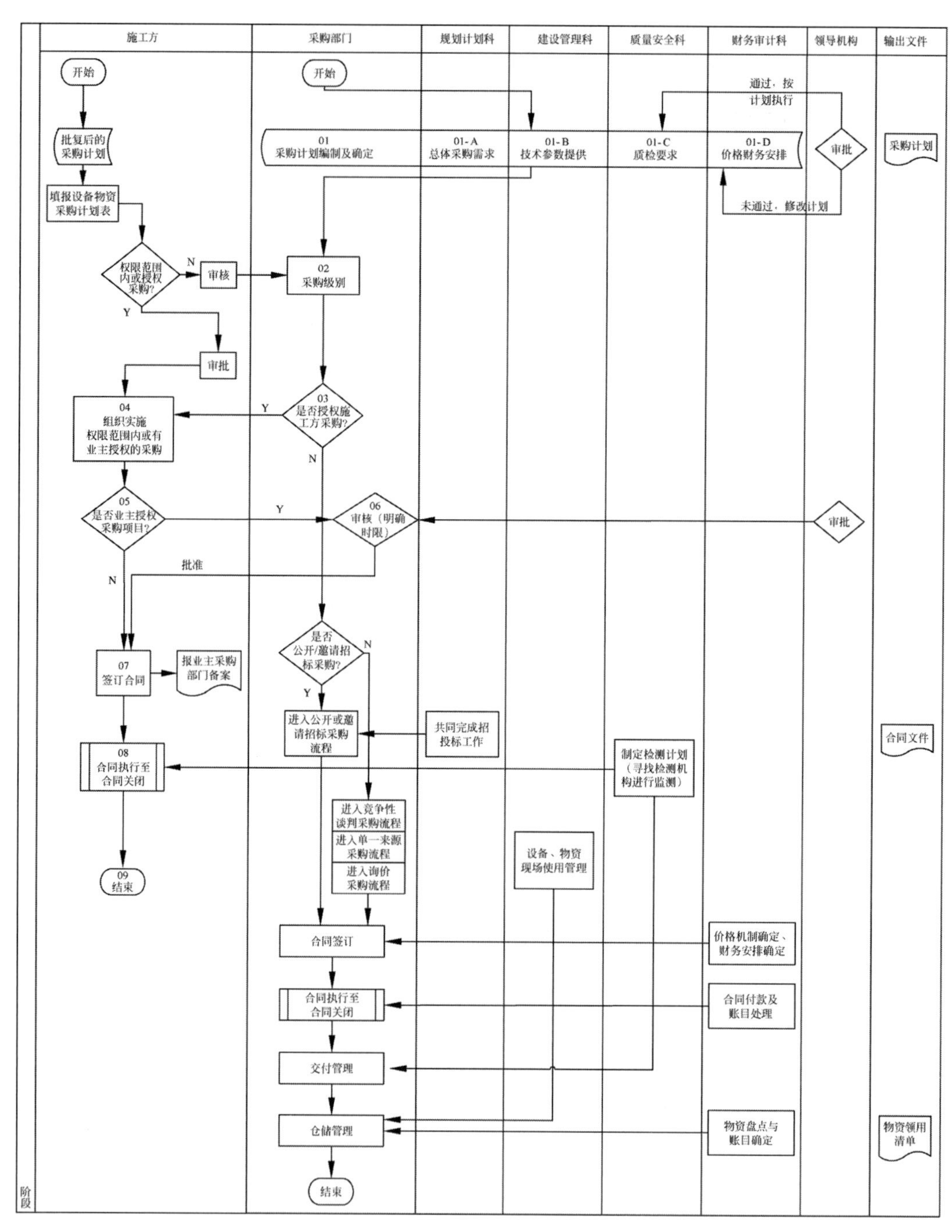

图 7-2　基于合作的采购流程

而提升水利工程建设的效率。

目前，采购管理平台应纳入采购上游的设计方和下游的施工方，使各方在项目初期就开始合作，共同确定设备物资的数量、质量以及对时间的要求，以减少重复设计和返工等问题造成的物资长期存储或物资供给不及时等问题。

未来，应依托采购管理平台，进一步打破组织间和项目功能间的边界，促进设计、采购、施工、监理等各主要参与方之间的交流、协调与合作,从而更加合理和高效地规划采购流程,优化项目的信息流动,减少或消除冗余的流程。以采购计划编制和执行为例,采购管理平台中,采购方与设计方、施工方能够同时获取物资和设备的需求信息,同时,在采购计划和技术文件编制过程中融入设计方与施工方的建议或意见,根据两方实际需求进行高效编制。采购计划执行过程中,三方能够同时看到执行进度和效果,实现设备物资的高效衔接和协调,从而提高各项工作的执行效率。

7.3.4 建管平台采购管理

1. 采购招标准备工作

建管平台中,应设置建设单位进行采购招标准备工作的模块,将采购各项内容的工作流程可视化,直观地展示当前的工作环节和整体的工作计划,能够看到各部门的工作内容、简要说明、时间计划及工作成果,提高各部门在接口活动中的沟通、合作效率。

2. 设备、物资采购全过程管理

建管平台中,应设置设备、物资采购全过程管理模块,使设备、物资管理可视化。除采购招标、合同签订与招标相关文件存储之外,还应考虑项目组实际执行情况,包括采购需求提出、采购计划、物资发运及物流管理、设备安装、物资领用及库存管理、运营及售后服务管理和采购绩效评价等模块。这些功能模块的使用权限对建管中心、设备物资供应商、设计方、施工方、监理方等主要采购参与方开放,支持各方在线上完成各项采购工作的沟通和进行相应的审批,提高采购工作的执行与协同效率。具体如下:

(1) 建立采购需求提出和采购计划模块,项目组和各职能科室根据项目实施情况提出采购需求、安排采购计划。

(2) 建立供应商单独的工作模块,在确定供应商之后为其开放该功能,要求供应商记录设备、物资发运数量和时间,并将该批设备、物资的技术参数、质量标准以及后续验收所需的各项资料和文件的电子版本上传到该模块,便于后续验收工作的进行和资料留存。

(3) 在设备、物资验收模块中,除记录相关文件之外,还应逐步完善线上填写功能,在满足监管要求的情况下,一些格式化、规范化文件的填写可以在线上进行,再打印出电子版进行各方签字,留存纸质版文件。

(4) 设置设备安装模块,在线上保留设备安装全过程资料,包括进度、质量和安装过程中出现的各类问题及解决方案。

(5) 设置物资领用及库存管理模块,逐步细化、优化物资领用和库存管理工作,为合理地分批采购和降低整体成本打下基础。

(6) 设置设备运营及售后服务管理模块,记录运营过程中出现的各类问题,以及相应售后服务响应的积极性和有效性,为客观评价售后服务和对供应商进行激励提供充分、适当的证明材料,也有利于在后续设备采购中采用各类措施提前避免此类问题的发生。

(7) 设置采购绩效评价模块,综合考虑采购质量、进度、成本以及对项目整体的影响,并对采购工作进行评价。

3. 采购合同履约在线评价

基于当前的采购合同履约评价工作流程,设置采购合同履约线上评价功能,参与评价的

部门可在线上完成打分，并给出理由，系统会自动计算各部门的汇总评分和最终评分，自动生成并展示各项采购合同的评分汇总结果，以及时发现采购过程中的问题并进行改进，持续提升工作效率。

4. 供应商反馈

在供应商工作模块中，设置反馈功能，供应商及建管中心双方可在线上沟通采购中发现的问题，并鼓励供应商就建管平台中采购模块的使用感受提出建设性意见。

7.4 数字经济下水利工程采购管理成效

采购是水利工程建设中的关键环节，是实现设计目的、顺利施工的保障，广义的采购还包括对设计方、施工方、监理方和各咨询单位进行的招标与选择，对项目成功实施具有重要意义。因此，水利工程项目须建立完善的采购管理制度与工作流程，建立采购绩效评价机制，严格遵守招投标监管要求和技术规范。利用信息技术，提高建设单位内部各部门之间和建设单位与供应商之间就具体活动执行的协调效率。以上理念在数字经济下宁夏水利工程中得到了充分体现，并且有效应用在建管平台中。

7.4.1 建立了明确的采购制度和工作流程

宁夏水利工程建设中，采购制度的建立和工作执行情况如表 7-8 所示。其中，得分 1 为“非常差”，得分 5 为“非常好”。

表 7-8 水利工程采购制度建立和执行情况

指标	总体		业主		设计		施工		监理	
	得分	排序	得分	排序	得分	排序	得分	排序	得分	排序
严格按标准进行设备、物资的质量管理	3.96	1	3.89	1	4.03	1	4.21	1	3.72	2
采购各环节工作按既定流程高效执行	3.88	2	3.68	4	3.86	3	4.14	2	3.76	1
采购计划和方案编制时充分考虑物资使用、库存及运输情况	3.87	3	3.79	2	3.90	2	4.10	4	3.64	3
合理掌握设计方案的渐进明细尺度，为机电设备的采购、制造和安装预留充足时间	3.86	4	3.68	4	3.86	3	4.07	5	3.56	5
设备、物资采购能充分考虑项目不同阶段的需求，进行技术与管理优化，以降低总体采购成本	3.85	5	3.75	3	3.79	5	4.14	2	3.60	4
均值	**3.88**		**3.76**		**3.89**		**4.13**		**3.66**	

由表 7-8 可知，各项指标的总体得分均值为 3.88 分，表明在数字经济下，水利工程采购制度的建立和执行取得了一定成效。其中，“严格按标准进行设备、物资的质量管理”和“采

购各环节工作按既定流程高效执行"的总体得分分别为 3.96 分和 3.88 分，排名最为靠前，表明通过建管平台的运用，采购管理部门能够更为严格地执行采购质量标准，推动采购工作高效执行。

以《中华人民共和国招标投标法》《中华人民共和国招标投标法实施条例》(简称为《招投标法》《招投标实施条例》)等相关法律法规和监管要求为基础，建立了明确的招投标管理制度和采购工作流程，并总结了采购所需要的准备工作和关键工作步骤，包括具体要求、输出成果和流程接口。通过总结各项工作的流程接口，有利于提前准备与组织内部各部门和外部组织之间的各项协调工作，在制定具体的采购计划时充分考虑各类接口活动中与其他部门及组织之间的合作，提高了采购流程整体的执行效率。

建管平台中，建立了招投标管理模块，便于记录招投标活动的计划、执行与评价结果，组织内部参与招投标的部门也可以据此计划安排自己的工作，保障招投标活动顺利进行。

7.4.2 建立了设备、材料验收制度

建立了设备、材料验收制度，由建设中心各部门(包括质量安全科、建设管理科、规划计划科、财务审计科与办公室)和项目组共同完成验收工作，以充分保障设备、物资的质量。

在建管平台中，建立了设备及材料验收模块，包括设备出厂验收与设备、材料进场验收。以材料进场验收为例，在现场进行验收之后，相关资料可上传到平台中进行记录和存储。

7.4.3 建立了采购合同履约评价机制

为规范设备(材料)采购合同履约过程，建立了合同履约评价及管理办法。由建设管理科对履约评价管理工作进行统筹、监督和指导，其他各职能科室分工协作，对设备(材料)采购合同实行周期评价。根据季度合同履约分值和年度合同履约分值，得到最终履约分值，对采购合同履约进行评价。

第8章 >>>>>>>>>>>>>>

数字经济下水利工程建设质量管理

8.1 质量管理基本理论

8.1.1 全面质量管理理论

1. 全面质量管理的内涵

全面质量管理起源于20世纪60年代的美国，是质量管理的一套技术、手段，也是一种管理思想、观念和理论。其实用性已经在实践中得到了验证，各国的全面质量管理案例均表明，应用全面质量管理概念不仅提升了企业的管理水平、扩大了信息来源，还提升了员工的学习能力。全面质量管理具体定义为企业发动全体员工，综合运用各种现代的管理技术、专业技术以及各种条件手段和方法，通过对产品寿命循环全过程、全要素的控制，保证用最经济的方法生产出用户和社会均满意的优质产品并提供优质服务的一套科学管理技术。该理念强调将"事后控制"变为"事前预防或提高"，主要特点如表8-1所示。

表8-1 全面质量管理的特点

主要特点	具体含义
全员参与	从决策层到执行层，从技术人员到管理人员、后勤服务人员，都要参与质量管理，增强质量意识，贯彻质量第一方针
全过程控制	从规划、勘察设计、施工、制造、运行管理各个方面都要控制与提高质量
多手段应用	运用一切技术发展的最新成果与手段进行质量控制工作，如运用数理统计技术、运筹学、信息处理技术及先进的探测检验技术进行质量管理工作
质量管理工作规范化、标准化	将成熟的技术进行归纳，形成技术规范与实施方法，同时推行企业贯标工作使质量管理工作本身得以规范

2. 全面质量管理的关键因素

在全面质量管理融入日常工作的过程中伴随着组织文化、管理过程、战略优先以及信仰的蜕变。为了贯彻全面质量管理，重组组织构架，需要把握以下几个关键点：

(1) 客户导向。全面质量管理的实施是以客户为导向的。质量管理应该以达到"100%客户满意度"以及"零错误"为首要目标，而不应将实现组织自身效益的最大化放在首位。

组织还应当制定措施以衡量组织对客户需求的满足程度，为后续的发展提供基础。

（2）持续进步。持续进步需要组建专门的质量提升小组来保证全面质量管理理念深入贯彻到组织的各个层级，并不断优化质量管理体系。通过制定质量评价方法，持续分析影响质量表现的各个因素，并开拓交流经验途径，能够不断促进质量管理体系的优化。

（3）领导力。最高管理者的承诺是实施全面质量管理的必要因素。最高管理者应当确保自身充分理解全面质量管理理念并坚决执行，使全面质量管理的理念自上而下扩散到组织的各工作层级。

（4）全员参与。全面质量管理应当弱化组织中的等级区分，重视各层级员工，并鼓励他们成为质量管理的一分子。为了确保员工能够正确参与进全面质量管理过程中，组织需要对员工进行培训，帮助他们分配自己的时间与精力，主动研究质量管理流程，寻找质量问题的根本原因，并自主设法解决。

（5）团队意识。组织的每个成员都应该考虑自己的工作输出成果对工作流程中下一环节成员的影响，并了解下一环节成员的工作需求，形成团队意识。

（6）供需关系。组织需要将供应方融入全面质量管理体系。供需双方应该建立合作共赢的伙伴关系，并不断优化这种供需关系。双方应该确立提升质量的共同目标，以发展长期稳定的合作关系。同时，采购方应该以质量为标准来选择供货方，以建立全面质量管理发展的良性循环。

（7）流程优化。组织管理者应当从各部门中召集工作人员，组成小组，共同为流程的优化出谋划策。

8.1.2　基于伙伴关系的质量管理

伙伴关系要素可分为两类：一类是行为要素——共同目标、积极态度、信守承诺、公平和信任，其中信任是核心；另一类是交流要素——开放、团队合作、有效沟通、解决问题和及时反馈，其中解决问题是关键。这两类要素互相关联。其中，行为要素的作用在于能促进交流要素的有效实现，各参与方建立相互信任的关系，愿意充分地沟通，使各种信息传递顺畅。交流要素的存在有助于：①加快信息流动，从而提高工程实施效率；②增加决策信息，加强风险管理；③降低监控成本；④促进价值工程与优化；⑤促进全面质量管理。

在项目参建各方之间建立良好的伙伴关系有助于实行全面质量管理。伙伴关系各要素均能对全面质量管理起到积极的促进作用。其中，“解决问题”的积极作用最为明显，表明解决问题、总结经验、持续发展对全面质量管理的实现具有重要意义；“有效沟通”与“及时反馈”的作用较大，表明基于伙伴关系理论建立良好的沟通渠道、迅速的信息反馈系统对全面质量管理来说至关重要；“公平”表明参建各方间应当权责分配合理；“开放”和“团队合作”与经验、知识的共享密切相关，强调了参建各方的信息沟通与协同合作。根据现有研究，一方面，激励机制能够调动参建各方的积极性，从而促进他们之间的信息交流，最终达到有效解决问题的目的；另一方面，激励机制的奖励与惩罚能够提升参建各方实施全面质量管理的主动性。

8.2 水利工程质量管理情况

8.2.1 质量管理制度

宁夏水利工程建设质量管理制度情况如表 8-2 所示。其中,得分 1 为“完全不符”,得分 5 为“完全符合”。

表 8-2 水利工程建设质量管理制度情况

指标	总体		业主		设计		施工		监理	
	得分	排序	得分	排序	得分	排序	得分	排序	得分	排序
质量管理流程清晰	4.26	1	3.90	3	4.53	1	4.39	1	4.14	3
建有专门的质量管理机构	4.24	2	4.00	1	4.53	1	4.29	2	4.19	2
质量管理职责明确	4.23	3	3.86	5	4.53	1	4.29	2	4.24	1
质量管理体系完善	4.23	3	4.00	1	4.53	1	4.27	4	4.14	3
项目质量管理计划明确、有针对性	4.18	5	3.90	3	4.47	5	4.27	4	4.05	5
均值	**4.23**		**3.93**		**4.52**		**4.30**		**4.15**	

由表 8-2 可知,水利工程建设质量管理制度参建各方平均得分均不低于 3.9 分,总体得分均值为 4.23 分,表明业主、监理方、设计方、施工方的质量管理制度情况均良好。从整体评分上看,“质量管理流程清晰”得 4.26 分,表明水利工程在施工过程中制定了较为清晰的质量管理流程;“项目质量管理计划明确、有针对性”得分排名第 5,为 4.18 分,表明项目质量管理计划的制定需要更具有针对性。为此,应该将质量管理体系、管理职责和管理流程与水利工程项目具体要求相结合,形成充分体现工程特点的项目质量管理计划。

8.2.2 质量标准

宁夏水利工程建设质量标准的管理现状如表 8-3 所示。其中,得分 1 为“完全不符”,得分 5 为“完全符合”。

表 8-3 水利工程建设质量标准管理现状

指标	总体		业主		设计		施工		监理	
	得分	排序	得分	排序	得分	排序	得分	排序	得分	排序
项目试运行验收标准明确	4.22	1	3.90	2	4.47	4	4.29	3	4.19	1
项目施工标准明确	4.21	2	3.86	4	4.50	3	4.35	1	4.05	5
项目材料标准明确	4.20	3	3.90	2	4.47	4	4.31	2	4.05	5
项目设备标准明确	4.17	4	3.86	4	4.47	4	4.24	4	4.10	4

续表

指标	总体		业主		设计		施工		监理	
	得分	排序	得分	排序	得分	排序	得分	排序	得分	排序
项目设计标准明确	4.16	5	4.00	1	4.53	1	4.11	5	4.14	3
项目的功能要求明确	4.14	6	3.86	4	4.53	1	4.10	6	4.19	1
均值	**4.18**		**3.90**		**4.50**		**4.23**		**4.12**	

由表 8-3 可知，水利工程建设质量标准参建各方的平均得分均不低于 3.90 分，总体平均分为 4.18 分，表明业主、监理方、设计方、施工方的质量标准均有明确规定。从总体评分上看，“项目试运行验收标准明确”评分最高，为 4.22 分，表明对项目实施结果的标准较为具体明晰；“项目的功能要求明确”评分最低，表明项目功能要求的提出往往在项目前期，存在一些不确定因素。项目论证时，不仅应当明确项目的主要功能，也应当充分考虑其他次要功能，以减少项目实施过程中的工程变更。

8.2.3 质量控制

宁夏水利工程建设质量控制的现状如表 8-4 所示。其中，得分 1 为“完全不符”，得分 5 为“完全符合”。

表 8-4 水利工程建设质量控制情况

指标	总体		业主		设计		施工		监理	
	得分	排序	得分	排序	得分	排序	得分	排序	得分	排序
项目实施结果检查严格	4.21	1	3.86	1	4.50	4	4.33	1	4.10	2
能够实现质量管理持续改进	4.20	2	3.67	5	4.53	1	4.33	1	4.19	1
出现质量问题时能高效解决	4.15	3	3.76	3	4.53	1	4.25	3	4.00	3
质量施工过程检查严格	4.14	4	3.86	1	4.47	6	4.22	5	4.00	3
对质量问题及时进行原因分析	4.08	5	3.67	5	4.53	1	4.15	7	4.00	3
质量问题预防措施到位	4.08	5	3.71	4	4.47	6	4.24	4	3.76	7
及时收集与分析质量信息	4.07	7	3.62	7	4.50	4	4.16	6	4.00	3
均值	**4.13**		**3.74**		**4.50**		**4.24**		**4.01**	

由表 8-4 可知，水利工程建设质量控制参建各方的平均得分均不低于 3.70 分，总体平均分为 4.13 分，表明业主、监理方、设计方、施工方的质量控制效果均良好。从整体评分上看，“项目实施结果检查严格”评分最高，为 4.21 分，表明参建各方均十分重视工程实施的质量，对工程实施成果进行了严格的检查；“对质量问题及时进行原因分析”“质量问题预防措施到位”和“及时收集与分析质量信息”的排名靠后，表明质量信息的收集、分析与反馈效果还需加强。为此，应制定规范化、标准化的质量信息收集流程，建立知识库，及时发现问题成因，并采取预防措施。

8.2.4 参建各方质量管理

宁夏水利工程建设参建各方的质量管理现状如表 8-5 所示。其中，得分 1 为“完全不符”，得分 5 为“完全符合”。

表 8-5 水利工程建设参建各方质量管理情况

指标	总体		业主		设计		施工		监理	
	得分	排序	得分	排序	得分	排序	得分	排序	得分	排序
业主对质量的监控有效	4.19	1	3.67	1	4.40	5	4.31	2	4.29	1
参建各方积极参与工程质量管理	4.15	2	3.57	3	4.47	1	4.29	3	4.14	4
施工单位质量控制有效	4.14	3	3.29	6	4.47	1	4.45	1	4.05	6
参建各方间质量管理接口明确	4.10	4	3.62	2	4.47	1	4.14	5	4.19	3
监理对质量的监控有效	4.03	5	3.19	7	4.33	7	4.18	4	4.24	2
参建各方间质量管理协同效率高	4.03	5	3.52	4	4.40	5	4.14	5	3.95	7
设计单位质量控制有效	3.96	7	3.33	5	4.47	1	3.98	7	4.10	5
均值	**4.09**		**3.46**		**4.43**		**4.21**		**4.14**	

由表 8-5 可知，水利工程建设质量管理参建各方的平均得分均不低于 3.40 分，总体平均分为 4.09 分，表明业主、监理方、设计方、施工方的质量管理均有良好的效果。从总体评分上看，“业主对质量的监控有效”的评分最高，为 4.09 分，表明业主积极参与质量管理，并通过监控各项流程，有效地保证工程质量。在参建各方合作管理质量方面，“参建各方间质量管理协同效率高”的总体得分较低，表明质量管理过程中参建各方的协同机制需进一步加强；“设计单位质量控制有效”的总体得分最低，表明控制设计质量最具有挑战性，应当明确设计质量管理人员的职责和设计质量管理的流程，建立业主与设计方间的协调沟通机制，以有效减少设计工期短、设计资源紧张和不利地质条件等因素对设计质量的影响。

政府单位对水利工程的质量进行监督，对于保障工程质量至关重要。水利工程质量监督机构按总站、中心站、站三级设置。宁夏回族自治区水利厅承担水利工程质量监督中心站的责任和工作，派出水利工程质量监督项目组，根据建设法规、技术标准和设计文件实施了工程质量监督。项目组以抽查为主要的监督方式，对工程实体质量和工程质量责任主体单位的行为进行了监督检查，但是监督效率有待提升。应从提升监督人员素质、加强信息化监督手段运用、提高政府与参建各方协同质量管理效率等方面着手，以贯彻落实建设工程质量安全法律法规，明确各方质量管理职责，督促进行全面质量管理，确保工程主体结构的安全与主要功能。

8.2.5 质量信息化管理

宁夏水利工程建设参建各方的质量信息化管理现状如表 8-6 所示。其中，得分 1 为“完全不符”，得分 5 为“完全符合”。

表 8-6 水利工程建设质量信息化管理情况

指标	总体		业主		设计		施工		监理	
	得分	排序	得分	排序	得分	排序	得分	排序	得分	排序
构建有完善的信息平台质量管理模块	3.78	1	3.33	1	4.07	7	3.94	2	3.60	2
质量信息(文档、图纸、图片和视频等)实现了数据化	3.77	2	3.33	1	4.36	1	3.81	7	3.65	1
质量信息沟通与共享信息化	3.75	3	3.19	3	4.21	2	3.92	3	3.55	3
构建有质量管理信息数据库	3.74	4	3.14	4	4.21	2	3.96	1	3.45	7
质量监控可视化	3.69	5	3.14	4	4.13	6	3.84	4	3.50	4
质量验评环节可视化、信息化	3.69	5	3.10	7	4.21	2	3.84	4	3.50	4
充分利用信息技术持续优化质量管理方案	3.69	5	3.14	4	4.21	2	3.82	6	3.50	4
均值	**3.73**		**3.20**		**4.20**		**3.88**		**3.54**	

由表 8-6 可知,水利工程建设质量信息化管理参建各方的总体得分均值仅为 3.73 分,业主、施工方和监理方的总体得分均值分别为 3.20 分、3.88 分和 3.54 分,表明总体上质量信息化管理的提升空间较大。从总体评分上看,“质量监控可视化”“质量验评环节可视化、信息化”以及“充分利用信息技术持续优化质量管理方案”的总体评分较低,均为 3.69 分,表明水利工程可视化技术运用尚不成熟,且信息技术在知识管理、数据分析等方面的功能有待开发。为此,应推进 BIM 技术在水利工程建设全过程中的运用,并在此基础上构建完善的信息交流平台,发展质量监控可视化和质量验评信息化,支持参建各方高效执行质量管理工作流程,不断提升质量管理水平。

8.3 水利工程质量管理影响因素

宁夏水利工程建设质量管理影响因素的评价结果如表 8-7 所示。其中,得分 1 为“影响很小”,得分 5 为“影响很大”。

表 8-7 质量管理影响因素评分表

指标	总体		业主		设计		施工		监理	
	得分	排序	得分	排序	得分	排序	得分	排序	得分	排序
施工单位对质量的控制不力	4.21	1	3.90	11	4.43	1	4.31	1	4.19	2
材料质量问题	4.20	2	4.00	5	4.43	1	4.22	3	4.19	2
设计深度不足,有缺陷和失误	4.19	3	4.10	1	4.36	6	4.12	9	4.33	1
施工单位的施工方案与工艺问题	4.19	3	3.95	7	4.43	1	4.31	1	4.00	6
施工人员的素质不高、数量不足	4.15	5	3.95	7	4.29	12	4.20	4	4.14	4
设备质量问题	4.15	5	3.95	7	4.43	1	4.14	7	4.14	4
施工设备的质量不高、数量不足	4.12	7	4.05	4	4.14	15	4.20	4	4.00	6

续表

指　标	总体		业主		设计		施工		监理	
	得分	排序	得分	排序	得分	排序	得分	排序	得分	排序
地质问题处理不当	4.11	8	4.10	1	4.36	6	4.13	8	3.90	9
进度、成本、质量间相互制约	4.11	8	4.00	5	4.36	6	4.16	6	3.95	8
业主对质量的监控不力	4.05	10	4.10	1	4.36	6	4.02	11	3.86	11
参建各方间的沟通协调不畅	4.03	11	3.95	7	4.36	6	4.08	10	3.76	13
监理单位对质量的监控不力	3.98	12	3.86	12	4.43	1	3.94	14	3.90	9
施工条件不利	3.95	13	3.81	14	4.14	15	4.00	12	3.81	12
项目质量信息的反馈不充分	3.95	13	3.86	12	4.36	6	3.96	13	3.75	14
项目各专业间作业协调不力	3.89	15	3.76	15	4.21	13	3.92	15	3.71	15
信息技术应用水平低	3.84	16	3.62	16	4.21	13	3.92	15	3.62	16
均值	**4.07**		**3.94**		**4.33**		**4.10**		**3.95**	

由表8-7可知，各项指标的总体得分均值为4.07分，参建各方平均得分均值均不低于3.90分，表明上述影响因素在质量管理过程中都值得重视。其中，业主得分均值为3.94分，表明业主对设计深度、缺陷和失误，施工前后的地质问题与处理以及业主单位对质量监控的重视程度较高；设计方打分均值为4.33分，表明设计方对施工单位的质量监控、施工材料质量、施工单位的施工方案与工艺、设备质量和监理单位的质量监控的重视程度较高；施工方打分均值为4.10分，表明施工方对施工单位的质量监控和施工单位的施工方案与工艺的重视程度较高；监理方打分均值为3.95分，表明监理方对设计深度、缺陷和失误的重视程度较高。

从总体评分上看，"施工单位对质量的控制不力""材料质量问题"与"施工单位的施工方案与工艺问题"得分最高，表明施工方对工程质量管理的影响程度最大，应当提升施工方的质量管理意识，并加强对施工方案和材料的审查。

"设计深度不足，有缺陷和失误"的总体得分也较高，为4.19分，表明设计阶段的成果对工程质量的影响较大。为此，应当明确设计质量管理职责、设计深度和范围，建立参建各方间的协调沟通机制，以确保设计成果满足施工要求，减少因设计缺陷和失误进行变更带来的影响。

此外，应注意进度、成本、质量间的相互制约关系对项目的影响，加强参建各方间信息的沟通与协调，提高信息技术在水利工程质量管理中的运用。

8.4 水利工程全面质量管理优化方案

8.4.1 质量管理的基本内容

质量管理是制定质量政策、目标并采取措施予以落实的过程和活动，旨在使项目满足其预定要求。质量管理不仅关注可交付成果的质量，还关注管理过程的质量，大致可分为3个过程：规划质量管理、实施质量保证和控制质量[52]。

1. 规划质量管理

规划质量管理在项目规划阶段进行，旨在通过识别项目或其可交付成果质量要求，书面描述如何证明项目符合质量要求，从而为管理质量和确认质量提供指南。这些指南包括质量管理相关实施计划、过程改进计划等，主要内容包括以下几点：

（1）确定项目质量目标。项目质量目标是项目各参与方关注的焦点，是各方共同追求的目标之一。质量目标可以指导建管中心合理分配和利用资源，以达到质量管理规划的结果。

（2）制定项目质量计划。项目质量计划是对保证实现项目可交付成果质量要求所需的活动、标准、工具和过程的描述。

（3）建立健全质量管理组织机构。质量管理组织机构是为了实施高效的项目质量管理工作而建立的组织机构。根据项目规模大小，可以设置质量经理、工程师等岗位。

（4）构建完善的项目文件管理流程。在质量管理规划阶段，项目质量经理需牵头组织设计、采购、施工等部门负责人制定文件的格式、分类、编号、归档、检索原则等，形成一整套项目管理流程。

2. 实施质量保证

实施质量保证主要包括以下3个方面：

（1）制定质量保证计划。质量保证计划一般在整个项目质量计划完成编制后制定，设计、采购、施工等部门负责人按照项目质量计划要求，编制各部门的质量保证分项计划，内容主要包括质量管理目标、控制依据、标准要求等。

（2）实施过程质量控制。宁夏水利工程质量管理方主要由建管中心、监理机构、第三方检测机构、勘察与设计方、施工方构成。施工方主要对设计图纸、设备和材料、施工过程等方面进行现场质量管理，监理机构对过程进行监督检查。

（3）持续改进质量管理体系。项目质量管理体系需不断改进更新，才能够适应项目的发展变化。项目参建各方应当定期检查项目质量管理体系的运行情况，及时发现管理体系存在的问题并进行解决，定期召开质量问题剖析会，制定切实可行的改进方案，并且建立跟踪机制，检查改进效果。

3. 控制质量

控制质量主要是监督和记录质量活动执行情况，进而评估工作绩效，并根据项目质量状况推荐必要的变更过程，以达到两个目的：一是及时识别导致过程低效和质量低劣的因素；二是确保项目质量满足客户要求，足以进行最终验收。主要内容包括：

（1）设计过程。设计质量直接决定了整个项目的质量，设计质量控制需重点关注设计策划、接口、评审、确认、变更等环节。

（2）采购过程。在进行采购工作时需重点关注供应商的评估与选择，合同的签订，设备（材料）的监造、检验、存储及缺陷处理等环节。

（3）施工过程。施工过程质量检查需通过健全的制度和明确的岗位责任来约束现场施工管理人员以及施工操作人员，应重点关注图纸会检、技术交底、施工过程检测、检验验收等环节。

（4）设备安装调试过程。设备安装调试直接关系到项目后期的运营效果，需重点关注安装调试大纲、过程检测、可靠性试验、性能检验及缺陷处理等环节。

(5) 检查验收。施工单位首先根据验收标准自行组织内部验收,验收合格后,再向业主提交竣工验收报告。对于竣工初验时业主/监理方提出的质量缺陷需制定计划表,并按计划进行修复。

8.4.2 全面质量管理实施流程

基于全面质量管理手册的关键因素,以及伙伴关系理论、激励机制[53],提出实施全面质量管理的建议流程,如图 8-1 所示。其中,"全面质量管理"均用简称"TQM"代替。其中心思想在于重视最高领导层的承诺,通过不断的反馈与改进,在组织内形成全面质量管理的管理观念,并使之扎根于每一位成员的思想中。

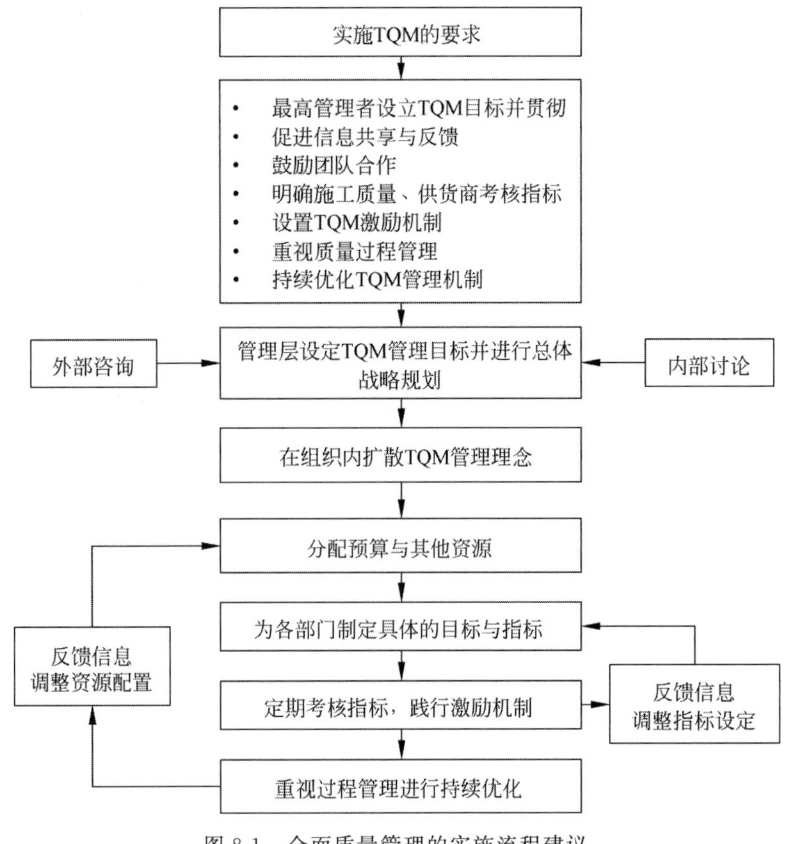

图 8-1 全面质量管理的实施流程建议

8.4.3 全面质量管理的具体措施

1. 全面质量管理实施措施

(1) 成立专门的质量管理机构。一方面,应对全面质量管理的实施提供足够的资源支持;另一方面,通过实际行动展现领导层对全面质量管理的重视,以鼓励员工主动跟随领导层,将全面质量管理的理念扩散到整个组织。因此,应当设置质量管理的顶层决策者,统领质量安全科、计划规划科以及建设管理科的质量管理工作;并成立专门的质量管理机构,由顶层决策者选取具备全面质量管理理念的分管负责人，对合同、施工等部分进行更有针对性的质量管理。

(2) 重视员工的培训。培训内容不仅限于“质量第一”的思想，还应该包括“质量全员参与”“质量管理流程持续优化”“积极反馈意见”等理念。应当重点培训设计、施工方的质量管理全员参与意识。同时，对员工培训效果定期检验，鼓励员工反馈意见，不断扩大深入培训的作用；

(3) 提倡全员参与质量管理。鼓励员工对项目的质量提升以及成本的节约提出意见，并且给予他们一定的权力去制定并实施解决方案。

(4) 建立供应商评价体系。供应商评价体系的建立能促进供需双方维持良好合作关系，以提升质量管理水平。

(5) 重视知识管理。记录质量损失成本与质量问题数量信息，定期组织参建各方共同复习，避免问题反复出现。

(6) 成立质量管理提升小组。从参建各方、不同工作部门内选取人员组成质量提升小组，定期召开会议，对现有问题以及质量管理方案效果进行讨论，提出优化意见。

(7) 为各部门制定质量目标与评价指标体系。制作作业指导书和质量卡，使质量标准能够深入所有操作人员的工作中，并通过定期质量评价督促各个部门执行质量管理规定。

2. 基于伙伴关系的质量管理

参建各方应建立合作伙伴关系，共同加强工程建设质量管理，具体措施如下：

(1) 识别共同目标。虽然项目参建各方的具体目标优先次序有所不同，但总体而言，无论业主、施工方、设计方还是监理方，都非常重视质量目标的实现。共同目标是项目各方建立基于伙伴关系的质量管理机制的基础。

(2) 建立沟通机制。参建各方应从合作共赢的角度出发，建立完善的信息共享机制和高效的沟通方式，以确保信息及时有效地传递。其形式可包括线上线下会议、建立信息化数据共享平台、书面报告等。

(3) 设计-施工协同质量控制。建立设计-施工协同质量管理机制，促进设计、施工部门之间的相互交流，加强全员质量管理与团队合作意识。

3. 建立质量管理激励机制

运用激励机制，是伙伴关系理论共赢理念的体现。激励能够促使参建各方通过合理的控制，使得质量能够满足甚至超越业主预期，从而获得额外的奖励收入。为此，应制定质量管理的绩效考核体系，设置质量特别奖，运用视频、图像、虚拟现实等展示方法辅助施工与质量检查流程的标准化，通过开展观摩学习、技能比拼、经验交流等活动，增强全员精细化管理意识，以提升工程质量水平。

8.5 数字经济下水利工程质量管理

8.5.1 基于 BIM 的质量管理措施

1. 注重知识积累

考虑到信息平台能够存储大量质量信息的特点，为防止同类质量问题反复发生，可以利用信息平台实现工程质量管理的知识积累。知识积累不仅能够帮助参建各方在工程节点结束后复盘、总结,也能够提供大数据分析的基础,预测质量风险,提升后续工程的质量管理水平。

2. 重视参建各方的伙伴关系

随着数字经济的发展以及BIM平台的应用,工程建设过程中会产生许多线上合作团队。由于线上合作团队不能与参建各方进行面对面的交流,为此,需要重视与团队成员间的沟通与协作。因此,当工程管理逐渐从线下转移到线上时,参建各方应当灵活运用线上会议、5G视频、VR技术等方式,巩固伙伴关系,以实现全面质量管理。

3. 重视技术人员培训

数字经济下,前沿技术更新迅速,对相关技术人员提出了越来越高的要求。例如,系统的构建与维护需要计算机行业的相关人才;进度、质量信息在模型上的反映需要具备三维建模能力的人才;对质量信息以及组织沟通信息的处理,则要求具备大数据分析能力的开发人才。因此,为了保证BIM以及信息管理平台的使用效果并进行持续改进,需要重视对技术人员培训。

4. 制定绩效考核方案

BIM质量管理方案会改变参建各方的工作方式和协作方式。为了保证绩效考核的效果,需要针对数字经济下水利工程质量管理制定绩效考核体系,应加入有关前沿技术的使用频率、熟练度等指标,以促进工作人员快速熟悉新技术,提升质量管理效率。

8.5.2 基于BIM的质量管理实施方案

1. 阶段一:实现质量管理规范化、标准化

通过知识管理体系,能够将成熟的技术进行归纳,形成技术规范与实施方法。规范制定后可以通过图像、视频、VR等方式,在BIM平台上进行展示。规范化流程则可以通过BIM的流程管理模块,直观地传达给参建各方。

2. 阶段二:实现质量管理的全员参与

“全员参与”是实现全面质量管理的关键点,依赖于参建各方间的信息沟通与协同工作。考虑到信息技术的运用会产生大量的线上合作团队,减少员工间面对面进行交流的机会,为此,该阶段可以依托BIM构建参建各方间与参建各方内部的线上信息交流平台。该平台可以添加线上会议、留言板、讨论区等模块。在这一阶段应注意激励参建各方使用交流平台,从决策层到执行层,从技术人员到管理人员,都应积极参与质量问题的讨论。

3. 阶段三:搭建BIM全面质量管理平台

1）耦合多维(nD)信息

该阶段的主要目标是构建nD模型,实现工期、材质、成本、质量等信息与建筑模型信息的耦合。运用BIM综合各方面的信息,能够为可视化、大数据分析等功能提供基础。

2）搭建软件接口

该阶段的主要目标是设计不同软件间的接口,实现进度计划、3D模型、资金流动等信息的同步修改。BIM 的主要功能为数字建模技术，为了让信息管理平台实现工程的全过程管理，需要融合 Project 等与进度、成本、质量相关的软件。如果能够实现不同软件间的接口搭建，并建立共享数据库，便能够实现软件间相关信息的同步修改，减少人工更新软件数据信息的工作，提升工作效率。

3）构建交流平台

该阶段的主要目标是在当前的 BIM 管理系统基础上，构建参建各方间与参建各方内部的信息交流平台。

4）构建两大数据库

该阶段的主要目标是构建质量信息数据库和参建各方信息交流数据库。一方面，能起到知识积累的作用，避免错误的重复发生；另一方面，两大数据库都可以为大数据分析提供数据基础。

4. 阶段四：实现质量管理数字化

1）依托 BIM 平台构建线上交流模块

依托 BIM 平台构建的线上交流模块，可以使参建各方利用线上会议、线上讨论区、线上留言、线上提议等功能，加深对工程实施各个细节的讨论，促进施工一体化，加强对施工过程的管理，减少质量问题的发生。为推动该功能的使用，应出台相关的考核政策，如规定单位时间内(月/年)应当发起的讨论次数，并计入绩效考核的计分项中。

2）依托 BIM 平台设置经验分享模块

为促进组织内部、组织与组织间的学习，实现共同进步，可以专门设置经验分享平台，要求施工单位定期在平台上进行质量评比，分享高质量、高效率的经验。样板工程的照片、实施流程等也可以在这个平台上进行展示。

3）依托 VR、3S 与无人机技术进行线上评审

借助 VR、3S 与无人机技术，参建各方能够在不前往施工现场的情况下，实现质量云评审。3S 是指地理信息系统（geographic information system，GIS）、全球定位系统（global positioning system，GPS）与遥感（remote sensing，RS）技术。随着数字信息技术的飞速发展，施工现场的情况可以通过卫星拍摄图像反馈给参建各方。对于部分难以获取的质量信息，可以运用无人机携带拍摄设备进行现场情况的实时反馈。VR 技术则可以模拟现场情况，让质量检测人员更加直观地检测待评价的部位。将上述技术与线上交流结合，能够在不聚集参建各方、不前往施工现场的前提下，完成质量云评审，节约了时间和交通成本。

4）运用增强现实技术支持 BIM 平台

增强现实技术（augmented reallty，AR）是指透过摄影机影像的位置及角度精算并加上图像分析技术，让屏幕上的虚拟世界能够与现实世界场景进行结合与交互的技术。在工程质量控制方面，结合 BIM 与 AR 技术能够实现以下几点功能：

(1) 在质量信息上报后，于 BIM 平台汇总，并运用可视化技术在 3D 模型上用不同颜色代表不同质量水平的部分；在 AR 技术的协助下，将这种信息投射在施工现场，方便现场工作人员直观获取各部分的质量信息。

(2) 在显示单元工程整体质量情况的同时，运用 AR 技术也能够迅速定位出现质量问

题的具体部位，例如裂缝、形状不规则处等。

（3）在积累足够的质量问题数据后，通过大数据分析，能够预测工程不同部分的施工质量风险等级。风险等级的分布情况，不仅能够在 BIM 的 3D 模型上显现，也能够通过 AR 技术在施工现场关联相关设备，以警示现场施工和监理人员，降低质量风险。

5）基于大数据分析的知识管理

对施工现场出现的质量问题进行分类总结，并构建相应的知识数据库，方便及时复盘，能够有效避免同类质量问题的反复出现，从而达到减少质量成本的效果。该数据库不仅应含有出现质量问题的单元工程在 BIM 中的相关参数（工期、位置坐标、材质、成本等），同时也应记录各相关参建方和设备的信息。建立该数据库的目的如下：

（1）统计各类问题出现的频次，有针对性地进行预防；

（2）积累有关质量的大数据，为以后进行大数据分析、深度学习、辅助决策等操作提供数据基础。

6）基于文本分析、社会网络分析优化组织架构

在建设 BIM 以及信息平台的基础上，参建各方会依托该平台进行信息交流，通过平台的信息存储功能储备大量的文本数据。通过文本分析的方法，结合社会网络分析的思维模式，能够定期评估参建各方间的伙伴关系、组织架构变动以及社会关系转变情况。依据该类信息，能够及时发现组织内以及组织间的矛盾冲突和潜在的组织关系风险，加深参建各方间的信息沟通，以推动设计施工一体化，减少因交流不充分而导致的质量问题。

7）质量管理的事前控制

该阶段的目标是预测质量风险、组织冲突以及社会网络变动趋势，以实现事前管理，主要有两个方面：一是质量管理方面，主要是通过积累的工程数据，以及参建各方的工程实践记录，推算出容易出现质量问题的构件或工序；二是组织管理方面，以社会网络分析为主，对可能出现的组织冲突以及人员变动，提前制定相关的处理办法。

8）质量管理的科学决策

该阶段的目的是利用深度学习、神经网络等人工智能技术手段，构建分析决策系统，用以评估工程质量、参建各方协作情况，并制定解决方案。分析决策系统构建之初应该结合人工进行决策，随着计算机技术的发展以及样本量的增加，逐渐提升对决策系统的信赖程度。

8.5.3 基于 BIM 的质量管理关键技术

（1）三维建模技术：辅助设计方完成高质量的二维与三维图纸，是 BIM 平台各功能的基础。

（2）数据库技术：实现多平台同步修改数据、协同工作，是耦合各类工程信息的基础，同时也是存储结构化的质量信息、组织间交流信息的基础。

（3）3S 技术：包括地理信息系统、全球定位系统以及遥感技术，是远程监控工程质量，实现线上云评审的基础。

（4）文本分析：是依据交流平台分析组织间伙伴关系、社会网络变动，以及预测对应分析内容中特征变动的基础。

(5) 社会网络分析：运用评估与预测社会网络变动的方式，发现组织间存在的社交问题，进行解决与预防。

(6) AR技术：是将已建或待建的工程、统计数据、分析结果从信息平台投射到施工现场的技术基础。

(7) 人工智能：运用计算的大数据分析功能，预测风险、辅助决策，包括机器学习、神经网络等技术。

8.6　数字经济下水利工程质量管理激励机制与指标体系

8.6.1　质量管理激励机制

(1) 在合同中设置施工质量管理奖励条款，根据工程质量优良率和所获得的奖项等指标对参建方予以奖励。

(2) 设置施工作业人员激励条款，对遵守质量操作规程、积极反映质量问题的施工作业人员予以奖励。

(3) 设置质量管理教育培训激励条款，鼓励参建各方以数字建管平台为依托，以文件、图片、视频为内容分享经验，提高施工作业人员的操作技能。

(4) 设置技术创新激励条款，鼓励工法和新材料应用创新。

8.6.2　质量管理考核指标

质量管理考核指标包括质量管理制度、质量标准、质量管理人员要求、质量文件管理、质量控制、质量问题处理以及质量信息化管理，具体内容如表8-8所示。

表8-8　水利工程施工质量管理考核指标

内　容	指　标
质量管理制度	建立健全的质量管理机构
	质量管理流程清晰
	质量管理职责明确
	质量管理体系完善
	项目质量管理计划明确、有针对性
质量标准	项目的功能要求明确
	项目设计标准明确
	项目设备标准明确
	项目材料标准明确
	项目施工标准明确
	项目试运行验收标准明确
质量管理人员要求	项目经理在岗履职
	人员变更
	组织职工技术培训，保证其管理和技术人员的相应资质

续表

内　容	指　标
质量文件管理	施工组织设计、施工方案及时审批
	编制施工作业指导书
	编制危险性较大工程专项施工方案
	开工申请资料齐全
	编制质量检测计划及清单
	对检测资料未建立台账或台账记录不详实
	变更审批文件、流程齐全
	及时准确完整地提交施工质量的检查数据
	检验评定资料规范且齐全
	质量审查文件及时归档整理
质量控制	进行施工图会检并形成检查记录
	开展技术交底工作
	地质复勘
	料场复勘
	料场分区规划
	按合同采购的工程材料及设备进行试验检测和验收
	施工单位自检
	落实单元工程(工序)质量“三检制”
	重要隐蔽(关键部位)单元工程质量检测
	重要隐蔽(关键部位)单元工程验收
	遵守施工工序审批
质量问题处理	对质量问题及时进行原因分析
	出现质量问题时能够高效解决
	能够实现质量管理的持续改进
质量信息化管理	质量信息实时更新
	建立电子档案支持质量验评
	质量问题大数据分析
	质量风险预警
	质量知识管理
	定期反馈质量信息化管理问题,质量信息化管理持续优化

8.6.3 质量管理阶段性工作与指标体系

数字经济下的质量管理应强调“全员参与,流程规范,事前控制,科学决策”。

(1) 全员参与指从决策层到执行层,从技术人员到管理人员、后勤服务人员,都要参与质量管理,增强质量意识。

(2) 流程规范指通过知识管理,能够将成熟的技术进行归纳,形成技术规范与实施方法,并通过 BIM 的流程管理模块,直观地传达给参建各方。

(3) 事前控制指通过预测质量风险、组织冲突以及社会网络变动趋势,实现事前管理。

(4) 科学决策指利用深度学习、神经网络等人工智能技术手段，构建分析决策系统，用以评估工程质量、参建各方协作情况，并制定科学的解决方案。

质量管理阶段性工作与指标体系如表 8-9 所示，第一阶段应基于 BIM 实施质量管理规范化标准化，第二阶段实现质量管理的全员参与，第三阶段应搭建 BIM 质量管理平台，第四阶段达到质量管理信息化。

表 8-9 数字经济下质量管理阶段性工作与指标体系

阶段划分	一级指标	二级指标
第一阶段： 质量管理规范化标准化	质量管理制度	质量管理机构的设立
		质量管理职责分配
		质量管理体系
		质量管理流程
		项目质量管理计划
	质量标准	项目的功能要求
		项目设计标准
		项目施工标准
		项目材料标准
		项目设备标准
		项目试运行验收标准
第二阶段： 质量管理全员参与	参建各方质量管理	参建各方参与工程质量管理的积极性
		设计单位质量控制
		施工单位质量控制
		监理单位对质量的监控
		业主对质量的监控
		参建各方间质量管理接口
		参建各方间质量管理协同
第三阶段： 搭建 BIM 质量管理平台	BIM 质量管理平台设计	构建有完善的 BIM 质量管理模块
		质量 BIM 的流程设计
		质量管理信息的耦合
		不同质量管理软件间的接口搭建
		质量管理交流平台
		质量信息数据库
		参建各方信息交流数据库
第四阶段： 质量管理信息化	信息化质量管理功能	质量知识管理
		质量信息(文档、图纸、图片和视频等)数据化
		质量信息沟通与共享信息化
		质量监控可视化
		质量验评环节可视化、信息化
		充分利用信息技术持续优化质量管理方案
		利用信息技术预测质量风险
		利用信息技术对质量问题进行科学决策

8.7 数字经济下水利工程质量管理成效

8.7.1 数字经济下水利工程质量管理表现

数字经济下宁夏水利工程建设质量管理表现如表 8-10 所示。其中,得分 1 为“完全不符”,得分 5 为“完全符合”。

表 8-10 数字经济下宁夏水利工程建设质量管理表现

指　　标	总体		业主		设计		施工		监理	
	得分	排序	得分	排序	得分	排序	得分	排序	得分	排序
业主对质量的监控有效	4.24	1	4.04	1	4.18	3	4.32	2	4.32	1
参建各方积极参与工程质量管理	4.21	2	3.81	2	4.23	2	4.37	1	4.16	3
设计单位质量控制有效	4.12	3	3.48	3	4.33	1	4.29	4	4.00	5
监理单位对质量的监控有效	4.12	3	3.37	7	4.15	5	4.29	4	4.32	1
施工单位质量控制有效	4.09	5	3.48	3	4.18	3	4.32	2	3.97	6
参建各方间质量管理协同效率高	4.06	6	3.44	6	4.13	7	4.26	6	4.03	4
质量信息实现了实时更新	3.94	7	3.26	10	4.10	8	4.14	10	3.87	7
质量管理建有完善的激励机制	3.93	8	3.26	10	4.08	9	4.19	8	3.71	9
质量管理激励机制作用显著	3.92	9	3.15	13	4.08	9	4.25	7	3.65	12
充分利用信息技术持续优化质量管理	3.92	9	3.33	8	4.15	5	4.15	9	3.58	13
质量信息(文档、图纸、图片和视频等)实现了数据化	3.88	11	3.30	9	4.05	12	4.10	11	3.68	10
质量信息实现了标准化,以使信息高效流通	3.86	12	3.22	12	4.08	9	4.04	12	3.74	8
构建有完善的信息平台质量管理模块	3.85	13	3.48	3	3.95	13	4.00	13	3.67	11
均值	**4.01**		**3.43**		**4.13**		**4.21**		**3.90**	

由表 8-10 可知,数字经济下宁夏水利工程建设质量管理的总体得分均值为 4.01 分,表明质量管理模式的创新取得了成效。设计方、施工方与监理方的总体评分均值都较高,表明质量考核指标总体上合理,能有效监控工程质量,激励机制有助于调动参建各方的积极性,且数字建管技术的应用有效提升了质量管理效率。业主的总体评分较低,表明业主认为激励措施可进一步优化,以促进各方积极参与质量协同管理,并应重视质量信息数据化、标准化,完善质量管理模块功能,以充分发挥数字建管技术优势,提升质量管理水平。

数字经济下水利工程质量管理成效可总结如下。

1. 提高了对工程质量的监控能力

如图 8-2 所示,数字经济下业主与监理方对工程质量的监控能力得到明显提升。与

表 8-5 相比,“业主对质量的监控有效”的总体得分从 4.19 分提升到 4.24 分,“监理对质量的监控有效”的总体得分从 4.03 分提升到 4.12 分,表明通过绩效评价体系建设和质量信息化管理等措施,有效提升了业主和监理方对质量的监控能力。

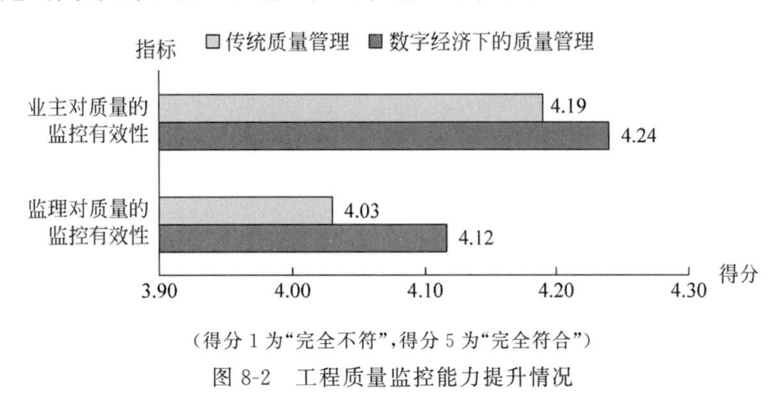

(得分 1 为“完全不符”,得分 5 为“完全符合”)

图 8-2 工程质量监控能力提升情况

2. 提升了参建各方质量协同管理效率

如图 8-3 所示,数字经济下参建各方质量协同管理效率明显提升。与表 8-5 相比,“参建各方积极参与工程质量管理”的总体得分从 4.15 分提升到 4.21 分,“参建各方间质量管理协同效率高”的总体得分从 4.03 分提升到 4.06 分,表明通过激励机制等措施,促进了各方参与质量管理的积极性,提高了参建各方质量协同管理效率。

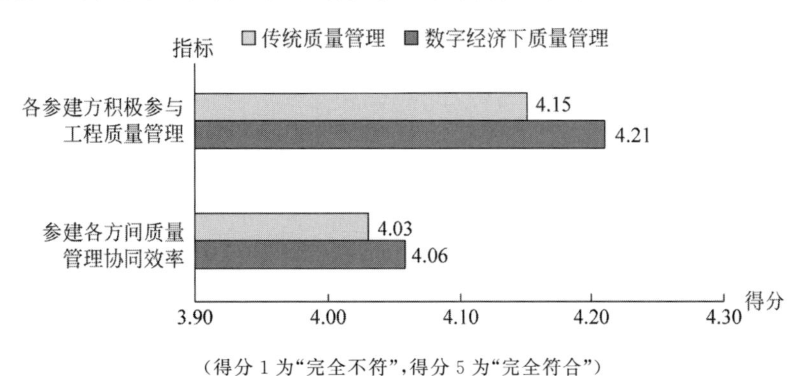

(得分 1 为“完全不符”,得分 5 为“完全符合”)

图 8-3 参建各方质量协同管理效率提升情况

3. 提升了质量信息化管理水平

如图 8-4 所示,数字建管技术在质量管理中的应用水平得到明显提升。与表 8-6 相比,“充分利用信息技术持续优化质量管理方案”的总体得分从 3.69 分提升到 3.92 分,表明随着参建各方对信息技术的使用,质量信息化管理方法不断优化,质量管理效率得到持续提升。“质量信息(文档、图纸、图片和视频等)实现了数据化”的总体得分从 3.77 分提升到 3.88 分,表明质量信息数据化水平提高,促进了参建各方间的质量信息流通。“构建有完善的信息平台质量管理模块”的总体得分从 3.78 分提升到 3.85 分,表明信息平台中的质量管理模块功能逐步完善,能够辅助参建各方执行质量管理职责,推动协同管理的发展。

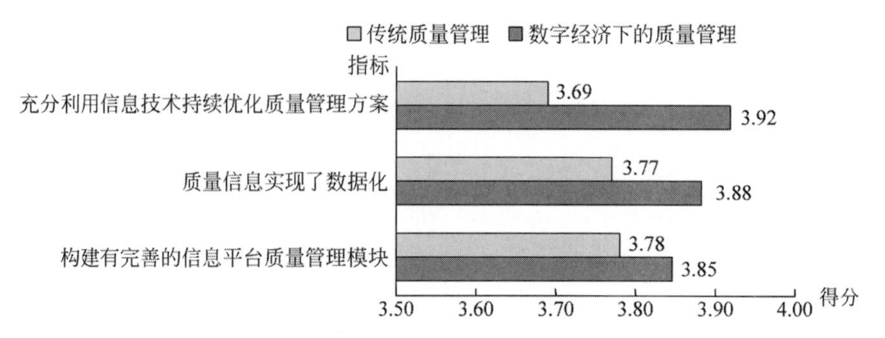

（得分 1 为“完全不符”，得分 5 为“完全符合”）

图 8-4 质量信息化管理水平提升情况

8.7.2 数字经济下质量管理模式创新

1. 建立了明确的质量管理制度和工作流程

通过梳理质量管理各个环节的责任方，建设单位编制了一系列制度文件，明确了参与质量管理的机构名单与各机构的职责。在建设单位内部，统一了各个部门的质量管理目标，合理划分了质量管理责权，提升了各部门的工作效率。数字建管平台中，建立了职责划分模块，明确了质量安全科的整体工作流程与职责；建立了质量管理模块，汇总了参建各方的质量管理体系文件，保障质量管理顺利进行。

2. 建立了参建各方质量管理合作机制

质量管理过程复杂，信息化难度大，通过贯彻伙伴关系管理理论，宁夏水利工程项目参建各方建立了相对较好的合作伙伴关系，统一了质量管理目标，逐步实现了规范化的质量管理。依托数字建管平台，参建各方间进行了信息共享，加强了沟通，实现了质量管理的持续优化，管理效率显著提升。

3. 建立了参建各方质量管理激励机制

通过编制《宁夏水利工程建设中心质量缺陷处理管理办法》《宁夏水利工程建设中心质量事故与责任追究办法》等文件，建设单位进一步明确了质量缺陷、质量事故、质量安全生产违规行为的管理办法，设置了激励标准，推动了建设单位内部以及参建各方的质量管理能力提升。

8.7.3 数字建管平台质量管理成效

1. 设计了质量管理模块，促进了质量管理的持续优化

数字建管平台的质量管理模块功能齐全（图 8-5），包括质量体系文件、质量缺陷备案、质量事故处理、保证资料、工程项目划分、质量检查、质量检验评定和质量问题。其功能可以分为文件管理、项目划分、质量检查和质量整改，结构完整，为质量信息共享、质量管理流程无纸化以及质量持续优化提供了基础。

2. 存储了质量管理全过程资料，为大数据分析提供了基础

避免质量问题的反复出现是提升质量管理效率的关键。当前数字建管平台的质量管理

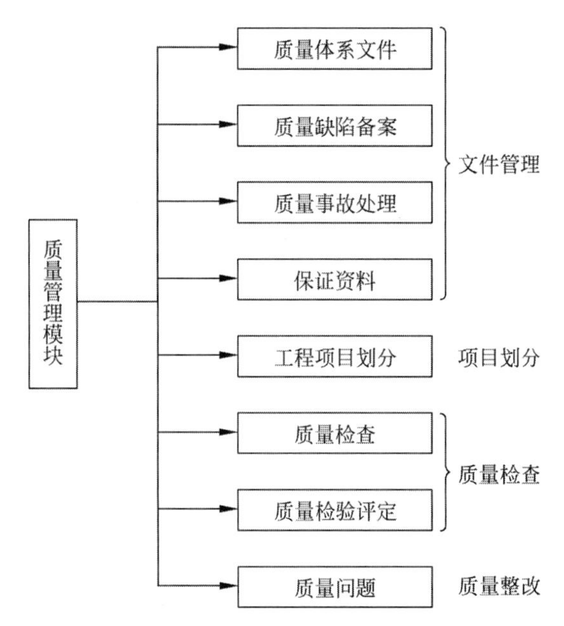

图 8-5 数字建管平台质量管理模块应用功能

模块具备资料存储与备份功能，开发了“质量体系文件”应用，对各参建单位的质量体系文件进行分类管理，能够储备质量管理数据，为未来的大数据分析提供数据基础。目前数字建管平台已经记录质量评定信息 3303 条、质量检测报告 1236 条、质量安全问题 129 条。

3. 开发了数字建管平台移动端应用，提高了质量验评效率

配合数字建管平台的质量管理模块，建设单位开发了移动端数字建管平台，集考勤打卡、项目总览、质量检查、安全检查等功能于一体。通过移动端，监理方、施工方能够随时随地收集施工现场的质量信息，参考质量评定标准，减少了质量信息层层上报所耗费的时间成本，也提高了参建各方上传质量信息的规范性。

4. 集成了质量管理可视化应用，实现了质量管理信息的全面共享

数字建管平台包含质量管理可视化应用集成界面，包括安全问题整改、危险源统计、质量评定统计、项目验收统计、各项目第三方统计、各项目安全经费统计和重点项目监控等应用。通过界面能够进入当前平台包含的各工程的详情界面，查询质量管理相关的各类信息，实现了参建各方间全面共享质量管理信息。

5. 规范了质量管理流程，提升了文件审批效率

数字建管平台质量管理模块开发了“质量检验评定”应用，辅助施工方进行质量评定，实现了评定文件与流程的规范化。其中，结构化的操作页面能够引导用户按照步骤进行质量评定；表单选取功能可以规范施工方的质量评定结果文件，方便后续的文件整理与知识管理。

第9章 >>>>>>>>>>>>>>

数字经济下水利工程建设进度管理

9.1 进度管理理论

工程项目进度管理通常指在满足合同要求的条件下，通过对工程项目进行组织、计划、协调、控制等多种方式进行进度计划与控制的各项活动，其目的在于实现项目的工期目标，在不影响工程质量安全的前提下缩短工期，以尽早实现工程效益。

9.1.1 工程项目进度的影响因素

工程项目进度的影响因素主要包括业主、承包商、监理、物资与设备采购和工作流程5个方面[54]。

(1) 业主。在工程项目实施过程中，业主对项目的进度管理具有决定性作用。为达到工程的质量、安全和环保要求，业主会为项目提供必要的支持。

(2) 承包商。承包商的设计水平、物资设备采购、施工方式等技术因素都与项目进度关系密切。同时，承包商的综合管理能力也是影响项目进度的关键因素。

(3) 监理。在工程项目实施过程中，监理代表业主对项目进行管理和工作审批，监理的审批权限、流程和资源投入都会对项目进度造成影响。

(4) 物资、设备采购。物资设备质量问题会导致重新检测、各方花大量时间进行协商甚至重新采购；物资供应不及时会造成施工暂停，严重影响工程进度。

(5) 工作流程。项目实施设计、采购和施工各项工作流程是否合理、参建各方工作流程衔接是否高效都与项目进度有密切的关系。

9.1.2 工程项目进度管理的内容

工程项目进度管理主要包括活动定义与排序、资源与时间估算、进度计划编制与进度管控等方面[52]。

(1) 活动定义与排序：基于工作分解结构(WBS)，确定工程建设过程中实施的各项活动内容，并明确活动间的依赖和制约关系。

(2) 资源与时间估算：根据活动具体内容，计算完成活动所需的材料、设备、人力资源与时间成本，并结合活动间的逻辑关系，确定各项活动的起始时间。

(3) 进度计划编制：需要在活动定义与排序、资源与时间估算的基础上，综合考虑资源与时间调配，系统安排整个项目的进度计划。

(4) 进度管控：旨在工程建设的过程中，及时发现进度偏差，分析原因，预计可能影响，合理调整活动顺序、时间或资源，实现进度纠偏，并总结经验。

9.2 水利工程进度管理情况

9.2.1 进度管理制度

宁夏水利工程建设进度管理制度现状如表9-1所示。其中，得分1为“完全不符”，得分5为“完全符合”。

表9-1 水利工程建设进度管理制度情况

指标	总体		业主		设计		施工		监理	
	得分	排序	得分	排序	得分	排序	得分	排序	得分	排序
项目进度管理计划明确	4.15	1	3.95	1	4.36	1	4.19	1	4.14	1
项目进度管理目标明确	4.13	2	3.95	1	4.36	1	4.19	1	4.05	4
进度管理体系完善	4.06	3	3.90	3	4.36	1	4.04	4	4.05	4
进度管理流程清晰	4.06	3	3.71	5	4.36	1	4.13	3	4.10	3
进度管理职责明确	4.04	5	3.81	4	4.36	1	4.00	5	4.14	1
均值	**4.09**		**3.86**		**4.36**		**4.11**		**4.10**	

由表9-1可知，水利工程建设进度管理制度参建各方的平均得分均不低于3.80分，总体得分均值为4.09分，表明业主、监理方、设计方、施工方的进度管理制度均制定合理。从总体评分上看，“项目进度管理计划明确”“项目进度管理目标明确”得分最高，分别为4.15分与4.13分，表明水利工程建设进度目标清晰，并制定了明确的进度计划；“进度管理职责明确”得分最低，为4.04分，表明各方进度管理职责还需进一步明晰。工程进度问题牵涉参建各方，不仅应明确施工方与监理方的责任，还应注意业主与设计方的管理职责，避免业主指令和设计变更等因素对进度造成不利影响。

9.2.2 进度计划

宁夏水利工程建设进度计划制定现状如表9-2所示。其中，得分1为“完全不符”，得分5为“完全符合”。

表9-2 水利工程建设进度计划制定情况

指标	总体		业主		设计		施工		监理	
	得分	排序	得分	排序	得分	排序	得分	排序	得分	排序
项目总进度目标明确且合理	4.05	1	3.90	3	4.29	1	4.05	1	3.95	1

续表

指　　标	总体		业主		设计		施工		监理	
	得分	排序	得分	排序	得分	排序	得分	排序	得分	排序
项目分阶段进度目标明确且合理	3.98	2	4.00	1	4.29	1	3.88	6	3.90	3
项目总进度计划明确且合理	3.98	2	4.00	1	4.29	1	3.85	7	3.95	1
所安排各项工序的逻辑关系合理	3.93	4	3.86	4	4.21	6	3.90	4	3.76	4
项目分阶段进度计划明确且合理	3.92	5	3.81	5	4.29	1	3.90	4	3.71	6
对各项工作工期的估算准确	3.92	5	3.67	7	4.29	1	3.94	2	3.76	4
对各时段资源需求量的估算准确	3.88	7	3.71	6	4.21	6	3.92	3	3.62	7
均值	**3.95**		**3.85**		**4.27**		**3.92**		**3.81**	

由表 9-2 可知，水利工程建设进度计划制定参建各方的平均得分均不低于 3.80 分，总体平均分为 3.95 分，表明业主、监理方、设计方、施工方的进度计划制定均较为合理。从总体评分上看，"项目总进度目标明确且合理"得分最高，为 4.05 分，表明施工单位能够较为准确地把握工程总工期；"对各时段资源需求量的估算准确"得分最低，为 3.88 分。传统的进度计划通常按总工期根据经验制定，工作分解不精确，资源分配不够合理，为此，应当借助 BIM 信息系统，准确估算资源需求量并进行资源的优化配置，以制定精确合理的进度计划与阶段目标。

9.2.3 进度控制

宁夏水利工程建设进度控制现状如表 9-3 所示。其中，得分 1 为"完全不符"，得分 5 为"完全符合"。

表 9-3 水利工程建设进度控制情况

指　　标	总体		业主		设计		施工		监理	
	得分	排序	得分	排序	得分	排序	得分	排序	得分	排序
能够实现进度管理持续改进	3.94	1	3.62	2	4.14	1	4.08	1	3.67	3
对进度问题及时分析原因	3.89	2	3.52	4	4.14	1	3.89	4	3.90	1
施工进度控制严格	3.87	3	3.67	1	4.14	1	3.90	3	3.67	3
出现进度偏差时能高效解决	3.86	4	3.52	4	4.14	1	3.96	2	3.62	5
及时收集与分析进度信息	3.77	5	3.62	2	4.14	1	3.67	5	3.71	2
均值	**3.87**		**3.59**		**4.14**		**3.90**		**3.71**	

由表 9-3 可知，水利工程建设进度控制的总体得分均值为 3.87 分，业主、施工方和监理方的平均得分分别为 3.59 分、3.90 分和 3.71 分，表明业主、施工方和监理方对水利工程的进度控制有一定提升空间。应对施工进度进行严格控制，及时纠正进度偏差，对进度问题及时进行原因分析，以实现进度管理的持续改进。从总体评分上看，"及时收集与分析进度信息"的得分最低，为 3.77 分，表明信息平台进度管理模块需进一步完善，支持进度信息的高效收集与分析，以高效控制施工进度。

9.2.4 参建各方的进度管理

宁夏水利工程建设参建各方进度管理情况如表 9-4 所示。其中,得分 1 为“完全不符”,得分 5 为“完全符合”。

表 9-4 水利工程建设参建各方进度管理情况

指标	总体		业主		设计		施工		监理	
	得分	排序	得分	排序	得分	排序	得分	排序	得分	排序
业主对进度的监控有效	4.05	1	3.71	1	4.29	1	4.08	2	4.00	2
施工单位进度控制有效	4.04	2	3.62	4	4.29	1	4.15	1	3.90	4
参建各方积极参与工程进度管理	4.02	3	3.71	1	4.29	1	4.00	3	4.05	1
监理单位对进度的监控有效	3.96	4	3.62	4	4.29	1	3.96	4	3.95	3
参建各方间进度管理接口明确	3.88	5	3.71	1	4.29	1	3.75	5	3.90	4
设计单位进度控制有效	3.85	6	3.57	6	4.29	1	3.75	5	3.86	6
参建各方间进度管理协同效率高	3.80	7	3.57	6	4.29	1	3.71	7	3.71	7
均值	**3.94**		**3.64**		**4.29**		**3.91**		**3.91**	

由表 9-4 可知,水利工程建设参建各方进度管理的平均得分均不低于 3.60 分,总体平均分为 3.94 分,表明业主、监理方、设计方、施工方在总体上都对水利工程进行了有效的进度管理。从总体评分上看,“业主对进度的监控有效”得分最高,为 4.05 分,表明业主对进度进行了严格监控,有效保障了进度计划的实施;“施工单位进度控制有效”得分排名第 2,表明施工单位基本能够按时完成进度计划。“设计单位进度控制有效”在参建各方的进度控制总体评分中较低,为 3.85 分,表明需要进一步加强设计进度管理,应明确设计出图计划和相应资源的配置,确保设计进度满足施工和设备采购要求。

“参建各方间进度管理协同效率高”在各项指标中的总体得分最低,为 3.80 分,表明在进度管理中,参建各方间缺少沟通与合作意识。为此,应建立参建各方伙伴关系,加强相互间沟通与交流,促进各方协同工作效率,从而提高进度管理水平。

9.2.5 进度信息化管理

宁夏水利工程建设进度信息化管理现状如表 9-5 所示。其中,得分 1 为“完全不符”,得分 5 为“完全符合”。

表 9-5 水利工程建设进度信息化管理情况

指标	总体		业主		设计		施工		监理	
	得分	排序	得分	排序	得分	排序	得分	排序	得分	排序
进度信息动态化、可视化	3.71	1	3.24	4	3.93	1	3.79	1	3.71	2
分部分项工程施工进度管理信息化	3.70	2	3.29	3	3.93	1	3.75	2	3.71	2

续表

指　　标	总体		业主		设计		施工		监理	
	得分	排序	得分	排序	得分	排序	得分	排序	得分	排序
充分利用信息技术持续优化进度管理方案	3.67	3	3.33	2	3.93	1	3.66	3	3.76	1
构建有完善的信息平台进度管理模块	3.62	4	3.43	1	3.86	4	3.63	4	3.52	4
均值	**3.68**		**3.32**		**3.91**		**3.71**		**3.68**	

由表 9-5 可知，水利工程建设进度信息化管理的总体得分均值为 3.68 分，业主、施工方和监理方的平均得分分别为 3.32 分、3.71 分和 3.68 分，表明业主、施工方、监理方的信息化管理水平有待提升。从总体评分上看，“构建有完善的信息平台进度管理模块”得分最低，为 3.62 分，归因于现阶段的进度管理模块仅具备进度监督审查功能。为此，应充分利用信息技术优化进度管理方案，进一步开发进度纠偏、优化进度计划、优化资源分配等功能，构建完善的进度管理模块，推动进度信息动态化、可视化发展。

9.3　水利工程建设进度管理影响因素

宁夏水利工程建设进度管理影响因素的评价结果如表 9-6 所示。其中，得分 1 为“影响很小”，得分 5 为“影响很大”。

表 9-6　进度管理影响因素评分表

指　　标	总体		业主		设计		施工		监理	
	得分	排序	得分	排序	得分	排序	得分	排序	得分	排序
施工单位的施工方案与工艺问题	4.29	1	4.14	2	4.57	2	4.26	2	4.29	3
施工单位进度管理不力	4.28	2	3.86	15	4.64	1	4.32	1	4.38	2
施工人员的素质和数量不足	4.23	3	4.10	4	4.57	2	4.23	3	4.10	8
设计单位出图滞后	4.21	4	4.10	4	4.50	7	4.15	6	4.29	3
设计深度不足、缺陷和失误	4.21	4	4.05	6	4.57	2	4.06	11	4.40	1
施工设备的质量和数量不足	4.19	6	4.19	1	4.50	7	4.13	7	4.10	8
设计方案可施工性不佳	4.18	7	4.00	7	4.57	2	4.11	9	4.19	6
材料、设备采购滞后	4.15	8	3.81	17	4.50	7	4.13	7	4.29	3
安全问题	4.10	9	3.90	11	4.50	7	4.06	11	4.05	11
进度计划不合理	4.09	10	3.81	17	4.57	2	4.07	10	4.05	11
资源配置不合理	4.09	10	3.90	11	4.50	7	4.02	17	4.10	8
质量问题	4.09	10	3.95	9	4.50	7	4.02	17	4.05	11
施工条件不利	4.08	13	4.14	2	4.43	18	3.89	23	4.14	7
合同变更	4.07	14	3.90	11	4.43	18	4.04	14	4.00	15

续表

指　标	总体		业主		设计		施工		监理	
	得分	排序	得分	排序	得分	排序	得分	排序	得分	排序
项目各专业间作业协调不力	4.06	15	3.81	17	4.50	7	4.04	14	4.05	11
业主单位对进度的监控不力	4.06	15	3.81	17	4.50	7	4.19	5	3.71	22
进度-成本-质量间相互制约	4.06	15	3.81	17	4.43	18	4.21	4	3.71	22
参建各方间的沟通协调不畅	4.06	15	4.00	7	4.43	18	4.06	11	3.81	20
工程建设社会影响问题	4.05	19	3.76	24	4.43	18	4.04	14	4.00	15
不利的地质条件	4.01	20	3.90	11	4.50	7	3.94	20	3.90	17
项目进度信息的反馈不充分	3.98	21	3.86	15	4.43	18	3.94	20	3.86	18
信息技术应用水平低	3.98	21	3.95	9	4.43	18	3.98	19	3.67	24
环保问题	3.97	23	3.81	17	4.50	7	3.94	20	3.76	21
监理单位对进度的监控不力	3.94	24	3.81	17	4.50	7	3.85	24	3.86	18
均值	**4.10**		**3.93**		**4.50**		**4.07**		**4.03**	

由表 9-6 可知，各项指标的总体得分均值为 4.10 分，参建各方平均得分均不低于 3.90 分，表明上述影响因素在参建各方进度管理过程中都受到了重视。其中，业主的平均得分为 3.93 分，对施工设备的质量和数量的重视程度最高；设计方、施工方的平均得分分别为 4.50 分、4.07 分，均对施工单位进度管理重视程度最高，表明施工单位对进度管理影响明显。

从总体评分上看，“施工单位的施工方案与工艺问题”“施工单位进度管理不力”“施工人员的素质和数量不足”得分排名前 3 位，分别为 4.29 分、4.28 分和 4.23 分，表明施工单位对进度管理的影响最大。所以，施工单位应合理制定进度计划，还应通过加强对施工人员培训的工作，提升施工技术能力，从而确保进度计划的有效执行。

“设计深度不足、缺陷和失误”“设计单位出图滞后”和“设计方案可施工性不佳”的总体得分分别为 4.21 分、4.21 分与 4.19 分，表明设计工作成果对施工进度影响较大。应加强设计管理，确保地质勘探等重要设计环节的深度，及时出图，并充分考虑现场条件及施工需求，使设计方案可施工性良好。

“材料、设备采购滞后”的总体得分为 4.15 分，表明材料设备的供应对进度管理的影响不容忽视。应注意选择产品质量过硬和有信誉的供应商，制定合理的供货计划，确保材料库存不影响现场施工，并保证设备的制造、运输、安装和调试符合进度要求。

“参建各方间的沟通协调不畅”“项目各专业间作业协调不力”和“项目进度信息的反馈不充分”的总体得分分别为 4.06 分、4.06 分与 3.98 分，这些因素对进度管理的影响也不容忽视。进度管理应当基于合作共赢理念，鼓励全员参与，重视参建各方之间以及不同专业之间的沟通协调，以提高项目实施效率。

9.4 数字经济下水利工程进度管理措施

9.4.1 基于BIM的进度管理发展现况

BIM技术在进度管理中的应用主要通过4D虚拟施工来实现，具体步骤如下：首次，通过三维建模软件对工程项目建立模型；其次，根据项目的工期与资源限制，编制进度计划，并持续优化方法；最后，构建模型构件与工期进度间的联系，形成4D模型[55]。

基于BIM技术的进度管理通过对施工过程进行反复模拟，让发生在施工阶段的问题在模拟环境中提前发生，并提前制定应对措施，使进度计划和施工方案最优，从而保证项目施工的顺利完成。与传统方法相比，BIM技术在进度管理中的优越性主要来自以下方面：BIM包含了完整的建筑数据信息；BIM技术以立体模型为依托，具有很强的可视性和操作性；BIM技术更方便建设项目各专业之间协同作业。

9.4.2 基于MVC理念的系统设计

模型-视图-控制器(model-view-control，MVC)是一种软件系统设计模式，从20世纪80年代起逐渐兴起[56]。基于MVC理念设计的BIM系统可分为模型层、视图层和控制层3个模块。其中，用户在模型层中构建三维建筑信息模型，并提供成本、材料与工期信息，通过连接数据库，为视图层与控制层提供基本数据。视图层从数据库中提取信息，通过集成建筑信息、施工信息与时间信息进行可视化，动态展示四维建筑模型、工程进度、资金流动与资源调配情况，并实现施工模拟、进度偏差预测与资源消耗估计等功能。控制层为进度计划调整提供线上平台，用户可以更改模型数据，并通过数据库的交互功能，在视图层与模型层上同步更新，及时将进度计划的调整信息传达给参建各方。

20世纪80年代，伴随着Smalltalk语言出现，MVC软件系统设计模式产生，并逐渐被广泛使用。基于MVC开发的应用程序将模型层、视图层和控制层3个模块分离，使得同一模型可以多视图显示。用户通过某视图的控制层更改模型数据，依赖于此模型的其他视图便会发生关联变更。只要数据发生变化，控制层就会将变化通知同模型所有视图，从而使得视图显示即时更新。结合系统功能需求，基于BIM的4D系统采用MVC模式设计，能够通过控制层迅速做出进度计划的调整，实现数据的联动修改。

目前宁夏水利工程建设进度管理的信息平台正在进行模型层与视图层的开发，尚未构建多软件交互的数据库，并且缺少控制层的模块设计与开发。基于MVC理念进行开发，能够填补当前信息系统的缺陷，让使用者具备通过信息平台调整进度的能力，减少参建各方在进度纠偏上的工作量。通过建立共用数据库还能够实现信息联动，有效避免了在不同软件上进行重复操作。同时，参建各方也能够通过视图层，更加迅速、便捷地观察到进度计划的更新情况，提升了信息交流的效率。针对宁夏水利工程，提出的MVC系统结构如图9-1所示。

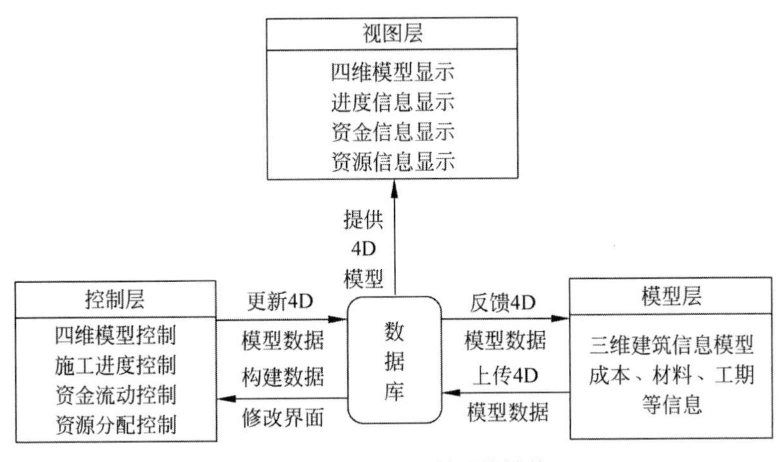

图 9-1　基于 MVC 的系统结构

9.4.3　BIM 平台下的进度管理方案

1. 应用框架体系

宁夏水利工程建设信息平台进度管理中较为常见的问题有：进度控制模块功能有限，依赖资料员人工整理并上传资料；系统未实现信息实时更新，导致线上线下信息不同步；进度信息不精准，限制了进度偏差分析的准确度与资源调配的效率。基于 BIM 的进度管理方案应以信息平台为核心，以视图层-模型层-控制层为系统设计理念，推进应用程序的数字化与智能化，提升进度管理效率。BIM 平台进度管理的具体应用框架体系如图 9-2 所示。

2. BIM 进度管理流程

首先，进度管理人员需从总进度计划、二级进度计划、周进度计划和日常工作等层面开展工程进度计划的编制。其次，基于 BIM 信息平台，开展施工模拟，进行碰撞检测、工期分析与资源估算，从而优化上述进度计划。工程建设过程中，通过 4D 功能动态跟踪施工过程，及时发现施工中存在的进度问题，并高效地将信息同步给参建各方，通过远程会议、线上方案预演等方式确定解决方案，以实现工程进度的协同管理。最后，在进度问题得到解决后，也应做好经验积累与知识管理，避免后期重复犯错，节约时间与经济成本，实现进度管理的持续优化。BIM 进度管理体系应用总流程如图 9-3 所示。

3. BIM 进度功能设计

基于 BIM 的进度管理体系能够提供进度工期、资源分配、资金流动等方面的分析与调控功能。

1）进度工期管理

基于 BIM 的进度管理系统可根据模型层信息，自动确定关键线路与关键工作，并通过 4D 视图对工作进行仿真模拟，实现施工进度跟踪功能，以及时发现施工进度偏差。若出现进度问题，可通过控制层对进度计划进行修改，调整关键线路与关键工作，并将数据同步到视图层与

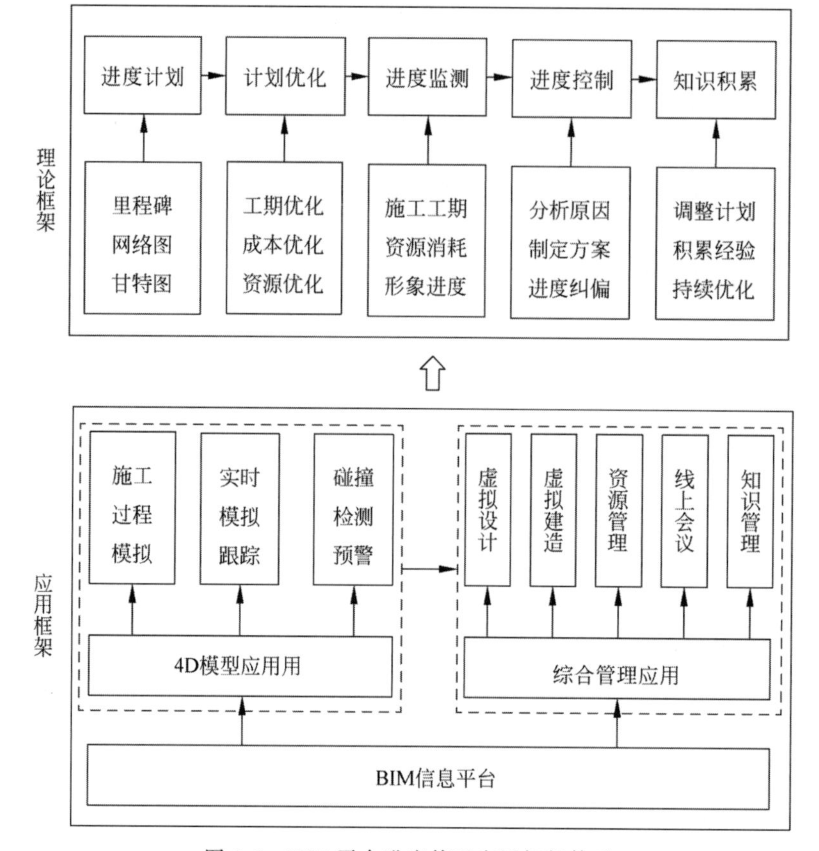

图 9-2 BIM 平台进度管理应用框架体系

模型层，实现联动修改。同时，还应借助信息平台，推动进度信息数字化、可视化，提升信息传递效率，加强参建各方之间的线上交流，以实现参建各方之间的进度协同管理。

2）资源分配管理

在施工开始前，可通过 BIM 平台开展施工模拟，确保各项施工活动所分配资源充足，项目总资源消耗合理，以提升资源利用率，减少因资源分配不足导致的工期延误。施工过程中，可运用资源剖析表或资源消耗曲线实时监控工程的资源使用情况。若出现资源分配问题，则可通过 BIM 平台的控制层优化资源分配方案，并基于数据库信息同步与联动修改功能，更新进度、资源、资金的可视化图表，将优化后的方案及时同步给参建各方，有效提升进度管理效率。

3）预算费用管理

在实施阶段进行预算费用分析，能够有效避免项目成本超出预算。基于 BIM 的进度管理系统，在完成各级进度计划后，每一项工作均应分配相应的预算费用，并对计划的预算费用分摊进行审核与分析。系统可利用费用剖析表、直方图、费用控制报表来监控支出，基于项目资金流动的长期跟踪数据，还可以对未来费用进行预测，提前预防相关风险。

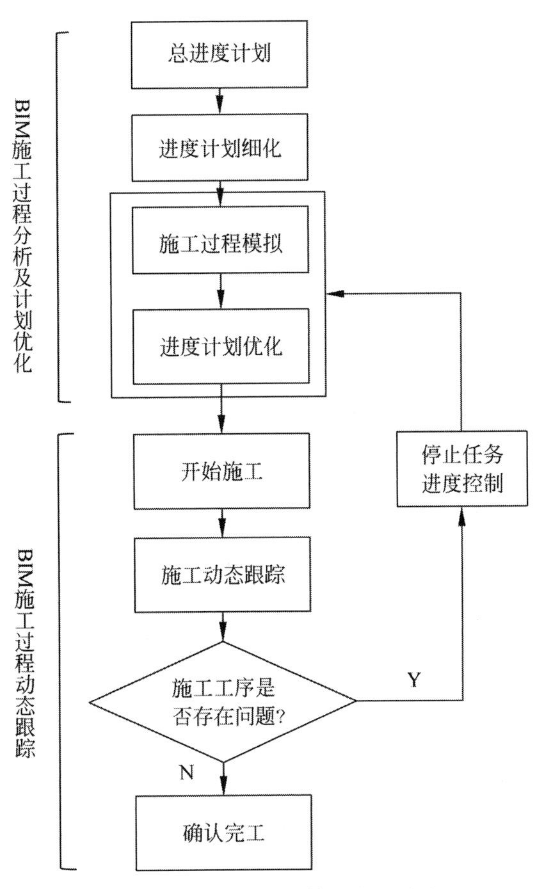

图 9-3 BIM 进度管理体系应用总流程

9.4.4 基于 BIM 的进度管理实施方案

1. 阶段一：搭建基于 MVC 理念的 BIM 进度管理系统

(1) 耦合多维信息：主要目标是构建 nD 模型，实现工期、成本等信息与建筑模型信息的耦合，为后续的分析与可视化提供基础。

(2) 搭建软件接口：主要目标是搭建进度管理软件与 BIM 平台的结构，实现进度管理软件与数字建筑模型的关联修改。该阶段应实现构建进度信息与数字模型几何参数等信息的关联，一方面，使工程进度信息能够同步显示在两个平台上；另一方面，使得进度计划在进度软件上进行修改时，能够直接同步至数字信息模型上，推动进度的可视化，提高工作效率。

(3) 搭建信息平台控制层：目的是基于 MVC 理念，将信息平台划分为视图层、模型层与控制层，让相关参建方能够通过信息对工程的进度安排、进度纠偏等进行线上管理。该功能需要在搭建软件接口，实现多软件数据关联共享的基础上实现，是当前进度管理系统优化的重要目标。

2. 阶段二：建立基于 BIM 的进度管理制度与标准

基于工程信息的数字化与可视化，BIM 的进度管理能够实现进度计划与进度管理流程的可视化，提升进度管理的准确性。因此，应当针对进度目标、工程量估计以及资源调配，制定更高的标准。相比于传统的进度计划制定方式，基于 BIM 的进度管理方式应包括施工模拟以及施工的动态跟踪环节，以降低实际施工过程中出现进度偏差的风险。

3. 阶段三：实现进度管理信息化

(1) 制定最优进度计划：通过 BIM 的施工过程模拟功能，能够制定更为详尽、准确性更高的进度方案。相比于横道图、网络图等方式，基于 BIM 的进度管理应考虑更加全面的进度影响因素，例如设备间的碰撞、材料的运输、资源的综合调配，最终实现进度计划的最优化。

(2) 实现进度"实时监控，快速纠偏"：基于 BIM 的信息整合与同步功能，参建各方能够及时获取工程的进度信息，实现对进度的实时监控。当进度出现偏差时，应组织参建各方及时展开讨论，分析原因，进行纠偏。多平台数据的同步修改功能能够提升进度安排、资源分配等相关计划的调整速度与准确度。

(3) 实现施工进度预测：目的是利用深度学习、神经网络等技术对施工进度进行预测。若预测出进度偏差，应当及时分析原因，并组织参建各方进行协商，调整进度计划与资源分配，尽可能避免进度偏差的出现。

4. 进度管理信息化实施难点与对策

BIM 技术是支撑进度管理信息化的关键，当前设计阶段对 BIM 的使用不充分，是导致进度管理信息化滞后的关键原因。此外，数字建管平台的结构与功能设计也存在不足，当前设计仅涵盖了 MVC 理念中的模型层与视图层，缺乏对控制层功能的开发。另外，对进度管理流程的梳理也是进度信息化面临的困难之一。为了实现施工进度的实施跟踪与高效调整，需要明确参建各方在进度管理流程中参与的环节，调研参建各方对数字建管平台功能的需求，以设计合理的控制层功能与架构。

技术层面上，设计方、施工方需要提升对 BIM 技术的应用，业主则需要联合平台设计人员优化平台架构与功能和设计；人才培养层面上，参建各方需要对相关人才进行数字建管平台的使用培训，设计方与施工方还需要加强对技术人员进行 BIM 技术的培训，并引进相关专业的人才；管理层面上，参建各方均需要根据信息化技术调整原有的工作内容与管理模式，充分运用信息化技术提升工作效率。

9.5 数字经济下水利工程进度管理指标体系

9.5.1 施工项目进度管理考核指标

施工项目进度管理考核指标包括进度管理制度、进度计划编制、进度控制以及进度信息化管理，具体内容如表 9-7 所示。

表 9-7 施工项目进度管理绩效考核指标

内 容	指 标
进度管理制度	项目进度管理计划明确
	项目进度管理目标明确
	进度管理体系完善
	进度管理流程清晰
	进度管理职责明确
进度计划编制	项目总进度计划明确且合理
	各项工序的逻辑关系合理
	分解总进度计划明确且合理
	各项工作工期的估算准确
	各时段资源需求量的估算准确
	制定原材料采购计划、甲供设备进场计划
	制定赶工预案
进度控制	及时收集与分析进度信息
	出现进度偏差时能够高效解决
	对进度问题及时进行原因分析
	能够实现进度管理的持续改进
进度信息化管理	BIM 数字模型的有效使用
	进度信息实时更新
	进度信息大数据分析
	进度风险预警
	定期反馈进度信息化管理问题
	充分利用信息技术持续优化进度管理方案

9.5.2 数字经济下进度管理指标体系与阶段性工作

数字经济下水利建设工程进度管理应强调“全面模拟，实时监控，快速纠偏”。

(1) 全面模拟：基于 BIM 耦合多维信息，更加全面地考虑影响进度的因素，例如设备间的碰撞、材料的运输、资源的综合调配，进行施工进度的全面模拟，实现进度计划的最优化。

(2) 实时监控：基于 BIM 的信息整合与同步功能，及时获取工程的进度信息，实现对进度的实时监控。

(3) 快速纠偏：当进度出现偏差时，应组织参建各方及时展开讨论，分析原因，进行纠偏。多平台数据的同步修改功能能够提升进度安排、资源分配等相关计划的调整速度与准确度。

进度管理指标体系与阶段性工作如表 9-8 所示，可分为两个阶段：第一阶段应建立规范化进度管理制度；第二阶段应搭建基于 MVC 理念的 BIM 进度管理平台，实现进度管理智能化。

表 9-8 数字经济下进度管理阶段性工作和指标体系

阶段划分	一级指标	二级指标
第一阶段： 进度管理制度规范化	进度管理制度	进度管理职责分配
		进度管理体系
		进度管理流程
		项目进度管理目标
		项目进度管理计划
	进度标准	项目总进度目标
		项目分阶段进度目标
		项目总进度计划
		项目分阶段进度计划
		对各项工作工期的估算
		所安排各项工序的逻辑关系
		对各时段资源需求量的估算
第二阶段： 进度管理平台智能化	BIM 进度管理平台设计	BIM 平台的进度管理模块设计
		分部分项工程施工进度信息化
		BIM 进度管理平台的多维信息耦合
		BIM 与进度管理软件的接口搭建
		BIM 进度管理模型层、视图层与管理层的综合设计
		进度信息动态化、可视化
	信息化进度管理功能	利用信息技术对进度管理方案进行优化
		利用信息技术实时监控进度
		利用信息技术及时解决进度偏差
		利用信息技术对施工进度进行预测

9.6 数字经济下水利工程进度管理成效

9.6.1 数字经济下水利工程进度管理表现

数字经济下宁夏水利工程建设进度管理表现如表 9-9 所示。其中，得分 1 为“完全不符”，得分 5 为“完全符合”。

表 9-9 数字经济下宁夏水利工程建设进度管理表现

指标	总体		业主		设计		施工		监理	
	得分	排序	得分	排序	得分	排序	得分	排序	得分	排序
业主对进度的监控有效	4.19	1	4.26	1	4.23	2	4.22	1	4.00	4
参建各方积极参与工程进度管理	4.09	2	3.96	2	4.15	6	4.13	5	4.06	1
监理单位对进度的监控有效	4.09	2	3.63	4	4.20	4	4.21	2	4.06	1
施工单位进度控制有效	4.07	4	3.67	3	4.23	2	4.17	4	4.00	4

续表

指　　标	总体		业主		设计		施工		监理	
	得分	排序	得分	排序	得分	排序	得分	排序	得分	排序
设计单位进度控制有效	4.05	5	3.56	5	4.30	1	4.10	6	4.03	3
参建各方间进度管理接口明确	4.03	6	3.48	6	4.18	5	4.18	3	3.97	7
参建各方间进度管理协同效率高	3.93	7	3.41	8	4.08	8	4.01	10	4.00	4
构建有完善的信息平台进度管理模块	3.88	8	3.48	6	4.08	8	4.00	11	3.68	10
分部分项工程施工进度管理信息化	3.84	9	3.33	9	4.00	11	4.03	8	3.65	12
进度信息实现了实时更新	3.83	10	3.15	11	4.10	7	4.00	11	3.68	10
充分利用信息技术持续优化进度管理	3.83	10	3.30	10	4.05	10	3.99	14	3.65	12
进度管理建有完善的激励机制	3.81	12	3.11	12	3.98	13	4.00	11	3.74	8
进度管理激励机制作用显著	3.80	13	2.96	14	4.00	11	4.03	8	3.74	8
进度信息实现了标准化，以使信息高效流通	3.78	14	3.07	13	3.97	14	4.04	7	3.55	14
均值	**3.94**		**3.46**		**4.11**		**4.08**		**3.84**	

由表 9-9 可知，数字经济下宁夏水利工程建设进度管理的总体得分均值为 3.94 分，表明进度管理模式已逐渐取得成效。设计方、施工方与监理方的平均评分均较高，表明进度激励措施有效，能充分调动参建各方积极性，数字建管技术的应用能够提升进度管理效率。业主的平均评分较低，表明业主认为内部进度激励措施应进一步加强，以发挥工作人员的能动性，并应重视进度信息的实时更新，以有效提高进度管理效率。

数字经济下水利工程进度管理成效具体体现在以下 3 个方面。

1. 提升了对工程进度的监控能力

如图 9-4 所示，工程进度监控能力明显提升。与表 9-4 相比，"业主对进度的监控有效"的总体得分从 4.05 分提升到 4.19 分，"监理单位对进度的监控有效"的总体得分从 3.96 分提升到 4.09 分，表明运用激励机制与数字建管技术能有效促使各方参与进度管理，提升进度监控能力。

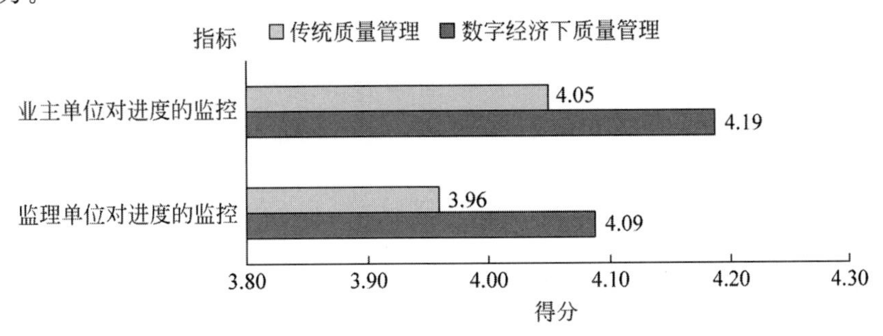

（得分 1 为"完全不符"，得分 5 为"完全符合"）

图 9-4　工程进度监控能力提升情况

2. 提升了参建各方进度协同管理效率

如图9-5所示，参建各方进度协同管理效率明显提升。与表9-4相比，“参建各方积极参与工程进度管理”的总体得分从4.02分提升到4.09分，“参建各方间进度管理接口明确”的总体得分从3.88分提升到4.03分，“参建各方间进度管理协同效率高”的总体得分从3.80分提升到3.93分，表明参建各方间建立了明确的管理接口，形成了良好的伙伴关系，提高了参建各方进度协同管理效率。

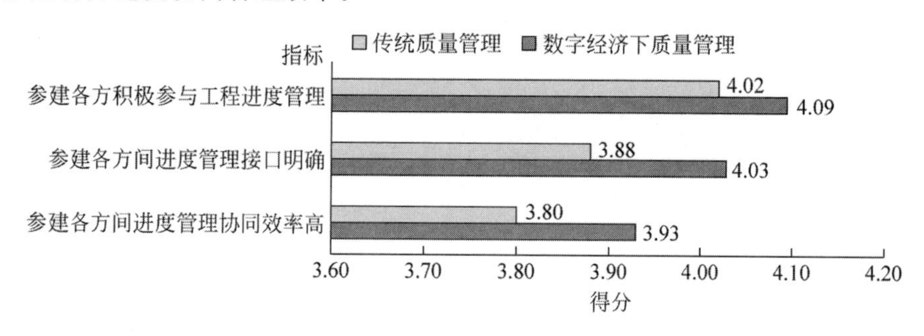

（得分1为“完全不符”，得分5为“完全符合”）

图9-5 参建各方进度协同管理效率提升情况

3. 提升了进度信息化管理水平

如图9-6所示，数字建管技术在进度管理中的应用水平得到明显提升。与表9-5相比，“构建有完善的信息平台进度管理模块”的总体得分从3.62分提高到3.88分，表明数字建管平台的进度管理模块功能得到了完善，有效支撑了进度管理的信息化。“分部分项工程施工进度管理信息化”的总体得分从3.70分提高到3.84分，表明进度管理信息化水平得到了提升，能够实现对分部分项工程的全面进度监控。“充分利用信息技术持续优化进度管理方案”的总体得分从3.67分提高到3.83分，表明利用信息技术能够及时发现施工进度问题，积累进度管理经验，从而持续提升进度管理水平。

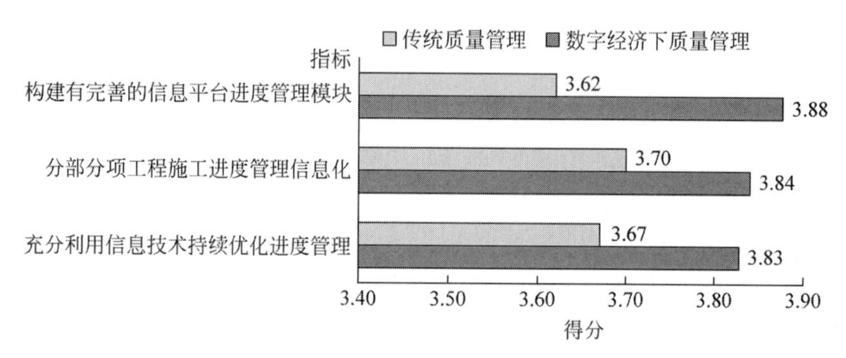

（得分1为“完全不符”，得分5为“完全符合”）

图9-6 进度信息化管理水平提升情况

9.6.2 数字经济下进度管理模式创新

1. 建立了明确的进度管理制度和工作流程

建设单位编制了一系列进度管理制度文件，明确了进度管理的总体目标，详细梳理了进度管理的基本流程，明确了项目组和主管科室的责权分配，有效提升了进度管理效率。

2. 实现了参建各方的协同进度管理

水利工程参建各方沟通交流加深，进度管理目标逐步统一，建立了相对较好的合作伙伴关系。同时，参建各方进一步认识到进度管理的重要性，主动参与到进度管理信息化的共同建设中。

数字建管平台中，参建各方均参与进度管理信息化，推动了施工方、监理方、业主、设计方对进度管理的参与，促进了参建各方之间伙伴关系的建立；进度模块的可视化功能实现了信息的共享；进度管理文件的及时上传机制也推动了参建各方内部以及参建各方之间的经验交流。

9.6.3　数字建管平台进度管理成效

1. 设计了进度管理模块，提高了进度管理信息化水平

数字建管平台的进度管理模块应用功能齐全（图 9-7），包括项目阶段及大事记、监理施工大事记、计划控制、过程记录、工程施工准备、形象进度管理、施工进度管理、工程量进度分析、支付进度统计、项目划分进度分析，功能覆盖进度制定、进度监督以及基本的进度分析，将线下的进度管理环节较为全面地复现于线上。

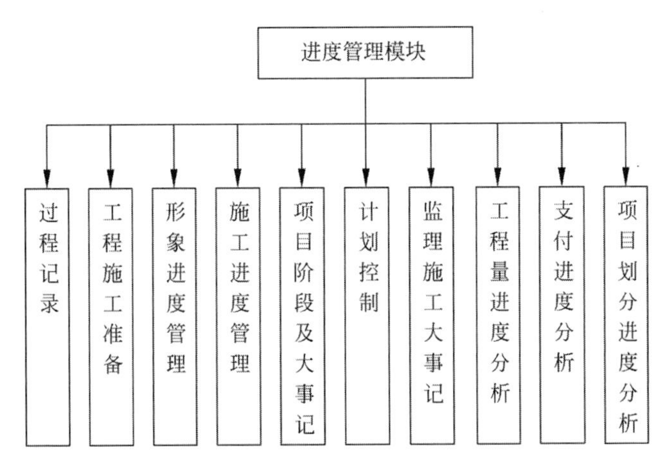

图 9-7　数字建管平台进度管理模块应用功能

2. 共享了进度管理信息，促进了参建各方的沟通交流

进度管理模块集成项目参建方信息，登录平台即可获取工程进度计划、进展情况以及支付情况等信息，节约了各方交换信息所需要的沟通时间与成本。同时，信息的上传与维护需要施工方、监理方、业主、设计方的共同参与，能够监督各方进度、提升各方对于进度管理的责任感，并提供相互学习与交流的平台。

3. 实现了进度的远程监控

数字建管平台结合视频监控功能与进度管理模块中的形象进度管理功能，对现场的施工进程进行了远程实时监控。视频监控能够展示工程重要部位的施工情况；形象进度管理模块则通过三维模型，从各角度展现当前工程的完成程度。

第10章 >>>>>>>>>>>>>>

数字经济下水利工程投资与成本管理

10.1 工程项目投资与成本管理方法

10.1.1 价值工程

价值工程(value engineering,VE)是指通过最小化生产成本实现产品的必备功能,以提高产品价值的管理方法。在建设工程中运用价值工程对项目的价值进行分析,协调项目需求与成本的关系,能够达到优化技术方案、降低成本的目的。水利工程项目运用价值工程进行成本管理时,要综合考虑工期、质量、安全、资源配置、自然条件和市场环境等影响因素,做到统筹规划。其中,在设计工作中运用价值工程对于控制成本效果最为显著。

10.1.2 全过程投资与成本控制

全过程投资与成本控制是指在工程项目建设过程中贯彻投资控制工作,从方案设计、投资决策直至整个工程结束。全过程投资与成本控制的工作内容除了包括传统的建设项目投资的确定和投资管理以外,还包括风险管理、进度控制、合同管理、质量与安全管理等内容。全过程投资与控制管理注重追求全生命周期的费用控制,并强调成本与进度、质量的协同综合管理[57]。

项目的全过程投资与成本控制包括如下几个阶段:

(1) 投资决策阶段。这一阶段主要是对项目前期确定的建设工程项目投资规模进行控制,可采用技术经济分析、价值工程、多方案比选等方法确保投资决策合理可靠。

(2) 设计阶段。这一阶段控制项目总投资效果最为显著。在设计过程中,设计人员应在保证安全的基础上,根据项目现场条件,运用各种技术手段对设计方案进行充分优化,以有效控制项目投资,确保项目的财务可行性。

(3) 招投标阶段。这一阶段应重视招标文件的编制和审核,合理编制标底,选择技术先进、经济合理的投标单位,并选择合理的合同类型和计价方式,减少合同签订和实施过程中的纠纷,有效控制工程项目投资。

(4) 施工阶段。建设项目的资金投入主要发生在工程施工阶段,资金使用计划、工程量计量、工程款审核与结算、变更控制和索赔管理是项目施工阶段投资控制的重点。

(5) 竣工验收阶段。在这一阶段,建设单位向上级主管部门报告建设成果和财务状况的总结性文件,应注意及时、准确地编制建设过程中的经验教训总结分析,积累技术经济资料,以提高建设项目投资管理水平[58]。

10.2 水利工程项目投资与成本管理情况

宁夏水利工程项目投资与成本管理情况如表 10-1 所示。其中,得分 1 为“完全不符”,得分 5 为“完全符合”。

表 10-1 水利工程项目投资与成本管理情况

指标	总体		业主		设计		施工		监理	
	得分	排序	得分	排序	得分	排序	得分	排序	得分	排序
对各分部分项工程成本有合理的估算	4.04	1	3.76	2	4.36	1	4.17	1	3.76	3
通过各方协调与合作进行成本控制	4.04	1	3.86	1	4.29	6	3.96	7	3.52	7
成本管理各项工作内容定义清晰	3.98	3	3.71	5	4.36	1	4.09	3	3.71	5
成本管理与进度管理统筹安排	3.97	4	3.62	8	4.36	1	4.09	3	3.76	3
建立有规范的成本管理流程	3.97	4	3.67	6	4.36	1	4.04	5	3.86	1
合理处理项目范围变更	3.97	4	3.76	2	4.29	6	4.04	5	3.80	2
通过设计与施工技术方案优化节约成本	3.97	4	3.67	6	4.36	1	4.11	2	3.67	6
基于采购全过程管理提高物资设备的性价比	3.88	8	3.76	2	4.29	6	3.96	7	3.52	7
利用信息技术精细化管理成本	3.74	9	3.38	9	4.14	9	3.90	9	3.42	9
均值	**3.95**		**3.69**		**4.31**		**4.04**		**3.67**	

如表 10-1 所示,水利工程项目投资与成本管理的总体得分均值为 3.95 分,表明水利工程项目投资控制情况总体较好,能够根据批准的项目投资计划控制建设成本,但还有一定提升空间。例如,可通过优化设计与施工技术方案来节约建设成本,以及通过设计、采购、施工一体化管理来提高所采购物资设备的性价比。“利用信息技术精细化管理成本”的总体得分为 3.74 分,排名最低,表明了运用信息技术加强成本管理的必要性。水利工程信息管理平台不仅要实现成本资料的存储,还应支持成本数据的流转,以及对数据的分析和预测,以实现对成本管理的高效决策和控制。

项目投资与成本管理影响因素对水利工程项目的影响程度如表 10-2 所示。其中,得分 1 为“没有影响”,得分 5 为“影响很大”。

表 10-2 水利工程项目投资控制与成本管理影响因素

指标	总体		业主		设计		施工		监理	
	得分	排序	得分	排序	得分	排序	得分	排序	得分	排序
人力资源成本上升	4.07	1	3.62	9	4.36	3	4.22	1	3.95	6
自然灾害影响	4.06	2	3.67	7	4.28	8	4.16	2	4.04	3
不利地质条件影响	4.05	3	4.00	1	4.50	1	3.92	8	4.09	1
材料设备成本上升	4.03	4	3.80	5	4.35	4	4.00	4	4.09	1
项目范围变更	4.03	4	4.00	1	4.43	2	3.96	6	3.95	6
征地移民成本增加	4.01	6	3.85	4	4.35	4	3.98	5	4.00	4
环保成本上升	3.97	7	3.90	3	4.35	4	3.88	9	4.00	4
交通运输成本上升	3.97	7	3.80	5	4.35	4	4.02	3	3.76	9
安全管理成本上升	3.91	9	3.67	7	4.21	9	3.96	6	3.80	8
均值	**4.01**		**3.81**		**4.35**		**4.01**		**3.96**	

如表 10-2 所示，各项因素对水利工程项目投资的影响均较大(总体得分均值为 4.01 分)，均需要在投资控制过程中加以重视。其中，“人力资源成本上升”的总体得分排名第 1，对水利工程项目投资的影响最大。目前的工程项目成本中人工费涨价幅度大，需将人力资源成本的上升充分考虑进项目投资控制过程中，应通过优化人员聘用流程、人才技能培训、组织管理、机械化施工和信息化监控来提高人力资源管理水平。

“自然灾害影响”和“不利地质条件影响”的总体得分分别排名第 2 和第 3，表明自然条件对水利工程项目投资的影响也较大。除应重视防洪度汛工作以应对洪水等自然灾害以外，还应重视前期地质勘探工作，确保地质资料的精度，尽量减少因不利地质条件产生变更对项目成本造成的影响；同时应制定相应的变更和协调流程，以减少设计变更对工期的影响，以及因变更导致施工单位窝工而带来的成本增加。

“材料设备成本上升”“项目范围变更”“征地移民成本增加”“环保成本上升”“交通运输成本上升”和“安全管理成本上升”等因素对宁夏水利工程项目投资也有一定影响，不可忽视。这些因素涉及项目范围、社会、安全、环保、材料设备供应商和物流等方面，为此，需加强项目建设利益相关方合作管理，在平衡各方利益诉求的同时，做好项目的投资和成本风险控制。

10.3 基于 BIM 的工程项目全过程投资与成本控制

BIM 是对工程项目设施实体与功能特性的数字化表达。一个完善的信息模型，能够连接建筑项目生命周期不同阶段的数据、过程和资源，是对工程对象的完整描述，可被参建各方普遍使用。

10.3.1 基于 BIM 的投资与成本控制流程

BIM 技术能够为项目成本控制提供数据支持，促进成本精细化管理，保障成本目标实现。图 10-1 展示了 BIM 全过程投资解决方案。BIM 的价值体现在以下几方面。

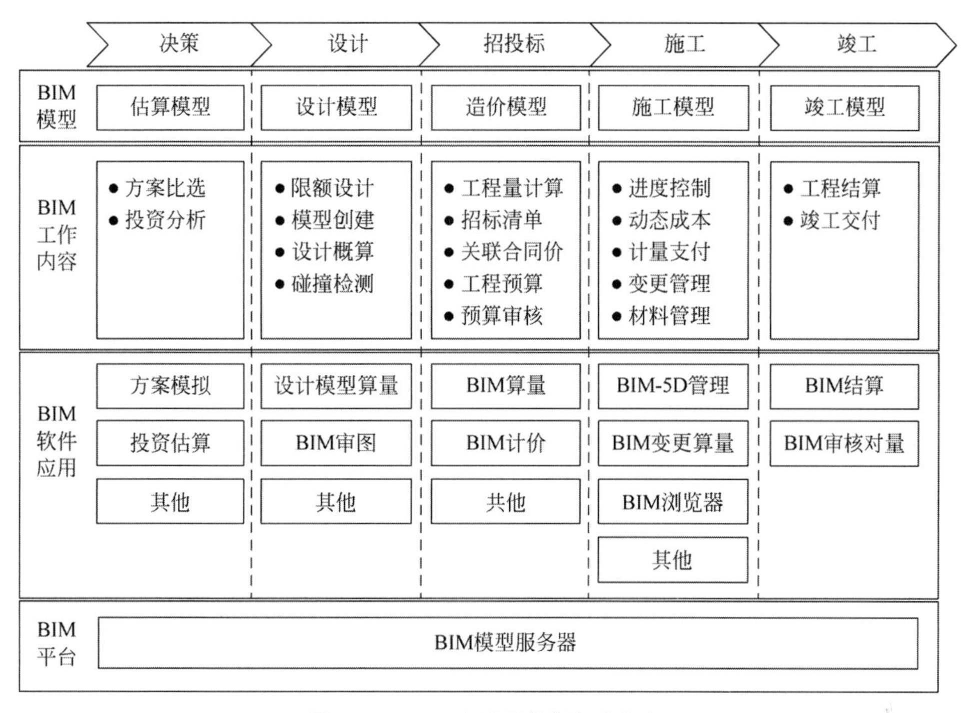

图 10-1 BIM 全过程投资解决方案

1. 为科学决策提供依据

在决策阶段，BIM 的价值体现在其能够保证决策论证结果科学可靠，有利于实现工程成本控制。将 BIM 技术应用于项目评估过程中，能够整合利用工程数据并对项目的经济性进行分析评价，为决策人员是否进行投资提供参考依据。

2. 为优化设计提供基础

在设计阶段，BIM 的价值体现在为优化设计提供便利。传统设计模式下，建筑物的构建仅实现点、线、面的设计，缺乏图形属性的展示。BIM 技术可以建立三维模型，更加准确详细地呈现设计信息，并为工程量计算分析提供数据，有助于分析设计方案的技术性与经济性，从而促进设计优化。

3. 为成功招投标提供便利

在招投标阶段，BIM 的价值体现在快速实现对工程量和价的精算，为成功招投标提供便利。BIM 三维模型，有助于快速提取工程量信息，能够大大提升投标方编制工程量清单的效率，也有利于业主快速评估和选择最佳投标方案[59]。

4. 为精益施工提供工具

在施工阶段,BIM 的价值体现在为精益施工提供基础工具,反映在以下方面:[59]

(1) 在工程量复核中快速汇总工程量,降低工程量审核难度;

(2) 在分析工程偏差时,可利用 BIM 技术进行工程模拟以快速发现实际施工情况与计划进度中的偏差,从而进行优化调整;

(3) 在成本数据对比方面,可依托 BIM 平台实现数据交流和共享,及时发现成本偏差,加强成本控制能力;

(4) 在结算书编制方面,可利用 BIM 模型数据快速编制结算书,进而总结成本管理经验与教训;

(5) 在工程变更控制方面,利用 BIM 模型,可通过变更数据导入与重新计算,快速掌握变更对成本的影响,控制有效变更。

5. 为顺利竣工提供保障

在竣工阶段,BIM 的价值体现在为顺利竣工提供保障。BIM 模型可以保存项目建设过程中的全部数据,且不可篡改,能够为竣工结算提供可靠依据,提升竣工结算的效率和质量[59]。

10.3.2 基于 BIM 的投资与成本控制要点

基于 BIM 的工程项目全过程投资与成本控制应注意以下方面:

(1) 模型准确是前提。在 BIM 的工程项目全过程投资与成本控制中,BIM 模型数据是投资估算、投资决策、工程成本的模拟与核算、限额设计、工程计量和价款结算审核的依据,占据关键性地位,因此,BIM 数据必须足够精确。BIM 模型数据如果存在错误或偏差,可能会导致巨大损失。因此,准确的模型数据是基于 BIM 的工程项目全过程投资控制的重要基础,在项目实施过程中要对 BIM 的数据不断进行优化、更新与维护[60]。

(2) 操作便捷是基础。将 BIM 模型应用于项目的投资控制,需在模型中设计合适的接口,为投资管理人员提供方便快捷的信息获取、利用的渠道和工具,以方便进行全方位辅助施工现场和文档管理。可结合人工智能、大数据等技术,使 BIM 模型的操作应用便捷化,提高 BIM 模型的使用效率和频率,提高项目投资管理水平[60]。

(3) 数据融合是关键。将建筑工程量、建筑工程价和时间等多维度信息融合到 BIM 模型中,信息库涵盖了可计算的信息,从而能够通过快速计算得出在不同施工阶段所需要的项目成本,实现如碰撞检测、施工模拟、4D 进度管理等功能[60],能够方便施工阶段与实际进展和投资额的两算对比,对项目施工成本进行良好的预测,进而有效控制成本[61]。

10.4 数字经济下水利工程投资与成本管理指标体系

投资与成本管理考核指标包括全过程投资与成本管理、参建方协同投资与成本控制、投资与成本管理数字化 3 个阶段,具体内容如表 10-3 所示。数字经济下水利工程投资控制与成本管理的目标是，将数字化技术（如大数据、人工智能等）融合进 BIM 投资控制平台中，实现项目成本数据的实时记录、分析、监控、预警和预测。

表 10-3 数字经济下的投资与成本管理指标体系与阶段性工作

阶 段	指 标 体 系
第一阶段：全过程投资与成本管理	建立有规范的成本管理流程
	项目各阶段成本管理工作内容定义清晰
	对各分部分项工程成本有合理的估算
	将成本管理与进度管理统筹安排
	合理处理项目范围变更
	通过优化人员聘用流程、人才技能培训、组织管理、机械化施工和信息化监控等方式来提高人力资源管理水平，控制人力成本
第二阶段：参建方协同投资与成本控制	通过利益相关方合作管理控制项目投资
	加强设计与施工技术方案优化来节约建设成本
	进行设计、采购、施工一体化管理
	建立参建各方合作风险管理机制
第三阶段：投资与成本管理数字化	通过水利工程信息管理平台实现成本数据资料的存储、流转以及对数据的分析和预测
	将项目投资的控制集成到 BIM 信息系统
	BIM 模型准确
	系统操作便捷
	将项目投资数据集成到 BIM 信息系统，实现多维数据融合
	利用人工智能和大数据技术实现对成本的实时监控和预测

10.5 数字经济下水利工程投资与成本管理成效

宁夏水利工程数字建管平台在项目投资与成本管理方面的应用情况，如表 10-4 所示。其中，得分 1 为“完全不符”，得分 5 为“完全符合”。

表 10-4 数字建管平台在项目投资与成本管理方面的应用情况

指 标	总体		业主		设计		施工		监理	
	得分	排序	得分	排序	得分	排序	得分	排序	得分	排序
能够反映投资计划与执行结果之间的偏差	3.79	1	3.07	4	4.10	1	3.97	4	3.59	6
投资与成本管理模块功能完善	3.78	2	2.96	8	4.08	2	4.00	1	3.59	6
能够帮助有效控制项目投资与成本	3.77	3	2.85	10	4.05	3	4.00	1	3.66	5
能够恰当处理涉及成本的项目变更	3.76	4	3.07	4	3.98	5	3.99	3	3.55	10
能够调动各方协调合作进行成本控制	3.76	4	3.00	6	4.00	4	3.94	6	3.69	2

续表

指标	总体		业主		设计		施工		监理	
	得分	排序	得分	排序	得分	排序	得分	排序	得分	排序
使投资与成本管理流程更加规范清晰	3.76	4	3.11	3	3.93	8	3.95	5	3.69	2
清晰定义了投资与成本管理各项工作内容	3.75	7	3.18	2	3.88	10	3.87	9	3.77	1
能够应用投资计划指导投资执行工作	3.71	8	3.00	6	3.98	5	3.89	8	3.59	6
能够及时对投资与成本数据进行分析、反馈和预警	3.70	9	2.96	8	3.93	8	3.86	10	3.69	2
促进了投资与成本管理效率的提高	3.69	10	3.85	1	3.97	7	3.90	7	3.59	6
均值	**3.75**		**3.11**		**3.99**		**3.94**		**3.64**	

由表 10-4 可知，数字建管平台在项目投资与成本管理方面的应用情况平均得分均高于 3.60 分，表明数字经济下水利工程投资与成本管理取得了一定成效，尤其是在模块设置、流程规范、投资监控、多方协调等方面。目前，数字建管平台已实现投资数据资料的存储与流转，具体功能模块架构包括项目资金管理、完成投资统计、投资计划执行、重大设计变更。其中，项目资金管理、完成投资统计和投资计划执行 3 个功能模块开发较为完善，利用率较高。

数字经济下水利工程项目投资与成本管理应注重以下方面：

(1) 提高数字建管平台操作的便捷性。数字建管平台的根本目标是提高效率、节约时间与成本。需要设计合适的接口和文档管理体系，以方便相关人员进行数据录入、信息获取与利用等，避免模块操作复杂度较高而增加现场工作人员的负担。此外，应推进监管方对数字签名、在线文件等数字化管理文件的使用频率，促进全行业数字化管理效率的提升。

(2) 实现项目投资在线监控、分析、预警与预测。可利用人工智能和大数据技术实现对项目投资的在线监控、分析、预警与预测功能，提升建筑工程项目成本控制的精细化程度，保障项目经济效益目标的实现。应在数字建管平台积累大量历史数据的基础上充分挖掘历史数据的价值，并将建管平台数据与 BIM 信息模型中的工程资料相结合，借鉴相关工程经验，精准、有效地估算项目总投资额，为项目投资和成本控制提供保障。

第11章 >>>>>>>>>>>>>>

数字经济下水利工程建设安全生产管理

11.1 安全生产管理概述

11.1.1 安全生产管理总体要求

水利工程建设项目安全生产管理实行行业指导、分级管理、分级负责的管理结构,实行项目法人负责、监理单位监控、设计和施工单位保证与政府监督相结合的管理体制。

项目法人、勘察单位、设计单位、施工单位、监理单位及其他与水利工程建设项目安全生产有关的单位,都必须遵守安全生产法律法规和行业规定,保证水利工程建设项目安全生产,依法承担安全生产责任,确保工程项目建设安全无事故。

11.1.2 参建各方管理职责

1. 项目法人

项目法人对水利工程建设过程中的安全生产工作负有全面监督、管理责任,其安全生产管理的重点内容主要有以下方面:

(1) 在招标文件中明确安全生产条件、措施与费用要求。

(2) 设置安全生产管理机构,配备安全生产管理人员。

(3) 制定安全生产管理制度,制定安全生产管理目标与管理计划。

(4) 审查重大安全技术措施,审查施工单位及其人员的资质。

(5) 监督施工单位安全生产费用的使用,监督监理单位的安全生产管理工作。

(6) 组织开展安全检查,召开安全例会,组织年度安全考核评比。

(7) 配合安全监督机构开展安全检查,协助安全生产事故调查处理工作。

2. 勘察设计单位

表 11-1 总结了勘察设计单位的安全生产管理职责。勘察设计单位应在项目实施过程中重点关注以下具体职责:

(1) 对可能影响施工安全的因素事先进行勘察并对勘察成果负责。

(2) 勘察作业时,采取措施保证设备、建筑物及作业人员的安全。

（3）对设计成果负责，承担因设计不当导致的安全生产事故责任。

（4）工程开工前，分别向施工单位和监理单位解释勘察设计意图并提交相应文件。

（5）对于危险性较大的工程，在各阶段提出防范安全生产事故的指导意见。

表 11-1　勘察设计单位安全生产管理职责

安全生产管理体系	建立安全生产管理机构 完善、落实安全生产管理制度 制定安全目标考核办法 签订安全生产目标责任书
勘察设计文件	制定勘察作业安全生产保证措施 在重点部位和环节提出预防安全事故的意见 对较大安全风险的设计变更提出安全风险评价 确定度汛标准和度汛要求
安全事故处理	参与安全生产事故分析
安全制度培训	组织安全生产管理制度培训学习

3. 施工单位

表 11-2 总结了施工单位的安全生产管理职责。施工单位应在项目实施过程中重点关注以下具体职责：

（1）施工总承包单位和分包单位对分包工程的安全生产承担连带责任。

（2）安全生产投入应满足需要，建立健全安全生产费用管理制度。

（3）制定安全文明施工方案，明确安全生产管理的职责和权限。

（4）规范安全生产费用的提取、使用和管理程序，做到专款专用。

（5）对危险性较大的分部分项工程，应编制专项施工方案。

（6）对超过一定规模的工程，组织专家进行论证与审查。

（7）在各项工序施工前，必须进行安全技术交底。

表 11-2　施工单位安全生产管理职责

安全保证体系	建立安全生产管理机构 制定安全生产管理制度、操作规程 配备专职安全生产管理人员 确保特殊工种、关键岗位的作业人员持证上岗 制定安全生产目标管理计划 签订安全生产目标责任书
技术方案	制定危险性较大的专项工程施工方案 组织安全技术交底 召开安全生产会议 组织安全生产目标考核
设施、设备、材料管理	确保租用的机械设备、施工机具及构配件合格 保障危险品运输、存放和使用安全 确保用电用火安全 保障安全防护用具的使用

续表

施工环境	组织重大危险源的识别、控制和管理工作 在危险部位设置安全警示标识 合理存放设备、原材料和半成品 保障施工环境安全防护措施得当 有施工照明、通风、排烟、排水、防雨、防雷、防风设施 保证施工场内交通安全
安全检查及问题整改	组织安全生产检查 及时整改检查过程中发现的安全问题 整改并落实第三方指出的安全问题
安全教育培训	组织安全生产教育培训
应急管理	编制度汛方案 制定生产安全事故应急救援预案 保障应急物资 进行生产安全事故应急救援、防汛应急、消防等演练
文明施工	生产生活区场地平整、材料设备放置有序 施工道路洒水降尘

4. 监理单位

表 11-3 总结了监理单位的安全生产管理职责。监理单位应在项目实施过程中重点关注以下具体职责：

（1）对工程安全生产承担监理责任。

（2）协助项目法人编制安全生产措施方案。

（3）对危险性较大工程实施旁站监理，组织或参与危险性较大工程的验收。

（4）面对重大安全隐患，必要时应向项目主管部门或者安全生产监督机构报告。

（5）协助安全生产事故调查。

表 11-3　监理单位安全生产管理职责

安全控制体系	组建安全生产管理机构 制定安全生产管理制度 制定安全目标管理计划、管理制度并进行检查评估 签订安全生产目标责任书
安全过程控制	编制安全监理规划、细则 审查安全技术措施、专项施工方案
安全检查	按规定进行各类安全检查或实施监理 督促、落实安全隐患整改 审查施工单位各负责人及专职管理人员资质 监督施工单位安全生产费用使用
文明施工	督查施工单位安全文明生产工作
应急管理	制定本单位度汛方案，审核施工单位度汛方案 审核施工单位安全生产事故应急救援预案
其他	给监理人员提供安全防护用具及服装 组织消防检查和消防演练

11.1.3 水利工程不安全因素

1. 人的不安全因素和不安全行为

人的不安全因素主要包括心理、生理和能力3个方面。其中，影响最大的是能力上的不安全因素，主要由知识技能缺乏、应变能力不足或无证上岗等原因导致。人的不安全行为主要指管理人员缺乏安全意识，不熟悉操作规程，违规操作或违反劳动纪律等行为导致的不安全因素。

2. 物的不安全状态

物的不安全状态主要包括用于水利工程的材料设备存在质量缺陷，材料放置方法不规范，设备作业方法不当，安全防护不到位等导致的不安全状态。

3. 施工工艺的不安全因素

施工工艺的不安全因素是指把不成熟的施工技术和工艺直接用于项目实施，主要表现为单项工程无安全生产专项施工方案，没有配套的安全防护措施等。

4. 施工环境的不安全因素

水利工程施工所在地往往地形复杂，必须针对项目所在地施工环境对不同项目和工种提出的要求制定不同的安全防护措施并认真落实。

11.2 安全生产管理情况

11.2.1 安全生产合作管理

宁夏水利工程安全生产合作管理情况如表11-4所示。其中，得分1为“完全不符”，得分5为“完全符合”。

表11-4 安全生产合作管理

指标	总体		业主		设计		施工		监理	
	得分	排序	得分	排序	得分	排序	得分	排序	得分	排序
各参与方安全管理目标一致	4.28	1	3.95	1	4.62	1	4.30	3	4.37	1
各参与方安全管理职责划分明确	4.22	2	3.74	6	4.62	1	4.25	6	4.37	1
安全绩效指标在考核体系中很重要	4.20	3	3.89	2	4.62	1	4.35	1	3.84	7
各参与方安全管理制度协调性好	4.18	4	3.79	4	4.62	1	4.32	2	3.95	4
各参与方积极合作解决安全管理问题	4.16	5	3.89	2	4.62	1	4.26	4	3.89	5
各参与方在安全管理方面投入了足够资源	4.14	6	3.79	4	4.62	1	4.18	11	4.05	3

续表

指　标	总体		业主		设计		施工		监理	
	得分	排序	得分	排序	得分	排序	得分	排序	得分	排序
参建各方间安全业务流程衔接良好	4.08	7	3.74	6	4.62	1	4.24	7	3.68	10
安全管理信息在各参与方间高效传递	4.05	8	3.42	12	4.62	1	4.23	8	3.89	5
项目在安全生产方面与政府衔接良好	4.05	8	3.58	8	4.62	1	4.20	9	3.79	9
安全相关部门间沟通顺畅、协同效率高	4.04	10	3.53	10	4.62	1	4.26	4	3.63	12
项目在安全生产方面与居民合作良好	4.04	10	3.53	10	4.62	1	4.16	13	3.84	7
参建各方安全管理综合能力强	4.02	12	3.58	8	4.62	1	4.17	12	3.68	10
安全信息化管理收效明显	3.94	13	3.37	13	4.62	1	4.20	9	3.42	13
均值	**4.11**		**3.68**		**4.62**		**4.24**		**3.88**	

如表11-4所示，安全生产合作管理的13项评价指标的总体评分均值为4.11分，说明宁夏水利工程安全生产合作管理开展情况良好，合作机制运行流畅顺利，参建各方综合能力较强，思想统一、目标一致，管理职责划分较为明确，且已将安全生产管理绩效作为重要的考核指标。其中，“各参与方安全管理目标一致”的总体得分最高，为4.28分，显示了项目各参与方对安全的认识已较为统一，并能将安全生产作为重要的管理任务，纳入到各自的管理体系与管理目标中。

“项目在安全生产方面与居民合作良好”和“安全相关部门间沟通顺畅、协同效率高”的总体得分相对较低，表明在安全生产管理工作中宁夏水利工程的施工管理人员与利益相关方的合作与沟通还存在一些难题，例如，冬季施工灰尘问题难以控制。为此，需在管理体系和业务流程等方面加强与当地居民的沟通与合作，并应加强相关部门间的沟通交流与协同工作，提高不同参与方和不同业务间接口管理效率。

“安全信息化管理收效明显”的总体得分最低，表明利用信息技术支持项目各参与方间安全生产合作管理需要得到重视。信息化管理应注重安全信息的记录、存储、流转和反馈，促进参建各方之间的安全相关信息共享，发挥信息系统对安全生产工作的推动作用。

11.2.2 安全生产业务流程

宁夏水利工程安全生产业务流程情况如表11-5所示。其中，得分1为“非常不满意”，得分5为“非常满意”。

表 11-5 安全生产业务流程

指标	总体		业主		设计		施工		监理	
	得分	排序	得分	排序	得分	排序	得分	排序	得分	排序
安全生产隐患排查和治理流程	4.11	1	3.67	5	4.29	1	4.26	1	4.05	1
危险源识别与评价流程	4.10	2	3.76	2	4.29	1	4.25	2	3.95	4
安全生产应急预案制定与评估流程	4.09	3	3.81	1	4.29	1	4.19	4	4.00	2
安全评价工作流程	4.07	4	3.71	4	4.29	1	4.25	2	3.86	6
危险作业许可流程	4.02	5	3.76	2	4.29	1	4.09	7	3.90	5
安全生产事故和突发事件应急响应流程	4.02	5	3.62	7	4.29	1	4.17	5	3.86	6
安全教育培训工作流程	4.01	7	3.62	7	4.29	1	4.10	6	4.00	2
安全生产费用管理流程	3.97	8	3.67	5	4.29	1	4.06	8	3.86	6
均值	**4.05**		**3.70**		**4.29**		**4.17**		**3.94**	

如表 11-5 所示，安全生产管理业务流程总体评分均值为 4.05 分，表明各项安全生产管理工作已建立起较为完整的流程。其中，“安全生产隐患排查和治理流程”的总体得分最高，为 4.11 分，表明宁夏水利工程项目参建各方安全隐患排查治理和风险管理处置能力较强。“安全评价工作流程”的总体得分为 4.07 分，表明安全评价工作也取得了较为满意的效果。例如，安全评价小组经常性地对各工区组织安全巡视、检查和评价工作，对工程安全生产起到了很好的督促和指导作用。

“安全生产费用管理流程”的总体得分最低，表明需进一步加强安全生产费用在计划、投入、审核、台账建立等方面的控制和管理，应切实按计划投入费用进行安全生产管理，并规范地进行安全台账的记录、更新和分析。

11.2.3 安全生产工作表现

宁夏水利工程安全生产工作表现情况如表 11-6 所示。其中，得分 1 为“非常差”，得分 5 为“非常好”。

表 11-6 安全生产工作表现

指标	总体		业主		设计		施工		监理	
	得分	排序	得分	排序	得分	排序	得分	排序	得分	排序
安全管理体系与管理机构建设	4.13	1	4.00	1	4.36	1	4.23	2	3.86	4
事故报告、调查和处理	4.09	2	3.90	2	4.36	1	4.21	3	3.81	9
应急预案	4.08	3	3.90	2	4.36	1	4.17	5	3.86	4
安全费用安排	4.08	3	3.90	2	4.36	1	4.20	4	3.76	12
安全目标与指标控制	4.07	5	3.81	6	4.36	1	4.17	5	3.90	2
安全管理符合法律法规要求	4.06	6	3.86	5	4.36	1	4.15	10	3.81	9

续表

指　　标	总体		业主		设计		施工		监理	
	得分	排序	得分	排序	得分	排序	得分	排序	得分	排序
安全生产教育培训	4.06	6	3.62	14	4.36	1	4.25	1	3.81	9
安全技术措施交底	4.06	6	3.76	8	4.36	1	4.17	5	3.86	4
施工场所作业安全管理	4.04	9	3.76	8	4.36	1	4.13	12	3.86	4
应急救援	4.04	9	3.62	14	4.36	1	4.17	5	3.90	2
安全生产文化建设	4.02	11	3.67	12	4.36	1	4.09	14	3.95	1
生产设备设施安全管理	4.02	11	3.71	10	4.36	1	4.15	10	3.76	12
安全费用使用	4.01	13	3.71	10	4.36	1	4.17	5	3.67	15
危险源监控及隐患排除治理	4.01	13	3.81	6	4.36	1	4.06	15	3.86	4
安全生产评价与考核	4.00	15	3.67	12	4.36	1	4.13	12	3.76	12
安全生产信息化管理	3.90	16	3.48	16	4.36	1	4.04	16	3.67	15
均值	**4.04**		**3.76**		**4.36**		**4.16**		**3.82**	

如表11-6所示，宁夏水利工程安全生产工作表现较好，总体得分均值为4.04分，表明参建各方高度重视工程安全，建立起了较为完整的安全生产管理体系和管理机构，投入了大量人力、物力资源，制定了各项应急预案并能及时处理安全事故，对安全生产的目标与指标控制进行了有效把握。

其中，“安全费用安排”与“安全费用使用”的总体得分差距较大，分别位列第3和第13，表明安全生产费用的安排已具备较为详细的单项计划、年度及季度计划，但费用的组织实施还不够完善。为此，施工单位应完善安全生产费用台账，项目法人和监理单位应加强对安全生产费用的审核检查与监督管理。

“安全生产评价与考核”和“安全生产信息化管理”的总体得分较低，表明质量安全信息系统对参建各方开展安全生产管理工作有一定的推动作用，但总体收效与理想状态还存在一定差距。需进一步提高信息化管理深度，利用信息技术系统建立更公平合理的评价考核与激励机制，提升项目管理绩效。

11.3　数字经济下水利工程安全生产管理措施

11.3.1　安全生产管理方案

1. 明确责任分工，加强合作管理

（1）加强与当地居民在安全生产管理体系和业务流程等方面的沟通与合作。

（2）加强与安全相关部门间的沟通交流和协同工作，提升不同参与方和不同业务间接口管理效率。

（3）建立职业健康安全生产管理体系，实现各方之间流程化、系统化的动态循环管理过程。

（4）建立安全生产管理激励约束机制，加强对安全生产管理的检查与监督力度。

2. 完善组织保证体系

组织保证体系主要包括机构设置、人员配备和工作机制。施工现场应设置安全生产领导小组,配备足够的安全生产管理人员,对施工现场安全生产进行精细化管理。

3. 完善制度保证体系

制度保证体系包括安全生产的岗位管理制度、措施管理制度、投入与供应管理制度和日常管理制度 4 个方面。在项目实施过程中,必须完善制度管理体系,加大制度检查落实力度,增强各级管理人员的工作责任心和责任感,规范全体参建人员的工作行为,为安全生产各个环节提供制度支持与保证。

4. 完善技术保证体系

在工程实施过程中,要根据不同项目和工种提出切实可行的安全保证技术,确保安全保证技术和安全保证管理落实到位。

5. 强化投入保证体系

投入保证体系是为确保施工项目安全生产而必须投入的人力、物力和财力。足额的安全措施费用投入是保证各项安全措施落到实处的基础,应按合同要求配备足够的安全生产管理人员,足额投入材料和资金,并对其使用情况进行监管,确保各项安全措施落实到位。因此,安全措施费用的投入及使用要做到以下几点:

(1) 及时拨付。

(2) 专款专用。

(3) 完善安全生产费用台账。

(4) 加强对安全生产费用的审核检查与监督管理。

(5) 加大检查力度。

6. 完善信息保证体系,实现资源共享

信息保证体系主要指通过建立大数据平台,促进参建各方间的安全相关信息共享,发挥信息系统对安全生产工作的推动作用,应做到:

(1) 信息共享、资源共享。

(2) 对大量安全生产信息数据进行分析,找到安全生产管理中的薄弱环节。

(3) 及时调整管理重点和方向。

(4) 利用信息技术建立更公平合理的评价考核与激励机制。

7. 加强安全教育,建设人才队伍

(1) 开展日常安全教育培训,学习安全生产管理相关基础知识。

(2) 开展典型案例教育,学习经验、吸取教训,增强相关工作人员的安全意识。

(3) 建设应急演练虚拟仿真环境,定期开展安全应急救援预案演练,提高相关工作人员的应急处置和应急救援能力。

(4) 加强岗前三级安全教育和安全技术交底工作。

(5) 利用互联网等现代化安全生产管理技术防范和化解安全风险,提升综合保障能力。

(6) 建设人才培养和评价体系,培养复合型人才队伍。

11.3.2 数字化安全生产数据支撑平台

数据支撑平台既是一个用于高效运转安全生产管理流程、收集和统计分析安全生产管理数据的信息化系统，又是一个以安全生产管理知识支持为基础、以知识自动抽取和智能选择供应为手段、以安全生产管理决策支持为最终目标的智能知识支持系统。

1. 安全生产管理领域数据支持能力

水利工程安全隐患信息、培训相关记录、安全操作规程、事故事件记录、危险作业清单、观察指导记录、安全措施库等各项数据均应纳入数据支撑平台，为事故溯源分析、隐患的排查整改及辅助完善安全制度进行赋能。

2. 智能跟催能力

创新基于互联网的安全生产监管方式，针对岗位内未完成的目标职责、未完成的隐患排查任务、未完成的隐患整改等工作任务和审批流程，系统智能提醒跟催、督办，提升安全生产管理信息化水平。

3. 智能引导能力

塑造平台智能引导能力，减少现场事务性操作。智能引导能力特别体现在危险源新增的情况下，通过结构化填写和拍照即可执行隐患排查工作中。

4. 风险数据库的智能迭代

将施工现场各类隐患排查发现的问题以结构化的形式填写提交后，应被智能推送到风险数据库中，风险数据库中的信息可在办理危险作业票的流程中被调取。打通"风险库""作业票库""安措库""培训模块"等之间的底层数据连接，支持智能决策。

5. 安全行为管理

引入国际领先的人因安全绩效工具——观察指导模块，影响组织机构内各层次人员的行为。

11.4 数字经济下水利工程安全生产管理指标体系与激励机制

11.4.1 安全生产管理指标体系

水利工程应建立健全安全生产管理网络，加强安全生产管理实施过程监督，规范安全投入，完善设备设施管理和现场作业管理，强化员工日常教育培训，确保施工安全；应重视开展隐患排查治理和风险分级管控，以及时消除安全事故隐患和潜在风险因素，加强应急管理工作能力建设；还应加强智能化、信息化、数字化的安全生产管理体系建设，通过自查自纠，对安全生产管理工作进行持续改进。

综上所述，数字经济下水利工程安全生产管理应实现安全生产管理规范化、安全管控智能化和安全评价常态化，具体评价指标如表11-7所示。

表 11-7 数字经济下安全生产管理指标体系

目　标	指标体系
安全生产管理规范化	安全生产目标 组织机构与职责 安全生产投入 法律法规与安全生产管理制度 教育培训 设备设施 作业安全 隐患排查和治理 重大危险源监控 职业健康 应急救援 事故报告、调查和处理
安全管控智能化	安全生产数字化管控 信息化技术支持 施工现场智能化管理
安全评价常态化	绩效评定 持续改进

11.4.2 安全生产管理激励机制

为确保安全生产管理体系的适用性、充分性和有效性，需对安全生产管理进行绩效评价，并结合绩效评价结果，运用激励机制来促进安全生产管理水平的不断提升。例如，可以在合同中设置安全施工奖励条款，改变以罚为主的传统安全生产管理方式，通过设置奖励机制，来调动一线作业人员更好地落实安全生产要求，比如在合同中将安全费用的占比从1.5%提高至1.8%，所增加的0.3%主要用于奖励安全施工的一线作业人员。

施工一线安全生产管理奖励对象及评价指标的具体内容如表 11-8 所示。

表 11-8 施工一线安全生产管理奖励对象及评价指标

奖励对象	指　标
一线作业人员	作业行为
一线作业人员/施工管理人员	施工现场管理 安全防护设施管理 设备设施安全生产管理 安全教育培训 安全事故隐患排查 安全事故应急 文明施工 环境保护
施工管理人员	安全生产管理信息化

11.5　数字经济下水利工程安全生产管理成效

宁夏水利工程建设安全生产管理成效如表11-9所示。其中，得分1为“非常不符”，得分5为“非常符合”。

表11-9　宁夏水利工程建设安全生产管理成效

指　　标	总体		业主		设计		施工	
	得分	排序	得分	排序	得分	排序	得分	排序
安全生产思想意识强	4.41	1	4.57	1	4.31	1	4.35	1
安全生产教育培训到位	4.35	2	4.48	2	4.28	2	4.27	2
安全生产方案执行力强	4.32	3	4.47	3	4.21	4	4.27	2
安全生产检查及时到位	4.29	4	4.43	4	4.23	3	4.20	5
事故调查、分析和处理及时到位	4.25	5	4.38	5	4.14	7	4.24	4
施工场所作业安全生产管理完善	4.23	6	4.38	5	4.17	5	4.14	7
危险源监控及隐患排除治理到位	4.20	7	4.34	7	4.12	9	4.16	6
生产设备设施安全生产管理完善	4.18	8	4.31	8	4.11	10	4.13	8
安全生产管理信息化管理成效显著	4.16	9	4.24	9	4.15	6	4.10	9
安全生产信息化应用程度高	4.14	10	4.24	9	4.13	8	4.05	10
安全生产管理有完善的激励机制	4.10	11	4.21	11	4.06	12	4.03	11
激励机制对安全生产的促进作用明显	4.10	11	4.21	11	4.06	11	4.02	12
均值	**4.23**		**4.36**		**4.16**		**4.16**	

如表11-9所示，宁夏水利工程建设安全生产管理成效的总体得分均值为4.23分，表明安全生产管理取得了较好成效，包括安全生产思想意识、安全生产教育培训、安全生产方案执行力、安全生产检查等。具体包括以下方面。

1. 建立了参建各方安全生产管理合作机制

数字经济下宁夏水利工程参建各方建立了相对较好的合作伙伴关系，逐步实现了规范化安全生产管理。各利益相关方能清楚地认识并致力于实现共同的安全生产管理目标，奠定了参建各方合作安全生产管理的良好基础。

2. 建立了安全保证体系

宁夏水利工程建设中心从组织、制度、技术、投入和信息方面建立了安全保证体系。

(1) 组织体系，包括机构设置、人员配备和工作机制。

(2) 制度体系，包括安全生产的岗位管理制度、措施管理制度和日常管理制度。

(3) 技术体系，根据不同项目和工种提出切实可行的安全保证技术，提供安全生产管理的技术支持。

(4) 投入体系，按合同要求配备了足够的安全生产管理人员，投入了足额的材料和资金，并对其使用实行监管，确保各项安全措施落实到位。

(5) 信息管理，通过建立大数据平台，促进参建各方的安全相关信息共享，发挥信息系统对安全生产工作的推动作用。

3. 数字建管平台安全生产管理

(1) 规范了电子档案的分类、上传、存储和检索功能,为安全大数据管理提供了技术支持,掌握了安全生产管理体系总体运行情况。

(2) 增加了对安全问题的统计和分析功能,系统可呈现安全生产管理要素信息。

(3) 共享了安全分析报告,帮助参建各方制定了针对性的安全生产管理措施,从源头上杜绝或减少安全事故的发生,指导各级安全责任人及管理人员开展安全工作,促进参建各方进行安全生产协同管理。

(4) 加强了数字建管平台的可视化功能,实现了工程建设全维可视、安全生产实时管控,能够及时反馈安全生产问题,促进了安全生产整改,以达到安全生产要求。

(5) 增加了安全教育培训功能,提高了参建人员的安全意识和安全生产技能。

4. 数字建管平台安全大数据管理

数字建管平台电子化档案为安全大数据管理提供了技术支持。例如,通过分析宁夏中线供水工程和固扩工程的安全问题详细台账,对出现的安全问题进行了分类统计,得出水利工程各类安全问题出现频次及占比情况(图 11-1)。

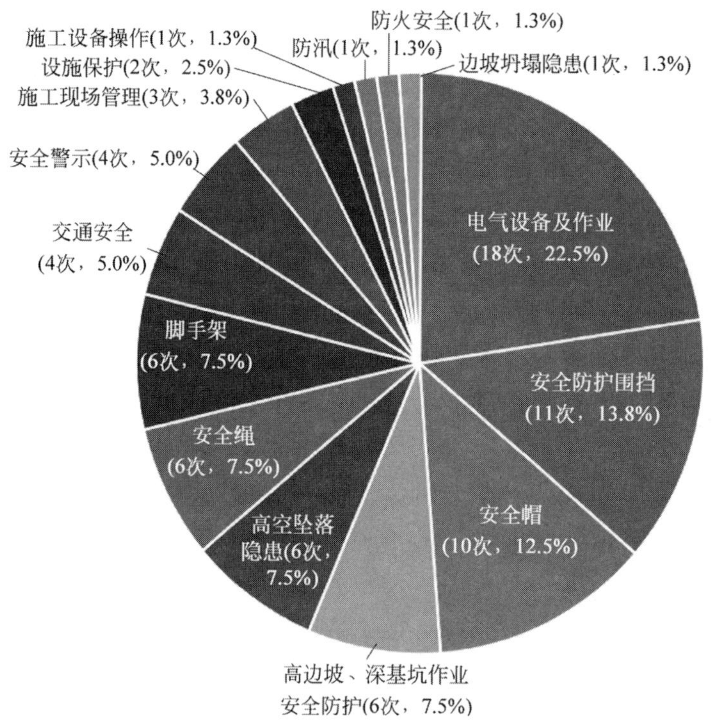

图 11-1 宁夏水利工程各类安全问题出现频次及占比

如图 11-1 所示,"电气设备及作业"问题共出现 18 次,是出现频次最高的安全问题;"安全防护围挡"问题的出现频次也很高,为 11 次;"安全帽"问题出现了 10 次;"高边坡、深基坑作业安全防护""高空坠落隐患""安全绳"和"脚手架"问题的出现频次均为 6 次,需引起各方安全生产管理人员的重视。此外,在"施工现场管理""设施保护"和"施工设备操作"等方面，一线作业人员由于安全知识技能缺乏和应变能力不足导致的不熟悉操作规程、违规操作、违反劳动纪律也成为引发安全问题的主要不安全因素。人的不安全因素和不安全行为是导致水利工程建设项目安全问题的根源，因此，需进一步加强安全法规和制度的宣传教育，提升一线作业人员的安全意识，培养其工作责任心和责任感；还应组织一线作业人员系统学习安全施工相关基础知识，确保岗前三级安全教育和安全技术交底工作到位。

第12章 >>>>>>>>>>>>>>>

数字经济下水利工程建设环境保护管理

12.1 环境保护管理概述

12.1.1 环保水保管理总体要求

1. 环境保护

水利工程建设项目必须在项目前期进行环境影响评价。环境保护总体要求如下：

(1) 坚持保护优先、预防为主、综合治理、公众参与、损害担责的原则。

(2) 遵守污染物排放的国家标准和地方标准，保证污染物排放符合排放总量控制要求。

(3) 防治污染的设施应与主体工程同时设计、同时施工、同时投产使用。

(4) 项目法人在编制环境影响报告书时应充分征求可能受影响的公众的意见。

2. 水土保持

水土保持，是指针对自然因素和人为活动造成水土流失所采取的预防和治理措施。水土保持管理工作是水利工程建设项目的重要组成部分，其总体要求如下：

(1) 坚持预防为主、保护优先、因地制宜、综合治理的原则。

(2) 实行谁开发利用谁保护、谁造成水土流失谁负责治理的制度。

(3) 建立健全水土保持工作协调机制，安排水土保持工作专项资金并组织实施相关计划。

(4) 组织编制水土保持规划，组织水土流失综合治理管理人员，开展水土保持监测工作。

12.1.2 项目法人环保水保管理职责

1. 环境保护

项目法人环境保护管理职责主要有以下内容：

(1) 建立健全环境保护管理组织机构，制定环境保护管理办法，落实责任制。

(2) 编制建设项目环境影响报告书，按照国家有关规定和程序报批。

(3) 督促参建各方遵守环境保护“三同时”管理规定。

(4) 组织开展环保水保设计和实施工作,合理使用环境保护专项资金。

(5) 积极推广环境保护新技术、新材料的使用。

(6) 建立环境保护教育培训机制,将环境保护教育纳入员工培训计划。

(7) 组织开展环境保护监测工作,必要时委托环保监理。

(8) 主动接受环境行政主管部门的监督管理,如实提供相关资料。

(9) 配合环境保护竣工验收工作,完成验收工作。

2. 水土保持

表 12-1 总结了项目法人的水土保持管理职责。

表 12-1 项目法人水土保持管理职责

项目前期	在项目建议书中编写水土保持专章 在可行性研究报告中编写水土保持章节 在工程初步设计中编写水土保持章节 进行水土保持施工图设计 水土保持方案报水行政主管部门审批
施工过程	建立水土保持管理组织机构,制定管理办法 落实责任制,督促参建各方遵守水土保持"三同时"管理规定 组织开展水土保持设计和实施工作 推广落实水土保护新技术、新材料等的应用 建立水土保持教育培训机制,提高水土保持意识 开展水土保持监督检查工作
施工结束	开展水土保持设施验收技术评估工作 召开水土保持设施竣工验收会议

12.2 环境保护管理情况

12.2.1 环境保护合作管理

宁夏水利工程环境保护合作管理情况如表 12-2 所示。其中,得分 1 为"完全不符",得分 5 为"完全符合"。

表 12-2 环境保护合作管理

指标	总体		业主		设计		施工		监理	
	得分	排序	得分	排序	得分	排序	得分	排序	得分	排序
项目在环保生产方面与政府衔接良好	4.08	1	3.76	6	4.64	1	4.23	1	3.67	6
环保管理信息在各参与方间高效传递	4.07	2	3.76	6	4.64	1	4.13	2	3.86	3
各参与方环保管理制度协调性好	4.07	2	3.95	2	4.64	1	4.08	4	3.76	5
各参与方环保管理职责划分明确	4.06	4	3.86	3	4.57	6	4.02	6	4.00	2

续表

指标	总体		业主		设计		施工		监理	
	得分	排序	得分	排序	得分	排序	得分	排序	得分	排序
各参与方在环保管理方面投入了足够资源	4.05	5	3.86	3	4.57	6	4.06	5	3.86	3
各参与方环保管理目标一致	4.02	6	3.80	5	4.57	6	3.89	13	4.19	1
各参与方积极合作解决环保管理问题	3.96	7	3.57	12	4.64	1	4.11	3	3.52	9
项目在环保生产方面与居民合作良好	3.95	8	3.67	11	4.64	1	4.02	6	3.62	7
参建各方环保管理综合能力强	3.94	9	3.76	6	4.57	6	4.00	8	3.57	8
环保绩效指标在考核体系中很重要	3.92	10	4.05	1	4.57	6	3.92	11	3.38	13
参建各方间环保业务流程衔接良好	3.91	11	3.70	10	4.57	6	3.96	10	3.52	9
环保相关部门间沟通顺畅、协同效率高	3.89	12	3.71	9	4.57	6	3.92	11	3.52	9
环保信息化管理收效明显	3.84	13	3.48	13	4.50	13	3.98	9	3.43	12
均值	**3.98**		**3.76**		**4.59**		**4.02**		**3.68**	

如表 12-2 所示，13 项评价指标的总体评分均值为 3.98 分，表明宁夏水利工程环境保护合作管理开展情况良好，参建各方思想统一、目标一致，管理职责划分明确，管理信息在各参与方之间高效传递且管理制度协调性较好。

其中，“环保绩效指标在考核体系中很重要”的总体得分靠后，表明环境保护管理绩效指标虽已纳入各参建单位的考核体系，但还可发挥更重要的作用。

“环保信息化管理收效明显”的总体得分最低，表明利用信息技术支持项目各参与方间环境保护合作管理值得被重视。应利用信息技术优化参建各方环境保护管理业务流程，加强参建各方之间的沟通交流，使各方业务流程衔接良好，提高管理效率。

12.2.2 环境保护业务流程

宁夏水利工程环境保护业务流程情况如表 12-3 所示。其中，得分 1 为“非常不满意”，得分 5 为“非常满意”。

表 12-3 环境保护业务流程

指标	总体		业主		设计		施工		监理	
	得分	排序	得分	排序	得分	排序	得分	排序	得分	排序
环境因素辨识与评价流程	3.95	1	3.62	3	4.29	1	4.09	3	3.71	1
环境保护问题排查与整治流程	3.94	2	3.67	1	4.29	1	4.11	1	3.57	3
环保评价工作流程	3.94	2	3.67	1	4.29	1	4.09	3	3.57	3
安全环保信用评价管理流程	3.93	4	3.52	4	4.29	1	4.11	1	3.62	2

续表

指　　标	总体		业主		设计		施工		监理	
	得分	排序	得分	排序	得分	排序	得分	排序	得分	排序
环保水保费用管理流程	3.81	5	3.38	6	4.29	1	3.97	5	3.52	5
环保教育培训工作流程	3.78	6	3.43	5	4.29	1	3.91	6	3.48	6
均值	**3.89**		**3.55**		**4.29**		**4.05**		**3.58**	

如表 12-3 所示，环境保护管理各项流程的总体评分均值为 3.89 分，表明参建各方在环保教育培训方面投入资源，采取了一系列措施，并取得了成效。“环保水保费用管理流程”的总体得分较低，表明需进一步加强环境保护费用在计划、投入、审核、台账建立等方面的控制和管理。“环保教育培训工作流程”的总体得分最低，表明应进一步加强环保教育培训工作，提高一线作业人员的环保意识和知识技能水平。

12.2.3　环境保护工作表现

宁夏水利工程环境保护工作表现情况如表 12-4 所示。其中，得分 1 为“非常差”，得分 5 为“非常好”。

表 12-4　环境保护工作表现

指　　标	总体		业主		设计		施工		监理	
	得分	排序	得分	排序	得分	排序	得分	排序	得分	排序
环境保护目标与指标控制	3.88	1	3.62	6	4.21	1	4.00	1	3.62	4
环保管理符合法律法规要求	3.87	2	3.67	4	4.21	1	3.92	5	3.71	1
环保管理体系与管理机构建设	3.87	2	3.71	1	4.21	1	3.94	4	3.62	4
环保费用安排	3.86	4	3.71	1	4.21	1	3.92	5	3.62	4
环保设施建设	3.86	4	3.52	8	4.21	1	3.96	3	3.71	1
环保文化建设	3.83	6	3.52	8	4.21	1	3.98	2	3.52	9
环境保护问题排查与整治	3.81	7	3.52	8	4.21	1	3.89	9	3.62	4
环境因素辨识与评价	3.80	8	3.52	8	4.21	1	3.92	5	3.48	10
环保信息化管理	3.79	9	3.57	7	4.21	1	3.89	9	3.48	10
环保方案的执行	3.78	10	3.52	8	4.21	1	3.90	8	3.48	10
重要环境因素控制与管理	3.78	10	3.38	16	4.21	1	3.85	15	3.71	1
环境保护评价与考核	3.78	10	3.71	1	4.21	1	3.85	15	3.38	15
环境保护规划与方案设置	3.77	13	3.38	16	4.21	1	3.88	11	3.57	8
环保费用使用	3.74	14	3.67	4	4.21	1	3.77	17	3.40	14
环保教育培训	3.74	14	3.52	8	4.21	1	3.88	11	3.29	17
环境保护资料与记录	3.73	16	3.52	8	4.21	1	3.87	13	3.29	17
环保设施的运营与维护	3.71	17	3.29	18	4.21	1	3.87	13	3.38	15
节能减排与绿色施工	3.68	18	3.43	15	4.21	1	3.72	18	3.48	10
均值	**3.79**		**3.54**		**4.21**		**3.89**		**3.52**	

如表 12-4 所示，环境保护管理工作 18 项评价指标的总体评分均值为 3.79 分，表明项目对环境保护和水土保持工作提出了严格要求，施工单位在推进项目实施过程中也能够较好地履行对于环保和水保的承诺。“节能减排与绿色施工”的总体得分最低，是因为项目实施过程中主要使用了传统施工材料和技术。为此，需从节约资源和保护环境的角度，鼓励施工方运用各种绿色施工技术和环保材料来实现节能减排目标，减少施工过程对自然环境的影响。

12.3 数字经济下水利工程环保水保管理措施

12.3.1 环保水保内部控制管理

1. 工作制度

制度的制定和实施可以保证环保水保管理工作在一个总体的框架下顺利开展，为进一步开展精细化环保工作奠定基础。环保水保管理各项内部工作制度主要包括：

(1) 安全生产制度。

(2) 巡查制度。

(3) 会议制度。

(4) 工作日志制度。

(5) 工作报告制度。

(6) 文函往来制度。

2. 内部分工

根据实际工作需要，环保水保管理人员的具体分工如表 12-5 所示。

表 12-5 环保水保管理人员分工

工作大项	编号	工作细项
全面管理	1	全面负责环境保护管理各项工作
内业管理	1	发文的校核及审阅
	2	现场环境保护管理
	3	现场财务管理工作
	4	现场车辆安排、调度
	5	现场办公用品、公章的使用及保管
	6	生活设施及用品管理
	7	环保水保信息统计工作
	8	内部监测仪器使用及保管
	9	工地巡查记录及保管
	10	纸质文件管理及归档工作
	11	电子文档及图像资料的管理维护
	12	环保宣传类工作
	13	周报、月报、季报、半年报告及年度报告的编写工作

续表

工作大项	编号	工作细项
外业管理	1	砂拌系统环保工作
	2	复建公路工程环保工作
	3	场内公路工程环保工作
	4	垃圾填埋场环保工作
	5	环境监测
	6	水保监测

3. 岗位职责

招投标阶段应明确环保水保管理各岗位的岗位职责，在实施细则编制过程中还应有进一步的细化，以便环保水保管理人员能各司其职、各负其责。

4. 成本控制

精细化的核算是管理者清楚认识自己经营情况的必要条件和最主要的手段。环保水保管理在精细化核算方面应做出如下规定：

(1) 定期(每年初)对下阶段预算经费逐项核算，实现每个款项均有出处、有用途；

(2) 管理过程中凡与财务有关的行为都要进行专项财务记录和核算。

(3) 定期(每年末)进行费用支出的统计与核算，通过核算发现经营管理中的漏洞，及时解决问题。

12.3.2　环保水保合作管理

水利工程建设环保水保与参建各方密切相关，需加强参建各方间的环保合作管理，主要包括以下方面：

(1) 参建各方要根据项目实际情况，针对水污染、大气污染等环境问题共同制定详细的环保水保管理条例，进行严格的环保水保管理。

(2) 施工单位应加强自身内部管理，对施工人员进行环保水保专业培训，提高施工人员的技术水平和综合素质。

(3) 业主与施工单位应共同建立激励机制，对积极保护环境的施工人员进行奖励，对污染环境的施工人员进行惩罚，约束施工人员的行为。

(4) 项目法人和监理单位要加强对施工单位的环保监督工作，将环保水保管理评价纳入对施工单位的考核体系。

(5) 强调环保水保管理绩效指标在各参建单位考核体系中的重要性并提高其所占比重。

(6) 建立参建各方环保水保管理协同工作业务流程，加强沟通交流，使各方环保相关业务流程衔接良好，以高效实现水利工程环保目标。

12.3.3　环保水保全过程管理

1. 充分掌握环保水保相关基础资料

(1) 充分研究环境影响评价报告书、水土保持方案报告书以及各自的批复文件资料内容，熟悉其中的环保水保措施要求和实施步骤。

（2）研究各施工标段设计文件中有关环保水保的部分，掌握各项环保水保措施的落实时间、实施要求等内容。

2. 建立环保水保管理制度保证体系

水利工程环保水保制度保证体系应包括：

（1）环保水保管理办法。

（2）环保水保技术实施细则。

（3）环保水保奖惩实施细则。

（4）环保水保信息管理实施细则。

（5）环保水保验收实施细则。

（6）环保水保定期检查考评实施细则。

3. 强化环保水保管理措施落实

应根据环境影响评价报告书及其批复文件的有关规定，结合各个标段的施工合同及时地要求责任单位落实环保水保措施，发现施工过程中存在环保违规、违约行为要及时制止并处理。环保水保具体问题处理流程如图 12-1 所示。

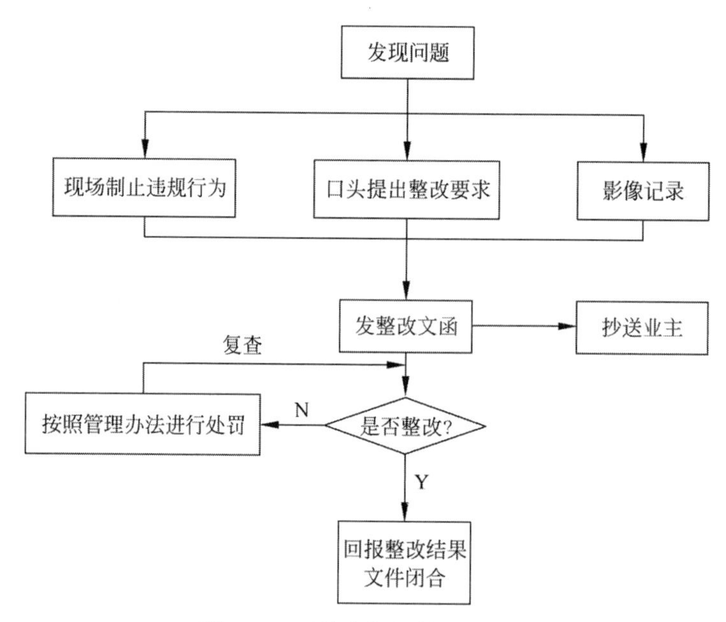

图 12-1 环保水保问题处理流程

4. 严格开展环保水保验收工作

环保水保管理应组织各工程标段的环保验收工作，严格按照环保水保管理办法、环保水保验收实施细则对已完工的施工项目进行环保水保验收。把环保水保验收作为施工项目验收的先决条件，督促工程监理单位和施工单位单独编写验收标段环保水保工作总结报告，并依据有关规定严格审查，对不能达到环保水保验收要求的工程项目，一律要求整改，合格后才予以验收。

12.4 数字经济下水利工程环保水保管理指标体系与考核机制

12.4.1 环保水保管理指标体系

数字经济下环保水保管理应实现环保水保管理规范化、环保水保管控智能化、环保水保评价常态化，具体指标如表 12-6 所示。

表 12-6 数字经济下环保水保管理指标体系

目标	指标体系
环保水保管理规范化	环保水保目标 组织机构与职责 法律法规与环保水保管理制度 教育培训 环保水保费用管理 环保水保文化建设 环境因素辨识与评价 环保水保问题排查与整治 环保水保规划与方案设置 重要环境因素控制与管理 环保水保方案的执行 环保水保资料与记录 环保水保设施的运营与维护
环保水保管控智能化	安全生产数字化管控 信息化技术支持 施工现场智能化管理
环保水保评价常态化	绩效评定 持续改进 绿色施工

12.4.2 环保水保管理考核机制

针对环保水保管理工作，应建立相关考核机制，并逐条细化成为考核表的形式，定期对项目部人员进行工作情况考核，并做到考核内容透明、有理有据。如表 12-7 所示，环保水保管理人员考核包括 3 个部分：职业素质考核、内业工作考核及外业工作考核。其中，职业素质考核细化为专业知识、分工内容熟悉程度、管理能力和职业道德 4 项；内业工作考核细化为内业工作完成数量和内业工作完成质量 2 项；外业工作考核细化为工地检查、参会情况、工作协调、技术指导和文明施工 5 项。对每项内容分别评分，明确评分方式，每次考核的总分等于每项得分乘以对应权重系数的代数和。

表 12-7 环保水保管理人员考核

考核大项	编号	考核细项	权重	得分
职业素质	1	专业知识	5%	
	2	分工内容熟悉程度	5%	
	3	管理能力	5%	
	4	职业道德	5%	
内业工作	1	内业工作完成数量	15%	
	2	内业工作完成质量	15%	
外业工作	1	工地检查	10%	
	2	参会情况	10%	
	3	工作协调	10%	
	4	技术指导	10%	
	5	文明施工	10%	
总分			100%	

12.5 水利工程建设环境保护管理成效

宁夏水利工程建设环境保护管理成效如表 12-8 所示。其中,得分 1 为“非常不符”,得分 5 为“非常符合”。

表 12-8 宁夏水利工程建设环境保护管理成效

指标	总体		业主		设计		施工	
	得分	排序	得分	排序	得分	排序	得分	排序
环境保护思想意识强	4.20	1	4.39	1	4.11	2	4.08	2
环境保护方案执行力强	4.17	2	4.35	2	4.06	6	4.10	1
环境保护检查及时到位	4.17	2	4.29	6	4.15	1	4.07	3
重要环境因素控制与管理到位	4.16	4	4.32	4	4.11	2	4.06	6
环境保护问题排查与整治及时彻底	4.14	5	4.32	4	4.04	10	4.07	3
环境保护教育培训到位	4.14	5	4.33	3	4.07	5	4.03	9
低碳减排要求与管理考虑充分	4.14	5	4.28	7	4.08	4	4.07	3
环境保护信息化应用程度高	4.12	8	4.27	8	4.06	6	4.04	8
激励机制对环境保护的促进作用明显	4.12	8	4.23	10	4.06	6	4.06	6
环境保护信息化管理成效显著	4.11	10	4.24	9	4.06	6	4.03	9
环境保护管理有完善的激励机制	4.04	11	4.14	11	4.03	11	3.96	11
均值	**4.14**		**4.29**		**4.08**		**4.05**	

如表 12-8 所示,宁夏水利工程建设环境保护管理成效的总体得分均值为 4.14 分,表明环境保护管理取得了较好成效,表现在环境保护思想意识强、环境保护方案执行力强、环境保护检查及时到位、重要环境因素控制与管理到位等方面。具体措施如下。

1. 积极采取降尘措施

（1）注重施工现场洒水工作，对扬尘情况比较严重的工序增加洒水次数。

（2）按照相关规定合理运送施工垃圾。

2. 减少噪声污染

（1）施工单位引进环保型的振动机具，避免严重的噪声污染。

（2）定期对设备进行维修保养，及时解决设备故障，降低设备噪声。

（3）合理把控施工时间，避免给周围居民的生活带来不利影响。

3. 合理处理固体废弃物

（1）回收再利用部分固体废弃物，从而节约成本，减少环境污染。

（2）合理处理不可回收的固体废弃物，按照规定运输至固定地点，减少环境污染。

4. 加强环境监测

（1）利用专业的环境监测仪器进行环境监测。

（2）对环境监测结果进行综合分析。

（3）根据具体问题制定相应的解决措施，实现水利工程与生态环境协调发展。

第13章 >>>>>>>>>>>>>>

数字经济下水利工程建设监理管理

13.1 项目监理模式

13.1.1 国际工程项目监理

1. 监理工程师的发展历程

国际工程咨询行业起源于产业革命发展以前的16世纪，这一时期的建筑队伍已经开始了专业化的分工，监理最早的雏形基本形成。1830年，英国政府首次推出总承包合同制度，给工程监理的进一步发展提供了良好的社会环境。20世纪初，欧洲5个独立的工程师协会共同成立了国际咨询工程师联合会(International Federation of Consulting Engineers，FIDIC)，工程咨询进入了迅速发展的时期。在第二次世界大战后，工程建设咨询服务范围已覆盖到建设工程全过程。

1957年，国际通用FIDIC条款中，把测量师、咨询工程师、建筑师进行的工作内容称为建设监理，并规定了工程师所具有的一般职权。从该条款中可以看到国际上施工阶段建设监理的主要情况。

西方发达国家的建设监理起步较早，管理体系较为完善，形成了监理基本惯例，工程监理制在国际性招投标建筑承包项目中也有着重要的地位。

2. 监理工程师的工作依据

根据FIDIC合同的相关规定，咨询工程师是业主的代理人，是为业主具体管理项目的专业人员。咨询工程师在业主和承包商的合作中，扮演着仲裁员和中间人的角色，负责监督履行合同情况，协调两方的合作关系。咨询工程师对施工中的安全、质量、进度、费用进行跟踪，确保承包商的施工行为符合合同要求，以实现项目最终目标。监理工程师的工作依据包括以下3个方面：

(1) 法律法规及合同条款。国际工程项目中，承包商须满足各项法律法规和招投标文件中的要求，并且监理工程师对于合同条款的执行要求十分严格，凡是合同中约定的条款，承包商必须严格执行。一旦承包商出现不认真履行合同的行为，监理工程师有权要求承包商停工，建议业主对承包商进行罚款或解除部分合同，甚至当履约问题严重到一定程度时能够建议业主解除合同关系。

(2) 设计图纸、技术标准、规范、变更指令或国际通用规则等。监理工程师可根据上述内容要求承包商对不符合规定的部分进行整顿,或要求项目停工,直到满足上述规定的要求。例如,在国际工程 EPC 项目中,由于中外技术标准和工作习惯存在差异,承包商提交的设计方案往往需要进行多次修改后才能通过审批,进行后续施工。此外,由于现场施工的 HSE 相关问题,承包商经常被投诉野蛮施工,监理工程师会叫停相关违规工作并要求承包商进行整顿。

(3) 业主的指令。监理工程师本质上是业主聘请的咨询单位,因此业主的指令也是其工作的重要依据之一。对于业主提出的合理变更或对承包商项目实施工作不认可的地方,监理工程师也会协调双方的关系,在不损害承包商利益的前提下满足业主的要求。一般而言,监理工程师需要了解整个工程项目,以此为基础来平衡业主和承包商的利益。

3. 监理工程师的职责权限

FIDIC 条款中,对监理的职权范围规定如下:

(1) 监理工程师应履行合同中规定的职责。在合同文件中规定监理工程师在行使部分权力时应事先征得业主的批准。但是当监理工程师认为出现了危及生命、工程或财产安全的紧急事件时,在不解除合同规定的任何义务和职责的情况下,监理工程师可以指示承包商实施他认为可以解除和减少这种危险的所有工作或去做此类事情。国际规定监理工程师无权更改合同,也无权解除业主和承包商任何一方的义务或责任。监理工程师应按照业主和承包商签订的合同监督工程项目的实施,确保能够有效地控制工程成本、工期及质量。

(2) 监理工程师应该认真履行自己的职责,对承包商的施工工作进行检查、监督和管理;如果监理工程师发现承包商的工作计划或施工措施不当,即将影响到工程质量时,应及时提出意见和建议,具体的改进措施由承包商来负责。如果监理工程师未尽到其监督和管理的职责,从而给业主造成了损失,监理工程师应根据监理合同中的约定承担相应的责任。

4. 监理工程师的资格标准

国外对监理工程师的学历要求较高,大部分都要求具备硕士、博士学位,具备技术、经济、法规和管理的综合知识以及丰富的实践经验。例如,美国兰德公司,监理工程师硕博学位拥有者占比在 65%以上;德国克瞄伯康采恩系统工程公司,50%的监理工程师具有博士学位。英国建筑业长设会 CISC 制定的建设监理人员国家执业资格标准对建设监理各阶段要求进行了详细的描述,并要求监理从业人员有远高于一般现场管理人员和现场监督人员的管理水平。

综合以上,国际工程监理的工作权限大、工作范围较广泛、职业化程度高、理论水平高,咨询收费也较高[62]。

13.1.2 国内工程项目监理

1. 监理工程师的发展历程

从 1988 年以来,我国建设监理制度的发展经历了 3 个阶段:试点阶段(1988—1992 年)、稳步发展阶段(1993—1995 年)及全面推行阶段(1996 年后)。

2. 监理工程师的工作依据

我国监理工程师的工作依据主要包括:工程承包分包监理合同文件;工程设计文件;

建设工程建设监理规范；国家省市有关部门颁发的质量方面的法律、法规性文件；与工程项目质量、安全有关的施工验收规范、规程、技术标准和强制性条文；市级以上有权监督部门出具的新技术、新工艺、新材料的真实鉴定文件及有关数据指标。进度控制的依据则出自建筑单位和承建单位签订的工程合同所确定的工期目标。

3. 监理工程师的职责权限

我国监理单位属于社会监督机构，业主一般通过招投标的方式选定监理单位，为业主提供服务。我国监理工程师职责的发展过程大致如下：监理工程师最初的定位是对投资行为、国民经济投资方向、建设项目监督和管理 3 个方面；经过一段时间的工程实践后，监理工程师的职责调整为代表业主利益，对建设活动设计和施工进行监督，其职责内容主要是“四控两管一协调”，即工程质量控制、安全控制、建设工期控制、投资控制与工程建设合同管理、信息管理，并协调参建各方之间的工作关系。在我国建设体制下，业主承担项目建设的主要责任，对项目的管理和控制介入较深，从实际工作情况来看，监理工程师的工作在工程管控方面很大程度上受到业主影响。

4. 监理工程师的资格标准

我国监理工程师执业资格考试是控制监理行业人员素质的主要方式，但监理工程师的执业资格门槛比较低，有些未经认证的监理从业人员仅接受较短时间的培训即可上岗工作，导致了监理人员素质参差不齐的问题。同时我国对于监理工程师的培训落实不到位，监理从业人员难以获得长期的高质量的继续教育，缺少技术、经济、法规和管理方面的系统知识和项目综合管理能力。

13.2 国内外项目监理模式对比

13.2.1 监理工程师的市场环境

从 1992 年到 2014 年，我国监理从业人员从 23 813 人增长到了 932 856 人，监理企业数量翻了 10 倍，监理行业得到了极大的发展，但现阶段我国监理市场仍有很大提升空间。首先，我国建设市场受行政管理的影响较大，相关法律法规和管理制度也存在不健全、不完善的情况，监理工程师的权威性和自主性受到制约[63]。其次，监理业务在整个建设行业中的份额较小，市场上大部分监理企业都达不到规模经营，各类监理队伍并存，存在无序竞争的情况；过低价中标导致监理单位无法给项目提供优质人力资源、机械设备以及服务，且利润空间的压缩也难以吸引高素质的人才进入监理行业，进一步抑制了监理行业的发展。最后，监理业务存在地方保护和行业保护的情况，短期内对本地监理企业是一种扶持，但从长远来看，缺乏竞争的环境会导致监理行业的竞争力不断下降。

相比于中国监理的行政管理，国外咨询业主要采用行业管理的方式。FIDIC 和各国咨询工程师协会负责管理和主导整个建设市场，是建设业技术规范、合同的制定者。在 FIDIC 合同中有对咨询工程师明确的定位和责任划分，咨询人员的准入门槛相对较高、企业注重品牌化建设、招投标制度相对健全。工程咨询企业需有职业责任保险或担保才能承接工程，提高了咨询方的履约意识，并转移了业主方的风险；同时，咨询业整体市场较为开放，在整个建设行业的市场份额也较大，咨询业务不局限于建设监理，咨询工程师的生存空间较大。

13.2.2 监理工程师的职责范围

国际各国咨询工程师的业务链较长，各国监理行业工作内容的对比如表13-1所示。

表 13-1 各国监理行业工作内容对比表[64]

工作内容	英国	美国	日本	新加坡	中国
投资建议	○	○	△	○	—
项目策划/可行性分析报告	○	○	△	○	—
编制项目手册	○	○	△	○	—
报建审核手续	△	○	△	○	—
设计监理/设计	△	○	○	○	△
招标	○	△	○	○	△
质量管理	△	△	○	△	○
进度管理	○	△	○	△	○
投资管理	○	△	○	△	○
信息管理	△	△	○	△	○
运营/维护建议	△	—	—	—	—
物业管理计划	△	—	—	—	—

注：○为重点工作；△为非重点工作；—为无此项工作

西方国家监理工作内容更侧重于前期阶段，强调承包商自身应负责项目施工阶段的质量控制，而我国强调监理工程师对项目施工质量、进度和造价的全面控制与管理。

13.3 工程监理信息化管理建设

13.3.1 监理信息化建设现状

我国在建筑施工监理信息化建设中取得了较为可观的成效，尤其是一些在南方的经济较为发达的地区，监理信息化建设水平得到了显著提升，但是相较于美国、日本以及欧洲国家还存在较大的差距。现阶段我国工程建设施工监理信息化建设中存在的问题如下。

1. 信息管理手段较为落后

我国现阶段的工程建设施工监理信息化建设总体水平偏低，其中应用的信息管理手段更多的是采用人工录入和传递，存在由于人工失误造成监理信息不完整、效率低和共享性差的问题，难以满足工程建设监理工作需求。即便有部分监理单位应用了信息化技术，但是应用范围较窄，更多的是集中在工程建设前期的招投标、工程造价预算和工程设计等阶段，施工质量、进度和成本安全方面应用较少，建设监理信息化水平偏低。

2. 施工企业信息技术应用管理水平偏低

施工企业在管理工作中，应用信息技术水平偏低，更多的是利用信息技术来制定工程施工计划，在执行监督中尚未具备合理有效的管理方法。此外，在激烈的市场竞争中，施工单位为了能够在其中脱颖而出，工程参与单位不同阶段形成的质量信息，未能及时存储、传递和共享等，致使工程利益方之间协调性较差，很多工程质量的信息采集和利用工作不充分，严重影响到工程质量决策的合理、准确。

3. 工程监理工作不规范

很多监理企业内部缺乏信息化管理平台，存在监理过程不规范、难以满足实际工作需求的情况。同时，建设监理信息化水平低，很难对工程建设过程中存在的质量、安全、进度和成本问题进行系统分析，难以提出预警并在项目实施过程中进行有效控制。

13.3.2 数字经济下建设监理的优势

工程建设监理信息化是运用现代化信息技术来辅助监理工作开展。系统的信息化管理能够促进监理运作程序化、制度化，从而获得精细管理的效益[65]。相较于传统的工程施工监理工作而言，数字经济下建设监理工作具有以下方面优势：

(1) 监理商务平台信息化，工程招投标工作可以实现网上执行，包括信息发布以及后续的招标、投标和评标等工作，有助于工程招投标信息更加透明、公正。

(2) 基于信息技术，及时、充分了解工程施工情况，加强项目实施质量、安全监控。

(3) 高效协调施工中各项业务，提升施工效率。

(4) 优化现场资源配置，精准地进行成本核算，提升工程建设经济效益。

13.3.3 监理信息化发展方向

“十四五”期间，水利工程建设监理工作须贯彻新发展理念和网络强国、数字中国、智慧社会战略部署，落实水利部推动新阶段水利高质量发展要求，以数字化、网络化、智能化为主线，以数字化场景、智慧化模拟、精准化决策为路径，全面推进算据、算法、算力建设，加快构建数字互联共享、数据综合集成、建设协同高效的监理工作运行机制。需重点关注数字化转型和数字孪生。

(1) 数字化转型。数字化转型即利用新技术带来的机遇推动业务增长，新技术覆盖了从信息技术到金融科技、虚拟现实、无人驾驶、机器人、大数据学习以及 3D 打印等。

(2) 数字孪生。数字孪生意味着充分利用物理模型、传感器更新、运行历史等数据，集成多学科、多物理量、多尺度、多概率的仿真过程，在虚拟空间中完成映射，从而反映相对应的实体装备的全生命周期过程。近年来，随着 BIM 技术的发展，工程建设行业数字孪生的实现更加容易、高效，从而使显著提高项目技术水平成为可能。

从信息技术发展方向来看，需重点聚焦大数据自动采集、大数据传输、大数据应用、人工智能应用以及自动化和机器人应用等，具体包括以下方面[66]。

1. 企业管理系统

企业管理系统是企业信息化转型的重要组成部分。但目前,企业管理信息系统过于碎片化,有的企业管理系统超过100多个,一个个孤立存在,非但没有提升工作效率,反而降低了管理质效,这也是企业进行数字化转型当前面临的主要问题。

2. 智慧工地系统实用化

智慧工地意味着集成应用云计算、大数据、物联网、移动互联网、人工智能等"互联网+"技术,形成项目管理系统。它的核心是实现项目数据采集自动化和实时化,同时要求将数据高速传输用于项目问题的及时应对和项目工作的及时决策。智慧工地系统实用化将解决行业信息化"最后一公里"问题,有效提高项目管理水平和效益。

3. BIM应用

我国已经有相当数量的建设项目应用了BIM技术。BIM具有可视直观、自动检查设计冲突等优势,应用前景很好,但目前受成本等影响,实际应用的项目并不多,积极性相对较低,即BIM应用落地化方面存在问题。随着数字孪生以及BIM技术的不断改进升级,BIM应用将不断推广。

4. 5G技术用于大数据自动采集和传输

5G技术传输速度快、容量大、可靠度高,在这几方面与4G技术相比均有10倍左右的提高。工程建设行业具有项目驱动型的特点,与传统工业工厂的固定化相比,建设项目分布广、流动性强。应用5G技术,可以通过物联网、智能手机等技术,使建设项目信息采集更加高效、信息传输更加迅捷,可为提高项目建设监理水平提供技术支持。

5. 大数据应用

工程建设行业存在大量数据,但大数据采集与分析仍然欠缺。主要原因在于,工程建设行业的数据散布在各部门、各企业、各项目之中,收集难度很大。随着数据自动采集技术发展和组织数字化转型,大数据应用技术将越来越受到重视。

6. 人工智能应用

人工智能自动处理技术能够极大提高工作效率,远超人工作业效果。例如,针对安全施工问题,可以采用深度学习技术对施工现场视频进行分析,发现问题后及时进行干预,从而避免施工事故的发生。

7. 自动化和机器人应用

目前自动化和机器人在工程建设行业应用还比较少,未来须突破工程建设行业的自动化和机器人技术瓶颈,进一步提升建设行业信息化水平。

13.4 水利工程项目监理情况

13.4.1 监理招投标报价

合理的招投标评价体系是选择合适监理方的关键,业主通过招标文件阐明所需监理的企业资质、人员素质以及资源配置等，监理方则根据业主的需求编写相应的投标文件。各因素对监理招投标工作的影响程度如表 13-2 所示。其中，得分 1 为“影响程度很低”，得分 5 为“影响程度很高”。

表 13-2 各因素对监理招投标工作的影响程度

影响因素	总体		业主		设计		施工		监理	
	得分	排名	得分	排名	得分	排名	得分	排名	得分	排名
监理公司的业绩和声誉	4.00	1	3.81	1	4.50	1	4.00	3	4.50	1
监理进场人员配置	3.95	2	3.57	8	4.43	2	4.14	1	4.43	2
现场施工协调计划	3.94	3	3.76	3	4.36	9	4.05	2	4.36	8
工程质量控制方案	3.94	3	3.62	6	4.43	2	3.81	8	4.43	2
监理的组织结构与管理制度	3.91	5	3.80	2	4.43	2	3.57	13	4.43	2
监理公司财务及经营状况	3.89	6	3.57	8	4.36	9	3.67	12	4.36	8
工程建设合同管理	3.89	6	3.52	11	4.36	9	4.00	3	4.36	8
工程投资控制方案	3.86	8	3.76	3	4.43	2	3.76	10	4.43	2
工程进度控制方案	3.86	8	3.57	8	4.43	2	3.81	8	4.43	2
工程建设信息管理	3.84	10	3.67	5	4.36	9	3.86	7	4.36	8
监理进场人员的资质和素质	3.84	10	3.62	6	4.43	2	3.91	6	4.43	2
监理投标报价	3.83	12	3.29	15	4.36	9	3.71	11	4.36	8
总监理工程师和各业务副总监的面试情况	3.71	13	3.38	14	4.14	15	3.95	5	4.14	15
职业健康与安全控制方案	3.70	14	3.43	12	4.43	2	3.57	13	4.36	8
监理的设备投入	3.69	15	3.43	12	4.36	9	3.38	15	4.36	8
均值	**3.86**		**3.59**		**4.39**		**3.81**		**4.38**	

由表 13-2 可知，“监理公司的业绩和声誉”“监理进场人员配置”“现场施工协调计划”和“工程质量控制方案”对监理招投标工作的影响程度最大。业绩和声誉是监理单位过往能力的体现，监理单位配置的进场人员很大程度上决定施工现场的管理水平，质量控制方案和施工协调计划与监理的日常工作密切相关。

“监理投标报价”对招投标工作的影响排名相对靠后，一般而言，监理取费均偏低。工程整体规模越大，根据定额监理的取费越低；一个整体工程通常分为不同的标段，由不同的监理单位投标，但每家监理必须仍以较大规模整体工程的低取费标准进行小规模标段的监理工作，以保证各标段监理费用的总和不超过整体工程的概算，导致各家监理取费的标准偏低。此外，激烈的市场竞争迫使监理单位倾向于采取低价中标策略，也是监理取费偏低的原因之一。

13.4.2 监理责权利分配

宁夏水利工程监理合同中责权利分配情况如表 13-3 所示。其中，得分 1 为“完全不符”，得分 5 为“完全符合”。

表 13-3　监理合同中责权利分配情况

责权分配表现内容	总体		业主		设计		施工		监理	
	得分	排名	得分	排名	得分	排名	得分	排名	得分	排名
监理的责任与权利划分清晰	4.01	1	3.43	5	4.36	1	4.00	1	4.10	1
监理的责任与权利分配合理	3.95	2	3.86	1	4.36	1	3.98	3	4.05	2
监理的工作范围界定清晰	3.94	3	3.67	3	4.36	1	4.00	1	3.90	4
业主对监理有较完善的激励(奖惩)机制	3.88	4	3.71	2	4.07	5	3.90	5	3.71	5
业主对监理有较完善的绩效评价机制	3.87	5	3.62	4	4.29	4	3.95	4	3.91	3
均值	**3.93**		**3.66**		**4.29**		**3.97**		**3.93**	

由表 13-3 可知,即便合同中对监理的责任和权力划分清晰、分配合理,但参建各方对责权的认识依然存在不一致的情况。监理本应是靠合同来管理的,但在实际执行过程中由于各方面的原因,监理的权威性被削弱,使得监理的作用发挥受到限制。由于工程款支付、进度和现场资源分配是业主主导,有时业主行政意识较强,监理方经常只考虑业主的指示,而自身的权威性不足。

"业主对监理有较完善的激励(奖惩)机制"和"业主对监理有较完善的绩效评价机制"的总体得分较低,表明业主对监理的绩效评价和激励机制仍需加强。由于水利工程为线性分布,施工范围广,现场施工监管比较困难,如何有效评价和激励监理工作值得予以重视。

13.4.3　监理绩效评价与激励措施

宁夏水利工程业主对项目监理采用的绩效评价和激励措施如表 13-4 所示。其中,得分 1 为"很少使用",得分 5 为"一直使用"。

表 13-4　业主对项目监理采用的绩效评价与激励措施情况

绩效与激励措施	总体		业主		设计		施工		监理	
	得分	排名	得分	排名	得分	排名	得分	排名	得分	排名
过程评价:施工计划、施工过程、材料设备测试、质量控制、各方协调、合理化建议等方面的表现	3.73	1	3.38	4	3.85	2	3.71	5	3.57	3
激励机制:奖惩与过程评价相结合	3.66	2	3.38	4	3.69	4	3.71	5	3.48	5
学习和创新评价:员工培训、质量与安全体系建设、信息管理和合理化建议等方面的表现	3.66	3	3.52	2	3.77	3	3.76	3	3.91	1
结果评价:成本、质量、进度、安全、生态与环境、移民等目标的实现程度	3.61	4	3.57	1	3.92	1	3.83	1	3.52	4

续表

绩效与激励措施	总体		业主		设计		施工		监理	
	得分	排名	得分	排名	得分	排名	得分	排名	得分	排名
激励机制：奖惩与学习和创新评价相结合	3.59	5	3.48	3	3.54	6	3.76	3	3.67	2
激励机制：奖惩与结果评价相结合	3.56	6	3.38	4	3.69	4	3.81	2	3.48	5
均值	**3.64**		**3.45**		**3.74**		**3.76**		**3.61**	

由表 13-4 可知，对监理的绩效评价与激励措施使用情况总体得分均值为 3.64 分，表明监理绩效评价与激励需进一步加强。绩效评价与激励不仅要重视项目实施过程和结果，还应关注学习与创新，以不断提升参建各方能力水平。

13.4.4 监理能力表现

宁夏水利工程监理单位的能力表现情况如表 13-5 所示。其中，得分 1 为“很差”，得分 5 为“很好”。

表 13-5 项目实施过程中监理能力评价

监理能力	总体		业主		设计		施工		监理	
	得分	排名	得分	排名	得分	排名	得分	排名	得分	排名
监理的综合协调能力	3.76	1	3.33	2	4.14	1	4.00	1	3.96	2
监理的合同管理能力	3.68	2	3.48	1	4.14	1	3.76	5	3.81	6
监理的信息管理能力	3.65	3	3.29	4	4.00	6	3.81	3	3.84	5
监理的施工审查能力	3.64	4	3.33	2	4.07	3	3.85	2	3.72	7
监理的采购审查能力	3.61	5	3.24	7	4.07	3	3.70	6	3.90	3
监理的设计审查能力	3.61	5	3.24	7	4.07	3	3.67	7	3.90	3
监理的环保审查能力	3.60	7	3.29	4	4.00	6	3.50	8	4.01	1
监理的职业健康安全审查能力	3.57	8	3.29	4	4.00	6	3.79	4	3.65	8
均值	**3.64**		**3.31**		**4.06**		**3.76**		**3.85**	

由表 13-5 可知，项目实施过程中监理能力评价的总体得分均值为 3.64 分，表明监理的能力还有较大的提升空间。监理取费服务较低，导致待遇低，吸引不到高质量的人才，是制约监理能力提升的重要因素。在监理单位选择过程中，不宜以最低价为选择原则，应选择能力强、资源配置充分的单位从事监理工作。

13.4.5 监理工作表现

宁夏水利工程监理单位在工作中的具体表现情况如表 13-6 所示。其中，得分 1 为“很差”，得分 5 为“很好”。

表 13-6 监理单位工作表现评价

监理工作内容	总体		业主		设计		施工		监理	
	得分	排名	得分	排名	得分	排名	得分	排名	得分	排名
监控施工进度	3.77	1	3.62	1	4.14	1	3.88	12	3.81	11
审核工程量和造价	3.77	1	3.38	2	4.14	1	3.99	3	3.93	2
协调设计图纸供应和设计变更	3.74	3	3.29	4	4.14	1	4.03	2	3.90	4
审查施工安全措施	3.74	3	3.38	2	4.14	1	3.96	5	3.87	7
监理能够使施工方很好地履行义务	3.73	5	3.20	10	4.14	1	4.05	1	3.95	1
监理进场人员保持稳定，以确保工作的延续性	3.70	6	3.29	4	4.14	1	3.99	3	3.84	8
基于信息技术管理项目信息和文档	3.70	6	3.29	4	4.07	12	3.92	10	3.88	5
核查安全隐患和应急处置安全事故	3.69	8	3.29	4	4.14	1	3.95	7	3.84	8
审核与监督环保水保、文明施工	3.69	8	3.19	11	4.14	1	3.96	5	3.91	3
检查设备和材料，确保设备与材料质量符合要求	3.67	10	3.24	8	4.14	1	3.93	8	3.83	10
审核与监督施工方案、过程和结果，确保工程质量符合要求	3.64	11	3.24	8	4.14	1	3.90	11	3.79	12
处理合同变更、索赔与争端	3.64	11	3.10	12	4.14	1	3.93	8	3.88	5
均值	**3.71**		**3.29**		**4.13**		**3.96**		**3.87**	

由表 13-6 可知，业主对监理单位工作表现的评价明显低于施工方和监理方给出的评分，表明监理单位的工作表现需要进一步提升。合同赋予监理工程师的职责是控制质量、成本、进度和安全，进行合同管理和信息管理，并协调参建各方之间的关系。但在实际操作过程中，由于监理人员自身的能力问题、资源配置问题和业主直接干预等方面的因素，导致监理方在项目实施过程中难以体现应有的作用。此外，施工单位的人员能力不强、管理水平不高、资源投入不足和工艺水平落后也会给监理工作带来额外负担，从而影响到监理人员的工作表现。除了应明确监理人员的职责和工作范围，还应加强对监理工作的绩效评价与考核，并建立相应的激励机制，使监理单位有动力和资源完成本职工作。

13.4.6 监理信息化管理现状

宁夏水利工程监理信息化管理情况如表 13-7 所示。其中，得分 1 为“实现程度很低”，得分 5 为“实现程度很高”。

表 13-7 监理信息化管理情况

信息化管理内容	总体		业主		设计		施工		监理	
	得分	排名	得分	排名	得分	排名	得分	排名	得分	排名
工程档案资料(文件、图纸、图片、视频)信息化	3.61	1	2.86	3	3.79	3	3.86	1	3.67	2
设计文件可视化、信息化	3.58	2	2.86	3	3.79	3	3.79	4	3.50	4
分析施工网络,优化资源配置,确保实现进度目标	3.56	3	2.71	10	3.86	1	3.79	4	3.50	4
投资与成本管理数字化、信息化	3.55	4	2.86	3	3.79	3	3.86	1	3.25	11
基于信息技术制定施工进度计划并对监控实施	3.54	5	2.91	2	3.79	3	3.79	4	3.83	1
质量文件数据化、信息化	3.52	6	2.86	3	3.79	3	3.86	1	3.67	2
参建各方信息传递高效	3.52	6	2.81	8	3.79	3	3.79	4	3.42	8
质量验评流程可视化、信息化	3.49	8	3.05	1	3.79	3	3.79	4	3.42	8
采购流程信息化	3.48	9	2.81	8	3.86	1	3.79	4	3.42	8
线上线下监控融合	3.44	10	2.71	10	3.79	3	3.79	4	3.50	4
参建各方数据共享信息化	3.44	10	2.86	3	3.79	3	3.79	4	3.50	4
均值	**3.52**		**2.85**		**3.80**		**3.81**		**3.52**	

由表 13-7 可知,监理信息化管理情况评价指标的总体得分均值为 3.52 分,表明监理信息化工作需要全面加强。不仅应注重设计文件、质量文件和工程档案资料的数字化与信息化管理,还应基于信息技术使工程建设各种信息在参建各方间高效传递并共享,支持水利工程建设业务流程高效执行。此外,可通过线上线下监控融合加强对现场质量、安全和环保管理工作的监督,确保施工过程符合要求。

13.5 数字经济下水利工程建设监理管理措施

13.5.1 规范招投标报价

取费偏低和竞标压价的现状,使得监理单位缺乏优化资源配置的动力和开展管理创新的条件,导致其在实际的项目管理过程中无法给业主提供优质的服务。此外,较低的监理费用也是导致监理人员素质和能力日渐下滑,监理话语权被削弱的重要原因。

业主可考虑在招标文件中对监理单位的报价进行调控:一方面,可以在招投标过程中对监理单位的报价设置基准线,低于基准线以下的费用按照实际报价与基准线的差值扣分;另一方面,可以在招标文件中规定暂列金额等不可竞争费,这部分费用可在监理工作绩效考核成绩达标时作为激励的奖金使用。

13.5.2 引入工程担保

针对水利水电等大型基础设施建设项目,可以考虑引入工程担保机构对监理单位招标进行风险控制。引入工程担保机构需要在招投标的初始阶段,要求投标方寻找担保机构对工程的顺利完成进行担保。与传统的保证金制度不同,工程担保制度允许担保机构在被担保人违约的情况下终止被担保人的工作,并寻找其他有能力的参与者来代替违约的被担保人完成项目。对于原来违约的被担保人,追偿任务由工程担保机构来完成。工程担保机构作为专业筛选监理单位的机构,积累了一定的监理企业信用数据,可以有效地选择投标单位并进行担保承保,其结果可以供招标方选择监理方时参考。

13.5.3 基于BIM的全过程工程咨询

业主在项目多、任务重、工期紧的情况下,可考虑通过全过程咨询服务来减轻水利工程建设管理压力。全过程咨询服务围绕项目全生命周期持续提供工程咨询服务,整合投资咨询、招标代理、勘察、设计、监理、造价、项目管理等业务资源,实现项目组织、管理、经济、技术一体化管理。国家相关政策鼓励多种形式的全过程工程咨询服务市场化发展。目前,国内的全过程咨询服务管理采用的是项目管理、监理和其他咨询相结合的模式。

全过程咨询的核心是把工程咨询全产业链进行有机整合,形成系统化的集成优势。它综合统筹了质量、成本、时间等因素,让技术、管理、经济、法律等单项业务利用综合信息平台发挥协同作用,为业主提供高质量、高效率的服务,向业主交付工期短、造价合理、质量好、风险小的最终成果。BIM装载了建设项目本身的全面信息,是全过程工程咨询服务不可或缺的重要抓手、技术工具和管理平台,成为将工程项目管理的各环节整合在一起的黏合剂,使得全过程工程咨询向更全面、更细致、更综合的方向发展。

13.5.4 互联网+智慧工地

充分利用现代互联网5G技术、人工智能、深度学习、传感技术等打造“互联网+”智慧工地,加强重点设备、人员和施工部位的智慧融合,实现真正意义上的预防为主、综合治理目标。例如,在监理过程中,引入传感技术、虚拟现实技术并将其植入到工程机械、穿戴设备中,建立起施工现场的互联网,可以实现对现场施工的可视化、高效化管理。

13.5.5 工程建设全维可视

采用视频监控、传感器技术,时刻监控塔机施工、重点部位施工等,可以实现施工数据实时采集分析、超阈值自动报警的功能。例如,将无人机空中采集到的施工现场信息传输到处理服务器,进行数据分析,可以及时发现风险并予以预警。

在满足建筑现场精细化管理的业务需求基础上,将环保系统、安全事故防护系统、施工现场管理系统等进行细化,可以智能化辅助项目管理者进行科学检测,达到促进建筑施工行业信息化转型升级的目的。智能工地整体监理方案以信息互联为支撑,需集成各项施工学科的优势,对工地安全进度、材料、人工进行监管,实现建筑企业与相关行业的数据共享。

13.6 数字经济下水利工程建设监理激励机制及指标体系

13.6.1 绩效评价与激励机制整体框架

水利工程绩效评价与激励机制的框架如图 13-1 所示。

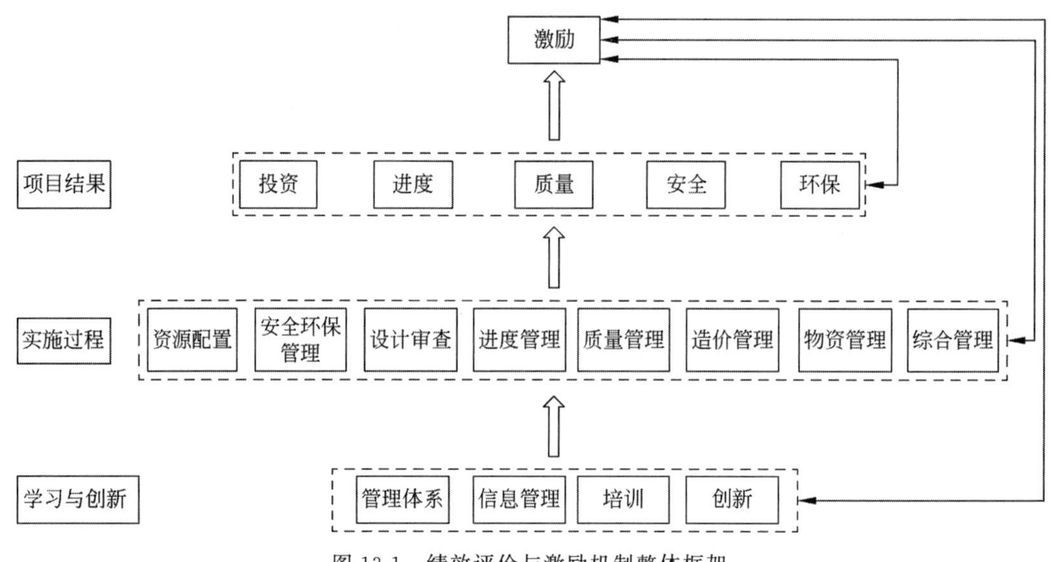

图 13-1 绩效评价与激励机制整体框架

学习与创新(管理体系、信息管理、培训和创新)对项目实施过程(资源配置、安全环保管理、设计审查、进度管理、质量管理、造价管理、物资管理和综合管理)提供支持,从而确保项目实现在投资、进度、质量、安全和环保方面的目标。绩效评价与激励机制把学习与创新、项目实施过程和项目结果评价指标与激励相结合,有助于全面监控项目的实施,确保实现项目目标。

13.6.2 奖惩资源

激励机制中,项目的过程评价和结果评价均同奖惩措施挂钩,奖惩的资源包括价格激励,短期合同激励,长期合同激励,商誉激励,技术、资金和管理激励,信息激励和淘汰激励等。激励的奖金可来自招标文件中的暂列金额等不可竞争费,只有当监理绩效评价达到一定的分数时才能获得。

13.6.3 水利工程建设监理绩效评价指标体系

在奖惩依据和制度上,业主应根据项目的具体情况建立合适的分数梯度,从高到低对应的奖励程度逐渐递减,并在低于合格分 60 分(不奖不惩)的情况下,随着分数的降低逐渐加大惩罚力度。当绩效某项评分低于一定数值时,业主可对监理方进行通报批评,责令其限期改进工作;当绩效总评分未达到某个分值时,监理单位应更换不合格人员并对机构进行整改等。

针对项目具体情况和要求，可对8张考核表的最终成绩进行加权计算，考核指标如表13-8～表13-15所示，具体内容可根据实际情况进行优化调整。

表 13-8　监理资源配置评价指标

一级指标	二级指标
人员配置	总监、副总监等到位情况
	主要人员到位情况
	人员层次结构
	专业配套
	人员素质
	人员数量
	主要人员更换
设备投入	测量、检测设备
	试验设备
	交通设备
组织机构运转成效	组织机构
	各种制度执行情况
	人员培训

表 13-9　监理安全环保管理评价指标

一级指标	二级指标
事故控制	事故控制
综合管理	目标控制
	机构和组织保障
内业管理	制度体系
	技术方案
	教育培训
	危险源管理
	职业健康
	安全环保检查
	应急管理
	监理记录
现场监控	“三违”处置
	临建设施
	安全环保设施
	文明施工
	安全标准化建设

表 13-10　监理设计审查工作评价指标

一级指标	二级指标
设计技术文件、设计图纸及相关设计文件审查	及时性
	准确性
	深度

续表

一级指标	二级指标
设计服务管理	对总承包人现场技术问题处理监管情况
	对总承包人现场地质素描、预测预报服务、成果提交监管情况
	对设计变更或修改处理监管情况
设计计划管理	对设计主要人员进场监管
	审批或审查设计计划

表 13-11　监理进度管理评价指标

一级指标	二级指标
进度管理	及时审批总承包人提交的年、月施工进度计划
	督促、检查、评价计划的实施情况
	经常性进度计划分析
	及时提出进度计划调整意见
	编写年、季、月施工进度分析报告
	对关键项目或滞后项目的管理
	进度计划完成考核

表 13-12　监理质量管理评价指标

一级指标	二级指标
质量管理	监理单位质量管理体系健全，质量控制目标明确，质量管理制度完善、职责明确，运行有效
	编写监理实施细则
	事前控制
	过程控制
	施工质量检查、验收、评定
	质量考核
	试验检测
	竣工资料整理
质量事故处罚	质量事故处罚

表 13-13　监理造价管理评价指标

一级指标	二级指标
计划管理	季度计划完成情况
	重点二级项目季度完成比例
进度付款管理	进度结算付款审核意见提交
	进度结算付款审核
	结算支撑材料充分
	预付款、农民工工资保证金、质保金等支付审核
	工程奖罚款按时审核

续表

一级指标	二级指标
变更索赔管理	变更索赔台账管理规范
	单价审核意见支撑依据充分
	索赔资料清晰,索赔事件补救措施得当
	定期商务协商制度贯彻落实到位
	商定的变更索赔处理方案落实到位
	经济分析报告数据完整,依据充分
完工结算管理	完工结算支撑资料齐全
	督办整改措施或督促得力

表 13-14　监理物资管理评价指标

一级指标	二级指标
物资管理	供用电管理
	设备和材料的采购管理
	设备到货管理
	设备仓储管理
	设备安装管理
	材料供应管理

表 13-15　监理综合管理评价指标

一级指标	二级指标
综合管理	与业主及场内其他单位的协调配合
	与地方政府的协调配合
	综合治理
	风险管理
	资金控制
	档案管理
	保险管理
	配合审计
	信息管理
	合同约定的监理人其他职责

13.6.4　数字经济下水利工程监理管理指标体系与阶段性工作

对标国家“十四五”规划和2035年远景目标关于基础设施建设和数字化发展总体布局,着眼水利工程信息化、数字化、智能化发展进程长远发展,以“工程数据实时共享、工程建设全维可视、工程质量智能预警、工程交付立体透明”为建设目标,推动监理工作高质量发展。

数字经济下监理管理工作指标体系与阶段性工作内容如表13-16所示。

表 13-16 数字经济下监理管理指标体系与阶段性工作

阶 段	指标体系
第一阶段：监理业务信息化	编制监理信息化的实施方案和管理办法
	确定监理工程绩效评价与激励方案
	梳理监理工作的流程、模块及模板
	实现监理的定位管理、智能监管、职能培训等基础功能
	完善工程成本数据库、工程质量数据库、监理人员数据库等各类信息数据库
	采用专业技术实现数据链接和资源共享
	打造监理信息化示范工程
第二阶段：施工管理数字化	编制监理数字化的实施方案和管理办法
	计算机处理文档，实现无纸化管理
	现场监理控制的远程监控
	信息资源共享和权限参与方远程监控
第三阶段：项目运营智能化	基于 BIM 的全过程工程咨询
	采用计算机视觉技术辅助施工现场安全管理
	3D 扫描测量把关材料质量
	5G 技术用于大数据自动采集和传输
	结合物联网、云计算、无人机等技术提高施工现场安全和环境质量
	集成云计算、大数据、物联网、人工智能等互联网＋技术打造智慧工地

现阶段，监理管理工作平台还处于信息化构建阶段，可实现对监理的定位管理、智能监管、智能培训以及资料信息库等基础功能。例如，记录在建工程合同额、付款记录、质保金及质保金到期提醒；对施工过程中出现的问题进行实时上报、即时处理，减少验收工序时的大量返工，缩短审批时间，加大工作时效。

监理管理工作未来发展方向可结合传感、云计算、人工智能、虚拟现实等技术，打造智慧工地，实现智能信息交互、智能信息采集分析以及保障预警机制等功能。

13.7 数字经济下水利工程建设监理管理成效

13.7.1 监理能力提升

宁夏水利工程监理能力评价情况如表 13-17 所示。其中，得分 1 为“很差”，得分 5 为“很好”。

表 13-17 监理能力评价

监理能力	总体	业主	设计	施工	监理
项目监理方有较高的建设管理水平	3.79	3.32	3.93	3.95	4.07

由表 13-17 可知，监理能力的总体得分为 3.79 分，相对于表 13-5 中监理能力的 3.64 分有所提升。从施工方和监理方角度来看，绩效评价与激励机制以及数字建管技术对提升监理建设管理水平有较好的促进作用；但从业主角度来看，监理方仍需进一步提升建设管理水平，以促使业主赋予监理方更多的自主决定权，从而减少业主监管资源的投入。

13.7.2　激励机制与监理能力相容性

宁夏水利工程激励机制与监理能力相容性如表13-18所示。其中，得分1为“很低”，得分5为“很高”。

表13-18　激励机制与监理能力相容性

激励相容性	总体	业主	设计	施工	监理
绩效评价及激励措施与建设监理工作能力相匹配	3.78	3.35	3.93	3.97	3.89

由表13-18可知，激励机制与监理能力相容性的总体得分为3.78分，说明绩效评价内容与激励机制总体上与监理能力较为匹配。从施工方和监理方角度来看，绩效评价及激励措施与建设监理能力相容性相对较高；但从业主角度来看，业主希望绩效评价及激励措施能准确评价监理能力，并采取更有针对性的激励措施促进监理能力的提升。

13.7.3　激励内容

宁夏水利工程业主对监理进行绩效评价与激励的内容如表13-19所示。其中，得分1为“很不符合”，得分5为“很符合”。

表13-19　业主对监理进行绩效评价与激励的内容

绩效评价与激励内容	总体		业主		设计		施工		监理	
	得分	排名	得分	排名	得分	排名	得分	排名	得分	排名
激励与监理的学习和创新评价指标结合得当	3.72	1	3.04	6	3.85	3	3.97	1	3.52	1
激励与项目最终评价结果结合得当	3.72	1	2.92	8	3.89	2	3.88	6	3.28	6
业主对监理有完善的绩效评价机制	3.68	3	2.96	7	3.70	7	3.94	2	3.12	8
激励与项目过程评价指标结合得当	3.67	4	3.24	2	3.96	1	3.86	7	3.24	7
业主对监理的奖励和惩罚措施分配得当	3.66	5	3.32	1	3.78	4	3.91	4	3.36	2
业主对监理提供有合同外的潜在激励(如未来长期合作机会等)	3.62	6	3.20	3	3.70	7	3.94	2	3.36	2
业主对监理有完善的激励机制	3.61	7	3.20	3	3.78	4	3.83	8	3.36	2
业主对监理有丰富的激励资源	3.60	8	3.20	3	3.74	6	3.89	5	3.36	2
均值	**3.66**		**3.14**		**3.80**		**3.90**		**3.33**	

由表13-19可知，业主对监理进行绩效评价与激励内容总体得分均值为3.66分，表明业主根据监理职责制定的激励措施总体较为合理，激励机制能够与监理方的学习及创新评价指标、项目最终评价结果和过程评价相结合；但业主仍需进一步完善激励机制、丰富奖励

资源,为监理工程师提供更大的动力,使其更好地完成监理工作。

13.7.4 激励效果

宁夏水利工程业主对监理进行绩效评价与激励的效果如表 13-20 所示。其中,得分 1 为"很差",得分 5 为"很好"。

表 13-20 业主对监理进行绩效评价与激励的效果

激励效果	总体		业主		设计		施工		监理	
	得分	排名	得分	排名	得分	排名	得分	排名	得分	排名
绩效评价与激励措施提高了监理人员的工作积极性	3.80	1	3.16	1	3.85	3	3.98	1	3.56	2
绩效评价指标对监理工作有较好的指导作用	3.76	2	3.12	2	3.81	4	3.84	4	3.52	4
绩效评价与激励措施提高了项目绩效	3.75	3	3.12	2	3.93	1	3.84	4	3.56	2
奖惩措施与监理的责任和义务相匹配	3.72	4	3.12	2	3.89	2	3.87	3	3.52	4
对监理的奖惩措施严格与绩效评价挂钩	3.66	5	3.12	2	3.70	5	3.97	2	3.80	1
均值	**3.74**		**3.13**		**3.84**		**3.90**		**3.59**	

由表 13-20 可知,激励效果的总体得分均值为 3.74 分,说明业主对监理进行绩效评价与激励的整体效果相对较好。其中,"绩效评价与激励措施提高了监理人员的工作积极性"的总体得分最高,说明激励措施在促进监理人员工作积极性方面起到了较大作用,使监理人员以更积极的状态投入工作。从施工方和监理方角度来看,激励机制在监理管理中发挥了较为明显的作用;但从业主角度来看,当前的激励措施发挥的作用还未完全达到业主预期效果,还需要更好地匹配奖惩措施与监理责任义务,并使奖惩措施严格与监理绩效评价挂钩。

13.7.5 数字建管平台监理管理

1. 数字建管平台上项目信息公开透明

在传统建管模式下,由于水利行业参与方多、建设周期长、不确定性和风险程度高,参建各方建立伙伴关系,以高效整合资源和实现业务协同为至关重要的条件。其中,项目信息公开透明、减少信息不对称性是重要前提。数字建管平台在建设实施阶段已实现了电子沙盘、现场视频监控等功能,项目参建各方均可实时了解工程实况,并在各自的系统权限内完成任务。例如,平台给相关权限用户提供了项目的投资计划执行信息(包括施工月支付申请、合同支付申请和支付执行审批过程中的具体金额、时间点和申请人员等信息),确保了工作流程和进展公开透明。此外,平台梳理了项目相关制度体系并完成了对法律法规的识别,相关内容公开发布在网络上,参建各方可以直接在线学习,进一步掌握项目实施的相关要求。

2. 数字建管平台提高了沟通效率

监理人员在检查施工单位工作情况和同业主沟通过程中需要处理大量的资料，在传统建管模式下，一旦表单内容有误或提交的资料不规范，监理人员就必须在项目参建各方所在地之间奔波，以完成文件的修改和重审，消耗大量时间。而在数字经济下水利工程建设中，施工方仅需要通过平台传送电子表单给监理方，监理方可直接在线上对接施工方和业主。此外，数字建管平台设有待办任务提醒的功能，监理方可及时了解到信息审批流程、亟须处理的表单和问题以及待接收文件。

3. 数字建管平台提高了反馈效率

平台定期催促监理方解决待办事项，推动工作进展，保证监理工作得到及时反馈；监理人员在巡检时针对工地存在的质量安全问题可以拍照上传至App，反馈的问题直接传达给施工现场负责人，系统会不断提醒现场负责人更正错误和反馈结果，直至安全隐患彻底消除为止。监理方信息反馈效率的提高，有助于在项目实施过程中及时发现问题并进行解决。

4. 数字建管平台增强了监理工作规范性

监理人员需要根据数字建管平台上的表单填写监理日志、旁站记录等，系统根据监理的工作性质和内容明确了监理人员提交不同资料的时间点，例如监理人员必须在每晚向平台提交监理日志。监理通过使用数字建管平台，一方面，避免了在项目后期因赶资料而造成资料不合格或不能按时提供合格资料的验收风险；另一方面，及时提交档案也能让参建各方快速掌握施工现场的情况，以更好地管控项目建设。此外，数字建管平台表单的标准化使监理工作更为规范。

第14章 >>>>>>>>>>>>>>>

数字经济下水利工程建设风险管理

14.1 风险管理概述

14.1.1 风险

风险的基本含义为损失的不确定性。在实现项目目标的过程中,会遇到各种不确定性事件,这些事件发生的概率及其影响程度是无法事先预知的,将对项目实施产生影响,从而影响项目绩效。这种客观存在的、影响项目绩效的各种不确定性事件就是风险。我国水利部在水利水电工程危险源风险评价中所采用的矩阵分析法即为一种最常用的风险评价方法,在该方法中,风险的重要程度主要从风险发生的可能性和风险带来后果的严重性两个相关方面来考虑。水利工程建设风险具有如下几点特征:

(1) 风险的必然性。在工程项目建设中,无论是自然灾害、地质问题或是施工技术、施工方案的选取不当,都会带来各种风险。项目风险的发生是客观必然的。

(2) 风险的相对性。风险对于不同工程项目的活动主体会产生不同的影响,不同主体对风险的承受能力是不同的。工程项目风险承受能力的大小与收益与成本的多少,项目主体地位的高下、拥有资源的多寡都密切相关。

(3) 风险的多样性。工程项目中往往同时存在多种类型的风险,如政治风险、经济风险、法律风险、自然风险、合同风险、合作者风险等[67]。它们之间还有着复杂的内在联系并互相影响。

(4) 风险的长期性。风险不仅仅发生在实施阶段,而是存在于工程项目的整个生命周期中。例如,在方案设计时存在因勘察不够充分、地质条件不确定等情况产生的失误以及一些图纸与规范的错误,施工中存在材料价格上涨、资金缺乏、气候条件变化,以及后续交付运营后存在的种种风险等。

(5) 风险的规律性。风险的发生具有一定的规律性,因此我们可以对风险的发生概率进行分析,并对风险发生的影响进行评估,从而提前预防风险的发生所带来的损失。重要的是项目人员要有风险意识,重视风险,对风险进行全面的监控预警。

(6) 风险的可变性。风险的可变性是指风险性质与后果的变化以及出现新的风险的可能性。随着工程项目的展开,当为了规避某一些风险而采取一些行动时,往往会带来其他的新风险。例如，某些工程为了加快进度，采取了边设计边施工的办法，就会带来设计变更以及施工质量降低等风险。

14.1.2　风险管理过程

风险管理的概念最早由美国管理协会保险部于1931年提出，继而逐渐发展成为工程项目管理领域的研究热点。工程项目具有生命周期长、投资规模大、在经济和社会发展中发挥重要作用等特点。现代工程与经济、社会、生态环境关系密切，所面临的风险种类繁多，各种风险之间的相互关系复杂，工程项目全生命周期中都应重视风险管理[68]。

风险管理是项目管理的重要组成部分，是一种高层次的综合管理工作，应贯穿于项目实施的全过程。风险管理最主要的目标是主动控制和处理风险，逐渐降低和消除项目存在的不确定性，以防止和减少损失，保证项目朝预定的方向发展，最终实现项目目标。工程项目风险管理的过程主要由风险管理规划、风险评估、风险应对、风险监控4部分组成，其中风险评估包括风险辨识和风险分析两个步骤，如图14-1所示。

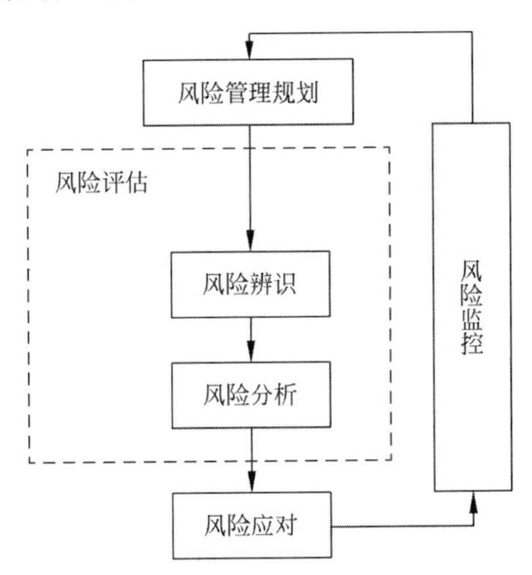

图14-1　工程项目风险管理过程

1. 风险管理规划

风险管理规划是指针对整个工程项目生命周期制定进行风险辨识、风险分析、风险应对及风险监控的规划，为项目风险管理提供完整的纲领[69]。

2. 风险评估

1）风险辨识

风险辨识包括系统地、持续地识别并记录可能对项目进展有影响的风险因素、风险性质以及相关风险产生的条件，最终形成一个全面的风险列表。风险辨识的参与者通常包括项目经理、项目团队成员、风险管理人员和团队、相关领域专家、用户等。风险辨识的工具和技术包括文件审查，通过专家调查法、工程风险分解法等进行信息搜集，核对表分析，假设分析，以及包括因果图、流程图在内的图解技术等。

2）风险分析

风险分析是根据风险类别、已获取信息以及风险评估结果，对识别出的风险进行定性和定量的分析。分析风险要全面研究风险发生的原因、可能性、后果，以及不同风险之间的关系、现有风险管理措施的效果等。进行风险分析时通常先采用定性分析，进行风险优先级排序、确认风险重要性并进行主次排序，再适当在此基础上进行更进一步的定量分析。定性分析可通过挑选对风险类别熟悉的人员，采用召开会议或进行访谈等方式进行。定量分析可采用决策树、蒙特卡洛模拟等方法量化各项风险对项目的影响，确定需要特别重视的风险。

3. 风险应对

风险应对是指按照风险评价结果和风险控制目标运用合理有效的方法来处理各种风险，采取措施以改变风险事件发生的可能性或后果，根据实际情况制定项目风险规避策略以及具体措施和手段的过程。制定风险应对措施需要综合考虑各种对风险管理有影响的内部、外部环境因素，以及措施的执行成本和收益，措施的搭配和组合等。常见的消极风险的应对措施有回避、转移、减轻和接受，积极风险的应对措施有开拓、分享和提高。风险应对包括 4 个阶段：确定风险控制目标、制定风险应对方案、落实风险应对措施、评估风险应对结果。

通过风险分析可以将风险按照发生概率的高低和造成损失的严重程度进行分类，如图 14-2 所示，从而有针对性地采取不同的风险应对措施。

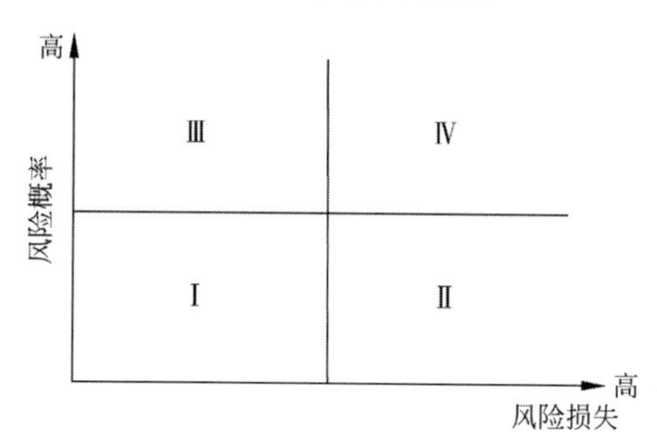

图 14-2　风险分布

处于Ⅰ区内的风险事件不仅发生概率较低，而且造成损失的严重程度也较低，对于这类风险可采取自留、加强内部控制、制定工作管理程序和事件应对程序等措施进行应对。处在Ⅱ区内风险事件，虽然发生概率较低，但当其发生时就会造成较为严重的损失，对这类风险，常通过购买保险等手段将风险转移给更有能力承受风险的个人或组织。Ⅲ区的风险虽然发生后造成的损失较小，但发生的可能性较大，对于这类风险可以采取降低风险事件发生可能性的缓解措施和风险转移的方式。处于Ⅳ区内的风险是发生概率较高且损失也较严重的事件，必须引起管理者的高度重视，这类风险通常不自留，而是综合采用各种措施加以认真应对，并在项目全生命周期中保持密切跟踪监控，及时掌握这些风险因素的变化情况，适时调整风险应对方案。

4. 风险监控

风险监控是指在整个项目过程中根据项目风险管理计划、项目实际发生的风险与项目发展变化所开展的各种监督和控制活动。要想获得项目的成功实施，组织必须在整个项目生命周期进程中积极进行风险监控。风险监控的主要措施有检查各种文件报表、定期报告风险状态、分析报告风险趋势等。项目风险监控的内容主要包括：对项目风险变化的监控、辨识并预防可能发生的风险，消除或减少已发生风险事件的后果，进一步开展风险识别与度量等。

14.1.3 全面风险管理

随着过程的、动态的、系统的风险观念的引入，传统风险管理方式逐渐向现代风险管理方式转变。现代风险管理思想的最新发展和典型体现的是全面风险管理理念。全面风险管理指用系统的、动态的方法进行风险管控，以更好地应对工程风险的普遍性、客观性、偶然性、多样性、全局性、规律性以及可变性，进而减少项目实施过程中的不确定性因素。这个概念主要包含两个基本含义：一是风险管理覆盖所有的风险因素，包括不同的风险种类、不同的业务部门、不同的管理层面以及不同的地域等；二是强调从机构整体对风险因素进行全面的汇总和整合。

1. 全面风险管理的内涵

1）全过程风险管理

全过程风险管理指在项目全生命周期中的风险管理。在项目概念提出阶段，应对影响项目的重大潜在风险进行初步评估；在可行性研究阶段，应细化风险分析，进一步预测风险发生的可能性，并对各风险状况对项目的影响程度进行分析；在设计阶段，要充分考虑对不同风险的防范措施；在招投标阶段，应在招标文件中明确项目参建各方应承担的风险比例；在项目实施过程中，要加强风险的管理和监控[70]。

2）全部风险管理

全部风险管理指风险管理应包括全部在项目中可能出现的风险因素，将全部风险进行记录并给出有效的管理措施，不能存在遗漏[71]。

3）全方位风险管理

全方位风险管理指对整个项目中各个方面存在的风险进行分析，如质量、工期、成本、安全、环保等方面的风险。采用的风险管理措施也应统筹考虑，从合同、技术、管理等各个方面出发，给出合理管理方案。

4）全面有效的组织措施

全面落实风险管理责任，建立风险管理组织体系，树立风险意识，并做好风险监控[72]。对于已辨识的重要风险，参建各方应设置专门的人员，并给予其相应的权限和资源进行有效的风险管理。

2. 全面风险管理相对于传统风险管理的特点

(1) 致力于建立规避风险和利用风险相统一的风险管理体系，主动控制风险甚至利用风险，并非只通过防范风险来减少损失。

(2) 强调风险管理的系统性、整体性，不再把不同的风险当作相互独立的个体来研究，而是考虑风险之间的联系和相互影响，以系统作为管理对象。

(3) 强调风险管理的动态性、连续性，不再仅依靠管理人员的个人项目经验和主观判断，而是循环进行风险管理各流程，不断依据最新的风险识别、分析及监控结果实时调整风险管理计划，将风险管理贯穿于项目全生命周期和整个项目管理的各项活动之中。

(4) 强调风险管理的全员参与性。实行风险管理的主体不只是项目的风险管理职能部门或企业决策层、管理层，而是涉及项目全体人员。

(5) 要求工程项目参与各方共同承担相关风险责任。

(6) 分析方法现代化且有先进性，依托于风险信息系统和相关信息平台。

14.1.4 BIM 技术与 AR 技术在风险管理中的应用

BIM 技术可通过三维碰撞检查和虚拟施工等技术，提前发现项目方案中的潜在风险，从而提升项目风险管理水平，节约项目成本，确保项目质量和进度[73]。而 AR 技术能将计算机产生的虚拟信息和场景叠加到现实世界的场景中，实现用户与环境之间的交互，从而将虚拟世界与现实世界结合并进行互动，以提高用户对虚拟模型的感知能力。

在工程项目管理中，BIM 和 AR 的结合有着重要意义，首先，BIM 可以为 AR 提供应用时所需的虚拟模型和信息，包括二维文本信息、三维模型信息、四维信息(三维+时间)、五维信息(三维+时间+成本)施工模拟等；其次，AR 技术将 BIM 模型进行可视化，有利于虚拟与现实世界的交互。二者结合，有利于参建各方深度参与项目，从而提升项目管理水平，确保项目顺利实施[74]。

14.1.5 大数据技术在风险管理的应用

1. 建立项目风险管理数据库

在以往项目数据的基础上，建立项目风险管理数据库，将分散的项目数据汇集在一起形成数据集，可以减少信息查询和搜索的工作量，也可以用来比较不同的项目风险。数据库的建立需要对当前所有与项目风险相关的数据进行汇总，对汇总后的数据进行分类整理，为分类后的工程项目建表，并建立表格索引从而将列表之间联系起来。数据库建立后，随着各类新工程项目的开展，不断增加新的工程项目和项目风险管理与决策等相关信息，进而不断丰富工程项目数据库的内容。

2. 引入分布式风险管理系统

大数据风险管理的数据量巨大，为解决这一问题，就需建立一个大型的计算机系统，并引入分布式系统架构。在这个分布式系统中，通过若干台子计算机在各个终端同时进行数据的汇集、整合、运算与分析，将数据处理的结果实时上传至主计算机，并在主计算机上的人机交互界面上显示风险分析结果。由于分布式系统通过多台计算机同时进行数据处理，处理速度快、准确度高，在大型工程项目的风险管理中能迅速识别风险并给出风险应对措施，因此，相对于传统的工程项目风险管理方法具有很大的优势。

3. 进行大数据风险管理

通过将传统的风险识别与分析方法整合并结合工程项目风险数据库，可实现大数据风险管理。相比于传统风险管理，大数据风险管理有着分析结果客观、分析更加准确可靠和分析速度快等优点。大数据风险管理可以更高效地进行风险辨识、风险分析、风险应对、风险监控等各阶段工作，更好地在项目过程中降低风险发生的可能性，减少风险带来的不利影响。

14.2 水利工程风险管理情况

14.2.1 水利工程风险因素

宁夏水利工程风险因素评价如表14-1所示。其中,影响程度方面,得分1为“极小影响”,得分5为“极大影响”;可能性方面,得分1为“可能性极小”,得分5为“可能性极大”。

表14-1 宁夏水利工程风险因素评价

风险	影响程度	排名	可能性	排名
施工安全事故	3.79	1	3.16	19
当地地质地貌条件不利	3.72	2	3.37	3
当地水文气象条件恶劣	3.71	3	3.41	2
不可抗力	3.69	4	3.11	27
施工方管理能力不足	3.68	5	3.31	6
施工投标报价过低	3.66	6	3.34	4
施工方技术能力不足	3.66	6	3.20	15
施工质量问题	3.66	6	3.22	13
当地自然灾害影响	3.63	9	3.26	9
施工操作失误	3.62	10	3.13	22
项目征地移民问题	3.58	11	3.53	1
需业主提供用于施工的资源不及时	3.54	12	3.25	11
环保问题	3.53	13	3.32	5
未能发现工程质量隐患	3.50	14	2.98	40
监理人员管理能力不足	3.49	15	3.19	16
设计失误、缺陷	3.49	15	2.98	40
监理人员技术能力不足	3.48	17	3.18	17
所需材料设备价格上涨	3.48	17	3.27	8
施工组织设计不合理	3.48	17	3.14	21
获取政府批文困难	3.47	20	3.12	26
工期滞后	3.46	21	3.24	12
在当地有多个项目同时开工,导致物资供应紧张	3.45	22	3.13	22
材料、设备质量问题	3.45	22	3.07	30
项目各参与方间协调效率低	3.45	22	3.22	13
监理人员配置不充分	3.45	22	3.13	22
法律法规变化	3.44	26	3.01	38
当地劳动力不足	3.44	26	3.09	29
监理人员未能充分履行职责	3.42	28	3.13	22
设计方案不合理	3.42	28	3.00	39
施工队伍劳资争端	3.41	30	3.10	28
供应商供货能力不足	3.40	31	3.02	36
设计方案变更影响	3.40	31	3.17	18
项目计划不充分	3.37	33	3.28	7

续表

风　　险	影响程度	排　名	可能性	排　名
现场施工条件恶劣	3.36	34	3.02	36
监理费用取费过低	3.33	35	3.26	9
技术标准把握不当	3.33	35	2.87	47
设计意图不清晰	3.32	37	2.88	46
试运行程序不清	3.31	38	2.82	48
设计优化不足	3.31	38	2.95	42
验收标准不明确	3.30	40	2.89	44
施工成本控制不力	3.29	41	3.07	30
项目各参与方间沟通协调缺乏信息技术支持	3.28	42	3.15	20
项目各参与方关系不佳	3.27	43	2.90	43
采购方案性价比不高	3.25	44	2.89	44
现金流预测不准确	3.23	45	3.04	33
项目融资困难	3.20	46	3.06	32
项目融资成本高	3.17	47	3.04	33
合同中各参与方风险/收益分配不合理	3.15	48	3.04	33
保险不充分	3.13	49	2.81	49
设计方取费不足	3.02	50	2.76	50
均值	**3.43**		**3.11**	

由表 14-1 可知，水利工程风险因素影响程度的总体得分均值为 3.43 分，可能性的总体得分均值为 3.11 分，表明上述各项风险都不可忽视。

将各风险因素发生的可能性与其影响程度得分情况绘成二维象限图，如图 14-3 所示。可以看到，水利工程风险主要分布在第一象限内，表示水利工程的大多数风险因素属中等偏高风险，体现了加强水利工程全面风险管理的必要性。其中，“施工安全事故”在影响程度方面的得分最高，为 3.79 分，表明安全事故风险带来的影响最为严重，避免安全事故应成为参建各方风险管理的重点。

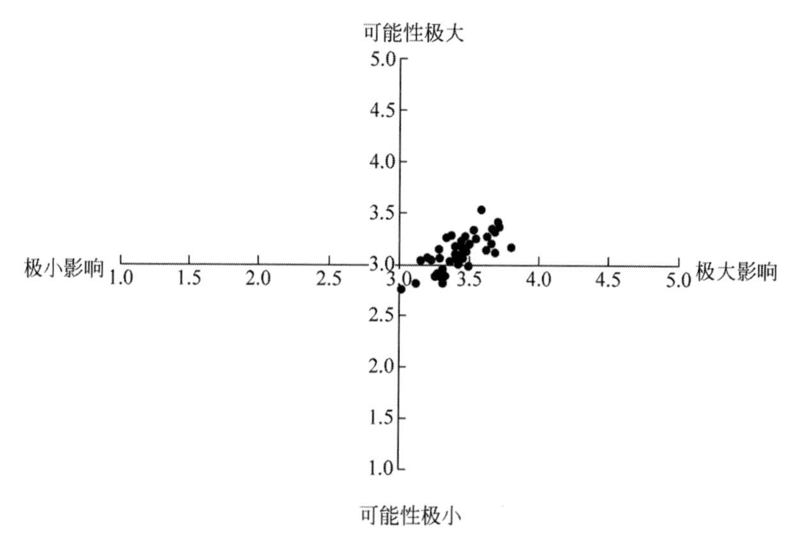

图 14-3　可能性与影响程度打分情况分布

"当地地质地貌条件不利""当地水文气象条件恶劣"和"当地自然灾害影响"在影响程度和可能性方面的得分均排名靠前，表明了地质地貌勘测和水文气象监测在水利工程风险管理中的重要性。在设计过程中，应对当地水文地质条件进行充分勘探，保障设计合理可行，减少因不利地质条件带来的变更。在施工过程中，应根据现场施工条件的变化提出施工优化方案，减少自然环境因素对施工安全、成本和进度造成的影响。

"施工方管理能力不足"在影响程度和可能性方面的得分排名较高，表明这是水利工程建设的一项重要风险。该风险一方面源于管理人员工作经验不足；另一方面源于施工队伍中劳务人员专业技能欠缺。为此，需加强施工方管理能力建设，并通过培训等方式提高劳务人员技能水平。

"施工投标报价过低"在影响程度和可能性方面的得分排名也较高，表明这是当前水利工程建设中一项不可忽视的风险。该风险不仅归因于已制定多年的合同定额标准偏低，也与市场的激烈竞争有关。因此，应合理提升合同定额，或设定激励机制，使项目合同金额更为合理。

14.2.2　水利工程风险管理方法

宁夏水利工程在风险辨识、风险分析、风险应对和风险监控 4 个风险管理阶段中常用的风险管理方法评价如表 14-2 所示。其中，得分 1 为"不使用"，得分 5 为"一直使用"。

表 14-2　宁夏水利工程风险管理方法评价

风险管理方法		总体		业主		设计		施工		监理	
		得分	排名	得分	排名	得分	排名	得分	排名	得分	排名
风险辨识	对照问题清单	3.84	2	3.67	3	3.75	17	4.04	1	3.89	1
	个人判断	3.76	4	3.71	2	3.81	11	3.78	9	3.74	2
	主要相关人员集体讨论	3.65	6	3.48	6	3.90	6	3.92	3	3.32	7
	咨询专家	3.49	12	3.52	5	3.81	11	3.48	18	3.16	12
风险分析	个人分析	3.59	9	3.19	13	3.76	14	3.90	5	3.53	4
	主要相关方共同评估	3.62	7	3.57	4	3.90	6	3.73	12	3.26	10
	咨询专家	3.47	13	3.43	9	3.95	4	3.45	19	3.05	17
	定性分析	3.55	11	3.38	11	3.95	4	3.76	10	3.11	15
	半定量分析	3.41	16	3.00	17	3.81	11	3.61	15	3.21	11
	定量分析	3.41	16	3.05	16	3.85	10	3.57	17	3.16	12
	用计算机或其他方法模拟	2.94	20	2.67	19	3.29	19	3.30	20	2.53	20
风险应对	风险规避	3.78	3	3.48	6	4.24	1	3.88	6	3.53	4
	风险分担	3.58	10	3.19	13	4.05	2	3.76	10	3.32	7
	减小风险可能性/后果	3.69	5	3.43	9	3.90	6	3.92	3	3.53	4
	转移风险	3.47	13	3.29	12	3.76	14	3.66	14	3.16	12
	风险自留	2.95	19	2.52	20	2.86	20	3.60	16	2.84	19

续表

风险管理方法		总体		业主		设计		施工		监理	
		得分	排名	得分	排名	得分	排名	得分	排名	得分	排名
风险监控	风险预警机制	3.60	8	3.48	6	3.90	6	3.71	13	3.32	7
	定期进行文件、报表及现场检查	3.95	1	4.10	1	4.00	3	3.96	2	3.74	2
	定期风险状态报告	3.46	15	3.19	13	3.76	14	3.79	7	3.11	15
	定期风险趋势分析报告	3.29	18	3.00	17	3.43	18	3.79	7	2.95	18
均值		**3.53**		**3.32**		**3.78**		**3.73**		**3.27**	

1. 风险辨识

在风险辨识方面,“对照问题清单”“个人判断”和“主要相关人员集体讨论”的总体得分均较高,分别为 3.84 分、3.76 分和 3.65 分,能看出水利工程参建各方主要依靠风险因素清单、管理人员个人经验和集体智慧进行风险辨识,表明完善风险数据库、提升管理人员技术能力以及建立协同工作平台实现信息共享的重要性。

2. 风险分析

在风险分析方面,“主要相关方共同评估”“个人分析”和“定性分析”的总体得分较高,分别为 3.62 分、3.59 分和 3.55 分,表明水利工程风险分析主要通过参建方技术与管理人员依靠经验共同判断,进行定性分析。“半定量分析”“定量分析”和“用计算机或其他方法模拟”的总体得分最低,分别为 3.41 分、3.41 分和 2.94 分,表明定量信息化风险分析手段应用程度低,一方面归因于先进信息化风险分析技术的不足;另一方面归因于用于风险分析的历史数据欠缺。以上结果表明了加强水利工程信息化风险管理平台建设以支持参建各方协作管理风险的必要性。

3. 风险应对

在风险应对方面,“风险规避”和“减少风险可能性/后果”的总体得分最高,分别为 3.78 分和 3.69 分,表明水利工程参建各方重视对风险的防范和积极处理,而不是设法将风险转移给其他参建方,这为参建各方协作管理风险奠定了良好的基础。

4. 风险监控

在风险监控方面,“定期进行文件、报表及现场检查”的总体得分最高,为 3.95 分,表明水利工程风险监控以传统的人工检查方式为主。“风险预警机制”“定期风险状态报告”和“定期风险趋势分析报告”的总体得分较低,分别为 3.60 分、3.46 分和 3.29 分,表明应结合先进信息技术加强实时风险监控,并基于水利工程风险数据库进行风险状态和趋势的分析,以及时规避和控制风险。

14.2.3 水利工程参建各方风险管理体系

宁夏水利工程参建各方风险管理体系情况如表 14-3 所示。其中,得分 1 为“很不赞同”,得分 5 为“很赞同”。

表 14-3 宁夏水利工程参建各方风险管理体系情况

风险管理现状	总体		业主		设计		施工		监理	
	得分	排序	得分	排序	得分	排序	得分	排序	得分	排序
各管理层在风险管理中的职责和义务明确	3.73	1	3.48	1	3.90	4	4.02	1	3.53	2
建有完善的风险管理组织机构	3.69	2	3.29	2	3.95	1	3.90	3	3.61	1
针对典型风险建有相应的风险评估制度	3.58	3	3.24	3	3.95	1	3.69	7	3.42	4
建有完善的风险管理信息收集和管理制度	3.52	4	3.14	4	3.90	4	3.67	10	3.37	5
建有完善的风险管理信息系统	3.52	4	3.00	5	3.90	4	3.68	9	3.47	3
针对不同的风险建有有效的风险解决方案	3.46	6	2.95	7	3.71	12	3.86	4	3.32	7
建有本企业的风险预警体系	3.46	6	2.71	10	3.76	9	3.98	2	3.37	5
建有资金管理程序及其风险管理方案	3.45	8	3.00	5	3.76	9	3.84	5	3.21	9
信息系统可以有效监控项目风险	3.38	9	2.90	8	3.81	7	3.53	12	3.26	8
参建各方可利用信息系统有效分享风险管理信息	3.37	10	2.76	9	3.95	1	3.57	11	3.21	9
建有企业发生重大法律纠纷案件应急方案	3.34	11	2.71	10	3.71	12	3.71	6	3.21	9
拥有典型风险的分析方法和工具	3.26	12	2.43	14	3.81	7	3.69	7	3.11	13
信息系统可以高效支持参建各方作出决策	3.25	13	2.62	12	3.76	9	3.47	13	3.16	12
广泛收集了国内外企业风险失控案例,并进行分析	3.18	14	2.52	13	3.71	12	3.43	14	3.05	14
均值	**3.44**		**2.92**		**3.83**		**3.72**		**3.31**	

由表 14-3 可知,宁夏水利工程参建各方风险管理体系的总体得分在 3 分至 4 分之间,均分为 3.44 分,表明参建各方所建立的风险管理体系还有较大的提升空间。

在信息化风险管理方面,“信息系统可以高效支持参建各方作出决策”“拥有典型风险的分析方法和工具”和“参建各方可利用信息系统有效分享风险管理信息”的总体得分较低,分别为 3.25 分、3.26 分和 3.37 分,表明水利工程信息化风险管理平台建设亟待提升,需完善决策支持系统功能,提供典型风险分析方法和工具,强化参建各方之间风险信息共享,为数字经济下水利工程风险分析、决策和协同管理提供技术支持。

“信息系统可以有效监控项目风险”的总体得分也较低,为 3.38 分,表明需进一步利用信息技术监控风险,结合大数据、人工智能、物联网、GIS、图像采集等技术,提升水利工程风险数字化监控能力。

“广泛收集了国内外企业风险失控案例,并进行分析”的总体得分最低,为 3.18 分,表明参建各方在运用历史数据进行水利工程风险管理方面较为欠缺,需加强水利工程信息化风险管理平台中风险数据库建设,系统收集和分析已建和在建项目风险事件,用于防控后续水利工程项目风险。

14.2.4 水利工程风险管理制约因素

宁夏水利工程风险管理制约因素评价如表 14-4 所示。其中,得分 1 为“制约影响很小”,得分 5 为“制约影响很大”。

表 14-4 宁夏水利工程风险管理制约因素

风险管理制约因素	总体		业主		设计		施工		监理	
	得分	排名	得分	排名	得分	排名	得分	排名	得分	排名
缺乏共同管理风险的机制	4.26	1	3.81	1	4.05	5	3.76	6	5.42	1
缺乏正式的风险管理信息系统	3.84	2	3.81	1	4.10	2	3.61	13	3.84	2
缺少对更好地管理风险的奖励机制	3.83	3	3.81	1	3.90	12	3.86	3	3.74	4
信息系统风险分析功能不足	3.82	4	3.67	5	4.05	5	3.71	12	3.84	2
信息系统在参建各方协同管理风险方面存在不足	3.79	5	3.81	1	4.00	9	3.76	6	3.58	9
风险监控不力	3.77	6	3.43	9	4.10	2	3.98	1	3.58	9
工程参与方的风险分配不合理	3.76	7	3.67	5	3.95	10	3.76	6	3.68	6
用于风险分析的历史数据不够	3.75	8	3.57	7	4.10	2	3.73	9	3.58	9
缺乏各方共同协作管理风险的意识	3.74	9	3.33	13	4.05	5	3.90	2	3.68	6
风险控制策略执行不力	3.74	9	3.48	8	4.14	1	3.82	4	3.53	12
缺乏风险管理的知识和技能	3.70	11	3.43	9	3.90	12	3.78	5	3.68	6
工程参建各方对风险的认识不同	3.61	12	3.38	11	4.05	5	3.73	9	3.26	14
缺乏风险意识	3.61	12	3.14	14	3.81	14	3.73	9	3.74	4
用于对目前工程决策的信息不足	3.57	14	3.38	11	3.95	10	3.51	14	3.42	13
均值	**3.77**		**3.55**		**4.01**		**3.76**		**3.76**	

由表 14-4 可知,宁夏水利工程风险管理制约因素的总体得分均值为 3.77 分,所有制约因素的总体得分均在 3.5 分以上,表明以上水利工程风险管理制约因素都不可忽视。

“缺乏共同管理风险的机制”的总体得分为 4.26 分,排名第一,“缺乏各方共同协作管理风险的意识”的总体得分也达到 3.74 分,表明了参建各方协同不足是风险管理的关键制约因素。应树立参建各方协作管理风险的观念,建立合作风险管理流程,以充分利用所有参建方资源有效管理水利工程风险。

“缺乏正式的风险管理信息系统”“信息系统风险分析功能不足”“信息系统在参建各方协同管理风险方面存在不足”和“用于风险分析的历史数据不够”的总体得分均较高,分别为 3.84 分、3.82 分、3.79 分和 3.75 分,反映了当前宁夏水利工程进行风险管理的形式并未完全信息化,同时也证明了信息化风险管理的重要性。应加强水利工程信息化风险管理平台建设,建立涵盖自然环境、工程建设与运营、社会经济等相关内容的风险数据库,并结合大数据分析和人工智能等先进技术完善信息平台风险分析功能,为参建各方协作管理风险提供技术支持,确保风险管理流程高效执行。

“缺少对更好地管理风险的奖励机制”和“工程参与方的风险分配不合理”的总体得分较

高，分别为3.83分和3.76分，表明公平的利益/风险分配对水利工程风险管理必不可少。应遵循“风险共担，利益共享”的原则，建立完善的水利工程风险管理激励机制，使参建各方有动力和合理的资源配置去实现水利工程风险管理目标。

14.3 水利工程风险管理措施

14.3.1 建立协同风险管理机制

为了提升项目中风险管理的效率，应明确水利工程利益相关方在风险管理中的行动步骤，制定兼顾各方利益的合作风险管理对策并协同执行。建立水利工程参建各方合作风险管理机制，帮助各方了解其他组织在同一风险管理中的作用、位置和资源配置，以有效进行风险协同管理。数字建管平台除了能够支持参建各方之间进行协同风险管理以外，也应注重参建各方内部风险管理功能，使得参建方各级人员都能够有效利用数字建管平台进行风险管理。

本章中设计了风险管理表及其在各利益相关方间的不同使用流程，详情见14.4节。可以通过信息系统完成表单的填写和审批，实现不同的风险管理流程，从而让各方都参与到风险识别、风险分析、风险应对以及风险监控的过程中，有效地控制整个项目的风险。

14.3.2 建立完整的风险管理体系

水利工程参建各方需要建立一套完整的风险管理体系，并设置专门的风险管理部门，通过各个层级组织的监督和控制，使得风险管理技术全面覆盖所有可能出现的风险。通过建立正式的风险管理系统，明确水利工程参建各方在风险管理中的行动步骤，包括风险辨识、风险分析、风险应对和风险监控等，使组织和个人都可以依据这些程序处理与己相关的风险，实现更为科学、有效的风险管理。

在风险体系中应遵循以下几点管理原则：

(1) 风险重要性原则。应按照风险发生的可能性及其影响程度进行分析评价，并对其中的重要风险实施有针对性的管理。

(2) 风险分级分类管理原则。根据风险的不同特点实施分类管理，不同类别的风险由相应的部门按照特定的风险管理流程负责管理。

(3) 风险收益匹配原则。风险管理人员不应单纯追求业绩而忽略风险管控，也不应因过度防范风险而影响项目实施。

(4) 流程统一原则。各级部门风险管理工作应遵循统一的流程，提升风险管理的规范化水平。

14.3.3 建立有效的风险管理激励机制

在水利工程建设中，应设置合理的风险管理激励机制，促进参建各方配置所需资源积极主动地进行风险管理。激励机制中既应包括有效风险控制应给予的奖励，也应包含对风险控制失败时的惩罚。参建各方应通过线上审核和线下检查两个方面对于风险管理现状进行监督。有效的风险管理激励机制可以使风险管理系统的决策组织部门和执行组织部门都能够采取积极的态度履行自身风险控制的职责，并对其他各部门的行为起到监督和促进作用。

14.3.4 提升信息化技术水平

参建各方应努力将信息化技术应用到风险管理过程中，将各组织内部以及各组织之间的风险管理流程融入信息系统。另外，也应通过发展信息化技术从而提升风险定量分析以及风险计算机模拟的能力，并在未来信息化的发展中，进一步实现对风险趋势的分析预测，从而有效地在水利工程建设的过程中降低风险，提升相关方的绩效。

14.3.5 规范风险信息的收集和分类

数字建管平台建设中，应注重各方面风险信息的录入，录入的信息尽量涵盖项目实施中可能出现的各种风险，扩充已有的风险数据库。对于风险信息的录入，应强调"事事留痕"的重要性，无论大小风险都应录入系统，从而形成更加完善的风险数据库。另外，对于收集的风险信息，应结合项目特点，设置分类标准，对项目中风险发生的频次、风险程度等进行汇总，以便在项目实施中对同类风险进行规避。

14.3.6 强化风险预警和实时监控

当前数字建管平台主要是对风险信息进行录入、归档，偏重于事后风险管理。在后续的风险管理工作中，应注重建管平台对风险的预警和监控作用。应通过收集风险相关信息，分析风险变化趋势，评价各种风险状态偏离预警线的强弱程度，及时发出预警并加强监控[75]。

14.3.7 建立风险管理学习机制

参建各方可以通过收集有价值的国内外项目的风险管理资料并进行整理、汇总，形成适用于水利工程项目的风险管理案例集，并将相关有价值的风险管理内容上传到信息系统中，实现资源共享，促进参建各方间和项目人员间进行风险管理学习。另外也应注重项目参与人员的综合素质培养，提升人员的风险意识，从而提升水利工程建设的风险管理水平。

14.4 水利工程风险管理流程

结合水利部对危险源风险管理的要求，针对宁夏水利工程风险管理中存在的不足与风险管理相关需求，制定了 3 张表单，分别是风险识别与评估表、风险应对措施与落实情况表以及风险统计分析表，并设计了不同的表单使用流程。

14.4.1 风险识别与评估

水利工程的风险可以通过表 14-5 进行评级。对于不同项目中的风险进行识别，并对相应的风险描述以及现有风险防控措施进行记录。同时对风险发生的可能性（P1～P5）以及风险发生的后果（I1～I5）进行评价，并根据风险等级评估矩阵（表 14-6）进行风险评级（一级至四级）。记录后需要经过多级审批并存档在信息系统中。此表格（表 14-5）主要起到了风险识别的作用。在风险识别中可采用的主要方法有对照问题清单、个人判断、主要相关人员集体讨论和咨询专家等。

表 14-5 风险识别与评估表

项目名称	风险名称	风险描述	现有防控措施	风险发生的可能性	风险发生的后果	风险等级
……						

报告人签字： 日期：

评审人1意见： 签字： 日期：

评审人2意见： 签字： 日期：

评审人3意见： 签字： 日期：

……

说明：

风险发生的可能性：

P1＝可能性极大，P2＝可能性较大，P3＝可能，P4＝可能性较小，P5＝可能性极小。

风险发生的后果：

I1＝极小影响，I2＝较小影响，I3＝中等影响，I4＝较大影响，I5＝极大影响。

表 14-6 风险程度评估矩阵

风险发生的可能性	风险发生的后果				
	I1（极小影响）	I2（较小影响）	I3（中等影响）	I4（较大影响）	I5（极大影响）
P1（可能性极大）	二级	二级	一级	一级	一级
P2（可能性较大）	三级	二级	二级	一级	一级
P3（可能）	四级	三级	二级	一级	一级
P4（可能性较小）	四级	四级	三级	二级	一级
P5（可能性极小）	四级	四级	三级	二级	二级

说明：

一级风险：极度危险。由管理单位主要负责人组织管控，上级主管部门重点监督检查。必要时，管理单位应报请上级主管部门协调相关单位共同管控。

二级风险：高度危险。由管理单位分管运管或有关部门的领导组织管控，分管安全管理部门的领导协助主要负责人监督。

三级风险：中度危险。由管理单位运管或有关部门负责人组织管控，安全管理部门负责人协助其分管领导监督。

四级风险：轻度危险。由管理单位有关部门或班组自行管控。

14.4.2 风险应对措施与落实

重点风险的风险内容、风险应对措施以及风险处理措施的落实情况可以借助于表14-7进行记录。记录后经过多级审批，并存档在信息系统中。此表格主要记录了风险分析和风险应对的全过程。其中，风险分析过程可采用的主要方法有主要相关方共同评估、咨询专家、定性分析、半定量分析、定量分析和用计算机或其他方法模拟等；风险应对的主要方法有风险规避、风险分担、减小风险可能性/后果、转移风险和风险自留等。

表 14-7 风险应对措施与落实情况表

一、项目名称

二、项目风险

1. 风险描述：
2. 风险等级：

三、风险应对措施

1. 应对措施选项：
2. 选用措施：
3. 资源要求：
4. 责任分配：
5. 时间安排：

报告人签字：　　日期：

评审人 1 意见：　　签字：　　日期：

评审人 2 意见：　　签字：　　日期：

评审人 3 意见：　　签字：　　日期：

……

续表

四、落实情况

1. 处理后风险描述：

2. 处理后风险等级：

3. 后续处理意见：

报告人签字：　　　　日期：

评审人 1 意见：　　　　签字：　　　　日期：

评审人 2 意见：　　　　签字：　　　　日期：

评审人 3 意见：　　　　签字：　　　　日期：

……

14.4.3 风险监控

在项目实施过程中，要对潜在的工程风险进行监控。风险监控的主要方法有建立风险预警机制、定期编制文件报表以及现场检查、编制风险状态报告和编制定期风险趋势分析报告等。风险统计分析表（表 14-8）可用于记录风险发生的频次和等级，了解风险的总体状况及成因，以提出对应的风险防控措施。

表 14-8　风险统计分析表

项目名称	风险名称	风险等级	风险发生的频次	风险发生的原因	现有风险防控措施	后续风险防控建议
统计起止时间：						

报告人签字：　　　　日期：

评审人 1 意见：　　　　签字：　　　　日期：

评审人 2 意见：　　　　签字：　　　　日期：

评审人 3 意见：　　　　签字：　　　　日期：

……

14.4.4　风险管理表使用流程

为了提升水利工程各利益相关方的风险管理能力，并明确其在风险管理中的行动步骤，应建立水利工程合作风险管理机制。这里为前述的风险管理表（表 14-5、表 14-7、表 14-8）制定了相应的使用流程，目的是提升业主及参建各方之间的风险管理水平，并建立一定的合作风险管理机制。

1. 参建各方单独使用

风险管理表可以供业主、设计单位、监理单位和施工单位内部单独使用。各单位需明确部门和人员风险管理职责，定期使用表 14-5 进行风险辨识和评价，使用表 14-7 提出风险应对措施并检查落实，使用表 14-8 进行风险统计分析，找出主要风险发生的原因，提出改进风险管理的建议，并对未来类似的风险进行监控防范。

2. 参建各方协同使用

风险管理表可以供业主、设计单位、监理单位和施工单位协同使用。各单位需明确部门和人员协同风险管理职责，了解各方在同一风险中的作用、位置和资源配置，定期使用表 14-5 进行风险辨识和评价，使用表 14-7 提出风险应对措施并检查落实，使用表 14-8 进行风险统计分析，找出主要风险发生的原因，提出改进风险管理的建议。协同风险管理流程如下：

（1）业主提出—相关单位落实。

(2) 设计单位提出—业主审核—相关单位落实。

(3) 监理单位提出—业主审核—相关单位落实。

(4) 施工单位提出—监理单位审核—业主审核—相关单位落实。

14.5　基于BIM的风险管理

14.5.1　基于BIM的设计风险管理

在设计阶段，由于施工方案涉及不可控因素多，会导致资金的不当使用和浪费，从而出现资金风险。另外，各专业间信息的协调沟通不足，也会导致设计图纸出现问题，无法施工，以至于出现返工的现象，浪费资金。地质地貌以及水文条件的实际情况对于不同施工方案的影响较大，选择不合适的施工方案，可能会导致出现工期延误风险。此外，如果缺少对于安防设备的有效规划，则可能导致后续施工期出现安全风险。为此，可以基于BIM技术从以下方面进行设计风险管理：

(1) 应用BIM技术的3D功能，并将时间、成本等因素考虑进来，对整个施工过程进行动态模拟，了解项目的施工流程，并对工程项目进行造价管理，有助于施工方案的优选，降低项目风险[76]。

(2) 构建BIM信息平台，将不同专业之间的信息进行整合，提升参建各方之间的沟通协作，提升信息共享水平，提高项目工作效率。

(3) 构建BIM信息模型，对项目相关信息进行数值模拟分析，对可能存在的隐患进行辨识与预防，从而降低项目风险。

(4) 通过BIM数据库信息的提取，除了可以针对工程项目的概况信息进行分析，还可以针对项目的经济、法律、社会等多方面进行分析，得到建设项目最合适的投资方案、建设方案等。

14.5.2　基于BIM的施工风险管理

在施工期间，存在施工安全事故及施工操作失误带来的安全风险、施工现场调度不合理带来的工期风险、施工现场管理不当造成材料浪费从而导致的成本风险。可以基于BIM技术，从以下方面进行施工风险管理：

(1) 通过BIM与监控系统的实时连接，保证对工地现场的实时监控和安全防范，对于施工中可能发生的安全事故进行预防并对突发事件进行及时处理。

(2) 运用模拟施工技术，提前对将要进行的工作内容进行模拟。一方面，可以对施工流程提前了解，有利于管理人员进行协调管理，提高效率；另一方面，可以对潜在风险较大的作业内容进行更加精细具体的模拟，根据模拟结果对施工方案和进度计划等进行调整，从而有效预防潜在的施工风险[77]。

(3) 对材料设备的采购进行信息化管理，确保资金的有效使用，并利用BIM系统的信息库对已建工程进行分析，有利于对整个工程的安全风险、工期风险、造价风险等因素进行了解，从而提高整个工程的效率，降低风险出现的概率[78]。

(4) 构建BIM信息模型，有利于工程信息的协同管理，提升管理效率。将施工中相关信息集成保存，可以为运营阶段可能存在的结构改造、设备更新等工作及时提供有效的数据信息。

14.5.3 基于BIM的风险管理系统

结合在14.4节中设计的风险管理表，以及风险管理各必要步骤，可建立基于BIM的风险管理系统，其功能和流程如图14-4所示。

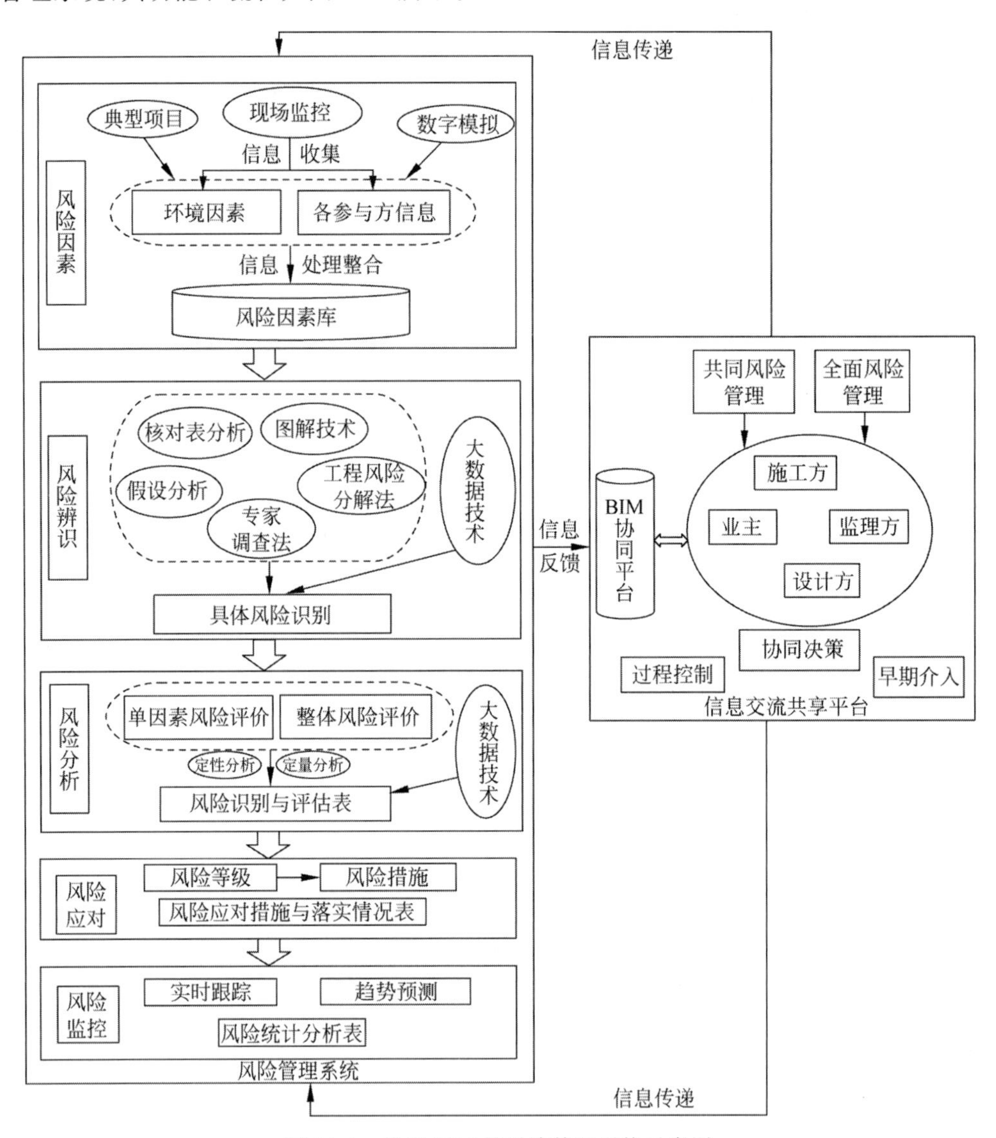

图14-4 基于BIM的风险管理系统示意图

基于BIM的风险管理系统包含以下步骤：

(1) 风险因素判断。应结合过往典型项目风险事件的经验，基于项目现场的监控信息以及数字模拟等相关技术，找出可能存在的风险因素，并结合环境因素以及参建各方的情况将信息处理整合成项目的风险因素库。

(2) 风险辨识。应针对不同项目的特点，采用专家调查法、工程风险分解法、图解技术、核对表分析、假设分析等方法，结合大数据技术进行客观分析，在风险因素库的基础上对项目中具体可能发生的风险进行识别。

(3) 风险评估。应结合单因素风险评价以及整体风险评价，从定量和定性两个角度对已识别风险的重要程度进行评估，并整合成风险识别与评估表(表 14-5)，录入系统。

(4) 风险应对。应结合此前判断的风险等级，给出不同的风险应对措施，并记录到风险应对措施与落实情况表(表 14-7)中并录入系统。

(5) 风险监控。主要对于潜在风险进行实时跟踪与全程监控，并利用大数据技术对潜在风险进行趋势预测。这里应采用相应设备对项目现场进行实时监控，以及时应对突发风险。此外，应将风险管理各阶段的关键信息录入风险统计分析表(表 14-8)，以便在项目实施过程中随时比对，预防风险的发生。

(6) 资源整合，共同防控风险。BIM 应整合参建各方资源，将参建各方接入风险管理系统，建立协作式合作伙伴关系，实现共同风险管理、全面风险管理。运用分布式信息协同、数据挖掘和分析技术，使参建各方贡献的信息迅速进入 BIM 系统，进行协同决策分析。项目参建各方应拥有共同的目标，基于项目价值进行决策、互相信任，实现早期介入、项目全过程信息共享以及风险共担。搭建参建各方协作的 BIM 平台，也为风险管理系统的运作提供了更好的保障。

14.6 数字经济下水利工程风险管理激励机制与指标体系

14.6.1 风险管理激励机制

宁夏水利工程在风险管理各阶段应用激励机制的必要性评价如表 14-9 所示。其中，得分 1 为“非常不必要”，得分 5 为“非常必要”。

表 14-9　风险管理各阶段应用激励机制的必要性

应用激励机制的必要性	总体		业主		设计		施工		监理	
	得分	排名	得分	排名	得分	排名	得分	排名	得分	排名
建立激励机制，促进风险数据库的建立	4.09	1	3.96	6	4.08	5	3.97	5	4.09	1
建立激励机制，促进风险辨识	4.07	2	4.04	4	4.15	2	4.03	4	4.07	2
建立激励机制，促进风险评估	4.06	3	4.07	3	4.13	3	4.05	2	4.00	5
建立激励机制，促进风险应对	4.06	3	4.11	1	4.08	5	4.04	3	4.07	2
建立激励机制，促进风险监控	4.01	5	4.11	1	4.10	4	4.10	1	4.03	4
建立激励机制，促进参建各方基于数字建管平台协同管理风险	3.99	6	4.00	5	4.18	1	3.90	6	3.93	6
均值	**4.05**		**4.05**		**4.12**		**4.02**		**4.03**	

从表 14-9 中可以看出，风险管理各阶段应用激励机制的必要性总体得分均值为 4.05 分，表明在风险管理中应用激励机制来加强风险管理具有非常重要的意义。应在以下方面建立风险管理激励机制。

1. 风险识别激励

在风险管理流程中，首先应对风险进行识别，评估并上报风险管理系统。应定期评价风险管理系统中的风险信息上报情况，并对其中有效的风险信息上报进行相应奖励。其中，对潜在影响较大的风险信息进行有效识别并上报，应予以较大奖励。对于项目实施过程中存在风险隐患但未及时上报的情况，应对相应负责人予以一定处罚。

2. 风险全过程管理激励

对于已识别的风险，应通过有效的风险应对措施，有效规避或降低相关风险带来的影响。对风险的事前预防、事中控制、事后检查达到要求的情况，应予以奖励。对相应环节风险管控不力的情况，应予以处罚。

3. 风险管理学习激励

应建立风险管理相关教育培训的激励条款，通过参建各方内部以及参建各方之间的风险信息和风险管理经验的共享，促进风险学习机制的建立，提升人员风险意识、丰富风险管理知识、提升风险管理技能，并丰富用于风险决策的历史数据。

4. 风险管理技术创新激励

应设置激励机制促进风险管理技术创新，以运用先进技术提升风险监控、风险识别、风险分析和风险应对能力。例如，利用信息技术进行全域监控、地质勘探、设计和现场施工管控。

5. 参建各方风险合理分配

应遵循“利益共享、风险共担”的原则，合理分配参建各方的风险和收益，以促进充分利用所有参建方资源合作管理风险，具体包括：①获益较大一方应承担较大风险；②成功管理风险的收益应进行公平的分配；③相应风险掌控能力较强的一方应承担较大风险；④某一方承担的风险应设置合理上限。

14.6.2 数字经济下的风险管理阶段性工作与指标体系

数字经济下水利工程风险管理的实施应分为以下 3 个阶段。

第一阶段：建立项目风险管理流程，实现风险管理的各步骤。

第二阶段：建立协同风险管理机制，实现数据共享、协同决策，实现对项目风险管理的过程控制和早期介入。

第三阶段：形成风险数据库，应用大数据风险管理提升相关部门人员的风险管理水平。

各阶段风险管理指标如表 14-10 所示，可采用该指标体系对项目风险管理平台建设情况进行评价。

表 14-10 数字经济下的风险管理阶段性工作与指标体系

内 容	一级指标	二级指标
风险管理流程	风险辨识	传统风险分析技术
		大数据风险辨识技术
	风险分析	定性分析技术
		定量分析技术
		大数据风险评估技术
		风险识别与评估表编制
	风险应对	风险等级区分
		形成风险应对措施体系
		风险应对措施与落实情况表编制
	风险监控	项目实施监控技术
		风险趋势预测技术
		风险统计分析表编制
协同风险管理机制	协同风险管理机制	参建各方信息共享
		全面风险管理功能
		项目风险过程控制功能
		项目风险早期介入功能
		风险管理协同决策功能
大数据风险管理	风险数据库	项目风险管理案例
		项目现场监控
		数字模拟技术分析
		基于大数据分析的风险预警

14.7 数字经济下水利工程风险管理成效

14.7.1 提升了数字经济下水利工程风险管理水平

数字经济下宁夏水利工程风险管理情况如表 14-11 所示。其中,得分 1 为“完全不符”,得分 5 为“完全符合”。

表 14-11 数字经济下宁夏水利工程风险管理情况

风险管理情况	总体		业主		设计		施工		监理	
	得分	排名	得分	排名	得分	排名	得分	排名	得分	排名
建立了完善的风险数据库	3.91	1	3.08	2	4.05	2	4.18	1	3.81	2
项目建设过程实现了有效的风险辨识	3.90	2	3.04	3	4.15	1	4.08	5	3.87	1
项目建设过程实现了有效的风险评估	3.89	3	3.12	1	4.05	2	4.15	2	3.74	4
项目建设过程实现了有效的风险应对	3.86	4	3.00	4	4.05	2	4.12	3	3.74	4

续表

风险管理情况	总体		业主		设计		施工		监理	
	得分	排名	得分	排名	得分	排名	得分	排名	得分	排名
项目建设过程实现了有效的风险监控	3.78	5	2.92	5	3.90	6	4.11	4	3.57	6
建立了有效的参建各方数字化协同风险管理平台	3.74	6	2.88	6	3.90	6	3.95	7	3.78	3
建立了完善的风险管理激励机制	3.70	7	2.77	7	3.98	5	4.00	6	3.40	7
均值	**3.83**		**2.97**		**4.01**		**4.08**		**3.70**	

由表 14-11 可知，数字经济下宁夏水利工程风险管理情况的总体得分均值为 3.83 分，表明风险管理创新取得了一定成效，包括风险监控、风险辨识、风险评估、风险应对和数字化协同风险管理平台等。业主评分均值较低，表明业主认为风险管理仍有较大提升空间，为此，可通过加强风险全过程管理、技术创新、激励机制制定和数字风险管理平台建设等措施持续提升水利工程风险管理水平。

14.7.2 降低了水利工程风险管理制约性因素的影响

数字经济下宁夏水利工程风险管理制约性因素的影响情况如表 14-12 所示。其中，得分 1 为“制约影响很小”，得分 5 为“制约影响很大”。

表 14-12 数字经济下宁夏水利工程风险管理制约性因素

风险管理制约性因素	总体		业主		设计		施工		监理	
	得分	排名	得分	排名	得分	排名	得分	排名	得分	排名
缺乏正式的风险管理信息系统	3.45	1	3.64	1	3.47	3	3.39	1	3.42	1
缺少对更好地管理风险的奖励机制	3.37	2	3.44	7	3.50	2	3.36	2	3.17	3
用于风险分析的历史数据不够	3.31	3	3.52	3	3.43	5	3.27	7	3.07	5
信息系统在参建各方协同管理风险方面存在不足	3.31	3	3.37	11	3.38	7	3.34	4	3.10	4
用于对目前工程决策的信息不足	3.31	3	3.30	13	3.53	1	3.36	2	2.90	14
信息系统风险分析功能不足	3.29	6	3.56	2	3.28	12	3.30	5	3.07	5
缺乏风险监控技术	3.29	6	3.48	4	3.43	5	3.23	10	3.07	5
缺乏共同管理风险的机制	3.28	8	3.41	10	3.45	4	3.25	8	3.00	11
缺乏各方共同协作管理风险的意识	3.27	9	3.48	4	3.35	8	3.25	8	3.03	9
缺乏完整的风险应对机制	3.26	10	3.48	4	3.35	8	3.22	11	3.07	5
缺乏风险辨识的知识和技术	3.25	11	3.44	7	3.35	8	3.22	11	3.03	9
工程参与方风险分配不合理	3.23	12	3.44	7	3.30	11	3.21	13	3.00	11
风险控制策略执行不力	3.22	13	3.37	11	3.20	14	3.29	6	2.93	13
缺乏风险意识	3.20	14	3.11	14	3.28	12	3.16	14	3.24	2
均值	**3.29**		**3.43**		**3.38**		**3.27**		**3.08**	

如表 14-12 所示，数字经济下风险管理制约性因素的总体评分在 3.2 分至 3.45 分之间，均值为 3.29 分。相比传统风险管理模式，参建各方及总体对于风险管理制约性的影响评分均明显下降，如图 14-5 所示。

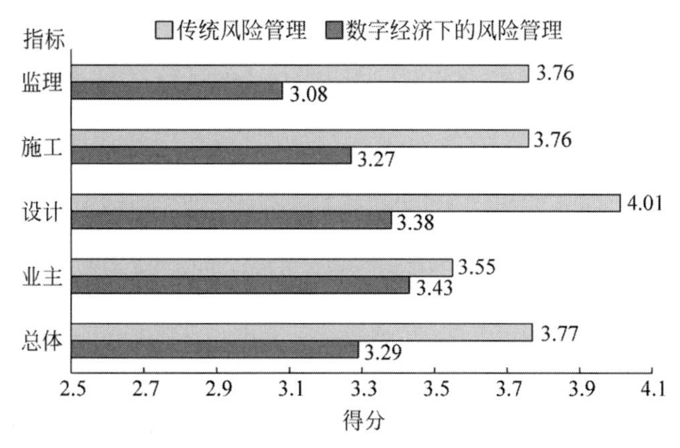

图 14-5 数字经济下风险管理与传统风险管理制约性因素影响对比

（得分 1 为“制约影响很小”，得分 5 为“制约影响很大”）

由图 14-5 可以看到总体上，风险管理制约性因素的得分从传统风险管理下的 3.77 分降低为数字经济风险管理下的 3.29 分，表明数字经济下的水利工程建设风险管理措施有效降低了水利工程风险管理制约性因素的影响。对比表 14-4 和表 14-12 的结果，“缺乏共同管理风险的机制”的总体得分从传统风险管理的 4.26 分降低至数字经济下风险管理的 3.28 分，表明数字经济下参建各方合作风险管理机制已取得了一定成效。“缺乏正式的风险管理信息系统”的总体得分从传统风险管理的 3.84 分降低至数字经济下风险管理的 3.45 分，表明了数字建管平台对于水利工程建设风险管理的有效性。

14.7.3 数字建管平台有效支持了参建各方进行风险管理

1. 促进了协同风险管控

数字建管平台包括质量和安全管理等水利工程建设不同业务模块，设置了相应的风险管控措施，促进了参建各方协同进行风险管控。

2. 形成了风险信息库，实现了风险闭环管理

数字建管平台实现了风险信息的采集，形成了风险信息库，有助于风险分类、评级和采取应对措施，并对风险防控措施的有效性进行复核，实现了风险闭环管理。

3. 加强了廉政风险管控

数字建管平台设立了廉政模块，对廉政事项进行电子化档案管理，可帮助系统分析和自查廉政风险，对重点廉政风险进行针对性管控，从而有效落实廉政工作。

第15章 >>>>>>>>>>>>>>

数字经济下水利工程建设业务流程

15.1 流程管理理论

15.1.1 流程

流程指的是运用信息和资源将输入转化为输出的有序关联行为所组成的重复使用的网络,包括信息传递流程、共同的物流流程、共同的产品制造流程以及共同决策流程等。流程效率指的是组织与各利益相关方的合作流程具有竞争成本优势的程度,是衡量组织盈利能力和成功的重要因素。水利工程建设应不断进行流程优化,达到提高流程运作效率,实现资源合理分配的目的,从而最大化每个参与方资源利用的有效性,同时为建设单位降低成本。

流程可分为业务流程和管理流程。业务流程围绕客户展开,是以客户满意度作为评价标准的作业流程,主要对外,直接面向客户并能直接创造价值;管理流程是指公司内部服务于自身发展和员工管理的流程,主要对内,通过风险控制、效率提高、成本降低等方式提高企业效益[79]。

15.1.2 流程管理

流程管理指的是组织从自身业务和发展战略出发,对流程进行合理规划和有效建设,从而实现对流程的认识、建立、运作、优化到再认识的不断循环和调整的动态体系。流程管理应强调企业受控程度和办公效率的提高、隐性知识的显性化、各类资源的合理配置以及管理快速复制的实现等方面[80-81]。

流程管理的理念强调的是将产出作为流程的中心,需要打破原有部门的职能划分,通过尽可能精简合并工作环节、集中统筹信息管理、决策权下放等方式,实现与企业制度的良好结合。应组建专业团队来实施企业的流程管理,倡导和培养企业流程管理文化。

流程管理的有效实施需要外部环境的支持。流程管理需要得到企业领导层的全面支持,需要专业的培训和广泛参与。从上至下广泛的参与有助于管理思想统一、项目资源快速整合、尽早适应以及有效改进。

15.1.3 流程管理与项目管理

项目中包括各项工作流程，项目管理的主要工作就是在整个项目周期中进行良好的流程管理，从而完成项目目标。总体而言，流程管理有助于提升工程项目的管理，帮助企业提升项目的管理能力。流程管理实现标准化不仅有助于流程的实施、项目的推进，同时也是提升企业管理能力的基础，可以提高项目的绩效水平，统一各方目标。不同参与方可以按照一致的流程进行作业，大大减小了项目之间、企业之间以及部门之间的沟通协调成本。流程管理也可以帮助企业监控项目潜在的风险，能够将项目的各环节紧密联系起来，并对过程变化进行实时监控，能够提高风险应对和控制能力。

但项目管理和流程管理又存在一定差异，需要引起重视。项目的特点是具有明确的开始和结束日期，有明确的客户要求，因此，项目管理指的是将知识和专业知识应用于项目计划的开发，以满足或超出利益相关方的要求。而流程指的是为了完成特定目标而设计的一组结构化的活动，包括启动、定义、计划、执行等各类活动，其特点为没有明确定义的开始或结束状态，由客户驱动并且可以重复进行[2]。

由上述定义和特点可以看出，项目和流程的关键区别在于“临时性”。项目通常是一次性的，当一项活动具备很高的可重复性，并且其结果为生产出大量的产品或服务时，可以将该活动视为一项流程。每个项目都会包括流程，有时实施一个新的业务流程可以看成一个项目。但项目不能代替流程，项目管理也不能代替流程管理。项目管理则强调将事项做完并实现最终结果，而流程管理强调提高任务的“可重复性”，从而通过熟悉程度的提高和标准化工作流程、方法的建立来节约时间、降低成本、提高质量。因此，提高项目管理效率的有效方法之一就是提高各项流程的标准化程度和可重复性。

此外，项目活动的流程可能超出项目原有范围，还会涉及项目所属企业的职能部门和其他各相关方。因此，在项目实施过程中，需要识别流程所涉及的所有相关方，明确各方对流程制定和各环节具体工作的要求，通过各方之间的充分协调来提高流程管理和项目管理效率。

15.1.4 流程中时间的重要性

流程研究与管理的前提是明确随着时间的推进，事物如何出现、发展、成长和结束。多数研究都聚焦于流程演变的过程，并且关注各项活动中的时间进程，例如组织管理实践、认知和知识构建、组织变动和项目创新等。

流程中时间至关重要，每项活动必然有时间范围和限制，但目前大部分研究和管理实践中都倾向于不考虑时间的影响。研究者会将时间作为滞后效应或者将其压缩为一个变量；而管理者在不考虑时间安排时，常常落入“决策陷阱”，即通常以减少和缩减未来可用时间为代价延长当前活动的持续时间，从而完成当前活动。

因此，在制定流程和实际管理过程中，应明确各项流程的时间范围和时间要求，从而提高各项流程的执行效率。

15.1.5 各方沟通与相互协调

水利工程建设项目流程中涉及众多相关方，需要各方进行良好的沟通协调，合作完成工程项目的各项任务。传统的工程项目管理往往只关注质量、进度和投资三大目标，导致参建各方沟通管理效果不理想，而对于不同参建方，其各自的目标可能存在差异甚至对立，如果各方之间缺乏良好的沟通和协调，很容易导致项目出现问题，甚至失败。

因此，沟通管理在水利工程建设中至关重要，是工程项目成功的基础。需根据水利工程建设不同阶段中沟通管理的侧重点，制定有效的沟通制度，使各参与方能够按合同履行各自的职责，合理地确定分工与协作关系，保证工作流程各环节相互协调，各方能够集中力量去完成总体项目目标[82]。

15.1.6 流程优化

流程优化是指对组织现有流程进行系统梳理、有效完善和持续改进，从而提升组织的管理能力和综合竞争力。一般是在现有流程的基础上，针对流程目标进行评价、发现问题、提出改进方案，进而试行或实施。流程优化主要围绕优化对象的目标展开，比如更好地实现项目质量、工期和造价等目标。

流程优化的主要方式有两种：一是对现有流程进行改造。通过对现有流程进行细致分析，简化不必要的环节和内容，合并整合相似的工作，对流程的逻辑顺序进行优化调整，实现对现有大部分流程的有效改进。二是重新设计新的流程。在对现有流程有充分认识和理解的基础上，通过集思广益、反复推敲等方式提出新的流程方式，用来替代某些效率较低、作用不足的流程[83]。

15.2 水利工程建设业务流程管理情况

15.2.1 水利工程建设业务流程制定情况

宁夏水利工程建设业务流程制定情况的评价结果如表 15-1 所示。其中，得分 1 为“完全不符”，得分 5 为“完全符合”。

表 15-1 水利工程建设业务流程制定情况

指标	总体		业主		设计		施工		监理	
	得分	排序	得分	排序	得分	排序	得分	排序	得分	排序
业务流程各项工作设置清晰	3.85	1	4.10	1	4.29	1	3.72	4	3.65	1
各项工作授权清晰	3.83	2	3.76	3	4.21	2	3.85	1	3.55	2
各项环节和各项任务之间的依赖关系界定清晰	3.75	3	3.86	2	4.21	2	3.70	6	3.45	3
业务流程兼顾了参建各方的责权利	3.73	4	3.76	3	4.07	4	3.74	3	3.45	3
业务流程充分考虑了风险因素	3.65	5	3.67	5	3.86	8	3.76	2	3.20	7

续表

指　　标	总体		业主		设计		施工		监理	
	得分	排序	得分	排序	得分	排序	得分	排序	得分	排序
业务流程机制鼓励各方沟通、合作,有助于削弱组织边界的影响	3.60	6	3.62	6	3.93	6	3.61	7	3.30	5
业务流程充分考虑了资源优化配置	3.56	7	3.62	6	3.93	6	3.56	9	3.25	6
设有流程变更及优化机制	3.54	8	3.14	9	4.00	5	3.72	4	3.15	9
设有协调机制以提高各项工作的协调效率	3.42	9	2.95	10	3.86	8	3.57	8	3.20	7
设有激励机制以促进业务流程的执行效果	3.41	10	3.24	8	3.79	10	3.48	10	3.15	9
均值	**3.63**		**3.57**		**4.01**		**3.67**		**3.34**	

由表 15-1 可知,水利工程建设业务流程制定各项指标的总体得分均值为 3.63 分,各单项指标的总体得分均在 4.00 分以下,表明水利工程建设业务流程制定方面仍有提升空间。其中,“业务流程各项工作设置清晰”和“各项工作授权清晰”的总体得分分别为 3.85 分和 3.83 分,表明在水利工程建设业务中,能对各项工作内容和职责进行较为清晰的界定,相应工作人员能够得到清晰的授权以完成各项工作。

“设有激励机制以促进业务流程的执行效果”的总体得分为 3.41 分,在所有指标中总体得分最低,表明设置激励机制并使之能够有效运行需要引起各方重视。当前,水利工程建设业务中对于设计方和施工方的激励措施主要以惩罚手段为主,很少有奖励措施,存在业主对设计方和施工方激励/约束效果不明显的问题。此外,由于管理体制存在的制约,有些方面无法建立对员工的激励机制,导致员工工作积极性不足。

“设有协调机制以提高各项工作的协调效率”的总体得分为 3.42 分,表明协调机制的设置也应得到重视。例如,如何协调多个项目的同步建设和高效管理、如何在规划阶段协调咨询机构和设计机构进行设计优化和获得审批、建设过程中如何协调工程建设与当地政府的关系等方面需要加强。

15.2.2 水利工程建设业务流程执行情况

宁夏水利工程建设业务流程执行情况的评价结果如表 15-2 所示。其中,得分 1 为“完全不符”,得分 5 为“完全符合”。

表 15-2　水利工程建设业务流程执行情况

指　　标	总体		业主		设计		施工		监理	
	得分	排序	得分	排序	得分	排序	得分	排序	得分	排序
业务流程各环节内外部资源合理配置	3.68	1	3.57	5	3.71	2	3.80	1	3.45	6
组织内业务流程各环节工作执行高效	3.62	2	3.71	1	3.71	2	3.59	4	3.55	2

续表

指标	总体		业主		设计		施工		监理	
	得分	排序	得分	排序	得分	排序	得分	排序	得分	排序
组织间业务流程各环节工作执行高效	3.61	3	3.67	2	3.79	1	3.57	8	3.55	2
能够合理安排各环节工作的先后顺序，提高了执行效率	3.61	3	3.43	7	3.64	7	3.70	2	3.50	5
能够通过各项任务的同步进行，提高执行效率	3.60	5	3.48	6	3.71	2	3.64	3	3.55	2
参建各方对业务流程各个环节工作能高效审批	3.58	6	3.43	7	3.71	2	3.59	4	3.60	1
参建各方能够及时反馈业务流程存在的问题	3.57	7	3.62	3	3.71	2	3.59	4	3.35	8
业务流程各环节工作信息记录充分并能反馈给相关方	3.57	7	3.62	3	3.64	7	3.59	4	3.40	7
均值	**3.61**		**3.57**		**3.70**		**3.63**		**3.49**	

由表15-2可知，水利建设业务流程执行各指标的总体得分均值为3.61分，表明业务流程的整体表现仍需提升。其中，“业务流程各环节内外部资源配置合理”的总体得分为3.68分，排名最高，表明水利工程建设业务的资源配置相对合理，各方对项目资源有较为全面的了解，能够根据项目的实施情况调配资源，确保项目进展顺利。

“业务流程各环节工作信息记录充分并能反馈给相关方”的总体得分为3.57分，排名最低，表明参建各方在项目实施过程中需要重视信息留痕管理。应逐步建立完善的文件档案，在项目建设过程中加强对过程信息的管控，以实现对工程情况进行更全面的掌握。

“参建各方能够及时反馈业务流程存在的问题”的总体得分为3.57分，表明各方针对流程执行过程中的反馈状况仍需要提升。及时反馈问题有助于提高流程的执行效率，项目执行过程中，各主体在进行沟通时如果没有合同约束，沟通的效果也相对较差。对此，需要建立反馈机制，以促使各方能够及时地沟通业务流程中存在的各项问题。

15.2.3 水利工程建设沟通协调情况

1. 沟通管理总体评价

宁夏水利工程建设沟通管理的评价结果如表15-3所示。其中，得分1为“完全不符”，得分5为“完全符合”。

表15-3 水利工程建设沟通管理

指标	总体		业主		设计		施工		监理	
	得分	排序	得分	排序	得分	排序	得分	排序	得分	排序
项目参建各方间的非正式沟通在解决问题时占很大比重	3.90	1	3.52	2	4.29	1	4.02	2	3.70	2

续表

指　　标	总体		业主		设计		施工		监理	
	得分	排序	得分	排序	得分	排序	得分	排序	得分	排序
组织内非正式沟通占有很大比重	3.87	2	3.33	9	4.07	6	4.07	1	3.75	1
组织内各部门能够及时获取决策所需的信息	3.84	3	3.57	1	4.14	3	3.94	3	3.65	3
组织内的信息平台能够保证各部门获得所需的知识和信息	3.78	4	3.38	6	4.07	6	3.92	4	3.60	5
组织内各部门之间信息能够及时、准确地共享	3.76	5	3.48	3	4.07	6	3.87	5	3.55	6
项目参建各方间建立了正式的沟通机制，能够提高沟通效率	3.75	6	3.43	4	4.14	3	3.85	6	3.55	6
项目参建各方间信息能够及时、准确地共享	3.73	7	3.43	4	4.14	3	3.81	8	3.55	6
组织内各部门之间的沟通频率很高，并取得了很好效果	3.73	7	3.38	6	4.07	6	3.84	7	3.55	6
组织内建立了正式沟通机制	3.72	9	3.38	6	4.29	1	3.80	9	3.45	11
项目参建各方间的沟通频率很高，并取得了很好效果	3.67	10	3.33	9	4.07	6	3.76	10	3.50	10
项目参建各方间建有共用的信息系统，及时提供项目信息	3.64	11	3.29	11	4.07	6	3.67	11	3.65	3
均值	**3.76**		**3.41**		**4.13**		**3.87**		**3.59**	

由表15-3可知，水利工程建设沟通管理各指标的总体得分均值为3.76分，表明总体而言沟通管理仍存在提升空间。其中，“项目参建各方间的非正式沟通在解决问题时占很大比重”和“组织内非正式沟通占有很大比重”的总体得分分别为3.90分和3.87分，排名前两位，表明在水利工程建设中，非正式沟通是解决问题的主要手段之一。

在正式沟通机制方面，“项目参建各方间建立了正式的沟通机制，能够提高沟通效率”的总体得分为3.75分，“组织内建立了正式沟通机制”的总体得分为3.72分，表明在组织内和组织间均需要进一步建立健全正式沟通机制，从而提高沟通效率。“项目参建各方间的沟通频率很高，并取得了很好效果”的总体得分为3.67分，表明在项目建设过程中，参建各方的沟通频率不是很高，仍存在一些问题通过现有的沟通方式不能得到妥善解决，例如工程临时变更、实际流程与合同不符、设计深度不足和设计结果质量不能满足要求等。这些问题需要通过进一步完善正式沟通机制，并以项目建设的工作流程和合同为基础，通过正式沟通会议进行解决。

“项目参建各方间建有共用的信息系统，及时提供项目信息”的总体得分为3.64分，排名最低，表明水利建设的信息管理需要进一步加强。应逐步开发可供参建各方接入的系统或移动端应用，支持各方协同工作流程，及时提供、存储、汇总和分析项目信息。

2. 组织内沟通协调

宁夏水利工程建设组织内的沟通协调结果如表15-4所示。其中，得分1为“完全不符”,得分 5 为“完全符合”。

表 15-4 组织内的沟通协调

指标	总体		业主		设计		施工		监理	
	得分	排序	得分	排序	得分	排序	得分	排序	得分	排序
员工了解自己所负责的任务与项目中其他任务之间的关系	3.78	1	3.62	3	3.93	6	3.94	1	3.40	6
组织内工作岗位的角色、生产性任务和协调职责都清晰定义	3.77	2	3.57	4	4.00	5	3.78	7	3.80	1
组织内项目部门和职能部门协调情况良好	3.76	3	3.86	1	3.93	6	3.80	6	3.45	5
能够按时获得完成工作所需的资源	3.76	3	3.52	7	4.07	2	3.85	2	3.55	3
能够按时获得工作的反馈信息	3.76	3	3.57	4	4.07	2	3.81	5	3.60	2
组织内的日常工作有明确的协调机制,并能高效完成协调工作	3.73	6	3.67	2	4.07	2	3.74	8	3.55	3
组织内对非常事件(如重大风险)有明确的协调机制,并能高效协调	3.72	7	3.57	4	4.14	1	3.83	3	3.25	8
员工了解自身工作所应承担的沟通、协调责任	3.71	8	3.52	7	3.93	6	3.83	3	3.40	6
均值	**3.75**		**3.61**		**4.02**		**3.82**		**3.50**	

由表 15-4 可知,水利工程建设组织内沟通协调的总体得分均值为 3.75 分,表明组织内的沟通协调仍需提升。其中,“员工了解自身工作所应承担的沟通、协调责任”的总体得分为 3.71 分,排名最低,表明在工作流程制定过程中需要进一步明确各个岗位的沟通、协调责任。“组织内对非常事件(如重大风险)有明确的协调机制,并能高效协调”的总体得分为 3.72 分,排名靠后,表明组织内部针对水利工程建设中非常事件的应对措施不够完善,仍需建立正式、明确的协调机制,以利于高效应对重大风险事件。

3. 组织间沟通协调

宁夏水利工程建设组织间的沟通协调结果如表 15-5 所示。其中,得分 1 为“完全不符”,得分 5 为“完全符合”。

表 15-5 组织间的沟通协调

指标	总体		业主		设计		施工		监理	
	得分	排序	得分	排序	得分	排序	得分	排序	得分	排序
组织间有明确的角色、任务和协调职责	3.78	1	3.86	1	4.00	1	3.76	5	3.60	3
组织间的日常工作有明确的协调机制,并能高效完成协调工作	3.76	2	3.76	3	4.00	1	3.72	7	3.70	1

续表

指　标	总体		业主		设计		施工		监理	
	得分	排序	得分	排序	得分	排序	得分	排序	得分	排序
员工了解所在组织的任务与其他组织的任务之间的关系	3.74	3	3.57	7	3.93	3	3.83	1	3.55	4
各组织间的协调情况良好	3.72	4	3.86	1	3.71	8	3.69	8	3.70	1
我所在的组织能按时从其他组织得到审批/反馈	3.71	5	3.76	3	3.79	6	3.74	6	3.50	5
组织间对非常事件(如重大风险)有明确的协调机制,并能高效协调	3.70	6	3.62	6	3.86	4	3.78	2	3.45	6
员工了解所在组织应承担的沟通、协调责任	3.70	6	3.71	5	3.86	4	3.78	2	3.35	7
我所在的组织能按时从其他组织获得完成工作所需的资源	3.66	8	3.57	7	3.79	6	3.78	2	3.35	7
均值	**3.72**		**3.71**		**3.87**		**3.76**		**3.53**	

由表15-5可知,水利工程建设组织间的沟通协调各指标的总体得分均值为3.72分,表明组织间的沟通协调需要提升。其中,“组织间有明确的角色、任务和协调职责”的总体得分为3.78分,表明水利工程建设仍须确定各方角色和职责。由于合同管理观念问题,目前水利工程建设仍存在行政化管理的现象,影响项目执行过程中的规范化。对此,应明确各方在水利工程建设中的角色,清晰合理地进行责权利分配,从而使项目实施流程得到规范化的执行。

“我所在的组织能按时从其他组织获得完成工作所需的资源”的总体得分为3.66分,排名最低,表明组织间的资源高效分配和合理利用仍须提升。因此,需要相关方共同制定组织之间的业务流程,关注不同组织如何合理调配资源以完成工程项目。

“组织间对非常事件(如重大风险)有明确的协调机制,并能高效协调”的总体得分为3.70分,表明组织之间需要建立应对非常事件的协调机制。突发事件容易造成临时增加工作量、成本超标和进度滞后等问题。例如,当设计方任务超负荷时,业主与设计方的对接容易出现问题,设计方很难按照业主的要求按时完成任务。参建各方应分析各类非常事件,建立相应的协调机制,以提升水利工程建设流程的执行效率。

15.3　数字经济下水利工程建设业务流程管理措施

15.3.1　协调各相关方进行项目实施流程制定

在业务流程制定方面,制定人员需要充分认识水利建设工程的特点,综合考虑内外部组织在项目建设各个阶段所承担的工作和责任,以及项目资源在不同相关方之间的分配情况,从而在流程制定时兼顾各方责权利,使各方的责权利协调统一。

1. 协调组织内部不同部门的工作内容

在传统的水利工程建设模式下，业务流程制定受到职能型组织结构的影响较大，业务流程制度中多采用垂直向下指挥的形式，权利向上集中，下级组织向对应上级负责，下级的主动权和积极性相对较差。这样的业务流程制度导致部门间的问题经常需要部门负责人协调解决，甚至需要上级参与协调，流程执行的效率往往受到组织内各部门在各环节工作上协调效率的影响。

对此，在制定流程时，应协调组织内不同部门的工作内容。首先应对业务流程各工作环节进行工作分解，将各岗位的职责以及与该项工作协调相关的任务进行清晰的描述；其次，在不违反相关规范的条件下，对各岗位进行充分授权，从而减少不必要的报送、审批手续，以提高流程的执行效率。

1）工作定义与授权

在工作定义方面，应考虑将工作内容进一步细化，还需考虑以下各项因素：①各执行动作所需的资源；②明确各项工作内容主要完成人所能获得的授权以及应承担的责任；③明确工作内容或执行动作是否需要报上级审批，并明确审批岗位和审批时限；④涉及会议时，应明确会议的层级，需要哪一等级的领导参与；⑤由各工作内容的负责人总结各自负责的工作内容、执行动作的规定在实际工作中的效果，为后续优化改进提供信息支持。可参考图 15-1 进行工作定义的细化。

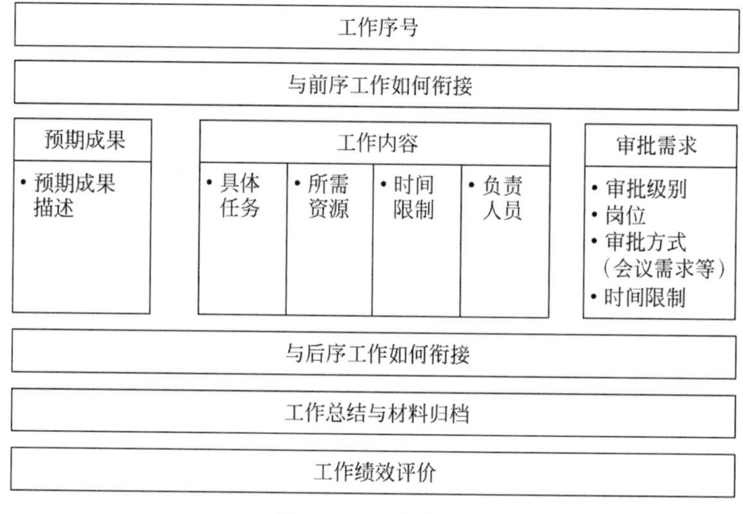

图 15-1　工作定义

2）部门间工作衔接

在流程制定时，除考虑组织内各部门的分工之外，还应考虑组织内不同部门之间的工作衔接，使各部门能够协同、高效工作。在水利工程项目实施过程中，应建立“工作流”的概念，即突出建设流程各环节的工作任务，将各个科室视为各项工作的参与者，其目标为：共同完成整体工作；以提高工作任务整体的完成效率和效果为基础，确定各科室的工作职责和工作衔接对象。

在确定部门之间的工作衔接逻辑之后，应将此类“工作流”纳入建设管理信息系统，在纵向的部门职责之外，以横向的方式将各部门联系起来，从而提高各项工作的执行效率。

如图 15-2 所示，以某项工作为目标，可以将工作流程划分为多个阶段，应明确每一阶段各个部门的工作内容，预期成果，与其他部门、组织的衔接，以及实际执行过程中的进度情况。以上信息均应纳入建管平台，以工作为基础，将纵向分配的各个部门横向串联起来，以图文的方式清晰地列示以上内容，从而清晰地反映出各项工作的进度和执行情况，提高项目建设效率。

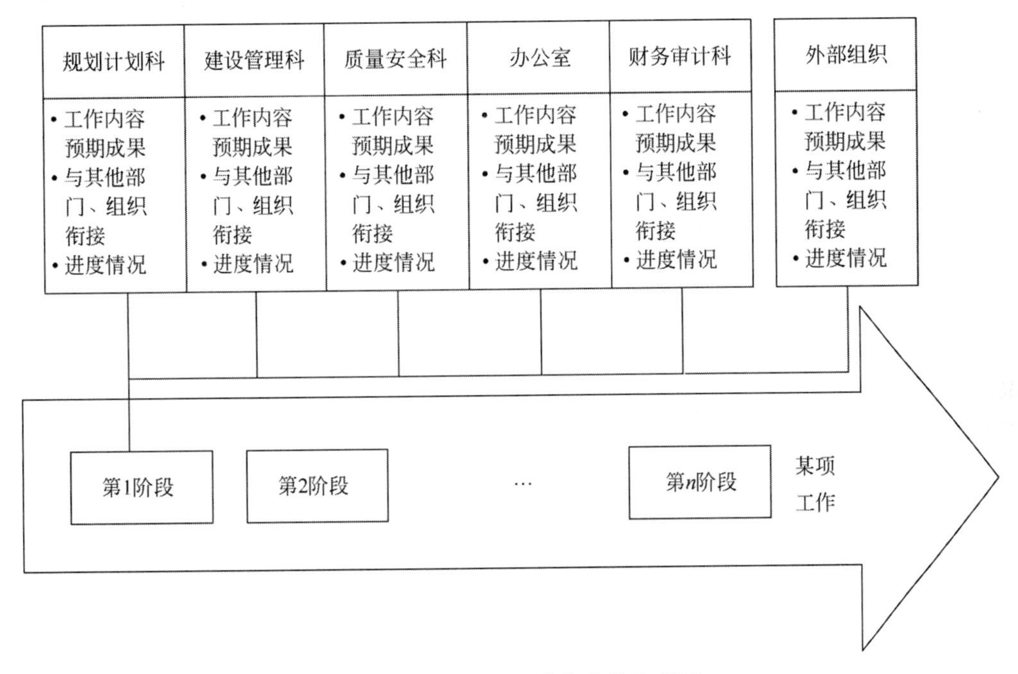

图 15-2　考虑部门工作衔接的流程图

2. 考虑其他组织的工作内容和方式

在业务流程制定过程中，除制定组织内部工作流程规定之外，还需要关注与各方之间的衔接和协调，应加强参建各方组织内和组织间的业务流程与接口管理；明确各方现场管理机构及公司总部的管理制度和各方的实际需求；建立利益相关方合作风险管理机制；构建多视角多层次项目绩效考核体系。应合理引入外地区单位参与设计、施工、监理等工作的竞争，充分发挥激励机制的引导、约束作用。

应在建设管理信息系统中开发与监理方和施工方、外部咨询机构相关的模块，从而对这些相关方进行高效管理。

(1) 在项目前期工作中会较多利用第三方咨询机构的工作，建设单位与这些机构之间的工作衔接和工作结果应进行列示。

(2) 对于设计方而言，其设计成果应能传递到管理信息系统，使建设单位具有权限的工作人员能够同时进行审阅，并对其设计成果的质量进行评价，确定设计工作的完成情况，形成付款依据，并同时将数据共享到财务部门进行账目处理。

(3) 对于施工方而言，应强制其运用管理信息系统进行各类资料的报送，从而进行完善的资料留底。此外，需考虑施工方的需求，设计施工方对项目流程进行提议的功能，从而通过合作来完成项目。

(4) 对于监理方而言，其需要上报的文件和信息应能及时在管理信息系统进行共享和审批，各级领导应进行并行阅览以节省流程运转时间，从而缩短各级领导逐级阅览文件所需的时间。

15.3.2 提高流程执行的标准化和规范化程度

为提高项目管理效率，应提高各项流程的标准化程度和可重复性，并通过信息化提供技术支持。

1. 强化并行工作

针对水利工程建设工作流程串行化的特点，应逐步推进并行工作。对于需要逐级上报审批的文件，可通过提交电子版文件，使各级领导提前进行共享和阅读，再由各方进行批复或进行集中会审。对于非关键或非重要部件，可以将审批意见和看法提前在工作群里进行沟通，再做出正式的批复意见，从而缩短审批时间。

2. 规定各环节时间节点

工作流程中应规定各方的审批时限，并要求各方严格遵守。由于招标文件和合同变更涉及较多审批，应进行充分的沟通和协调，明确各方现场管理机构及公司总部的管理制度和各方的实际需求，据此商定各方的审批时限。

3. 严格执行确定的工作流程

工作流程确定之后，应在实际工作中得到严格执行。同时在管理信息系统中设立评价功能，由各方评判流程是否按规定执行，逐步发现问题、分析原因，进而解决问题。

4. 建立流程反馈机制

应建立一套流程优化机制，对每个阶段的流程优化和变更加以管理。应积极与各利益相关方进行沟通，收集他们对于现有流程体系的意见和建议，鼓励项目管理人员积极提出优化建议，以提高整个项目的管理效率。

15.3.3 推进业务流程信息化

水利工程建设应注重业务流程中各项工作的信息化处理，通过信息化来提高各项工作的执行效率，促进各参与方之间的沟通、协调。水利工程建设涉及参建单位、监理单位、建设管理单位等多个单位，传统管理模式下，各个单位之间缺乏信息沟通交流的机会，导致项目信息共享程度不高，各方之间存在信息壁垒；分工协作协调程度较低，影响业务流程的执行效率。这些问题在制定业务流程以及业务流程信息化的过程中应得到充分重视，在信息系统的建设中应融入相关功能模块来支持数据获取、信息共享、沟通协调和高效决策。

在数字经济下，业务流程的信息化不仅应实现对施工现场的实时监控，更应注重为水利工程建设全过程的各项工作提供集成化的管理平台，以实现工程项目信息共享以及实时传递，使管理人员能够及时掌握项目的实施进度，并利用该平台进行项目管理[84]。

近期内，建设管理信息系统应以完善的工作流程图为基础，综合考虑各组织、组织内各部门的分工，通过各项工作任务将不同部门的工作衔接起来，起到兼并工作、简化审批、信息共享与存储、科学决策的作用，从而提高流程的执行效率。

在将来，应以建设管理信息系统执行效果和积累的数据为基础，逐步开发建设智能化流程管理功能，可包括依托于 BIM 的智慧建造、智慧劳务、智慧物资、智慧安全、智慧商务等多场景的管理应用,助力项目的精细化管理以及相关组织的不断转型升级。在外部组织管理交流中,逐渐建设政府、科研院所、社会公众等协同工作平台,助推产业数字化转型知识创新、科研成果和应用领域的需求创新。

15.4 数字经济下水利工程建设业务流程管理激励机制与指标体系

15.4.1 水利工程建设工作激励情况

宁夏水利工程建设中员工对于激励的态度如表15-6所示。其中,得分1为“完全不符”,得分5为“完全符合”。

表15-6 水利工程建设中员工对激励的态度

指标	总体		业主		设计		施工		监理	
	得分	排序	得分	排序	得分	排序	得分	排序	得分	排序
我有优异工作表现时,会得到上级领导及时的认可赞赏	4.03	1	3.90	3	4.43	3	4.07	1	3.75	3
被表彰时,我能够获得自信	4.01	2	4.14	1	4.50	2	3.91	2	3.80	2
被表彰或获得荣誉时,我的工作干劲更大	4.00	3	4.14	1	4.57	1	3.81	3	3.95	1
均值	**4.01**		**4.06**		**4.50**		**3.93**		**3.83**	

由表15-6可知,水利工程建设中员工对激励的态度各项指标的总体得分均在4.00分及以上,表明工作中的激励机制能够引导员工更好地工作,同时使受激励的员工收获自信并不断提高自身能力。其中,“我有优异工作表现时,会得到上级领导及时的认可赞赏”的总体得分为4.03分,排名最高,表明工作中员工能够得到及时的认可。“被表彰时,我能够获得自信”“被表彰或获得荣誉时,我的工作干劲更大”的总体得分均不低于4.00分,表明相应的表彰和荣誉能够激发员工积极向上的态度,从而更好地工作。

但水利工程建设中,员工实际获得的激励情况满意程度总体而言相对较低,如表15-7所示。其中,得分1为“完全不符”,得分5为“完全符合”。

表15-7 水利工程建设激励情况

指标	总体		业主		设计		施工		监理	
	得分	排序	得分	排序	得分	排序	得分	排序	得分	排序
我能够在组织中得到归属感	3.95	1	3.95	1	4.36	1	4.00	1	3.55	3
我了解我的工作任务和责任,并且得到充分授权	3.91	2	3.86	2	4.21	7	3.96	3	3.60	1
我能够参加与工作流程相关的决策,对组织产生积极影响	3.88	3	3.62	3	4.36	1	3.98	2	3.55	3

续表

指　　标	总体		业主		设计		施工		监理	
	得分	排序	得分	排序	得分	排序	得分	排序	得分	排序
工作中我能够及时得到反馈从而提升工作表现	3.77	4	3.52	4	4.23	6	3.81	4	3.60	1
我有优异工作表现时，会有相应的晋级晋升	3.69	5	3.43	6	4.14	8	3.76	5	3.45	5
我能够选择自己将要从事的项目	3.68	6	3.43	6	4.29	3	3.74	6	3.35	7
与同行业同级别的人员相比，我对自己的薪资感到满意	3.66	7	3.29	8	4.29	3	3.74	6	3.40	6
我对各类津贴、补贴的发放原则和标准感到满意	3.63	8	3.52	4	4.29	3	3.70	8	3.10	9
我每年都能休满规定的休假天数	3.36	9	3.24	9	3.43	9	3.43	9	3.22	8
均值	**3.73**		**3.54**		**4.18**		**3.79**		**3.42**	

由表 15-7 可知，水利工程建设中激励相关的各项指标的总体得分均值为 3.73 分，指标得分均在 4.00 分以下，表明水利工程建设中在激励方面仍有提升空间。其中，“我能够在组织中得到归属感”的总体得分为 3.95 分，排名最高，表明员工对组织表示认同和肯定，在心理上愿意为组织付出，完成自己的工作职责。但实际得到的激励总体得分均较低，表明水利工程建设需要加强激励管理。例如，“与同行业同级别的人员相比，我对自己的薪资感到满意”的总体得分为 3.66 分，“我对各类津贴、补贴的发放原则和标准感到满意”的总体得分为 3.63 分，表明员工对薪资和各类补贴的满意程度较低，由于缺少激励和相应的薪资福利，员工的工作积极性容易受到影响，不利于水利工程的高效建设。此外，在“我每年都能休满规定的休假天数”指标的总体得分最低，仅为 3.36 分，表明在水利工程项目增多、工作量增大的情况下，员工的休假较难得到保证。因此，应不断进行水利工程建设管理的改革和创新，提高工作效率和员工薪资水平，从而保障员工的待遇和保持员工的工作动力。

除应加强激励以外，水利工程建设还需保证激励的公平公正。激励的公平性评价情况如表 15-8 所示。其中，得分 1 为“完全不符”，得分 5 为“完全符合”。

表 15-8　水利工程建设中激励的公平性

指　　标	总体		业主		设计		施工		监理	
	得分	排序	得分	排序	得分	排序	得分	排序	得分	排序
当项目建设需要我们额外付出时能得到解释和相应补偿	3.49	1	3.43	1	3.86	1	3.50	3	3.25	1
为项目建设带来显著改进时能够获得奖励	3.40	2	3.10	3	3.64	2	3.57	1	3.10	2
奖励与取得的成果和投入的努力相匹配	3.39	3	3.19	2	3.64	2	3.55	2	3.00	3
均值	**3.42**		**3.24**		**3.71**		**3.54**		**3.12**	

由表 15-8 可知，水利工程建设中激励的公平性各项指标的总体得分均在 3.50 分以下，平均得分为 3.42 分，表明仍须注重激励的公平公正。其中，“当项目建设需要我们额外付出时能得到解释和相应补偿”的总体得分为 3.49 分，表明当需要付出额外努力时，所得到的解释和补偿有时不能令员工感到满意。由于当前建设管理有较强的行政性质，管理方面的变更较为频繁，并且存在前期论证不足和设计深度不够的情况，业主、设计方、施工方和监理方等主要项目建设相关方都会面临项目临时变更、工作任务增加和成本增加的问题。除了需要建立明确的程序对变更的合理性进行评价、按照合理的流程执行变更之外，还需要对受到影响的各方进行相应的补偿。“为项目建设带来显著改进时能够获得奖励”和“奖励与取得的成果和投入的努力相匹配”的总体得分分别为 3.40 分和 3.39 分，表明员工在付出和取得成果之后，获得令人满意的回报较少。对此，需要建立公平的激励机制，明确各类成果、付出与应得的奖励，使员工的业绩与奖励相匹配。

15.4.2 数字经济下流程管理指标体系和阶段性工作

数字经济下流程管理指标体系和阶段性工作如表 15-9 所示。

表 15-9 数字经济下流程管理指标体系和阶段性工作

阶段划分	一级指标	二级指标
阶段一： 流程制定标准化	业务流程确定	界定各方角色 明确各方工作内容 各方责权划分清晰合理
	建立协调机制	建立正式沟通机制
		建立非常事件协调与管理机制
		各环节工作衔接高效
	建立反馈机制	建立反馈信息收集与分析机制并及时响应
	建立流程执行考核体系	建立利益相关方合作风险管理机制
		构建多视角多层次考核体系
	建立激励机制	综合考虑奖励与惩罚措施
阶段二： 流程执行规范化	规范流程执行	树立合同意识
		规定明确的时间节点
	实施扁平化管理	强化并行工作
	合理配置资源	了解各方资源优势
		优化资源配置
	发挥激励机制的作用	奖励与成果或努力相匹配
		对工作内容变更进行相应补偿
	强调过程信息的管控	建立健全过程文件档案管理机制
		引导项目人员树立信息留痕意识
阶段三： 流程管理信息化	建立流程管理信息系统	确定工作流程，绘制工作流程图
		将组织内外各项工作高效衔接作为信息系统建立的基础
	强化数据收集	规范系统内数据收集与积累
	建立智能分析、决策系统	开发智能化数据分析功能

续表

阶段划分	一级指标	二级指标
阶段三：流程管理信息化	建立智能分析、决策系统	开发智慧建造、智慧劳务、智慧安全、智慧物资与智慧商务等模块
	信息系统多方使用	开发其他参建方接入模块
		开发与政府、科研院所及社会公众协同工作平台，实现产学研相结合

15.5 数字经济下水利工程建设业务流程管理成效

15.5.1 流程设置

宁夏水利工程建设业务流程设置成效如表15-10所示。其中，得分1表示“完全不符”，得分5表示“完全符合”。

表15-10 水利工程建设业务流程设置成效

指标	总体		业主		设计		施工		监理	
	得分	排序	得分	排序	得分	排序	得分	排序	得分	排序
业务流程设置与项目建设实际操作相匹配	3.89	1	3.61	2	4.10	1	3.96	2	3.69	4
参建各方间设置了正式的沟通流程	3.88	2	3.54	3	4.02	3	3.99	1	3.73	2
业务流程设置清晰，可操作性强	3.87	3	3.75	1	3.98	5	3.93	5	3.69	4
业务流程设置兼顾了参建各方的需求	3.82	4	3.50	5	3.90	7	3.96	2	3.65	6
业务流程设置高效，很少有重复或冗余的工作	3.82	4	3.43	6	4.00	4	3.96	2	3.58	7
设置了反馈流程，使参建各方能够反馈业务流程各环节存在的问题	3.82	4	3.54	3	3.95	6	3.86	7	3.77	1
设置了知识管理流程，总结工程建设管理经验教训，实现知识积累	3.82	4	3.36	7	4.07	2	3.88	6	3.73	2
均值	**3.85**		**3.53**		**4.00**		**3.93**		**3.69**	

由表15-10可知，水利工程建设业务流程设置各项成效的总体得分均值为3.85分，表明水利工程建设业务流程管理在流程设置方面取得了较好的成效，具体成效包括：

（1）业务流程设置与项目建设实际操作匹配度高，很少有重复或冗余的工作。

（2）提供了参建各方沟通、反馈的流程，使流程能兼顾参建各方的需求。

（3）业务流程设置清晰，可操作性强。

(4) 设置了知识管理流程，总结工程建设管理经验教训，实现知识积累。

目前，宁夏水利工程建设中心已对各科室的工作流程进行了总结归纳，形成了标准化手册，如表15-11所示。

表15-11 建设中心各科室工作流程标准化手册概览

科 室	标准手册内容概述
计划规划科	制度建立与完善、投资建议计划编报、项目用地计划编报、工程进度款拨付计划编制、工程前期管理、项目建议书管理、审批要件管理、工程招投标管理、合同签订、后评价管理等38项标准化流程
建设管理科	项目法人组建、项目印章启用、设计交底、征占地手续办理、工程启动会议、施工图审查、工程资料管理、移民安置、工程进度检查、项目实施计划编制等49项标准化流程
质量安全科	第三方检测遴选、第三方检测工作监管、质量监督检查、质量事故分类及处理、安全监督检查、安全事故处理、单位工程验收、阶段验收、竣工验收等35项标准化流程
财务审计科	财务制度编发、预算编制、绩效管理、固定资产管理、项目资产移交、资金筹措、财政拨款、竣工财务决算审计、财务报表工作、财务核算等26项标准化流程
办公室	党委会、工作调动、工作人员退休、职工培训、每月工资发放、职工代表大会、安全教育、车辆调度、经营性资产管理、工作计划制定、制度拟定等66项标准化流程

从表15-11可以看出，标准化手册中的内容能够较全面地反映实际工作流程，为水利工程数字建管平台的设计与优化提供了制度保障。此外，在流程设置中还重点考虑了以下方面：

(1) 清晰地界定了参建各方的角色、各方工作内容和各方职责；重点明确了参建各方、各组织在沟通、协调方面的责任和义务。

(2) 进行了合理、明确的授权安排，使相关工作人员能得到完成任务所需的权利和资源。

(3) 建立了合理的激励机制，综合考虑奖励和惩罚措施的运用，如各类津贴、补贴、休假等方式可用于员工激励。

(4) 以合同条款和流程规定为基础，建立了健全组织间的正式沟通机制，提高了参建各方的沟通频率。

(5) 建立了协调机制，综合考虑各方的需求、责任和义务，通过正式和非正式沟通等方式，对项目参建各方的工作内容、方式和进度等要素进行协调，使各方能够相互配合、协调一致。

(6) 针对非常事件(如重大风险、临时重大变更)建立了组织间的沟通、协调机制。

(7) 突出了建设流程各环节的工作主体，以“工作流”为基础，将各个科室作为完成整体工作的参与者；以“工作流”的完成效率和效果为基础，确定各科室的工作职责和工作衔接任务。

(8) 建立了反馈机制，可由参建各方反映建设业务流程执行中遇到的问题、可行的优化方案，或者定期询问有无同类反馈信息，并对反馈做出及时响应。

(9) 建立了利益相关方合作风险管理机制；构建了多视角多层次项目绩效考核体系。

15.5.2 流程执行

宁夏水利工程建设业务流程执行成效如表 15-12 所示。其中，得分 1 表示“完全不符”，得分 5 表示“完全符合”。

表 15-12 水利工程建设业务流程执行成效

指　　标	总体		业主		设计		施工		监理	
	得分	排序	得分	排序	得分	排序	得分	排序	得分	排序
业务流程得到了持续优化，满足实际工程建设管理需求	3.82	1	3.56	1	3.85	4	4.01	1	3.50	2
项目质量安全管理流程执行高效	3.81	2	3.52	3	3.85	4	4.01	1	3.50	2
参建各方在流程执行过程中反馈的问题能得到及时回应和解决	3.80	3	3.56	1	3.85	4	3.94	4	3.54	1
建设管理业务流程整体上执行高效	3.78	4	3.52	3	3.95	1	3.89	6	3.50	2
参建各方间的沟通协调效率高	3.74	5	3.41	5	3.76	7	3.94	4	3.50	2
项目设计流程执行高效	3.74	5	3.19	7	3.88	3	3.97	3	3.42	7
项目前期论证流程执行高效	3.72	7	3.33	6	3.90	2	3.85	7	3.46	6
均值	**3.77**		**3.44**		**3.86**		**3.94**		**3.49**	

由表 15-12 可知，宁夏水利工程建设业务流程执行各项成效的总体得分均值为 3.77 分，表明水利工程建设管理在业务流程执行方面取得了一定成效。其中，“业务流程得到了持续优化，满足实际工程建设管理需求”的总体得分排序第 1，表明水利工程建设业务流程优化成效显著。“项目设计流程执行高效”和“项目前期论证流程执行高效”的总体得分排序靠后，表明水利工程建设在前期论证与设计流程方面仍有一定提升空间。

此外，在流程执行中还重点考虑了以下方面：

(1) 树立了合同意识，以合同条款为基础，依照标准和规范完成业务流程各环节的工作任务。

(2) 强化了并行工作，实施扁平化管理。

(3) 对各项任务规定了明确的时间节点。

(4) 根据项目的实施情况，优化了资源配置，确保项目进展顺利。

(5) 合理引入了自治区外部单位参与设计、施工、监理等工作的竞争，充分发挥激励机制的引导、约束作用。

(6) 强调过程信息的管控，建立了健全过程文件档案的管理、存档制度；引导项目工作人员建立信息留痕的意识。

15.5.3 流程优化

在数字经济下水利工程流程管理过程中，通过设置有效激励机制，能提高参建各方业务流程的执行效果，并且能够促进各方实现业务流程的持续优化。

宁夏水利工程运用激励机制促进参建各方实现业务流程执行与优化情况如表15-13所示。

表15-13 运用激励机制促进参建各方实现业务流程执行与优化情况

指标	总体		业主		设计		施工		监理	
	得分	排序	得分	排序	得分	排序	得分	排序	得分	排序
设置了有效激励，促进参建各方持续优化建设管理业务流程	3.65	1	3.29	2	3.88	1	3.81	1	3.27	1
设置了有效激励，促进参建各方高效执行建设管理业务流程	3.62	2	3.25	3	3.78	2	3.81	1	3.23	2
设置了有效激励，鼓励各方及时反馈业务流程中存在的问题	3.62	2	3.36	1	3.78	2	3.76	3	3.23	2
均值	**3.63**		**3.30**		**3.81**		**3.79**		**3.24**	

由表15-13所示，各项指标的总体得分均值为3.63分，表明运用激励机制促进参建各方实现业务流程执行与优化已经取得了一定成果，但仍有提升的空间。通过运用激励机制，参建各方能够高效执行建设管理业务流程，并及时反馈业务流程中存在的问题，从而促进建设管理业务流程的持续优化。

15.5.4 流程管理信息化

宁夏数字建管平台业务流程执行与优化成效如表15-14所示。其中，得分1表示“完全不符”，得分5表示“完全符合”。

表15-14 数字建管平台业务流程执行与优化成效

指标	总体		业主		设计		施工		监理	
	得分	排序	得分	排序	得分	排序	得分	排序	得分	排序
建管平台有效促进了参建各方优化业务流程	3.79	1	3.61	1	3.73	6	4.07	1	3.37	2
建管平台有效提升了业务流程各环节的执行效率	3.75	2	3.54	2	3.78	3	4.03	2	3.22	5
建管平台的工作流程与参建各方实际操作相匹配	3.71	3	3.29	4	3.83	1	3.94	4	3.41	1
参建各方能在建管平台上对业务流程各环节工作高效审批	3.69	4	3.39	3	3.78	3	3.93	5	3.26	4
参建各方能通过建管平台进行反馈、沟通和协调	3.69	4	3.29	4	3.76	5	3.97	3	3.30	3
建管平台的工作流程中很少有重复或冗余的工作	3.67	6	3.25	6	3.83	1	3.90	6	3.22	5
均值	**3.72**		**3.40**		**3.79**		**3.97**		**3.30**	

由表 15-14 可知，建管平台业务流程执行与优化成效的总体得分均值为 3.72 分，表明运用数字建管平台促进业务流程执行与优化取得了一定成效。其中，施工方建管平台业务流程执行与优化成效的平均得分达到 3.97 分，表明运用建管平台对提升施工方流程执行效率的作用更为显著。具体成效包括：

（1）建管平台的工作流程与参建各方实际操作相匹配，很少有重复或冗余的工作。

（2）参建各方能在建管平台上对业务流程各环节工作高效审批，有效提升了业务流程各环节的执行效率。

（3）参建各方能通过建管平台进行反馈、沟通和协调，有效促进了参建各方优化业务流程。

第16章 >>>>>>>>>>>>>>>

数字经济下水利工程建设接口管理

16.1 工程项目接口管理概述

16.1.1 接口管理的定义和重要性

在项目管理领域，接口管理被定义为将两个相互依赖的组织、阶段或物理实体之间的共同边界进行沟通和协调的管理方式。美国建筑业协会将接口管理定义为：对两个或多个接口方之间沟通、联系和交付成果的管理，实现项目绩效的最优化。接口管理被认为是提高组织间和组织内沟通、协调，改善与项目利益相关者关系的一种有效方式，可以减少项目潜在的冲突和不可预见的成本。接口管理还可以帮助识别各种类型的接口，规范各阶段衔接的工作流程，减少建设项目的不确定性。接口管理的具体优势如下：

(1) 使项目参与者对项目的复杂程度有更深的理解。

(2) 帮助设计方优化设计，提高工程项目的可施工性和兼容性，降低成本和风险，以满足客户需求。

(3) 减少或消除潜在的接口问题，减少项目的复杂性。

(4) 建立和保持与项目参与者之间的良好关系和互动渠道，以实现及时沟通、协调和合作。

(5) 在建设项目中规范各种接口的处理流程和工作流程，减少工程项目的不确定因素。

(6) 提供一个动态的、协调一致的项目实施系统，以应对项目中随时发生的变化。

(7) 识别和记录处理复杂项目时的正确做法，并应用在未来的项目中。

16.1.2 接口管理类型

接口常常具有多重特性和属性，可总结归纳出以下几大接口类别：

(1) 按项目阶段划分，可分为阶段内部和阶段之间的各专业接口，如设计接口、设备制造接口、施工接口、安装接口等阶段内部的接口，以及设计-施工接口、设计-设备制造接口、施工-安装调试接口等阶段之间的接口。

(2) 按系统范围划分，可分为外部接口和内部接口。

(3) 按项目参建方划分，可分为业主-设计方接口、设计方-施工方接口、咨询师/监理方-

设计方接口等。

(4) 按接口性质划分,可分为合同接口、组织接口和物理接口。

(5) 按动态性划分,可分为静态接口和动态接口。

(6) 按接口内容划分,可分为技术接口和管理接口。具体而言,技术接口是指设计、采购、施工过程中涉及的各系统专业技术方面的连接部分,既可以指具体的、相互关联的物理部件(如管道、电缆、构筑物)的衔接方式、材质相容性、几何尺寸等,也可以指设计流程、技术要求、工艺参数等专业信息支持。管理接口是指承包商、业主、咨询工程师等参建各方之间,或组织内各个层级各个团队之间,在时间、空间、合同责任、逻辑关系上需要协调配合的问题。

16.1.3 接口管理形式

1. 施工现场生产调度会/协调会

这类会议主要是召集各参建单位,了解各自的工程进度,把遇到的困难以及需要的其他参建单位支持的请求提出来,然后统一协调解决接口问题。这类协调会能高效识别和处理接口事项,是目前最为常见的接口管理手段。

2. 临时协调会

当工程项目出现突发状况(如重大变更、重大设计缺陷等)时,需要召开临时协调会,及时了解和分析突发事件发生的原因,并通过各方的相互配合和分工协作,迅速制定出相应的技术解决方案,以有效应对突发事件,并将其产生的不利后果降到最低。

3. 正式文件传递

这种方式适用于常规的接口协调管理。通常情况下,组织间会规定统一的接口文档格式、传递路径和方式,以及签认过程。

4. 非正式沟通渠道

正式的沟通渠道虽有易于记录和跟踪的优点,但难免效率较低,所以需要以非正式的沟通渠道(如电话等)作为补充,以提高沟通的效率。

16.1.4 接口管理研究现状

1. 接口问题产生的原因

接口问题的产生原因分析是早期接口管理研究的热点之一。引发接口管理问题的要素可以归纳为 6 大类因素:人、方法/过程、资源、文档、项目管理和环境。造成合同接口管理问题的主要原因在于信息开放程度不足、组织文化差异、目标差异、管理者的能力和合同管理知识不足、项目实施阶段合同界面的多变性,以及目前市场上工程管理信息系统的不统一。有学者识别出了 4 大类共 19 个引起接口管理问题的因素,分别是经济因素(如进度款拖延)、合同规范不全面(如设计图纸规定不够详细)、环境因素(如恶劣天气)、其他因素(如组织间沟通不顺畅)。在此基础上,组织文化差异(如缺乏统一的信息系统管理信息)、技术改进(如新技术的兴起)和个人特征(如各利益相关方持有不同观点)3 大类因素也被增加进来。根据合同接口、组织接口和实体接口 3 个维度,也可以识别出 35 个 PPP 项目的接口管理影响因素，包括合同策划完整度、信息共享程度等。

以下是按工程不同阶段识别出的引起接口问题的21项原因。

1）设计阶段容易造成接口问题的原因

（1）设计阶段缺乏承包商的参与；

（2）拖延工程建设文件的准备；

（3）设计阶段时间太短；

（4）设计公司缺乏内部协调；

（5）业主的职责范围没有定义清楚；

（6）设计公司没有相应的人员配备。

2）施工阶段造成接口问题的原因

（1）没有完整的计划和规定；

（2）图纸信息详细程度不足；

（3）施工阶段各方缺乏沟通和协调；

（4）使用了过于前卫的设计和技术；

（5）缺乏专业的施工经理负责接口管理；

（6）施工阶段材料变更；

（7）材料审查延迟；

（8）施工失误。

3）设计-施工阶段造成接口问题的原因

（1）缺乏可施工性研究；

（2）政府部门审批延迟；

（3）缺乏专业的经验和判断；

（4）由于文化差异产生的冲突；

（5）变更；

（6）缺乏单独的项目管理公司；

（7）合同表述不清晰。

根据文献调研，在上述21项原因中，"设计阶段缺乏承包商的参与""缺乏单独的项目管理公司""设计公司缺乏内部协调"和"设计阶段时间太短"是最常见的原因，而"设计公司缺乏内部协调""缺乏专业的施工经理负责接口管理""合同表述不清晰"和"施工阶段各方缺乏沟通和协调"对于整个项目的影响最大。

2. 接口管理标准化

接口管理流程用于描述接口管理的工作范围、方法和顺序。由于接口管理在建筑行业是一个相对较新的概念，项目成员由于接口管理工作经验不同，对接口管理的理解往往也不同。对此，项目参建各方可共同协商，制定各方均认可的标准化接口管理流程，作为共同遵守的规范，这样有助于参建各方相互之间加强对接口工作内容、标准、程序的理解，进而提高工作效率，促进共同目标的实现。建立正式的接口管理程序对于指导没有相关知识和经验的参与者尤为重要。虽然各阶段的任务都相对独立，但接口管理流程执行过程是一个不断迭代更新的过程，需要经过不断的沟通、协调和记录。

具体来说，正式的接口管理程序可以概括为4个阶段。

(1) 接口识别：在项目的早期阶段，从合同、协议、设计图纸等相关资料中全面识别出技术和组织接口。

(2) 接口记录：记录已识别接口的所有信息（如接口的特点、相关方的责任、接口完成要求和期限），并要求相关责任方签字确认。

(3) 接口沟通与协调：请求、响应和跟进相关方之间所需的信息/任务。

(4) 接口关闭：所有相关方都完成接口任务并同意关闭接口。

3. 接口管理信息系统

随着现代工程项目的规模和复杂程度不断提升，传统的信息沟通方式（如电子邮件、电子表格等）已经不能满足工程建设过程中所产生的大量的信息沟通与记录需求。从业主角度来说，同时管理着多个项目，这些项目的设计、采购、施工环节相互交叉重叠，不同阶段和不同专业人员之间的信息交换量显著增加。因此，需要通过建立信息系统，将工作内容相互依赖的项目参与方有机组织起来，促进信息在组织边界高速和准确地交换和追踪查询，提高工作效率。

工程实践中，建筑信息模型也是接口管理中非常关键的一项信息技术。BIM 技术实现了设计图和施工图的三维可视化，集成了建筑、结构、暖通、供水、电气等不同专业在设计和施工阶段的内外部信息，帮助利益相关方理解设计内容，从而提出关于建设和物流规划的改进建议。BIM 允许早期的可建造性分析和冲突检测，有助于在设计阶段识别空间和流程接口，有效避免设计冲突的发生，提高工程建设效率。对于复杂的大型工程而言，其管线系统通常具有大、复杂、多、长的特点，在设计过程中难免会出现设计冲突和交叉碰撞的情况，例如线管和线架的交叉碰撞、风管和线管的交叉碰撞、暖通管道的设计标高大于天花板的设计标高等。采用 BIM 作为接口管理工具能有效检测和显示碰撞的情况，并进行碰撞的调整处理，提高接口管理的准确性和效率。此外，BIM 还可以应用于建筑预制构件的冲突检测，使有关人员提前了解需配合的不同建筑构件是否发生碰撞，从而提高现场装配组装效率。

BIM 不仅是智能化程度很高的建模工具，还是一个强大的协同工作平台，BIM 的数据信息层包括了工程所需的各类数据：物理位置、结构、技术标准、材料、工程量、时间、价格和负责人等，各参与方可以在这个平台共享信息，分析信息并做出有效的决策。尽管 BIM 技术的优势显而易见，但采用 BIM 软件的成本较高，而且对使用人员的技能有较高的要求，目前在工程行业的普及度仍然有待提高。

16.1.5 接口管理相关理论

研究协调理论（coordination theory）的著名学者 Malone 和 Crowston 将协调定义为“对活动之间的相互依赖性的管理”。他们认为，协调理论的组成元素包括共同目标、实现目标而执行的活动、执行者、活动之间的相互依赖关系。相互依赖性主要有 3 类：分配依赖、流程依赖、集成依赖，它们共同构成了工作流程网络。相互依赖性所对应的表现形式和协调机制如表 16-1 所示。

表 16-1 相互依赖性的种类、表现形式和对应协调机制

依赖关系类型	解释	具体表现形式	对应协调机制
分配依赖	指任务和所需的已分配的资源之间的关系,即活动-资源关系	共用资源	“先到先得”、预算、市场化竞标、管理层决策、根据任务的优先级
流程依赖	指一项活动的产出成为另一项活动的投入,即活动-活动关系,或者一种资源产生出另一种资源,即资源-资源关系	前提限制、任务/子任务	告知、排队、跟踪、目标选择、任务分解
集成依赖	指多项资源支持同一活动的执行,即资源-活动关系。	同时约束	做进度计划、同步

经济学视角下,可以将解决协调问题的方式归纳为 4 种。

(1) 层级:协调活动者中有一个人提出处理活动之间相互依赖性的解决方案,并且有办法让其他人接受他的方案。

(2) 市场:协调活动者中有一个人或多个人都提出处理活动之间相互依赖性的解决方案,并告诉其他人,让大家选择是否接受;如果接受,则全部人都采取这一解决方法。

(3) 对等伙伴:协调活动参与者们通过沟通协商,群体决策找到协调方案。

(4) 代理:所有的协调活动参与者们均同意委托一个代理来决定最终解决方案。

组织设计理论视角下,常见的协调机制则包括:计划和规则、规定的日常工作、会议、跨职能工作者和相互调整。尽管这些正式的协调机制在组织运行中发挥了重要作用,却仍有学者认为现代组织过于关注形式化的管理式协调,而忽略了专业技能协调。企业在解决协调问题时,往往无法准确了解谁拥有相关专业技能/知识,哪里需要这些专业技能,以及如何将专家所拥有的专业技能引入到解决问题中。在解决复杂问题的情景下,专业技能协调能力比管理式协调能力更加重要。为了克服正式协调机制在某些条件下的不足,有学者提出了关系型协调这一概念,即“为了整合任务而进行的一种互动过程。在此过程中,沟通和关系相互加强”。关系型协调的核心是以共同目标、共同知识和相互尊重的关系为支持,通过高质量的沟通来完成协调工作。无论是结构化还是非结构化的协调方式,关系型协调中,“沟通”和“关系”二者之间的关系是相互促进的,即组织间的关系越好,沟通越紧密和顺畅;沟通的紧密和顺畅,反过来也可以促进组织间关系的提升。

16.2 水利工程建设接口管理情况

16.2.1 接口管理标准化

宁夏水利工程建设参建各方接口管理标准化措施如表 16-2 所示。其中,得分 1 表示“完全不符”,得分 5 表示“完全相符”。

表 16-2 项目参建各方接口管理标准化措施

指标	总体		业主		设计		施工		监理	
	得分	排序	得分	排序	得分	排序	得分	排序	得分	排序
组织合同交底,明确需对接的工作内容和关键时间节点	4.06	1	4.05	1	4.40	1	4.02	3	4.00	2
业主与供应商之间有清晰的、具体的接口管理流程	4.00	2	3.71	10	4.33	4	4.13	1	3.90	6
监理方与施工方之间有清晰的、具体的接口管理流程	3.96	3	3.81	4	4.33	4	3.92	5	4.05	1
有专职的协调人员负责项目对外和对内在技术和管理上的协调,以及对合同履行情况进行实时跟踪	3.95	4	3.76	5	4.40	1	4.04	2	3.70	12
各项目参与方在对接工作中的职责明确,并精确到具体人员	3.94	5	3.95	2	4.40	1	3.89	7	3.75	11
业主与监理方之间有清晰的、具体的接口管理流程	3.92	6	3.76	5	4.33	4	3.90	6	3.95	4
业主与施工方之间有清晰的、具体的接口管理流程	3.92	6	3.76	5	4.33	4	3.94	4	3.85	8
对外和对内的接口文档(如结算清单等)有规范的格式	3.91	8	3.71	10	4.27	12	3.88	8	4.00	2
项目组织结构设置有利于推动各组织、各部门的协同工作	3.89	9	3.76	5	4.33	4	3.85	9	3.85	8
设计方与施工方之间有清晰的、具体的接口管理流程	3.88	10	3.76	5	4.33	4	3.83	10	3.85	8
项目各方之间管理界面和责权划分明确	3.87	12	3.67	12	4.33	4	3.81	11	3.95	4
业主与设计方之间有清晰的、具体的接口管理流程	3.85	12	3.86	3	4.33	4	3.71	12	3.90	6
整个项目有统一的信息管理系统或平台,用于主要参与方间的信息传递和沟通,以保证项目层面的信息一致性和同步性	3.67	13	3.43	13	4.13	13	3.67	13	3.60	13
均值	**3.91**		**3.77**		**4.33**		**3.89**		**3.87**	

从表 16-2 可以看出,总体来说,参建各方业务接口管理标准化措施都做得比较到位,总体得分均值为 3.91 分。其中,合同交底、与各方制定清晰的接口流程落实情况较好,各方之间的责权分配也较为明晰,有专职的协调人员负责项目对外和对内在技术和管理上的协调,并对合同履行情况进行实时跟踪。

与此同时,表 16-2 也反映了一些问题。比如,"整个项目有统一的信息管理系统或平台,用于主要参与方间的信息传递和沟通,以保证项目层面的信息一致性和同步性"这一项的总体得分明显低于其他项,体现出目前在信息系统的设计和应用层面存在较大的提升空间。调研结果也显示，目前的信息系统应用仍处于初步阶段，部分功能（如“三检”）使用复杂程度高、重复性大，资料编制和归档亟待改善。

16.2.2　设计接口管理情况

宁夏水利工程项目参建各方业务流程接口衔接效率和效果如表16-3所示。其中，得分1为“很低”，得分5为“很高”。

表16-3　项目参建各方接口衔接效率和效果

参　建　方	衔接效率		衔接效果	
	得分	排名	得分	排名
业主-施工方之间	4.00	1	3.98	1
监理方-施工方之间	3.95	2	3.93	2
业主-监理方之间	3.95	2	3.87	5
业主内部各个职能部门之间	3.89	4	3.89	3
业主-供应商之间	3.86	5	3.88	4
监理方-设计方之间	3.85	6	3.80	6
设计方-施工方之间	3.82	7	3.74	7
业主-设计方之间	3.79	8	3.67	9
监理方-供应商之间	3.76	9	3.71	8
均值	**3.84**		**3.83**	

从表16-3可以看出，在接口衔接效率方面，参建各方的平均得分为3.84分，整体水平处于中等偏上，仍有改善空间。其中，业主-施工方协同工作效率得分最高，为4.00分，表明施工方较为配合业主的工作，双方协同效率较高，推动现场工作顺利进行。排名第2与第3的是监理方-施工方接口效率和业主-监理方接口效率，表明监理方在与业主和施工方在日常工作中的沟通协调较为及时、效率较高。

接口衔接效果方面，参建各方的平均得分为3.83分，整体水平处于中等偏上。其中，业主-施工方协同工作效果得分最高，为3.98分，表明施工方能积极配合业主的工作，双方不仅协同效率排名第1，而且效果良好。监理方-施工方之间接口衔接效果的得分为3.93分，排名第2，说明监理方和施工方在工地现场的协同合作完成情况较好。

对项目参建各方接口衔接效率和效果的调研结果显示，项目设计方与其他参建方间的协调仍有提升空间。针对设计方与其他参建方间协调冲突情况进行进一步调研，结果如表16-4所示。其中，得分1为“从不发生”，得分5为“经常发生”。

表16-4　项目设计方与其他参建方之间协调冲突情况

指　　标	总体		业主		施工		监理	
	得分	排序	得分	排序	得分	排序	得分	排序
目标冲突（成本、工期、质量等）	2.97	1	2.75	1	2.98	2	3.10	1
工作方式冲突	2.72	3	2.60	2	2.78	3	2.50	3

续表

指　　标	总体		业主		施工		监理	
	得分	排序	得分	排序	得分	排序	得分	排序
业务流程冲突	2.92	2	2.55	3	3.12	1	2.70	2
资源冲突	2.68	4	2.55	3	2.73	4	2.45	4
均值	**2.82**		**2.61**		**2.90**		**2.70**	

由表16-4可知,设计方与其他参建方间的冲突主要体现在目标和业务流程中。例如,业主较为注重设计的工期目标,而设计方有时人手不足,无法及时满足业主对于工期的需求。施工方则对工期、成本目标更为重视,但设计方案有时深度不足,造成施工过程中技术方案临时调整,造成成本增加,甚至延误工期。设计阶段业主与设计方的接口管理问题主要体现为以下几个方面。

1. 业主与设计方的接口

在业主与设计方的接口管理中,亟须解决的一个问题是设计报告提供不及时,设计深度不足。原因如下:

(1) 最新的设计基础资料都在水利管理部门的资料库中,设计方和第三方的资料都有一定程度的滞后和缺失;上级单位发布的一些临时性的设计任务,要求的设计时间过短,使得准备时间不充分,造成设计深度不足,设计质量不佳。

(2) 设计方任务太多,设计人员的数量和技术实力等资源跟不上;设计方面临的市场竞争压力相对较小,在缺乏竞争对手的情况下,合同中的激励和约束机制的作用不明显;前期设计论证和设计深度不够,后期设计变更很多,造成一系列连锁反应。

2. 业主与当地政府部门的接口难点

前期准备和设计阶段,在众多利益相关方中,业主与当地政府的接口管理难度最大,主要为以下几个方面:

(1) 接口任务量大,协调关系复杂。项目前期需要业主与各类政府部门打交道,需要办理多个审批要件,涉及多个机构,业主一般倾向于选择熟悉对应政府部门的第三方机构承担。

(2) 业主与当地政府部门的接口重点在社会稳定风险评估、土地预审和规划选址方面。环保与土地问题审批时间长,程序比较繁琐;土地预审办理时间更长一些。由于设计时设计单位掌握的信息不完整,初步设计可能与将来规划产生冲突,导致设计方案修改。

16.2.3 施工接口管理情况

宁夏水利工程项目施工方与其他参建方之间的协调冲突情况如表16-5所示,其中,得分1为“从不发生”,得分5为“经常发生”。

表 16-5　项目施工方与其他参建方之间协调冲突情况

指　　标	总体		业主		设计		监理	
	得分	排序	得分	排序	得分	排序	得分	排序
目标冲突(成本、工期、质量等)	2.93	1	2.76	1	3.33	1	3.10	1
工作方式冲突	2.82	2	2.76	1	3.13	2	2.75	3
业务流程冲突	2.76	3	2.57	4	3.07	4	2.85	2
资源冲突	2.72	4	2.67	3	3.13	2	2.50	4
均值	**2.81**		**2.69**		**3.17**		**2.80**	

从表 16-5 中可以看出,相比于其他类型的冲突,项目施工方与其他参建方之间的目标冲突较为突出,总体得分为 2.93 分;其次是在工作方式方面的冲突。由于施工方与其他项目参与者的目标和利益不可能完全一致,因而会出现许多需要协调的问题。

1. 施工单位与当地政府的接口问题

施工单位与当地政府的对接最困难。施工单位经常需要与项目当地政府的水务局、国土局、自然保护部门对接,以获取相关的审批文件,但施工单位在工程中的话语权较小,造成在要件审批方面效率相对较低。

2. 施工单位与业主的接口问题

(1) 前期施工工艺确定后,施工过程中若业主要求施工单位改用其他施工工艺,而施工工艺的频繁调整对工程影响比较大,因为前期的人员、机械、现场管理都已经部署,所以后期施工工艺的调整涉及内容多,调整较困难。但是由于变化的金额小于 5%,也不能按合同申请变更。

(2) 从委托代理理论的角度来看,业主是提供经济资源的委托人,施工方是负责使用资源为委托人创造最大利益的代理人。然而,在信息不对称的环境下,代理人可能会为了给其自身谋利益,而损害委托人的利益。因此,业主会通过订立复杂的合同和制度,通过加强监管的方式来约束和防止施工方的违约行为、投机行为,但这也会造成较高的交易成本。虽然设置了多重审批环节,但资料没有标准化,检查标准不统一,影响了建设管理效率。

(3) 信息平台设计和使用问题。业主强制施工单位使用其信息平台,但信息平台的设计不够合理,仅仅实现了资料存储,没有实现文件的流转;很多资料线上和线下都要做相应的填报,线下报批盖章之后再扫描上传,增加了施工单位的负担,降低了信息交流的效率。

宁夏水利工程监理方与其他参建方之间的协调冲突情况如表 16-6 所示,可以看出,相比于其他类型的冲突,项目参建方与监理方之间在工作方式方面的冲突较为明显,尤其是设计-监理-施工之间多方协调问题值得关注。

表 16-6 项目监理方与其他参建方之间协调冲突情况

指标	总体		业主		设计		施工	
	得分	排序	得分	排序	得分	排序	得分	排序
目标冲突(成本、工期、质量等)	2.77	3	2.76	2	2.87	1	2.65	4
工作方式冲突	2.90	1	2.86	1	2.87	1	2.86	1
业务流程冲突	2.78	2	2.76	2	2.80	3	2.71	2
资源冲突	2.70	4	2.52	4	2.67	4	2.67	3
均值	**2.79**		**2.73**		**2.80**		**2.72**	

16.3 接口管理指标体系

水利建设工程接口管理指标体系包括合同接口管理、接口管理标准化两大维度,具体内容如表 16-7 所示。

表 16-7 水利工程接口管理指标体系

内容	指标
合同接口管理	合同签订后,组织合同交底,明确合同中需要对接的工作内容和关键时间节点
	各项目参与方在对接工作中的职责明确,并精确到具体人员
	有专职的协调人员负责项目对外和对内在技术和管理上的协调,以及对合同履行情况进行实时跟踪
接口管理标准化	业主与设计方之间有清晰的、具体的接口管理流程
	业主与施工方之间有清晰的、具体的接口管理流程
	业主与监理方之间有清晰的、具体的接口管理流程
	业主与施工方之间有清晰的、具体的接口管理流程
	设计方与施工方之间有清晰的、具体的接口管理流程
	监理方与施工方之间有清晰的、具体的接口管理流程
	项目各方之间管理界面和责权划分明确
	整个项目有统一的信息管理系统或平台,用于主要参与方之间的信息传递和沟通,以保证项目层面的信息一致性和同步性
	对外和对内的接口文档(如结算清单、进度报告等)有规范的格式
	项目组织结构设置有利于推动各组织、各部门的协同工作

16.4 接口管理措施

1. 建立合作伙伴关系,促进接口管理各方的沟通交流

组织间高质量的合作伙伴关系有助于克服工程项目中信息不对称和不确定的问题,避免许多风险和冲突的发生。信任是伙伴关系的核心,在相互信任的基础上接口管理相关方才有积极沟通的意愿,各方间充分地沟通交流可促进信息在组织内和组织间交流、共享和反

馈，有助于解决各种接口问题，实现设计、采购、施工之间工作高效衔接，提高项目实施效率，最终实现项目目标。合同中公平的利益和风险分配有助于合同双方逐步建立起相互信任的关系，一旦签订合同，双方就应采取积极态度，致力于实现合同目标。

设计方与施工方之间无合同关系，双方的目标、利益、工作方式等冲突很难以行政命令手段来解决，通常通过协商的方式进行处理。作为业主，除了应构建正式的接口管理制度外，还应关注使用非正式的方法，促进参建各方的快速融合与高效协作。与项目各参与方树立共同目标和远景，构建合作共赢的伙伴关系，尊重彼此的企业文化，积极协调接口管理各方的沟通交流，营造合作氛围，以促进组织边界的融合。

2. 明确关键接口管理流程和职责划分

做好项目结构分解，理顺接口工作流程，明确合同界面前后工作的搭接关系以及接口工作内容。合同管理者应在前期做好合同总体策划，合理地进行工作分解，保证工程内容的完整性，各班组和专业间良好衔接。只有把工程的各界面关系分解透彻、责任明确，并能根据现实的外界条件、环境、实施的具体情况等方面不断地对合同界面进行动态调整，才能实现合同界面的无缝管理和交接。

接口管理涉及多方人员，不明确的责权利划分和模糊的接口问题处理程序和方法，都有可能形成信息流、技术流在接口职能上的不明确，导致扯皮和推脱责任等情况，延误问题的有效解决。为此，应以合同或正式文件的形式，提前划分和规定好相关方的职责，细化技术与合同接口的具体要求，统一验收标准，避免真空地带的形成和工作中推诿扯皮现象的发生。

3. 加强接口管理信息化建设

接口管理本质上是组织间信息和资源的交换过程，接口管理流程和信息标准化是各方协同的基础。传统的项目信息沟通方式及信息系统较为落后，各参与方自行建设的信息管理系统，由于缺乏统一的标准，数据异构性强，资源共享率低，导致建设过程中存在严重的“信息孤岛”。因此，在接口管理中，统一流程和接口管理文档的格式，能有助于信息在各专业、各部门之间更加顺畅地传递。

在规范设计、采购、施工接口管理流程的基础上，应尽可能让各方都在同一个协同平台上工作，进一步深化面向多主体协同的多源信息集成，进行信息标准化管理，使信息在各组织、各专业、各部门之间顺畅传递，达到如下接口管理目标：

(1) 设计-采购接口管理。高效传递设计与采购相关信息，为及时制定采购计划、选择供货商、保障设备的设计和制造做好保障工作。

(2) 设计-施工接口管理。施工现场信息应及时高效反馈给设计方，以使设计方案不断深化、优化并满足现场施工进度要求。同时，充分考虑资源的可获得性及现场施工需求，提高设计的可施工性。

(3) 采购-施工接口管理。建立与施工部门之间规范的接口管理流程，保障采购、施工相关信息实现实时共享、快速流动和及时反馈，以实时掌握施工进度和库存情况，并及时调整采购计划和物资设备生产发运计划。

(4) 设计-采购-施工一体化管理。建立项目合作伙伴之间的信息沟通渠道，传递设计、采购和施工多源信息，以支持各方间进行信息高效交流、决策和协同工作；促进各方知识融合，不断创新，以解决各种设计、采购和施工技术问题。

4. 工作流程设计时，更关注组织间的衔接与协调

现有工作流程中，更多关注的是内部各部门的职责，以及与项目相关的行政部门（如发改委、自然资源厅、环境保护厅、林业和草原局、水行政主管部门等）对接工作的流程，而对于参与项目实施的主要利益相关方（设计单位、施工单位、监理单位）的流程设计关注较少。为此，在设计管理的流程设计和执行过程中，应重视梳理业主-设计方的业务流和信息流关系，以充分发挥业主的统筹管理作用，加强与设计方之间的沟通和协调。

应建立规范的设计、采购、施工接口管理流程，尽量在项目设计阶段明确对项目外观、结构、功能等各项要求，避免在施工阶段频繁地更改设计方案，造成不必要的工期延长和管理成本增加。若设计方确实需要对方案进行修改，应及时将修改后的相关技术文件反馈给施工单位、采购部门和供应商，尽量减小信息滞后和不对称性，以确保设备的制造符合最终版本的设计图纸和技术参数，避免最终出现安装和运行方面的问题。

5. 简化部分流程和表格

施工阶段，需基于数字建管平台优化施工方提交资料的形式，将与施工进度、资金管理、质量安全相关的纸质版材料转移到线上，采用电子版形式提交；而技术资料（反映施工过程）则可以同时采用纸质版和电子版的形式进行记录。

6. 补充内部流程管理的时间要求

尽管不同工程所面临的内外部环境约束各不相同，但应该在项目早期，根据实际情况尽量合理地规定各环节的大致时间范围，并将相应的审批或执行时间要求与数字建管平台相结合，用来对项目相关人员进行实时提醒。

7. 定期召开项目层面的接口例会

各个项目的协调仍然以具有合同关系的双方（如业主与设计方、业主与施工方）沟通为主，缺乏多组织（即业主、设计方、施工方、监理方等）沟通协同机制。为此，可以借鉴国际上先进的接口管理理念，建议由业主或监理方定期（可为月度或季度）组织接口例会，要求业主、监理方、施工方（集团高层）和设计方参加。在接口协调会议中可以对施工中存在的各种接口问题进行全面分析，及时发现和商量解决办法。通过召开接口例会，能提高项目组织间的沟通效率，不仅有助于实现对各类接口的计划、协调、监控，还可以使施工中存在的接口问题得到及时解决，从而有效地控制接口工程施工质量，并积极推动接口工程施工进度。同时，接口例会也为各方提供了一个进行互融互补、相互提升的平台。

8. 建立流程反馈机制

应建立一套流程优化机制，对每个阶段的流程优化和变更加以管理。积极与各利益相关方进行沟通，了解他们对于现有流程体系的意见和建议，鼓励项目管理人员积极提出优化建议，以提高整个项目的管理效率。针对由于设计方原因导致的设计出图慢的问题，应制定并落实严格的应对措施，要求设计方按时、保质保量完成设计任务。

第17章 >>>>>>>>>>>>>>

数字经济下水利工程数字化建设管理平台

17.1 水利工程数字建管平台建设背景

随着信息技术的发展,信息化水平成为现代工程管理中的一个重要指标[85]。虽然水利工程信息化建设在水利工程建设管理中越来越受重视[86],但由于水利工程难度大、参建单位和人员众多、工作环节复杂,建设管理中产生的信息量十分巨大,导致水利工程建设管理信息化的难度大,各方间易形成信息孤岛,而现有的工程建设管理信息平台却难以满足实际工程管理的需求[87]。因此,亟须利用互联网、大数据、人工智能等技术建设智能、可扩展且安全稳定的水利工程数字建管平台,提升水利工程建设管理水平和效率[88]。

17.2 水利工程数字建管平台建设情况

17.2.1 数字建管平台的业务功能

对宁夏水利工程数字建管平台功能实现情况的评价结果如表 17-1 所示。其中,得分 1 表示“功能很差”,得分 5 表示“功能很好”。

表 17-1 水利工程数字建管平台功能实现情况

建管平台功能	总体		业主		设计		施工		监理	
	得分	排序	得分	排序	得分	排序	得分	排序	得分	排序
施工管理	3.69	1	3.40	2	3.43	1	3.96	2	3.47	4
决策支持	3.68	2	3.35	4	3.43	1	3.90	3	3.63	1
风险管理	3.67	3	3.32	5	3.43	1	3.96	1	3.42	6
知识管理	3.66	4	3.47	1	3.43	1	3.87	4	3.47	4
多方协同工作	3.65	5	3.37	3	3.43	1	3.86	5	3.53	3
投资管理	3.63	6	3.32	5	3.43	1	3.82	6	3.58	2
健康安全管理	3.56	7	3.30	7	3.43	1	3.82	6	3.26	10
环保管理	3.54	8	3.26	9	3.43	1	3.82	6	3.16	12
工程项目数据库	3.44	9	3.25	10	3.43	1	3.54	10	3.37	7

续表

建管平台功能	总体		业主		设计		施工		监理	
	得分	排序	得分	排序	得分	排序	得分	排序	得分	排序
设计管理	3.43	10	3.16	11	3.43	1	3.59	9	3.28	9
建管平台整体架构	3.41	11	3.30	7	3.43	1	3.50	11	3.26	10
采购管理	3.38	12	3.15	12	3.43	1	3.49	12	3.32	8
均值	**3.56**		**3.30**		**3.43**		**3.76**		**3.40**	

表 17-1 显示，数字建管平台各功能实现情况的总体得分均值为 3.56 分，表明各项功能还有较大的提升空间。其中，“工程项目数据库”“设计管理”“建管平台整体架构”“采购管理”4 项的总体得分较低，需要进一步完善。

在设计管理方面，建管平台可引入 BIM 技术，实现工程设计模型数字化，有效简化设计流程，实现优化设计[89]。

在采购管理方面，应建立采购管理信息平台，对各供应商提供的成本、价格、质量等信息进行收集、整合与分析，以优化供应商选择；采购平台应能纳入各供应商供货信息，实时监控采购过程中的各项信息，保证供应质量、进度，并降低采购成本。

在工程项目数据库建设方面，数字建管平台应有完整的数据库规划方案，应做到各方数据的集成整合。可以采用基于物联网等技术的数据收集方式，结合人工填报的各类数据，提升数据库的数据量，保证数据完整性，以支撑项目参建各方进行优化设计、施工、监控和决策[90]。

此外，建管平台需要顶层整体架构设计，应充分考虑应用间的接口需求，保证各应用间的数据互通、交流、共享，使得建管平台能够支撑各方协同工作。

对建管平台各项功能重要性的评价结果如表 17-2 所示。其中，得分 1 表示“非常不重要”，得分 5 表示“非常重要”。

表 17-2　水利工程数字建管平台功能重要性评价

建管平台功能	总体		业主		设计		施工		监理	
	得分	排序	得分	排序	得分	排序	得分	排序	得分	排序
投资管理	4.27	1	4.15	3	4.43	1	4.38	1	4.00	2
工程项目数据库	4.23	2	4.20	1	4.43	1	4.30	2	3.95	5
施工管理	4.21	3	4.15	3	4.43	1	4.23	4	4.10	1
决策支持	4.18	4	4.05	6	4.43	1	4.23	4	4.00	2
建管平台整体架构	4.16	5	3.90	11	4.43	1	4.27	3	3.95	5
健康安全管理	4.07	6	4.00	8	4.43	1	4.15	6	3.67	12
多方协同工作	4.06	7	4.00	8	4.43	1	4.02	8	4.00	2
知识管理	4.06	7	4.20	1	4.36	12	4.02	8	3.86	8
风险管理	4.06	7	4.15	3	4.43	1	4.00	12	3.90	7
采购管理	4.06	7	3.90	11	4.43	1	4.11	7	3.81	9
设计管理	4.01	11	4.05	6	4.43	1	4.01	10	3.71	10
环保管理	4.00	12	4.00	8	4.43	1	4.01	10	3.71	10
均值	**4.11**		**4.06**		**4.42**		**4.14**		**3.89**	

表17-2显示，数字建管平台各功能重要性的总体得分均高于4.00分，平均得分为4.11分，表明各项功能都需要重视，应进行深入的规划、设计和研发。其中，“投资管理”和“施工管理”的总体得分排名靠前。在投资管理方面，建管平台在功能建设时应重视工程进度信息、成本信息和资金使用信息的匹配，实现成本精细化管理，并及时向相关参建方反馈项目资金使用情况。在施工管理方面，建管平台应对整个施工过程进行优化和控制，精确计算、规划和控制工期，及时发现并解决工程项目中的潜在问题，减少施工过程中的不确定性和风险。同时，要进行施工信息化管理，对人、机、料、法等施工资源进行统筹调度、优化配置，实现对工程施工过程交互式的可视化和信息化管理。

17.2.2 数字建管平台技术的应用

对宁夏水利工程数字建管平台中各项信息技术应用情况的评价结果如表17-3所示。其中，得分1表示“很差”，得分5表示“很好”。

表17-3 水利工程数字建管平台信息技术应用情况

信息技术应用	总体		业主		设计		施工		监理	
	得分	排序	得分	排序	得分	排序	得分	排序	得分	排序
移动互联网	3.67	1	3.40	1	3.86	1	3.86	1	3.38	1
互联网	3.60	2	3.30	4	3.86	1	3.78	2	3.33	2
大数据	3.50	3	3.30	4	3.43	4	3.72	3	3.19	4
物联网	3.47	4	3.35	2	3.29	6	3.70	4	3.29	3
地理信息系统(GIS)	3.31	5	3.35	2	3.50	3	3.42	7	2.90	6
建筑信息模型(BIM)	3.29	6	3.30	4	3.36	5	3.46	5	2.86	7
人工智能(AI)	3.29	6	3.15	7	3.29	6	3.44	6	3.05	5
均值	**3.45**		**3.31**		**3.51**		**3.63**		**3.14**	

对建管平台中各项信息技术重要性的评价结果如表17-4所示。其中，得分1表示“不重要”，得分5表示“很重要”。

表17-4 水利工程数字建管平台信息技术应用重要性评价

信息技术应用	总体		业主		设计		施工		监理	
	得分	排序	得分	排序	得分	排序	得分	排序	得分	排序
移动互联网	4.30	1	4.10	4	4.29	1	4.43	1	4.14	1
互联网	4.28	2	4.15	1	4.29	1	4.41	2	4.05	2
大数据	4.24	3	4.15	1	4.29	1	4.35	3	3.95	3
物联网	4.21	4	4.15	1	4.29	1	4.33	4	3.90	5
人工智能(AI)	4.17	5	4.10	4	4.29	1	4.26	5	3.90	5
建筑信息模型(BIM)	4.15	6	4.00	6	4.29	1	4.22	6	3.95	3
地理信息系统(GIS)	4.06	7	3.95	7	4.29	1	4.09	7	3.90	5
均值	**4.20**		**4.09**		**4.29**		**4.30**		**3.97**	

由表17-3和表17-4可知，目前水利工程数字建管平台技术应用情况的总体得分均值为3.45分，说明各项信息技术已经在建管平台得到一定程度上的应用，但仍存在一定的进步空间。数字建管平台信息技术重要性的总体得分均值为4.20分，最低分4.06，明显高于各项现状得分，说明各项信息技术的应用对建设平台，提升项目管理效率起到了十分重要的作用。

“移动互联网”“互联网”在应用情况和重要性评价中排名前2，说明互联网和移动互联网是建设数字建管平台的核心技术。依托互联网和移动互联网技术，能够有效建立各利益相关方的沟通渠道，促进各方信息共享、协同工作。

“大数据”“物联网”在应用情况和重要性评价中排名第3和第4，说明这两项信息技术也是建管平台的关键技术。通过物联网技术，运用各种信息传感器、射频识别技术、全球定位系统、红外感应器、激光扫描器等各种装置与技术，可以对项目建设和运营过程进行全方位的信息采集，包括设计图纸、施工现场影像、工程质量监测数据以及各类水文和地质数据等信息的采集[91]。并通过各类网络接入，实现对工程建设的智能化数据收集和管理。利用大数据技术，可以对从互联网和物联网收集到的数据进行整合、分析，为工程建设和运营过程中的各项决策提供数据支撑。

“人工智能(AI)”技术应用情况的总体得分为3.29分，排名第7，其重要性的总体得分为4.17分，排名第5，说明人工智能技术在工程管理上有一定的应用前景。利用人工智能技术，能够对工程设计、施工、运营以及利益相关方沟通协作中产生的大量数据进行深入挖掘与分析。例如，可通过图像识别技术，发现施工现场存在的安全隐患和违反安全质量管理规定的行为，或通过机器学习，预测用水户需水量等数据，为工程运营提供支持。

“建筑信息模型(BIM)”和“地理信息系统(GIS)”在应用情况和重要性上排名均靠后。从重要性来看，BIM和GIS技术的总体得分均在4.00分以上，说明这两项技术对工程项目建设管理十分重要。借助BIM和GIS技术，将各类地质水文信息、工程设计模型等信息数字化，能够有效简化设计流程，实现优化设计[89,92]。

17.3 水利工程数字建管平台建设目标

对宁夏水利工程数字建管平台各目标重要性的评价结果如表17-5所示。其中，得分1表示“不重要”，得分5表示“很重要”。

表17-5 水利工程数字建管平台目标重要性评价

指标	总体		业主		设计		施工		监理	
	得分	排序	得分	排序	得分	排序	得分	排序	得分	排序
建管平台能促进项目信息公开、数据共享	4.21	1	4.10	1	4.64	2	4.17	1	4.10	5
建管平台能促进项目内外部资源的整合	4.20	2	4.05	4	4.64	2	4.13	4	4.19	1
建管平台能为项目提供决策支持	4.19	3	4.10	1	4.64	2	4.17	1	4.02	9
建管平台能促进各利益相关方沟通交流	4.18	4	4.05	4	4.64	2	4.13	4	4.14	2

续表

指标	总体		业主		设计		施工		监理	
	得分	排序	得分	排序	得分	排序	得分	排序	得分	排序
建管平台能支持各项业务流程	4.18	4	4.05	4	4.64	2	4.13	4	4.10	5
建管平台能提高项目实施效率	4.18	4	4.10	1	4.64	2	4.10	9	4.14	2
建管平台能实现各项业务无纸化办公	4.15	7	3.90	10	4.50	10	4.15	3	4.14	2
建管平台能协助保证项目质量	4.13	8	4.05	4	4.50	10	4.09	10	4.05	7
建管平台能降低项目成本	4.12	9	4.05	4	4.69	1	4.07	11	4.00	10
建管平台能加强安全环保管理	4.11	10	3.95	9	4.57	8	4.11	7	3.95	11
建管平台能提高风险管理水平	4.11	10	3.86	11	4.57	8	4.11	7	4.05	7
均值	**4.16**		**4.02**		**4.61**		**4.12**		**4.08**	

由表17-5可知，表中所列各项目标重要性的总体得分均在4.00分以上，均值为4.16分，说明以上指标均有很高的重要性，在平台建设过程中应当致力于实现以上目标。其中，信息公开和数据共享、内外部资源的整合、决策支持以及各利益相关方沟通交流等目标的总体得分排名前4，说明建管平台应重视参建各方的参与、沟通、共享与合作。

“建管平台能加强安全环保管理”和“建管平台能提高风险管理水平”的目标重要性排名靠后，说明目前对这两方面的重视程度相对较低。通过建管平台，综合利用物联网和大数据技术，利用各类传感器、图像采集设备和人工填报数据的方式，能够实现全方位采集项目实施过程中的安全环保信息，提升项目的安全环保管理水平，并整合多源信息，有效识别和预估各类风险，提升风险管理水平。

17.4 水利工程数字建管平台建设需求

针对以上水利工程数字建管平台建设目标，对建管平台建设过程中具体需求的重要性评价结果如表17-6所示。其中，得分1表示“不重要”，得分5表示“非常重要”。

表17-6 水利工程数字建管平台需求重要性评价

指标	总体		业主		设计		施工		监理	
	得分	排序	得分	排序	得分	排序	得分	排序	得分	排序
建管平台用户界面清晰明了、操作人性化	4.19	1	4.05	1	4.50	1	4.19	1	4.10	2
建管平台应提供各利益相关方参与的接口	4.18	2	4.00	4	4.50	1	4.19	1	4.14	1
各利益相关方能有效利用建管平台	4.18	2	4.05	1	4.50	1	4.19	1	4.05	4
建管平台易于运营和维护	4.17	4	3.95	6	4.50	1	4.19	1	4.10	2
建管平台安全防护到位	4.15	5	4.00	4	4.46	12	4.19	1	3.95	6
项目数据自动分析、辅助决策	4.13	6	4.05	1	4.50	1	4.13	9	3.90	10

续表

指　　标	总体		业主		设计		施工		监理	
	得分	排序	得分	排序	得分	排序	得分	排序	得分	排序
建管平台架构易于迭代开发	4.11	7	3.86	10	4.46	12	4.17	7	3.95	6
项目数据传输快速、安全	4.11	7	3.90	7	4.50	1	4.11	14	4.00	5
建管平台实现顶层设计	4.10	9	3.90	7	4.50	1	4.19	1	3.76	14
建管平台实现移动客户端部署	4.09	10	3.81	12	4.50	1	4.13	9	3.95	6
项目数据实时收集、自动整合	4.09	10	3.90	7	4.50	1	4.13	9	3.90	10
建管平台数据库全面涵盖项目各类数据	4.08	12	3.81	12	4.50	1	4.12	13	3.95	6
建管平台灾备设计到位	4.07	13	3.86	10	4.46	12	4.13	9	3.90	10
建管平台自动化水平高	4.06	14	3.81	12	4.50	1	4.15	8	3.81	13
均值	**4.12**		**3.93**		**4.49**		**4.16**		**3.96**	

由表17-6可知，表中所列的各项需求重要性的总体得分均在4.00分以上，均值为4.12分，说明这些需求在信息平台开发过程中均应得到重视。其中，“信息平台用户界面清晰明了、操作人性化”和“信息平台应提供各利益相关方参与的接口”以及“各利益相关方能有效利用建管平台”总体排名前3，说明建管平台建设的首要需求是提供各方应用接口，促使各方能够直观、方便、高效地利用建管平台，保证建管平台的多方协同功能。

在平台智能性方面，“建管平台数据库全面涵盖项目各类数据”和“项目数据实时收集、自动整合”以及“项目数据自动分析、辅助决策”可保证项目数据库能够包含全面的项目信息，是各方数据互通以及决策支持的基础。此外，“建管平台实现移动客户端部署”可保证信息平台能够借助移动互联网技术，通过不同设备向各方间灵活传递信息。

在可扩展性方面，“建管平台实现顶层设计”是平台可扩展的基础。应通过系统顶层设计，构建高性能、模块化、可扩展的建管平台架构，使平台能够按照参建各方需求和反馈快速开发相应功能，实现建管平台高效迭代升级。

在安全性方面，“项目数据传输快速、安全”和“建管平台安全防护到位”有助于提高信息化系统的保密性和安全性。“建管平台灾备设计到位”要求建管平台具有有效的数据备份和恢复机制，确保在遇到各类故障后能及时恢复服务，保证平台稳定运行。

17.5 水利工程数字建管平台优化措施

为促进实现水利工程参建各方基于伙伴关系的合作共赢目标，高效集成各方资源，促进各方沟通交流和信息共享，提升水利工程建设管理效率，建管平台应采取以下优化措施。

1. 实施信息化顶层设计

水利工程数字建管平台应涵盖从设计、采购、施工到运营的项目全生命周期的管理流程，并实现相关方管理、投资管理、健康安全管理、环保管理、风险管理和知识管理等多方面的管理功能。因此，水利工程数字建管平台应从软件工程的角度，坚持统筹规划、实施顶层设计、统一技术架构、强化资源整合。应注意以下方面：

(1) 需要全面规划建管平台整体架构,保证建管平台开发灵活、规范统一、可扩展、易维护。

(2) 整合多源信息,建立工程项目管理数据中心。

(3) 提供参建各方接入建管平台和数据中心的接口,促进各方之间信息共享,进行协同工作。

(4) 确保建管平台安全、稳定,应用加密技术和用户权限管理系统,保障数据在采集、传输、读取的过程中安全可靠,并实现容灾备份设计,确保在意外情况下数据的安全和重要功能可用。

2. 基于工作流程优化建管平台

水利工程数字建管平台各功能模块数量较多,且各模块之间相对独立,为避免在使用过程中出现各功能模块界面间频繁切换,导致难以找到所需表单和信息等问题,建管平台应将实际工作流程融入各功能模块中,并实现线上表单填写和上报功能,利用加密电子签名保证表单在传递的过程中不被篡改、可以溯源;建管平台应在不同流程节点自动为用户提供相应的表单信息,避免用户因在大量表单中反复查找从而导致工作效率降低,对于常用且内容重复的表单应能实现自动填写。此外,建管平台应衔接参建各方实际工作流程,实现参建各方工作效率的共同提升。

3. 建立建管平台问题反馈机制

为实现建管平台持续更新、完善和迭代升级,平台开发人员应利用互联网技术,在建管平台中建立供各方交流沟通、信息共享、及时反馈的渠道。针对平台中存在的错误和问题,用户可以通过平台直接进行反馈,平台开发人员也更容易定位出现问题的模块,提升解决问题的能力。此外,建管平台也能记录用户反馈的意见和建议,对于合理的用户建议,可对相应用户采用激励措施进行奖励,以鼓励各方共同实现建管平台持续优化和提升。

4. 优化建管平台用户界面

建管平台应确保用户界面清晰明确,交互人性化,并提供相应移动客户端,降低建管平台使用门槛,提升用户使用体验和工作效率,以促进建管平台推广应用。可从以下方面对建管平台用户界面进行优化:

(1) 页面应适配多分辨率多浏览器;

(2) 部分冗余或显示效果不佳的图表应进行优化或剔除;

(3) 整体界面显示应简明直观,避免添加无意义的动画特效;

(4) 表格页面中应加入更多条件筛选设置,方便用户进行查找;

(5) 用户主页可根据用户历史操作,向用户提供个性化常用操作快捷入口。

5. 完善建管平台移动客户端部署

建管平台应实现移动客户端部署,利用移动互联网技术,使施工、维护现场的情况能够通过表单、图像等方式及时上报,协助进行远程决策。此外,移动客户端可以基于多分辨率适配的网页端用户界面,实现完整的平台功能,同时针对移动客户端的特性,对其常用功能界面进行优化设计,提升用户操作体验,提高用户操作效率。

6. 提供办公软件交互接口

传统工作流程中,用户通过办公软件生成各类工程管理过程中所需的大量文档。为实现传统工作流程和建管平台工作流程之间的平滑转变，可以为办公软件提供建管平台交互的接口，并开发相应的插件，实现在办公软件中能够直接下载和使用各类表单模板，以及完成表单的上传以及表单信息的提取，简化用户网页端操作，提高用户工作效率。

7. 优化纸质资料处理方式

在实际工程建设管理过程中，存在部分表单必须手写完成的情况。为保证实际工作效率，针对此类手写表单，不宜强制要求其转化为电子表单并及时上传至建管平台，可定期（每周或每月）将此类表单统一扫描归档作为备份，从而减轻表单填写人员的工作负担，也保证建管平台上资料的完整性。

8. 规范文件模板格式

目前，建管平台上部分生成的表单模板存在格式不规范的问题。针对此问题，可以借助办公软件插件，以便在办公软件中直接调整格式，满足参建各方需求；同时也应参考参建各方需求和建议，规范建管平台内的表单模板格式，减少调整表单格式的重复工作。

9. 实现建管平台知识管理

基于建管平台收集的大量工程资料，结合实际工作流程，可以在建管平台上提供相应的表单填写提示，即在待完成或待审批的表单中，提供相应的工程规范标准以及建管平台积累的相似表单的填写范例，不仅可以提高用户填写表单的规范程度，还可以将隐形经验转化为显性知识，用户可以在填写表单的过程中不断学习提升，达到建管平台知识管理的目的。

10. 提升平台智能化水平

水利工程管理过程中产生的数据量庞大、数据类型复杂，常规的数据分析技术难以充分利用全部数据以支撑项目决策，因此，需要引入大数据技术进行数据分析和决策支持。利用大数据技术，可以实现对工程建设的智能化数据收集、整合、分析，为工程建设和运营过程中的各项决策提供数据支撑。

物联网是大数据的重要来源。通过物联网技术，运用各种信息传感器、射频识别技术、全球定位系统、红外感应器、激光扫描器等各种装置与技术，可以对项目建设和运营过程进行全方位的信息采集，包括设计图纸、施工现场影像、工程质量监测数据以及各类水文和地质数据等信息的采集。各类传感器采集的数据，可以通过物联网传输至数据库，实现工程数据的实时采集。

人工智能技术是处理、分析大数据的重要手段，在工程管理中也有重要的应用。例如，在工程建设过程中，可以利用施工现场摄像头采集的实时图像信息，通过模式识别、神经网络等技术识别现场可能存在的安全隐患和违规行为，做到早发现，早预防；在运营阶段，也可以通过图像识别技术，评估建筑物的损坏程度和设备的运行情况，做到自动报修、及时维护。

结合以上智能化技术，可建设如图 17-1 所示的水利工程建设管理大数据系统。水利工程大数据系统利用移动网络、物联网、大数据、云计算、人工智能等先进信息技术，集成多方信息资源，自动化采集、传输、分析多源数据，实现水利工程智慧规划、智慧设计、智慧施工、智慧监测、智慧决策、智慧应急等目标功能，全面提升工程全生命周期管理水平。

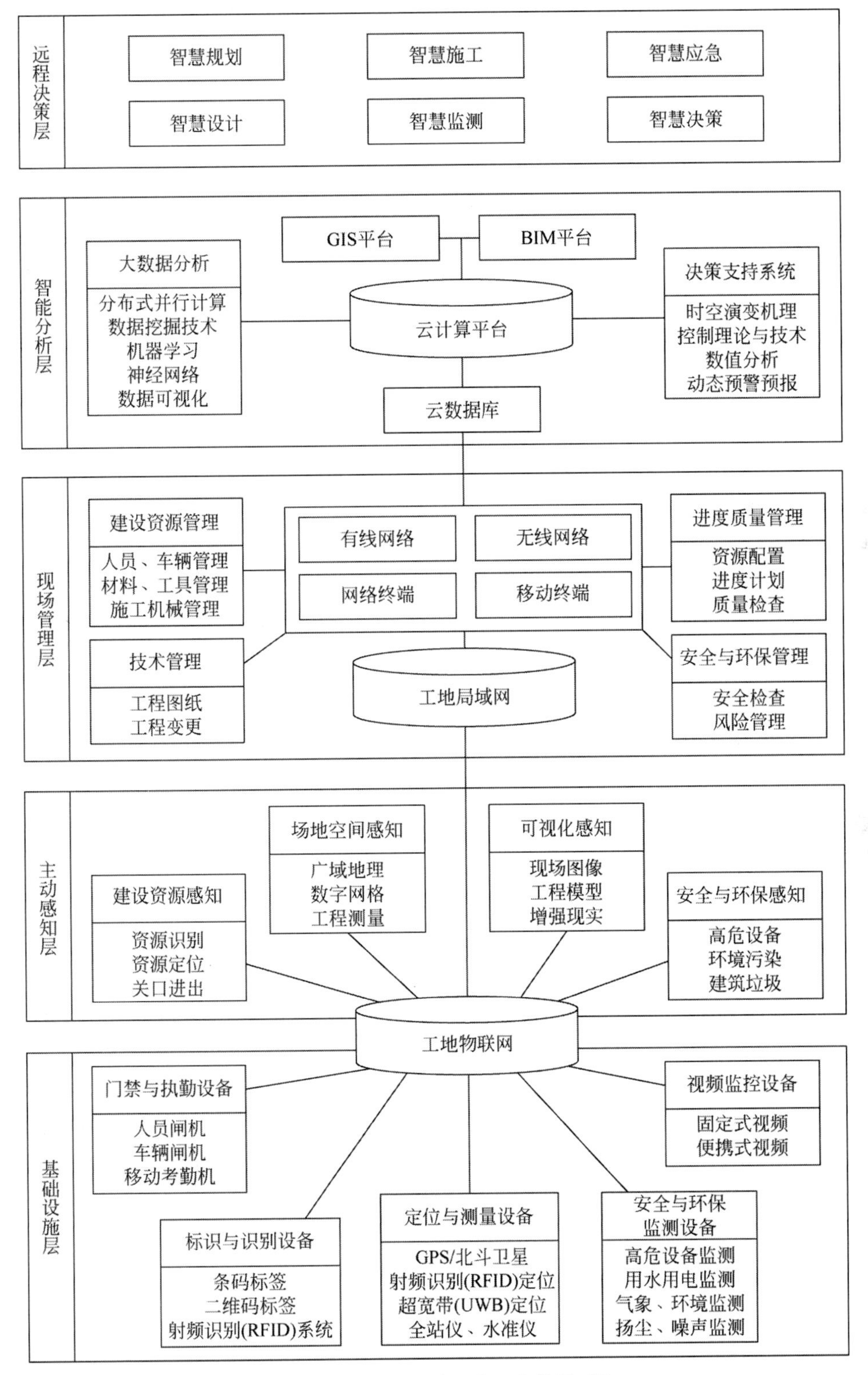

图 17-1　水利工程建设管理大数据系统

17.6 数字经济下水利工程建管平台激励机制与指标体系

17.6.1 数字建管平台激励机制

为持续提升水利工程数字建管平台的应用效果，需建立激励机制，通过在合同中设立激励条款，在工程建设费用中列支信息化建设相关费用的方式，来调动参建各方应用建管平台的积极性，推动建管平台不断更新完善。

对宁夏水利工程各方建管平台应用与优化激励情况的调研结果如表17-7所示。其中，1分表示“完全不符”，5分表示“完全符合”。

表17-7 水利工程参建各方数字建管平台应用与优化激励情况

指标	总体		业主		设计		施工		监理	
	得分	排序	得分	排序	得分	排序	得分	排序	得分	排序
提供了有效激励，促进参建各方共同协调解决建管平台使用过程中所反馈的问题	3.79	1	3.56	1	3.93	4	3.96	1	3.35	3
提供了有效激励，促进参建各方提升自身信息化水平	3.76	2	3.48	4	3.85	5	3.93	2	3.38	1
提供了有效激励，鼓励参建各方对建管平台使用过程中的问题进行反馈	3.75	3	3.52	2	3.95	3	3.84	3	3.38	1
提供了有效激励，促进参建各方数据在建管平台集成与共享	3.73	4	3.48	4	3.98	2	3.84	3	3.31	4
提供了有效激励，促进参建各方利用建管平台进行高效沟通	3.72	5	3.52	2	4.02	1	3.81	5	3.19	5
均值	**3.75**		**3.51**		**3.95**		**3.88**		**3.32**	

由表17-7可知，水利工程参建各方建管平台应用与优化激励成效的总体得分均值为3.75分，表明运用激励机制，能够促进各方应用建管平台并推进建管平台持续优化。通过提供有效激励措施，能促进参建各方在建管平台集成与共享数据，从而使参建各方利用建管平台进行高效沟通、共同协调解决建管平台使用过程中所反馈的问题，促进建管平台迭代升级。此外，通过激励机制，能够促进参建各方提升自身信息化水平，提高各方应用建管平台的效率。

17.6.2 数字建管平台应用考核指标

水利工程数字建管平台应用考核指标如表17-8所示。

表 17-8 水利工程数字建管平台应用考核指标

内 容	指 标
建管平台应用	各方高效执行建管平台业务流程
	各方数据在建管平台集成与共享
	各方利用建管平台进行高效沟通
反馈机制建立	各方及时反馈建管平台中存在的问题
	各方共同协调解决建管平台中存在的问题
	各方及时反馈建管平台使用过程中的问题
	各方共同协调解决建管平台使用过程中所反馈的问题
信息化水平提升	各方持续优化建设管理业务流程
	各方持续提升自身信息化水平

17.6.3 数字建管平台阶段性工作与指标体系

为建设水利工程信息平台及大数据系统，逐步实现水利工程信息化、智能化管理目标，需要设立以下阶段性目标，并建立如表 17-9 所示的数字建管平台评价指标体系。

第一阶段：制定组织信息化管理制度，开展信息化人才培训工作。

第二阶段：细化建管平台建设需求，完成建管平台整体规划设计和基础设施建设，确保基础设施和建管平台架构能支持各功能模块开发以及持续迭代开发需求。

第三阶段：完成建管平台以及各业务功能模块的设计和开发，并投入工程应用，在实际应用过程中不断完善各业务功能模块，持续迭代开发。

第四阶段：集成各业务功能模块信息及功能，建设建管平台大数据决策支持系统。

第五阶段：在建管平台应用过程中，针对新时代所带来的新变革、新技术和新需求，对建管平台进行持续迭代更新，形成完全智能化的水利工程数字建管平台，并推广应用。

表 17-9 水利工程数字建管平台指标体系与阶段性目标

阶段划分	指 标	内 容
第一阶段：信息管理制度规范化	管理体制	建立有完善的水利工程信息管理体制
	激励机制	建立有鼓励提升组织信息化水平的激励机制
	人才培养	有针对性的信息化人才培训方案
	培训人数	参与信息化培训的人员占总员工数的比例
	考核分数	参与信息化培训的人员考核平均分数
第二阶段：建管平台整体规划设计和基础设施建设	建管平台架构	建立有先进的平台架构，满足业务模块需要
	工程数据库	建立有工程数据库，数据全面、完整，能够用于决策分析
	系统运维	建管平台有完整的运营和维护功能
	安全防护	建管平台数据备份周期
	灾备设计	建管平台设备的冗余量
	数据收集	建管平台收集数据的数量
	数据传输	建管平台传输数据的成功率
	数据质量	建管平台实际收集数据与计划收集数据的数量之比

续表

阶段划分	指　　标	内　　容
第三阶段： 各业务功能模块设计和开发	协同工作平台	建立有多方协同工作平台，参建各方能有效使用
	设计管理模块	完成设计管理模块开发，并得到有效利用
	施工管理模块	完成施工管理模块开发，并得到有效利用
	HSE 管理模块	完成 HSE 管理模块开发，并得到有效利用
	投资管理模块	完成投资管理模块开发，并得到有效利用
	知识管理模块	完成知识管理模块开发，并得到有效利用
	风险管理模块	完成风险管理模块开发，并得到有效利用
第四阶段： 大数据决策支持系统建设	互联网	建管平台有效运用了互联网技术传输数据
	移动互联网	建管平台有效运用了移动互联网技术传输数据
	物联网	建立有工地物联网，实现现场数据自动收集
	云计算	建立有云计算平台，实现现场数据自动分析
	大数据	建立有工程大数据系统，数据分析结果可用性高
	BIM	建立有全过程 BIM 平台，实现多方协同工作
	GIS	建立有 GIS 平台，并得以有效运用
	虚拟现实	建管平台运用虚拟现实技术，直观呈现工程建设情况
	自动化分析	建管平台可以对收集的数据进行自动分析
	用户界面	建管平台用户界面清晰明了、操作人性化
	决策支持	建管平台数据分析的结果能为项目提供有效决策支持
第五阶段： 持续更新和推广应用	自动化水平	建管平台能够减少传统人工操作
	无纸化办公	各项业务以电子文档为主、纸质文档为辅进行办公
	移动终端	建管平台移动终端的使用量
	多方协同	参建各方各阶段使用建管平台的次数
	信息公开	参建各方各阶段在建管平台进行信息上传的次数
	信息共享	参建各方各阶段在建管平台调取信息的次数
	系统更新	建管平台版本更新的周期
	推广应用	建管平台在其他地区推广应用情况

17.7 数字经济下水利工程建管平台应用成效

宁夏水利工程数字建管平台的开发和应用成效如表 17-10 所示。其中，得分 1 表示“完全不符”，得分 5 表示“完全符合”。

表 17-10　水利工程数字建管平台开发和应用成效

指　　标	总体		业主		设计		施工		监理	
	得分	排序	得分	排序	得分	排序	得分	排序	得分	排序
建管平台客户端实现了多平台（计算机、手机、网页等）部署	3.91	1	3.75	2	3.93	3	4.00	1	3.85	2
建管平台规范了参建各方信息化管理	3.84	2	3.79	1	3.93	3	3.91	9	3.58	3

续表

指　　标	总体		业主		设计		施工		监理	
	得分	排序	得分	排序	得分	排序	得分	排序	得分	排序
建管平台系统安全稳定，数据定期备份	3.83	3	3.54	8	3.83	12	3.93	7	3.88	1
建管平台的应用加强了项目成本管理	3.82	4	3.46	13	4.00	1	4.00	1	3.46	6
建管平台提供了可用的数据分析结果，帮助发现建设管理问题	3.81	5	3.57	5	3.90	7	3.96	5	3.46	6
参建各方在建管平台沟通高效，实现了信息共享和协同工作	3.80	6	3.61	4	3.88	9	3.99	3	3.38	13
建管平台的应用加强了项目质量管理	3.80	6	3.54	8	3.95	2	3.93	7	3.46	6
建管平台的应用提高了风险管理水平	3.79	8	3.43	14	3.93	3	3.95	6	3.54	4
建管平台用户界面友好，操作方便，数据可视化效果好	3.76	9	3.54	8	3.83	12	3.90	10	3.52	5
参建各方能够在建管平台中快速找到所需的数据	3.76	9	3.64	3	3.80	14	3.88	11	3.46	6
建管平台的应用提高了项目实施效率	3.76	9	3.39	15	3.88	9	3.99	3	3.35	15
参建各方共同协调解决建管平台使用过程中所反馈的问题	3.75	12	3.57	5	3.93	3	3.81	14	3.46	6
建管平台的应用加强了安全环保管理	3.73	13	3.57	5	3.80	14	3.84	13	3.46	6
建管平台支持了参建各方科学决策	3.68	14	3.39	15	3.85	11	3.80	16	3.38	13
建管平台使参建各方的工作更加便利	3.68	14	3.54	8	3.90	7	3.81	14	3.12	17
建管平台上的工作流程与项目建设实际操作相匹配	3.67	16	3.39	15	3.78	16	3.87	12	3.31	16
参建各方在建管平台上能够反馈使用过程中的问题	3.65	17	3.50	12	3.78	16	3.71	17	3.42	12
均值	**3.77**		**3.54**		**3.88**		**3.90**		**3.48**	

由表17-10可知，水利工程数字建管平台开发和应用成效的总体得分均值为3.77分，表明建管平台开发和应用已取得了一定的成效。目前，数字建管平台已投入实际工程使用，工程所需各项功能齐全，并在工程资料电子化、工程表单线上审批流转、施工现场远程管理、平台移动端部署等方面取得了较明显的成效。

17.7.1 工程所需各项功能齐全

宁夏水利工程数字建管平台功能应用成效如表17-11所示。其中,得分1表示“效果很差”,得分5表示“效果很好”。

表17-11 水利工程数字建管平台功能应用成效

指标	总体		业主		设计		施工		监理	
	得分	排序	得分	排序	得分	排序	得分	排序	得分	排序
风险管理	3.81	1	4.00	5	3.93	3	3.74	1	3.71	1
知识管理	3.81	1	4.19	1	3.85	9	3.72	2	3.69	2
设计管理	3.76	3	4.07	3	3.88	5	3.70	3	3.48	9
施工管理	3.75	4	3.96	6	3.93	3	3.63	5	3.65	4
进度管理	3.74	5	4.11	2	3.95	1	3.53	8	3.69	2
成本管理	3.72	6	4.07	3	3.95	1	3.53	8	3.58	6
安全环保管理	3.71	7	3.85	8	3.88	5	3.61	6	3.64	5
采购管理	3.71	7	3.85	8	3.88	5	3.65	4	3.52	8
质量管理	3.68	9	3.96	6	3.88	5	3.55	7	3.54	7
均值	**3.74**		**4.01**		**3.90**		**3.63**		**3.61**	

由表17-11可知,水利工程数字建管平台功能应用成效的总体得分均值为3.74分,表明建管平台内工程所需各项功能较为齐全,并已经投入实际工程应用中。其中,“风险管理”和“知识管理”排名靠前,表明建管平台相应功能开发已比较完善,应用成效相对较好。业主平均得分为4.01分,表明建管平台各项功能可以较好地满足业主建设管理的需要。

目前,建管平台中包含的工程建设所需的各项功能模块如表17-12所示。

表17-12 水利工程数字建管平台工程建设各功能模块

功能模块	子功能模块
综合业务	工作台、职责划分、全区总览、建设直播、审批流转、信息汇总、标准规范、系统管理
工程主页	工程主页、电子沙盘、视频监控
人员管理	在岗统计、人员信息
投资/计划管理	项目资金管理、完成投资统计、投资计划执行、重大设计变更
招投标管理	招标代理机构、招标管理、标段划分、招标台账、招标执行统计
合同管理	合同文件管理、合同工程量清单、合同工程量划分、要件办理计划、甲供设备技术协议、农民工实名制管理
进度管理	项目阶段及大事记、监理施工大事记、计划控制、过程记录、工程施工准备、形象进度管理、施工进度管理、工程量进度分析、支付进度统计、项目划分进度分析
质量管理	质量体系文件、工程项目划分、质量检验评定、保证资料、质量检查、质量问题、质量缺陷备案、质量事故处理
安全管理	安全体系文件、安全生产教育培训、施工安全技术交底、安全生产费用管理、安全检查、安全问题、风险与隐患排查治理、安全事故调查及处理、度汛管理、应急管理
环保管理	实时监测、开工准备、监测数据、环保报告、环保验收

续表

功能模块	子功能模块
廉政管理	廉政风险防控
验收管理	考核管理、工程验收、设备及材料验收
档案管理	建设资料、日志月报、会议纪要、档案整编、数字档案室、档案借阅
综合办公	设计成果提交、第三方检测计划、设备生产计划、表单创建与查询、文件收发

表17-12中大部分功能模块已投入实际应用，各功能模块均实现了工程电子化资料的收集和存储，以及各类工程建设所需表单的线上审批流转，从而达到工程建设过程知识积累以及工程建设管理效率提升的目标。

17.7.2　工程资料电子化

建管平台目前已较为全面地收集了工程所需各项资料，并形成电子化文档在建管平台中存储和管理。建管平台已收集的工程资料主要包括：

(1) 工程标准规范及稽查清单。

(2) 工程合同及项目前期文件。

(3) 安全体系文件及检查标准。

(4) 质量体系文件及检查标准。

(5) 各类监理文件及环保报告。

以上各类工程资料都能够在建管平台上查找、浏览及下载，以使参建各方能够快速获取所需信息，实现各方信息共享和高效流通。工程资料电子化还有助于工程建设过程的知识积累，整合各方工程知识和经验，高效解决工程问题，提高工程实施效率。

17.7.3　工程表单线上审批流转

基于建管平台各功能模块，部分工程表单已实现了线上审批流转。相比传统的线下表单，线上表单能够做到远程审批，大大提高了表单的流转效率。基于线上表单，参建各方之间沟通更加高效，沟通内容更加结构化，从而使各方知识积累和知识挖掘成为可能。以问题整改为例，其线上表单的审批流转流程如图17-2所示。

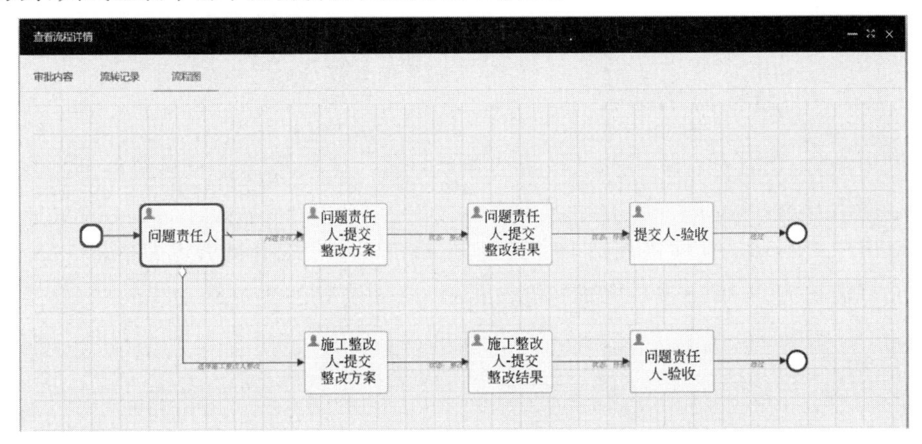

图17-2　线上问题整改表单的审批流转流程

17.7.4 施工现场远程管理

目前，建管平台已经实现了远程施工现场管理所需的部分功能，包括电子沙盘、视频监控、环保监测等，如图 17-3 所示。

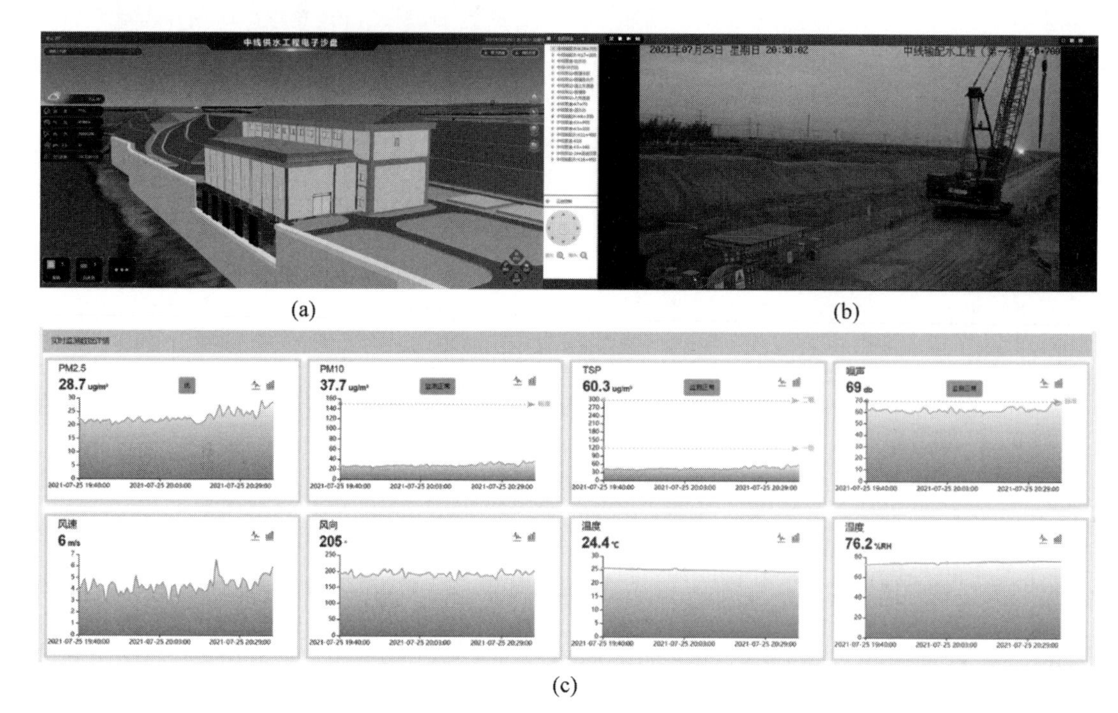

(a) (b)

(c)

图 17-3 建管平台施工现场远程管理部分功能示例

(a) 电子沙盘；(b) 视频监控；(c) 环保监测

通过电子沙盘、视频监控和环保监测等现场感知功能，可以使参建各方不在施工现场时，仍可对现场情况有初步的认识，实现施工现场信息共享。此外，视频监控还可以结合人工智能算法，对施工现场监控录像进行深入分析，从而达到实时感知、智能分析、风险预警、决策支持的目的。

17.7.5 平台移动端部署

除网页端外，建管平台还实现了移动端部署。目前建管平台已完成安卓手机客户端和微信小程序的开发，其界面如图 17-4 所示。

移动客户端与移动互联网相结合，可以实现施工现场数据的远程无线传输，实现工程信息及时共享的功能，并使参建各方进行有效沟通，从而高效解决实际工程问题，提高工程实施效率。

(a)

(b)

图 17-4　建管平台移动端部署

(a) 安卓客户端；(b) 微信小程序

17.7.6　平台运营维护高效

对宁夏水利工程数字建管平台运营维护情况的调研结果如表 17-13 所示。其中，得分 1 表示“完全不符”，得分 5 表示“完全符合”。

表 17-13　水利工程数字建管平台的运营维护情况

指　　标	总体		业主		设计		施工		监理	
	得分	排序	得分	排序	得分	排序	得分	排序	得分	排序
建管平台运营和维护良好	3.86	1	3.61	3	3.95	1	4.03	1	3.48	3
针对参建各方反馈的问题，建管平台能够及时回应并解决	3.85	2	3.78	2	3.93	2	3.93	2	3.58	2
建管平台持续进行系统升级和功能更新	3.85	2	3.82	1	3.83	3	3.93	2	3.65	1
均值	**3.85**		**3.74**		**3.90**		**3.96**		**3.57**	

由表 17-13 可知，水利工程数字建管平台运营维护情况的总体得分均值为 3.85 分，表明建管平台的运营维护良好。目前，建管平台能够针对参建各方反馈的问题，及时作出回应并解决，并持续进行系统升级和功能更新，保障平台安全稳定、功能持续优化，满足参建各方需求。

第18章 >>>>>>>>>>>>>>

数字经济下水利工程建设激励机制与评价指标体系

18.1 激励机制的作用

激励机制是通过一套理性化的制度来反映激励主体与激励客体相互作用的方式。激励既包括正面的奖励，如物质奖励、荣誉奖励等，也包括适当的惩罚措施。水利工程建设项目合同中常见的激励机制包括成本激励、进度激励和技术激励等。建立合适的激励机制，可以使利益、风险分配更为公平，有助于调动利益相关方的积极性，减少机会主义行为，提高项目绩效。

水利工程建设项目利益相关方众多，各方都希望项目能够成功完成、项目目标能够顺利实现，但不同项目具体目标对不同利益相关方来说优先次序往往有差别：业主希望能够均衡实现项目的进度、成本、质量、安全、环保等目标，达到全局最优；承包商最关注工程项目的技术风险和履约成本；监理方最重视工程质量与安全。激励机制能有效协调项目参与各方目标的差异性，改善项目利益风险分配不公的局面，有助于缓解项目参与各方间的紧张关系，使各方之间形成更加紧密的合作关系，提高项目绩效。

1. 利益共享

通过在合同中设置激励机制，将实现激励目标所获得的额外收益在项目参与者之间进行共享，可以实现双赢。传统项目合同的重点是尽可能使业主免于承受可能出现的不良后果，但是这种传统合同在各方之间产生了有害的冲突关系。然而，当项目采用其他的管理方法，如关系合约（relational contracting）、联盟（alliance）、伙伴关系（partnering）或集成项目交付（integrated project delivery, IPD）等，这些方法通过促进激励措施的使用来实现项目目标；当实现项目目标时，业主依据约定好的条件将实现目标带来的收益与项目各方分享。这种利益分享表明业主愿意积极与其他项目参与者合作，以产生更好的绩效；这种积极的态度也激发了其他项目参与者积极配合的内在动力。利益分享还可为项目参与者提供相应的资金，以抵消绩效改进所产生的成本。这种资金支持使他们能够为改善业绩作出所需的额外努力。因此，每个项目参与者都可以从实现激励目标中获益。合同激励中的利益分享可以将原本冲突甚至敌对的商业环境转变为双赢的合作关系文化。

2. 风险分担

组织间激励的风险分担意味着，将由于未能实现激励目标而导致的潜在损失，在项目参与者之间进行合理分担。这种分担主要是通过传统契约中的惩罚来实现的。提倡合作关系和积极激励并不一定意味着消除惩罚措施的使用。实际上，惩罚措施对于明确界定激励目标固有的风险分配至关重要。适当的惩罚有助于减少风险冲突和争端，使各方在分担风险方面保持一致，从而促进组织间关系变得更好。为了实现这些好处并减少其负面影响，应根据项目参与者的风险承受能力为其分配适当的惩罚。此外，由于在更大的风险下工作需要项目参与者付出更多的努力和使用更多的资源，因此，为了获得相应的回报，项目的风险分担应注意与其利益分享相平衡。

3. 目标对齐

组织间激励的目标对齐功能要求业主向其他项目参与者详细说明该项目目标。尽管不同的项目参与者可能有一些共同的商业目标，但这些目标在不同参与方眼中通常有不同的优先级，这就导致了目标偏差。例如，业主通常追求成本、时间和质量绩效的最佳组合，而承包商可能只关注其商业利润的最大化。通过在合同激励计划中设定激励目标，业主将其特定的项目目标(例如质量或进度)传递给其他项目参与者。在这些合同激励中，激励的目标往往与项目绩效衡量指标和奖励金挂钩。如果业主的目标顺利实现，项目参与者将会获得经济上的奖励；相反，如果绩效达不到激励目标，项目参与者可能会需要接受经济处罚。因此，设置合同激励，并规范激励目标，可以减少目标偏差，并在业主和其他项目参与者之间建立共同目标。

18.2 绩效考核方法

绩效考核是指依据约定的频率、标准和维度对绩效进行评价、赋予分值并反馈结果的过程[93]。Ferguson(1947)首次提出，绩效评价的数据来源应包括同事、领导和下属[94]；Lawler(1967)在此基础上正式提出了360度绩效评价的概念，认为绩效评价的数据应来自于全面且丰富的渠道[95]。管理学家朱兰将帕累托提出的二八原则(80/20 Rule)应用于质量管理领域[96]，这种聚焦于关键的20%绩效的理念之后被发展为关键绩效指标(key performance indicator, KPI)管理方法。Kaplan等(1992)提出了平衡计分卡模型，认为企业绩效应该从财务、用户、内部经营和学习与成长4个维度来进行全面评价[97]。Kagioglou等(2001)在研究中指出了KPI评价机制的弊端，并探索了平衡计分卡在建设工程行业的具体应用[98]。Drucker(1954)提出了目标管理(management by objectives)的概念，强调通过目标设置与管理促进员工的自我管理[99]，该理念在20世纪70年代被英特尔公司发展为OKR(Objectives and Key Results)绩效管理方法，随后在谷歌、比尔盖茨基金会等企业得到广泛应用[100]。

建设工程项目中，项目参建各方的绩效评价通常采用关键绩效指标进行定量评价，评价的维度包括成本、进度、质量、安全、环保等方面。绩效评价的频率通常为月度、季度或年度。项目绩效评价的结果往往与合同付款和激励分配相关联，通过评价结果反馈和激励分配促进参建各方改进和提升，以实现项目目标。

18.3 数字经济下的绩效考核管理

数字经济下的绩效考核管理是指利用大数据技术实现绩效考核的动态化、信息化管理。随着大数据时代的到来，项目的动态化管理产生了大量且丰富的数据信息，利用这些数据能够实现绩效信息的动态化、信息化管理，以实现精准考核，提升项目绩效，提升组织的综合实力。这些数据，不仅包括传统的绩效考核相关的数据，如传统的季度绩效考核表中包含的各项数据，还包括实时动态监控产生的大量数据。例如，通过在工地现场设置视频监控系统，或利用物联网技术在可穿戴设备和机械材料等移动端采集现场数据，可收集现场质量缺陷、安全风险、文明施工等方面的数据资料，既能实现对施工现场的远程可视化监控和管理，其产生的数据资料也可用于评估施工方的工作绩效，为绩效考核提供多视角、全方位和高准确度的数据依据。

1. 数字经济下绩效考核管理的特点

数字经济下的绩效考核管理，具有如下特点：

(1) 高效化。利用信息平台采集和存储项目实施数据，有助于对项目绩效进行全面分析，迅速获得绩效考核结果，提高考核效率、降低考核成本。

(2) 标准化。大数据信息化绩效考核管理平台能够实现数据采集的标准化，使得绩效信息完整可靠、数据采集口径一致，提高绩效管理的科学性，确保绩效考核的过程可追溯性，并保障绩效考核数据结果的可利用性。

(3) 动态化。大数据信息化绩效考核管理平台能够对考核结果进行及时反馈，实现动态绩效跟踪，清晰地展示各方在工作中出现的问题和相应改进情况，并为绩效信息的查询、共享和利用提供便利的接口。

(4) 智能化。大数据信息化绩效考核管理平台能够自动处理绩效数据，并运用数据网络分析程序和人工智能技术对数据进行智能分析，提供绩效考核结果和个性化优化改进建议，为持续提升绩效提供指导依据。

图 18-1 展示了利用大数据信息平台进行绩效考核管理的步骤和特点。

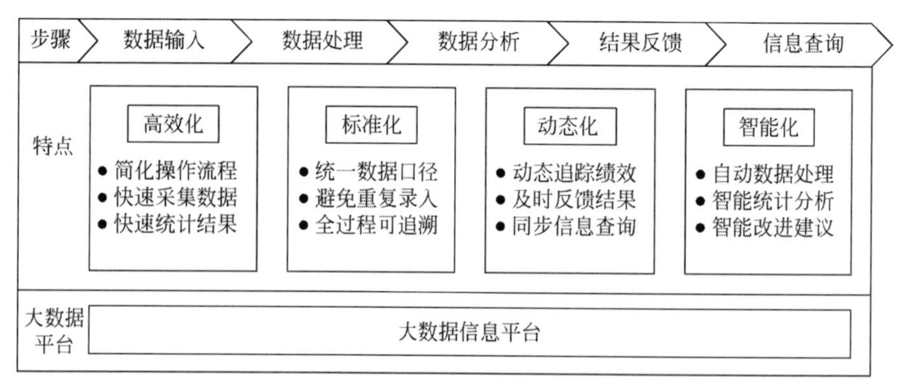

图 18-1　基于大数据信息平台的绩效考核

2. 数字经济下的绩效考核管理要点

在项目绩效考核信息化建设的过程中，利用现代化信息技术手段支持绩效考核，需达到如下要求：

(1) 完善指标体系。构建绩效考核指标体系，需要有完善的指标作为基础，通过制定高效的评价机制，实现绩效考核水平的提升。在这一过程中，需要借助目标管理考核法构建目标管理体系，在大数据技术的支撑下，通过对考核目标进行规范化、精细化管理，对被管理方下达相应的考核指标。在进行业绩考核的过程中，需要进行量化细化，对于不同考核对象，需要根据其具体工作情况合理制定相应的考核目标。应合理分配绩效考核权重，根据多层次绩效考核架构对考核权重进行合理分配，保证考核目标的科学性。

(2) 优化信息统计。绩效考核体系涉及参建各方，建管平台应具备对项目实施数据进行统计分析的功能，并对各考核环节有完善的记录，以实现精准考核、项目实施过程动态控制。

(3) 及时反馈。建管平台应实现考核结果的及时反馈，迅速把绩效考核结果反馈至项目参建各方，帮助其发现项目实施过程中出现的问题及成因，并及时改进。同时，需将绩效考核结果与激励分配相结合，确保参建各方有动力和合理的资源完成项目工作任务。

(4) 操作应用便捷。数字化绩效考核应注意操作便捷。一方面，考核指标应具有代表性且易于衡量；另一方面，建管平台应方便管理人员协同考核、快速操作，实现分级授权、全程留痕，方便管理人员进行统计和查询。

(5) 实现多平台联动。与 BIM 信息系统、物联网、智能终端等平台实现联动，充分利用多平台数据对项目进度、质量、人员/车辆管理等方面的绩效进行综合统计和分析。

18.4 全面激励机制

全面激励机制指覆盖全面的、全员参与的激励制度，其目的是充分调动各方、各层次项目参与成员的积极性，以提高项目绩效，促进项目的成功(图 18-2)。

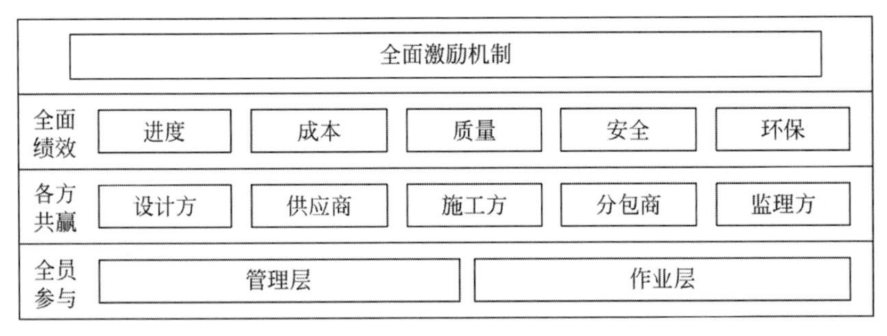

图 18-2 全面激励机制

全面激励机制应达到如下要求。

1. 覆盖全面绩效

激励机制应覆盖项目绩效考核的各个方面，即对业主或客户的满意度产生影响的所有事项都应设计对应的激励机制,以促进绩效的全面提升。具体到水利工程建设项目,项目的绩效包括进度、成本、质量、安全和环保等多个方面,相对应的,其激励机制应涵盖进度激励、成本激励、质量激励、安全激励、环保激励等多个方面。

(1) 成本激励。成本激励是一种通过对承包商进行奖励或惩罚,以促进实现项目成本目标的激励方式。项目盈利是承包商的基本目标,所以成本激励是对承包商最为直接有效的激励方式。

(2) 进度激励。进度激励是一种通过对承包商进行奖励或惩罚,以促进实现项目进度目标的激励方式。项目提前竣工投入生产运营意味着提前实现收益和提早占有市场,而项目延期完工会给业主带来经济等方面的损失。当项目提前竣工时,业主给予承包商一定奖励,将项目提前完工的收益与承包商共同分享;当项目延期完工时,业主给予承包商一定惩罚,将工程延期竣工的风险与承包商共同分担。这两种激励措施都能够促进项目进度目标的实现。

(3) 技术激励。技术激励是通过对承包商进行奖励或惩罚以促进实现项目技术目标的激励方式,包括质量激励、安全激励、环保激励等。技术激励能够为承包商提供资源和动力,促进其主动优化资源配置以实现相应的技术目标,并减少业主监督和管理的投入。水利工程建设项目情况复杂、目标多元,建立合理的绩效评价体系是实现技术激励目标的关键。

(4) 综合激励。综合激励是平衡项目多个激励目标后制定的综合运用成本、进度、技术等多种激励的措施。某个单一的激励目标可能会影响其他激励目标的实现,例如承包商一味追求加快进度获得进度奖励,而忽略工程质量目标。因此,激励机制的设置需要综合考虑和平衡全部的激励目标,并通过设置不同的激励措施和激励额度来反映不同激励目标的优先次序,促进项目综合目标的实现。

2. 促进各方共赢

水利工程建设项目的参与方众多,绩效的提升需要各方共同努力来实现,激励机制应涵盖项目的各个参与方,既包括施工方及其分包商,也包括设计方、监理方和供应商等。当各方对提高项目绩效的积极性都被调动起来时,则更容易形成一致的目标,并为之共同努力。应设计激励机制,使各个项目参与方都能够通过机制改善项目绩效并从中获得收益,实现互利共赢和团结协作,不仅能促进项目绩效的提升,还能促进整个行业的健康可持续发展。

3. 调动全员积极性

激励机制除了要对管理层的人员进行激励外,还要对作业层的人员进行激励。激励机制的作用对象如果仅停留在管理层,导致作业层人员享受不到激励甚至根本不知道激励机制的存在,则激励机制的效果仍将难以有效发挥。为此,激励机制中应设计相应的措施,以确保作业层人员的积极性能够得到调动。全员参与强调在各方共赢的基础上,不仅要对各项目参与方的管理层进行激励,更要对工程一线直接参与作业的人员进行激励,因为一线作业人员是项目的直接创造者和贡献者,调动一线作业人员的积极性能够从根本上改善项目绩效。

18.5 数字经济下水利工程建设激励机制成效

18.5.1 水利工程建设绩效考核情况

宁夏水利工程建设绩效考核的情况如表18-1所示。其中,得分1为“不符合”,得分5为“完全符合”。

表18-1 水利工程建设绩效考核情况

绩效考核	总体		业主		设计		施工		监理	
	得分	排名	得分	排名	得分	排名	得分	排名	得分	排名
业主建立了清晰的绩效评价标准	3.43	8	3.33	8	3.71	8	3.43	4	3.33	8
绩效考核机制公平、公正	3.48	6	3.43	6	3.79	1	3.43	4	3.43	7
定期进行绩效评价	3.51	5	3.57	3	3.79	1	3.43	4	3.48	6
绩效评价结果能够及时反馈	3.53	4	3.71	1	3.79	1	3.40	8	3.52	4
业主反馈的绩效评价结果及改进措施详细、明确且可操作	3.55	2	3.57	3	3.79	1	3.45	3	3.62	2
及时根据反馈的评价信息进行改进	3.54	3	3.52	5	3.79	1	3.47	2	3.57	3
业主及时根据评价结果落实相关奖励	3.47	7	3.38	7	3.79	1	3.42	7	3.52	4
业主及时根据评价结果落实相关惩罚	3.66	1	3.62	2	3.79	1	3.62	1	3.71	1
均值	**3.52**		**3.52**		**3.78**		**3.46**		**3.52**	

从表18-1可以看出,项目参建各方对水利工程项目在绩效考核各方面的评分整体不高,总体得分均值为3.52分,表明水利工程项目的绩效考核机制仍有较大提升空间。其中,“业主建立了清晰的绩效评价标准”的总体得分排名最低,业主认为需要建立更加清晰的绩效评价标准(得分3.33分,排名第8),而这一观点与其他参建各方的意见基本一致。调查结果表明,想要提升水利工程项目绩效考核管理水平,首先要建立起清晰、完善的绩效评价标准。

对于“绩效评价结果能够及时反馈”这一情况,业主与施工方的意见分歧较大。业主对“绩效评价结果能够及时反馈”的评分为3.71分(排名第1),表明其认为绩效反馈的及时性表现较好;而施工方对“绩效评价结果能够及时反馈”的评分为3.40分(排名第8),表明施工方认为绩效评价结果反馈的及时性有待提高。绩效评价结果的反馈速度越快,越有利于施工方及时根据反馈结果对施工进行改进,从而提高项目绩效。

18.5.2 合同激励的作用

宁夏水利工程项目合同激励的作用调查结果如表18-2所示。其中,得分1为“很不赞同”,得分5为“很赞同”。

表 18-2 合同激励的作用

指标	总体		业主		设计		施工		监理	
	得分	排序	得分	排序	得分	排序	得分	排序	得分	排序
合同激励能够使项目的责任和风险分担更加合理	4.12	1	4.18	1	4.28	3	4.01	2	4.10	1
合同激励能够促进项目目标的实现	4.12	1	4.00	3	4.30	2	4.10	1	4.03	3
合同激励能够促进参建各方目标协调一致	4.08	3	4.04	2	4.33	1	3.97	3	4.03	3
合同激励能够使项目的权、利分配更加公平	3.95	4	4.00	3	4.20	4	3.75	4	4.06	2
均值	**4.07**		**4.06**		**4.28**		**3.96**		**4.06**	

由表 18-2 可知，合同激励的各项作用得分普遍较高，表明合同激励的重要作用得到普遍认可。合同激励能够促进参建各方风险分担和利益共享，促进各方目标协调一致和项目目标的实现。

18.5.3 合同激励措施应用程度与重要性

宁夏水利工程建设合同激励的应用情况和重要性如表 18-3 所示。其中，合同激励的应用程度中得分 1 为“没有应用”，得分 5 为“经常应用”；合同激励的重要性中得分 1 为“很不重要”，得分 5 为“很重要”。

表 18-3 水利工程建设合同激励情况分析

合同激励	总体		业主		设计		施工		监理	
	得分	排名	得分	排名	得分	排名	得分	排名	得分	排名
合同激励的应用程度										
质量奖励	3.04	1	2.95	1	3.29	2	3.02	2	3.00	1
进度奖励	3.04	1	2.86	2	3.29	2	3.07	1	2.95	3
成本奖励	2.90	5	2.57	5	3.29	2	2.96	6	2.81	7
安全奖励	2.96	4	2.81	3	3.29	2	2.93	7	3.00	1
环保奖励	2.87	8	2.43	9	3.29	2	2.93	7	2.90	5
设备安装奖励	2.87	8	2.48	7	3.29	2	2.93	7	2.86	6
设备稳定运行奖励	2.90	5	2.52	6	3.29	2	2.98	3	2.81	7
设计优化奖励	2.89	7	2.48	7	3.29	2	2.98	3	2.81	7
研发与创新奖励	2.98	3	2.76	4	3.36	1	2.98	3	2.95	3
均值	**2.94**		**2.65**		**3.30**		**2.98**		**2.90**	

续表

合同激励	总体		业主		设计		施工		监理	
	得分	排名	得分	排名	得分	排名	得分	排名	得分	排名
合同激励的重要性										
质量奖励	4.12	1	3.43	2	4.57	1	4.38	1	3.86	2
进度奖励	3.94	5	3.38	5	4.57	1	4.04	7	3.81	3
成本奖励	3.88	7	3.14	8	4.57	1	4.02	8	3.81	3
安全奖励	4.09	2	3.43	2	4.57	1	4.34	2	3.81	3
环保奖励	3.94	5	3.19	6	4.43	5	4.17	4	3.76	6
设备安装奖励	3.80	9	3.19	6	4.36	8	3.99	9	3.57	9
设备稳定运行奖励	3.84	8	3.14	8	4.36	8	4.06	6	3.67	8
设计优化奖励	3.95	4	3.48	1	4.43	5	4.09	5	3.76	6
研发与创新奖励	4.05	3	3.43	2	4.43	5	4.23	3	3.95	1
均值	**3.96**		**3.31**		**4.48**		**4.15**		**3.78**	

由表18-3可知，水利工程项目合同激励的应用程度总体得分明显偏低，表明参建各方普遍认为目前水利工程项目管理中激励措施的应用程度不高。目前，业主主要采取违约处罚的方式来约束其他参建各方的履约行为，违约处罚条款涉及人员管理和质量与安全管理等方面，如“每发生一次安全事故由承包人支付违约金”等。惩罚措施能在一定程度上起到约束的作用，但如何调动参建各方的积极性，还需基于合作共赢的理念，设置合理的激励措施，以促进项目绩效的提升。

在合同激励的重要性方面，“质量奖励”(排名第1)和“安全奖励”(排名第2)的总体排名最高，表明各方认为通过激励机制加强质量管理和安全管理最为必要。“研发与创新奖励”总体得分排名第3，显示了各方都较为认可通过激励机制促进研发与创新。从技术和管理方面进行创新，对于建设黄河流域生态保护和高质量发展先行区必不可少。“设计优化奖励”总体得分排名第4，表明通过激励机制促进设计优化，对于降低水利工程造价、提高工程设计方案的性价比非常重要。

18.5.4 激励机制要点

应充分意识到激励机制对于项目绩效有着重要的积极作用，并在项目中探索合同激励相关实践。例如，在施工合同中增设违约处罚条款，涉及进度延误、缺陷整改及人员管理等方面，并规定具体违约处罚金额；在施工监理合同中增设违约处罚条款，涉及工程验收、资料审签与商报的及时性等方面，并规定具体违约处罚金额。这些措施对于参建各方的行为能够起到一定的约束作用。然而，激励机制的实践不仅包括惩罚措施，更需强调通过能够共享收益的正向激励措施来调动参建各方的积极性。激励机制的制定应注重以下方面。

1. 建立基于共赢理念的合作伙伴关系

参建各方需基于合作共赢理念建立伙伴关系，进而建立全面激励机制，以促进各方提高项目管理水平。当项目绩效面临挑战时，例如安全与质量绩效不佳、绩效改进动力不足、缺少改进绩效所必需的资源、一线工作人员积极性不高等，都可以通过设计相应的激励机制来进行应对。

2. 设计合理的激励强度与激励分配原则，全面覆盖绩效考核范围

激励机制应覆盖项目绩效考核的各个方面，对业主或客户的满意度有影响的所有事项都应设计对应的激励机制，以促进绩效水平的全面提升，即激励机制应包括质量奖励、安全奖励、环保奖励、创新奖励、评优奖励等各个方面。激励机制应涵盖项目的各个参与方，既包括施工方及其分包商，也包括设计方、监理方和供应商等，充分调动各方对提高项目绩效的积极性。激励机制的设置需要综合考虑和平衡全部的激励目标，并通过设置不同的激励措施和激励额度来反映不同激励目标的优先次序，以此来促进项目综合目标的实现。

在设计激励机制时，需要明确如下 7 个构成要素：激励主体；激励客体；激励目标；激励措施的类型；激励措施的强度；激励目标实现水平的测量标准；激励措施的分配原则。其中，设计合理的激励强度，对于提高激励机制的有效性至关重要。激励强度过低，则无法起到激励效果、无法调动积极性；激励强度过高，则会给业主带来成本负担和审计挑战。

3. 构建精准激励机制，调动一线工作人员的积极性

精准激励是指业主直接对参建各方组织内部的个体进行激励，以提高激励效果、充分调动一线工作人员的积极性，包括施工劳工、质检员、现场监理人员、现场设计代表等。业主通过制定具有精准激励的合同激励条款，使得参建各方中每一个为实现合同激励目标作出贡献的人员都可以分享激励金，尤其是一线的工作人员，这样可以充分调动所有与目标实现相关的人员的积极性，促进目标的实现。以施工合同中的质量激励为例，项目经理可以将合同约定的质量激励金分解为两个部分，其中一部分通过与部门和个人绩效考核挂钩的方式对项目管理团队进行奖励，另一部分通过与现场施工队伍和个人的绩效考核关联的方式来奖励一线工作人员。

4. 确保奖励资金合法依规

激励机制的推广与实践需考虑审计规则的限制。除推进和等待与奖励相关的配套政策出台外，应确保奖励资金合法依规。例如：

(1) 将违约处罚金积累成为奖励资金池，用于奖励绩效改进。

(2) 在合同中约定一定百分比的奖励资金，并通过合理的分配机制来实现各方共赢。如将合同额 0.3%的比例设定为奖励金，其中 0.1%分配给施工单位，0.05%分配给劳务公司，0.15%分配给一线工作人员。

(3) 在招投标过程中，要求投标方在标书中设计包含合同奖励和精准激励方案的激励机制，并在评标过程中将激励机制作为评标标准之一予以考虑。

5. 充分发挥非物质奖励的激励作用

非物质奖励具有不可替代的激励作用，可设计荣誉称号、证书、红黑榜、公示通报、发表扬函等非物质奖励措施，进一步调动参建各方的积极性，尤其是一线工作人员的积极性。

18.6 数字经济下水利工程建设激励考核指标

1. 数字经济下水利工程建设设计管理激励考核表(表 18-4～表 18-12)

表 18-4 前期阶段设计工作激励考核汇总表

考核对象：____________　　　　时间：　　年　　月　　日

序号	考核项目	考评情况	权重/%	考评得分(满分 100)	加权得分	奖励系数	每次最高奖励金额/万元(累计最高奖励金额为 X 万元，分 Y 次考核)	每次实际奖励金额/万元
一	设计管理体系		20				20%×X/Y	
二	设计质量		50				50%×X/Y	
三	设计进度		30				30%×X/Y	
总计							**X/Y**	

考核部门：　　　　考核人签字：

分项奖励系数计算方法：分项指标采用评分制，Z 为分项指标加权平均得分。

分项奖励评分区间：	$Z<60$	$60 \leqslant Z<70$	$70 \leqslant Z<80$	$80 \leqslant Z<90$	$90 \leqslant Z \leqslant 100$
分项奖励系数分配：	0.00	0.60	0.75	0.90	1.00

表 18-5 前期阶段设计工作激励考核表

考核对象：________________　　　　时间：　　年　　月　　日

序号	考核项目	评分标准	考评情况	权重/%	考评得分（满分 100）	加权得分	奖励系数	最大奖励分配金额/万元	每次实际奖励金额/万元
一	设计管理体系	建立完善的设计质量保证体系		25				考核占比 20%，累计奖励最高限额 20%×X 万元，每次奖励最高限额 20%×X/Y 万元（分 Y 次考核）	
		设计流程规范完善，各环节责权划分明确		25					
		勘察设计人员资格和配置符合要求		25					
		设计文件、资料和图纸管理规范		25					
		小计		**100**	-				
二	设计质量	设计依据符合法规、规范要求		10				考核占比 50%，累计奖励最高限额 50%×X 万元，每次奖励最高限额 50%×X/Y 万元（分 Y 次考核）	
		地勘等基础资料满足相应阶段的设计深度要求		10					
		设计方案满足合同约定的功能要求		10					
		设计方案提出的机电设备参数和材料指标符合规范和合同要求		10					
		设计方案符合健康、安全、环保规范和合同要求		10					
		所设计的征地、移民安置方案符合规范和合同要求		10					
		设计文件满足 BIM 技术要求		10					
		设计文件避免“错、漏、碰、缺”情况		10					
		设计方案具有较好的可施工性		10					
		所设计项目投资成本控制在批复投资估算偏差 5%以内		10					
		小计		**100**	-				

续表

序号	考核项目	评分标准	考评情况	权重/%	考评得分（满分100）	加权得分	奖励系数	最大奖励分配金额/万元	每次实际奖励金额/万元
三	设计进度	设计进度计划明确		20				考核占比30%，累计奖励最高限额30%×X万元，每次奖励最高限额30%×X/Y万元（分Y次考核）	
		地质勘探进度满足设计要求		30					
		设计文件和图纸按合同要求和进度计划及时提供，保障采购和施工环节顺利开展		30					
		及时落实设计审查意见，确保设计报告按进度要求获得批准		20					
		小计		**100**	-				
最终得分							-		

考核部门： 考核人签字：

分项奖励系数计算方法：分项指标采用评分制，Z为分项指标加权平均得分。

分项奖励评分区间：	$Z<60$	$60\leqslant Z<70$	$70\leqslant Z<80$	$80\leqslant Z<90$	$90\leqslant Z\leqslant 100$
分项奖励系数分配：	0.00	0.60	0.75	0.90	1.00

表 18-6　前期阶段设计工作处罚表

考核对象：________________　　　　时间：　　年　　月　　日

处罚内容		罚款占设计费比例	罚款金额/万元
设计工作处罚	1. 由于设计原因延误设计文件交付时间，每延误 1 天减收 0.2%设计费		
	2. 设计成果不满足 BIM 设计技术要求，每组织审查 1 次减收 0.3%设计费		
	3. 由于设计原因造成初步设计投资超过可研批复投资的 5%以上的，每超 1%减收 0.2%总设计费		
总计			

考核部门：　　　　考核人签字：

表 18-7 建设阶段设计工作激励考核汇总表

考核对象：________________　　　　时间：　年　月　日

序号	考核项目	考评情况	权重/%	考评得分（满分 100）	加权得分	奖励系数	每次最高奖励金额/万元（累计最高奖励金额为 X 万元，分 Y 次考核）	每次实际奖励金额/万元
一	设计管理体系		10				10%×X/Y	
二	设计质量		50				50%×X/Y	
三	设计进度		20				20%×X/Y	
四	现场设计配合		20				20%×X/Y	
总计							X/Y	

考核部门：　　　　考核人签字：

分项奖励系数计算方法：分项指标采用评分制，Z 为分项指标加权平均得分。

分项奖励评分区间：	$Z<60$	$60\leqslant Z<70$	$70\leqslant Z<80$	$80\leqslant Z<90$	$90\leqslant Z\leqslant 100$
分项奖励系数分配：	0.00	0.60	0.75	0.90	1.00

表 18-8　建设阶段设计工作激励考核表

考核对象：________________　　　　　　　　　　　　时间：　　年　　月　　日

序号	考核项目	评分标准	考评情况	权重/%	考评得分（满分100）	加权得分	奖励系数	最大奖励分配金额/万元	每次实际奖励金额/万元
一	设计管理体系	建立完善的设计质量保证体系		25				考核占比10%，累计奖励最高限额10%×X万元，每次奖励最高限额10%×X/Y万元（分Y次考核）	
		设计流程规范完善，各环节责权划分明确		25					
		勘察设计人员资格和配置符合要求		25					
		设计文件、资料和图纸管理规范		25					
		小计		**100**	-				
二	设计质量	设计依据符合法规、规范要求		10				考核占比50%，累计奖励最高限额50%×X万元，每次奖励最高限额50%×X/Y万元（分Y次考核）	
		地勘等基础资料满足相应阶段的设计深度要求		10					
		设计方案满足合同约定的功能要求		10					
		设计方案提出的机电设备参数和材料指标符合规范和合同要求		10					
		设计方案符合健康、安全、环保规范和合同要求		10					
		所设计的征地、移民安置方案符合规范和合同要求		10					
		设计文件满足BIM技术要求		10					
		设计文件避免“错、漏、碰、缺”情况		10					
		设计方案具有较好的可施工性		10					
		所设计项目投资成本控制在批复投资估算偏差5%以内		10					
		小计		**100**	-				

续表

序号	考核项目	评分标准	考评情况	权重/%	考评得分（满分100）	加权得分	奖励系数	最大奖励分配金额/万元	每次实际奖励金额/万元
三	设计进度	设计进度计划明确		20				考核占比20%，累计奖励最高限额20%×X万元，每次奖励最高限额20%×X/Y万元（分Y次考核）	
		地质勘探进度满足设计要求		30					
		设计文件和图纸按合同要求和进度计划及时提供，保障采购和施工环节顺利开展		30					
		及时落实设计审查意见，确保设计报告按进度要求获得批准		20					
		小计		**100**	-				
四	现场设计配合	现场设代机构设置完善		10				考核占比20%，累计奖励最高限额20%×X万元，每次奖励最高限额20%×X/Y万元（分Y次考核）	
		现场设代人员配置及驻场时间符合要求		10					
		设计交底及时、准确、完整		15					
		及时解决施工中出现的勘察设计问题		15					
		及时解决采购过程中设计相关技术问题		10					
		设计变更文件编制及时准确		10					
		根据现场情况进行合理的设计优化		10					
		参加质量事故分析并按规定提出技术处理方案		10					
		运用建管平台设计模块，与参建各方高效协同工作		10					
		小计		**100**	-				
最终得分								-	

考核部门：　　　　　　　　　　考核人签字：

分项奖励系数计算方法：分项指标采用评分制，Z为分项指标加权平均得分。

分项奖励评分区间：	$Z<60$	$60\leqslant Z<70$	$70\leqslant Z<80$	$80\leqslant Z<90$	$90\leqslant Z\leqslant 100$
分项奖励系数分配：	0.00	0.60	0.75	0.90	1.00

表 18-9　建设阶段设计工作处罚表

考核对象：________________　　　　时间：　　年　　月　　日

处罚内容		罚款占设计费比例	罚款金额/万元
设计工作处罚	1. 由于设计原因延误设计文件交付时间，每延误 1 天减收 0.2%设计费		
	2. 设计成果不满足 BIM 设计技术要求，每组织审查 1 次减收 0.3%设计费		
	3. 由于设计错误造成工程质量缺陷和事故损失，扣除受损失部分设计费，并根据损失程度商定赔偿金		
	4. 设计代表未及时解决施工阶段的设计相关问题，每延误 1 天(视情况商定，以现场会议确定日期为准)，减收技施阶段 0.2%设计费		
总计			

考核部门：　　　　　　　　考核人签字：

表 18-10　验收阶段设计工作激励考核汇总表

考核对象：＿＿＿＿＿＿＿＿　　　　　　　　　　时间：　　年　　月　　日

序号	考核项目	考评情况	权重/%	考评得分（满分 100）	加权得分	奖励系数	最高奖励金额/万元	实际奖励金额/万元
一	设计总体评价		85				85%×X	
二	创新性成果		15				15%×X	
总计							X	

考核部门：　　　　　　　　　　　　　　　　　　考核人签字：

分项奖励系数计算方法：分项指标采用评分制，Z 为分项指标加权平均得分。

分项奖励评分区间：	$Z<60$	$60\leqslant Z<70$	$70\leqslant Z<80$	$80\leqslant Z<90$	$90\leqslant Z\leqslant 100$
分项奖励系数分配：	0.00	0.60	0.75	0.90	1.00

表 18-11 验收阶段设计工作激励考核表

考核对象：____________　　　　时间：　　年　　月　　日

序号	考核项目	评分标准	考评情况	权重/%	考评得分（满分 100）	加权得分	奖励系数	最大奖励分配金额/万元	实际奖励金额/万元
一	设计总体评价	设计依据符合法规、规范要求		5				考核占比 85%，奖励最高限额 85%×X 万元	
		设计方案满足合同约定的功能要求		5					
		设计方案提出的机电设备参数和材料指标符合规范和合同要求		5					
		设计方案符合健康、安全、环保规范和合同要求		5					
		所设计的征地、移民安置方案符合规范和合同要求		5					
		设计文件满足 BIM 技术要求		5					
		设计文件避免“错、漏、碰、缺”情况		5					
		所设计项目投资成本控制在批复投资估算偏差 5%以内		10					
		试运行满足设定的各项工程目标		20					
		及时配合完成竣工验收工作，对施工质量是否满足设计要求提出评价意见		15					
		提交的设计验收资料完整、准确，符合规范和合同要求		20					
		小计		**100**	-				

续表

序号	考核项目	评分标准	考评情况	权重/%	考评得分（满分 100）	加权得分	奖励系数	最大奖励分配金额/万元	实际奖励金额/万元
二	创新性成果	应用新技术、新材料、新工艺、新设备取得显著成效		60				考核占比 15%，奖励最高限额 15%×X 万元	
		发表相关论文，获得科技进步奖和专利等		40					
		小计		**100**	-				
最终得分							-		

考核部门：　　　　　　　　　　考核人签字：

分项奖励系数计算方法：分项指标采用评分制，Z 为分项指标加权平均得分。

分项奖励评分区间：	$Z<60$	$60\leqslant Z<70$	$70\leqslant Z<80$	$80\leqslant Z<90$	$90\leqslant Z\leqslant 100$
分项奖励系数分配：	0.00	0.60	0.75	0.90	1.00

表 18-12 验收阶段设计工作处罚表

考核对象：________________ 时间： 年 月 日

处罚内容		罚款占设计费比例	罚款金额/万元
设计工作处罚	1. 延误提交合格的设计工作报告和验收资料，每延误 1 天减收技施设计阶段 0.2%设计费		
	2. 由于设计原因所发生的设计变更、工程量及概算偏差等，造成项目实际完成投资超招标合同投资 5%以上的，每超 1%减收 0.2%总设计费；超过批复总概算 5%以上的，每超 1%减收 0.5%总设计费		
总计			

考核部门： 考核人签字：

2. 数字经济下水利工程建设质量管理激励考核表（表 18-13～表 18-15）

表 18-13　质量管理激励考核汇总表

考核对象：________________　　　　时间：　　年　　月　　日

序号	考核项目	考评情况	权重/%	考评得分（满分 100）	加权得分	奖励系数	每次最高奖励金额/万元（累计最高奖励金额为 X 万元，分 Y 次考核）	每次实际奖励金额/万元
一	质量管理体系与安排		30				$30\%\times X/Y$	
二	质量控制		40				$40\%\times X/Y$	
三	质量信息化管控		30				$30\%\times X/Y$	
总计							X/Y	

考核部门：　　　　　　　　考核人签字：

分项奖励系数计算方法：分项指标采用评分制，Z 为分项指标加权平均得分。

分项奖励评分区间：	$Z<60$	$60\leqslant Z<70$	$70\leqslant Z<80$	$80\leqslant Z<90$	$90\leqslant Z\leqslant 100$
分项奖励系数分配：	0.00	0.60	0.75	0.90	1.00

表 18-14　质量管理激励考核表

考核对象：________　　　　时间：　　年　　月　　日

序号	考核项目	评分标准	考评情况	权重/%	考评得分（满分 100）	加权得分	奖励系数	每次最大奖励分配金额/万元	每次实际奖励金额/万元
一	质量管理体系与安排	建立了健全的质量管理机构		10				考核占比 30%，累计奖励最高限额 30%×X 万元，每次奖励最高限额 30%×X/Y 万元（分 Y 次考核）	
		质量管理流程和管理职责明确		10					
		根据项目特点制定了相应质量管理计划		10					
		施工质量标准明确		10					
		施工队伍资质和能力符合要求		12					
		施工组织设计和施工方案合理		12					
		管理人员和施工人员培训到位		12					
		“三检制”人员安排到位		12					
		施工人员安排到位		12					
		小计		**100**	-				
二	质量控制	进行施工图会检并形成检查记录		10				考核占比 40%，累计奖励最高限额 40%×X 万元，每次奖励最高限额 40%×X/Y 万元（分 Y 次考核）	
		技术交底工作充分		10					
		落实地质复勘		10					
		施工设备和材料符合要求		10					
		落实质量“三检制”		20					
		及时发现质量问题并分析原因		10					
		及时解决质量问题		10					
		及时验收重要隐蔽单元工程		10					
		按标准与要求完成验收工作		10					
		小计		**100**	-				

续表

序号	考核项目	评分标准	考评情况	权重/%	考评得分（满分100）	加权得分	奖励系数	每次最大奖励分配金额/万元	每次实际奖励金额/万元
三	质量信息化管控	及时、准确、完整提交质量检查数据		20				考核占比30%，累计奖励最高限额30%×X万元，每次奖励最高限额30%×X/Y万元（分Y次考核）	
		应用信息技术进行质量监控		15					
		应用建管平台高效进行质量协同管理		13					
		基于电子档案进行质量验评		13					
		质量问题统计分析充分		13					
		质量问题共享及时		13					
		质量整改落实到位，质量管理持续改进		13					
		小计		**100**	-				
最终得分								-	

考核部门： 考核人签字：

分项奖励系数计算方法：分项指标采用评分制，Z为分项指标加权平均得分。

分项奖励评分区间：	$Z<60$	$60\leqslant Z<70$	$70\leqslant Z<80$	$80\leqslant Z<90$	$90\leqslant Z\leqslant 100$
分项奖励系数分配：	0.00	0.60	0.75	0.90	1.00

表 18-15 质量事故处罚考核表

考核对象：________________　　　　时间：　　年　　月　　日

处罚内容		事故次数	处罚金额/元	
			质量奖励扣减金额	罚款金额
质量管理处罚	1. 一次施工违规警告，扣减奖金 500 元			
	2. 一般质量事故，每次扣减奖金 5000 元			
	3. 较大质量事故，罚款 2.5 万元			
	4. 重大质量事故，罚款 5 万元			
	5. 特大质量事故，罚款 10 万元			
总计				

考核部门：　　　　　　　　考核人签字：

3. 数字经济下水利工程建设进度管理激励考核表(表 18-16～表 18-18)

表 18-16 进度管理激励考核汇总表

考核对象：________　　　　时间：　　年　　月　　日

序号	考核项目	考评情况	权重/%	考评得分(满分 100)	加权得分	奖励系数	每次最高奖励金额/万元(累计最高奖励金额为 X 万元，分 Y 次考核)	每次实际奖励金额/万元
一	进度管理计划与落实		70				$70\%\times X/Y$	
二	进度信息化管控		30				$30\%\times X/Y$	
总计							X/Y	

考核部门：　　　　考核人签字：

分项奖励系数计算方法：分项指标采用评分制，Z 为分项指标加权平均得分。

分项奖励评分区间：	$Z<60$	$60\leqslant Z<70$	$70\leqslant Z<80$	$80\leqslant Z<90$	$90\leqslant Z\leqslant 100$
分项奖励系数分配：	0.00	0.60	0.75	0.90	1.00

表 18-17　进度管理激励考核表

考核对象：________________　　　　　　时间：　　年　　月　　日

序号	考核项目	评分标准	考评情况	权重/%	考评得分（满分 100）	加权得分	奖励系数	每次最大奖励分配金额/万元	每次实际奖励金额/万元
一	进度管理计划与落实	项目进度管理目标明确		10				考核占比 70%，累计奖励最高限额 70%×X 万元，每次奖励最高限额 70%×X/Y 万元（分 Y 次考核）	
		进度管理流程和职责明确		10					
		年、季、月工作分解和工序安排明确		15					
		计划工程量安排合理		15					
		按时达到计划形象进度和里程碑		50					
		小计		**100**	-				
二	进度信息化管控	及时收集和上传进度信息		20				考核占比 30%，累计奖励最高限额 30%×X 万元，每次奖励最高限额 30%×X/Y 万元（分 Y 次考核）	
		实时监控施工进度		20					
		及时分析进度与工程量偏差及原因		20					
		提出进度安排和资源配置优化方案		20					
		落实调整的进度安排，确保工程进度		20					
		小计		**100**	-				
最终得分							-		

考核部门：　　　　　　　　　　　　　　　　考核人签字：

分项奖励系数计算方法：分项指标采用评分制，Z 为分项指标加权平均得分。

分项奖励评分区间：	$Z<60$	$60\leqslant Z<70$	$70\leqslant Z<80$	$80\leqslant Z<90$	$90\leqslant Z\leqslant 100$
分项奖励系数分配：	0.00	0.60	0.75	0.90	1.00

表 18-18 进度管理处罚考核表

考核对象：________________　　　　　　　　时间：　　年　　月　　日

处罚内容		事故次数	处罚金额/元	
			进度奖励扣减金额	罚款金额
进度管理处罚	1. 由施工方责任造成进度未达到一个阶段性目标，罚款 3 万元			
	2. 施工过程中不及时整改进度问题，每次罚款 5000 元			
总计				

考核部门：　　　　　　　　　　　　考核人签字：

4. 数字经济下水利工程建设安全生产激励考核表(表 18-19～表 18-21)

表 18-19　安全管理激励考核汇总表

考核对象：＿＿＿＿＿＿＿＿　　　　　　　　时间：　　年　　月　　日

序号	考核项目	考评情况	权重/%	考评得分(满分 100)	加权得分	奖励系数	每次最高奖励金额/万元(累计最高奖励金额为 X 万元，分 Y 次考核)	每次实际奖励金额/万元
一	安全管理规范化		70				$70\%\times X/Y$	
二	安全信息化管控		30				$30\%\times X/Y$	
总计							X/Y	

考核部门：　　　　　　　　　　　　考核人签字：

分项奖励系数计算方法：分项指标采用评分制，Z 为分项指标加权平均得分。

分项奖励评分区间：$Z<60$　$60\leqslant Z<70$　$70\leqslant Z<80$　$80\leqslant Z<90$　$90\leqslant Z\leqslant 100$

分项奖励系数分配：0.00　0.60　0.75　0.90　1.00

表 18-20　安全管理激励考核表

考核对象：______　　　　时间：　年　月　日

序号	考核项目	评分标准	考评情况	权重/%	考评得分（满分100）	加权得分	奖励系数	每次最大奖励分配金额/万元	每次实际奖励金额/万元
一	安全管理规范化	安全生产组织机构健全		10				考核占比70%，累计奖励最高限额70%×X，每次奖励最高限额70%×X/Y（分Y次考核）	
		安全管理制度完善、职责划分明确		10					
		安全管理资源投入充足		10					
		安全教育培训到位		10					
		安全防护设施齐全		10					
		设备设施安全管理到位		10					
		安全事故隐患排查充分		10					
		安全事故应急方案健全		10					
		事故报告、调查和处理到位		10					
		现场施工文明有序		10					
		小计		**100**					
二	安全信息化管控	应用信息技术进行安全管理实时监控		20				考核占比30%，累计奖励最高限额30%×X，每次奖励最高限额30%×X/Y（分Y次考核）	
		安全管理电子档案及时分类上传建管平台		20					
		安全问题统计分析充分		20					
		安全问题分析结果共享及时		20					
		安全问题整改措施落实到位		20					
		小计		**100**					
总计								X/Y	

考核部门：　　　　考核人签字：

分项奖励系数计算方法：分项指标采用评分制，Z 为分项指标加权平均得分。

分项奖励评分区间：	$Z<60$	$60\leqslant Z<70$	$70\leqslant Z<80$	$80\leqslant Z<90$	$90\leqslant Z\leqslant 100$
分项奖励系数分配：	0.00	0.60	0.75	0.90	1.00

表 18-21　安全事故处罚考核表

考核对象：______________　　　　时间：　　年　　月　　日

处罚内容	事故次数	处罚金额/万元	
		安全奖励扣减金额	罚款金额
1. 出现 1 次施工严重违规警告，扣减奖金 1 万元			
2. 发生 1 次重伤 2 人以内的一般事故，每重伤 1 人罚款 5 万元			
3. 发生 1 次较大安全事故，每死亡 1 人罚款 10 万元，每重伤 1 人罚款 5 万元			
4. 发生 1 次重大或特大安全事故，每死亡 1 人罚款 10 万元，每重伤 1 人罚款 5 万元			
总计			

考核部门：　　　　　　　　考核人签字：

5. 数字经济下水利工程建设环保水保管理激励考核表(表 18-22～表 18-24)

表 18-22 环保水保管理激励考核汇总表

考核对象：________________ 时间： 年 月 日

序号	考核项目	考评情况	权重/%	考评得分(满分 100)	加权得分	奖励系数	每次最高奖励金额/万元(累计最高奖励金额为 X 万元，分 Y 次考核)	每次实际奖励金额/万元
一	环保水保管理规范化		70				$70\% \times X/Y$	
二	环保水保信息化管控		30				$30\% \times X/Y$	
总计							X/Y	

考核部门： 考核人签字：

分项奖励系数计算方法：分项指标采用评分制，Z 为分项指标加权平均得分。

分项奖励评分区间：	$Z<60$	$60 \leqslant Z<70$	$70 \leqslant Z<80$	$80 \leqslant Z<90$	$90 \leqslant Z \leqslant 100$
分项奖励系数分配：	0.00	0.60	0.75	0.90	1.00

表 18-23　环保水保管理激励考核表

考核对象：________________　　　　　　时间：　　年　　月　　日

序号	考核项目	评分标准	考评情况	权重/%	考评得分（满分 100）	加权得分	奖励系数	每次最大奖励分配金额/万元	每次实际奖励金额/万元
一	环保水保管理规范化	环保水保组织机构健全		10				考核占比 70%，累计奖励最高限额 70%×X，每次奖励最高限额 70%×X/Y（分 Y 次考核）	
		环保水保管理制度完善、职责划分明确		10					
		环保水保管理资源投入充足		10					
		环保水保教育培训到位		10					
		环保水保方案完善		10					
		环保水保设施齐全		10					
		环保设备运营维护到位		10					
		环保水保工作落实到位		10					
		有效采用绿色施工技术		10					
		重要环境因素管控良好		10					
		小计		**100**					
二	环保水保信息化管控	应用信息技术进行环保水保管理实时监控		20				考核占比 30%，累计奖励最高限额 30%×X，每次奖励最高限额 30%×X/Y（分 Y 次考核）	
		环保水保管理电子档案及时分类上传建管平台		20					
		环保水保问题统计分析充分		20					
		环保水保问题分析结果共享及时		20					
		环保水保问题整改措施落实到位		20					
		小计		**100**					
总计								X/Y	

考核部门：　　　　　　　　　　　　考核人签字：

分项奖励系数计算方法：分项指标采用评分制，Z 为分项指标加权平均得分。

分项奖励评分区间：	$Z<60$	$60\leqslant Z<70$	$70\leqslant Z<80$	$80\leqslant Z<90$	$90\leqslant Z\leqslant 100$
分项奖励系数分配：	0.00	0.60	0.75	0.90	1.00

表 18-24　环保水保问题处罚考核表

考核对象：________________　　　　时间：　年　月　日

处罚内容	问题发生次数	处罚金额/元	
		环保奖励扣减金额	罚款金额
1. 存在乱搭乱建，现场材料、设备未按规定堆放整齐，施工场地脏乱，每出现 1 次罚款 1000 元			
2. 施工场地和路面防尘措施不足，施工道路维护不符合要求，每出现 1 次罚款 1000 元			
3. 生产生活用水排放设施不合理，水污染控制不力，每出现 1 次罚款 1000 元			
4. 施工场地污染物和杂物未进行及时处理和清理，固体废弃物处置不力，每出现 1 次罚款 1000 元			
5. 受损植被恢复不足，水土保持措施不力，每出现 1 次罚款 1000 元			
总计			

考核部门：　　　　考核人签字：

6. 数字经济下水利工程建设监理激励考核表（表 18-25～表 18-27）

表 18-25　监理管理激励考核汇总表

考核对象：________________　　　　时间：　　年　　月　　日

序号	考核项目	考评情况	权重/%	考评得分（满分 100）	加权得分	奖励系数	每次最高奖励金额/万元（累计最高奖励金额为 X 万元，分 Y 次考核）	每次实际奖励金额/万元
一	监理管理体系		10				$10\% \times X/Y$	
二	质量管理		20				$20\% \times X/Y$	
三	安全环保管理		20				$20\% \times X/Y$	
四	进度管理		10				$10\% \times X/Y$	
五	成本管理		10				$10\% \times X/Y$	
六	设备材料管理		10				$10\% \times X/Y$	
七	信息化管理		20				$20\% \times X/Y$	
总计							X/Y	

考核部门：　　　　　　　　　　考核人签字：

分项奖励系数计算方法：分项指标采用评分制，Z 为分项指标加权平均得分。

分项奖励评分区间：　$Z<60$　　$60 \leqslant Z<70$　　$70 \leqslant Z<80$　　$80 \leqslant Z<90$　　$90 \leqslant Z \leqslant 100$

分项奖励系数分配：　0.00　　0.60　　0.75　　0.90　　1.00

表 18-26　监理管理激励考核表

考核对象：________________　　　　时间：　　年　　月　　日

序号	考核项目	评分标准	考评情况	权重/%	考评得分（满分100）	加权得分	奖励系数	每次最大奖励分配金额/万元	每次实际奖励金额/万元
一	监理管理体系	监理管理制度完善、监理责权明确		15				考核占比10%，累计奖励最高限额10%×X万元，每次奖励最高限额10%×X/Y万元（分Y次考核）	
		根据项目特点制定了合适工作方案		15					
		监理队伍的资质和能力符合项目要求		15					
		监理人员培训到位		15					
		监理资源投入到位，现场管理人员稳定		20					
		建立项目参建方协调机制，并落实到位		20					
		小计		**100**	-				
二	质量管理	建立质量管理制度，明确管理流程和职责		20				考核占比20%，累计奖励最高限额20%×X万元，每次奖励最高限额20%×X/Y万元（分Y次考核）	
		施工人员、设备、材料和技术措施等事前管理工作到位		25					
		施工过程控制工作到位		25					
		施工质量评定和验收工作到位		15					
		施工质量优良		15					
		小计		**100**					
三	安全环保管理	建立完善的安全环保监理体系		15				考核占比20%，累计奖励最高限额20%×X万元，每次奖励最高限额20%×X/Y万元（分Y次考核）	
		建立完善的安全环保监理工作记录台账		20					
		施工现场安全隐患排查彻底		20					
		危险源监控到位		15					
		职业健康监控到位		15					
		安全环保检查闭环管理到位		15					
		小计		**100**	-				
四	进度管理	及时审批承包人提交的施工进度计划		30				考核占比10%，累计奖励最高限额10%×X万元，每次奖励最高限额10%×X/Y万元（分Y次考核）	
		项目进度检查到位，及时提出调整措施		40					
		项目实际进度达到进度节点目标		30					
		小计		**100**	-				

续表

序号	考核项目	评分标准	考评情况	权重/%	考评得分（满分100）	加权得分	奖励系数	每次最大奖励分配金额/万元	每次实际奖励金额/万元
五	成本管理	及时准确处理项目进度付款		20				考核占比10%，累计奖励最高限额10%×X万元，每次奖励最高限额10%×X/Y万元（分Y次考核）	
		及时适当处理变更与索赔		20					
		变更与索赔台账清楚、无错漏项		20					
		付款和结算合约合规，支撑材料充足		20					
		成本分析到位，及时提出成本管理意见		20					
		小计		**100**	-				
六	设备材料管理	设备、材料采购管理到位		20				考核占比10%，累计奖励最高限额10%×X万元，每次奖励最高限额10%×X/Y万元（分Y次考核）	
		设备、材料到货管理到位		20					
		设备、材料质检工作到位		20					
		设备安装管理到位		20					
		设备试运行及验收工作到位		20					
		小计		**100**	-				
七	信息化管理	工程文件信息化，电子文档及时上传建管平台		20				考核占比20%，累计奖励最高限额20%×X万元，每次奖励最高限额20%×X/Y万元（分Y次考核）	
		信息化监控现场施工，线上线下监控融合		20					
		基于建管平台分析施工质量、进度和成本问题，提出整改措施并落实		20					
		利用建管平台高效协调参建各方，推进工程顺利实施		20					
		质量验评和资料归档信息化落实到位		20					
		小计		**100**	-				
		最终得分						-	

考核部门：　　　　　　　　　　　　考核人签字：

分项奖励系数计算方法：分项指标采用评分制，Z为分项指标加权平均得分。

分项奖励评分区间：	$Z<60$	$60\leqslant Z<70$	$70\leqslant Z<80$	$80\leqslant Z<90$	$90\leqslant Z\leqslant 100$
分项奖励系数分配：	0.00	0.60	0.75	0.90	1.00

表 18-27 监理管理工作处罚表

考核对象：________________　　　　时间：　年　月　日

处罚内容		罚款金额/元
监理工作处罚	1. 监理人员配置不符合合同约定，每次罚款 10 000～100 000 元(视人员级别而定)	
	2. 发生质量事故，每次罚款 1000～20 000 元(视质量事故等级而定)	
	3. 发生安全事故，每次罚款 1000～20 000 元(视安全事故等级而定)	
	4. 因监理原因导致项目实施工作延误，每次罚款 1000 元	
	5. 监理资料信息化未达到合同预定标准，每次罚款 1000 元	
总计		

考核部门：　　　　考核人签字：

7. 数字经济下水利工程建设风险管理激励考核表（表 18-28、表 18-29）

表 18-28 风险管理激励考核汇总表

考核对象：______________ 时间： 年 月 日

序号	考核项目	考评情况	权重/%	考评得分（满分 100）	加权得分	奖励系数	每次最高奖励金额/万元（累计最高奖励金额为 X 万元，分 Y 次考核）	每次实际奖励金额/万元
一	风险辨识与评估		30				$30\%\times X/Y$	
二	风险应对		30				$30\%\times X/Y$	
三	风险监控		20				$20\%\times X/Y$	
四	多方协同信息化风险管理		20				$20\%\times X/Y$	
总计							X/Y	

考核部门： 考核人签字：

分项奖励系数计算方法：分项指标采用评分制，Z 为分项指标加权平均得分。

分项奖励评分区间：	$Z<60$	$60\leqslant Z<70$	$70\leqslant Z<80$	$80\leqslant Z<90$	$90\leqslant Z\leqslant 100$
分项奖励系数分配：	0.00	0.60	0.75	0.90	1.00

表 18-29 风险管理激励考核表

考核对象：________________　　　　时间：　　年　　月　　日

序号	考核项目	评分标准	考评情况	权重/%	考评得分（满分100）	加权得分	奖励系数	每次最大奖励分配金额/万元	每次实际奖励金额/万元
一	风险辨识与评估	进行了充分的风险辨识		40				考核占比30%，累计奖励最高限额30%×X，每次奖励最高限额30%×X/Y（分Y次考核）	
		对所识别风险进行了充分评估，并给出了风险等级		40					
		编制了规范的风险辨识与评估文件		20					
		小计		**100**					
二	风险应对	针对不同的风险等级制定了合适的应对措施		40				考核占比30%，累计奖励最高限额30%×X，每次奖励最高限额30%×X/Y（分Y次考核）	
		风险应对措施得到有效落实		40					
		编制了规范的风险应对措施与实施情况文件		20					
		小计		**100**					
三	风险监控	进行了充分的风险监控（包括人员监控和设备监控）		40				考核占比20%，累计奖励最高限额20%×X，每次奖励最高限额20%×X/Y（分Y次考核）	
		进行了充分的风险状态分析		20					
		进行了充分的风险趋势分析		20					
		编制了规范的风险监控文件		20					
		小计		**100**					

续表

序号	考核项目	评分标准	考评情况	权重/%	考评得分（满分 100）	加权得分	奖励系数	每次最大奖励分配金额/万元	每次实际奖励金额/万元
四	多方协同信息化风险管理	正确、完整、及时地将风险信息和文件上传建管平台		30				考核占比 20%，累计奖励最高限额 20%×X，每次奖励最高限额 20%×X/Y（分 Y 次考核）	
		通过建管平台高效进行协同风险管理		35					
		应用先进信息技术进行风险管理		35					
		小计		**100**					
总计								**X/Y**	

考核部门：　　　　考核人签字：

分项奖励系数计算方法：分项指标采用评分制，Z 为分项指标加权平均得分。

分项奖励评分区间：	$Z<60$	$60\leqslant Z<70$	$70\leqslant Z<80$	$80\leqslant Z<90$	$90\leqslant Z\leqslant 100$
分项奖励系数分配：	0.00	0.60	0.75	0.90	1.00

8. 数字经济下水利工程建设业务流程管理激励考核表(表 18-30、表 18-31)

表 18-30 业务流程管理激励考核汇总表

考核对象：________________　　　　　　时间：　　年　　月　　日

序号	考核项目	考评情况	权重/%	考评得分（满分 100）	加权得分	奖励系数	每次最高奖励金额/万元（累计最高奖励金额为 X 万元，分 Y 次考核）	每次实际奖励金额/万元
一	业务流程管理		50				$50\% \times X/Y$	
二	协同工作		50				$50\% \times X/Y$	
总计							$\boldsymbol{X/Y}$	

考核部门：　　　　　　　　　　　　考核人签字：

分项奖励系数计算方法：分项指标采用评分制，Z 为分项指标加权平均得分。

分项奖励评分区间：	$Z<60$	$60 \leqslant Z<70$	$70 \leqslant Z<80$	$80 \leqslant Z<90$	$90 \leqslant Z \leqslant 100$
分项奖励系数分配：	0.00	0.60	0.75	0.90	1.00

表 18-31　业务流程管理激励考核表

考核对象：________________　　　　　　　　　　　　时间：　　年　　月　　日

序号	考核项目	评分标准	考评情况	权重/%	考评得分（满分 100）	加权得分	奖励系数	每次最大奖励分配金额/万元	每次实际奖励金额/万元
一	业务流程管理	明确工作内容和职责		25				考核占比 50%，累计奖励最高限额 50%×X 万元，每次奖励最高限额 50%×X/Y 万元（分 Y 次考核）	
		建立完善的业务流程		25					
		遵守各项业务流程的时间节点要求		25					
		业务流程执行高效		25					
		小计		**100**	-				
二	协同工作	与其他参建方高效沟通、及时反馈		25				考核占比 50%，累计奖励最高限额 50%×X 万元，每次奖励最高限额 50%×X/Y 万元（分 Y 次考核）	
		积极与其他参建方共同解决问题		25					
		在建管平台及时上传各类流程表单		25					
		通过建管平台高效执行协同工作流程		25					
		小计		**100**	-				
最终得分							-		

考核部门：　　　　　　　　　　　　　　　　　　考核人签字：

分项奖励系数计算方法：分项指标采用评分制，Z 为分项指标加权平均得分。

分项奖励评分区间：	$Z<60$	$60\leqslant Z<70$	$70\leqslant Z<80$	$80\leqslant Z<90$	$90\leqslant Z\leqslant 100$
分项奖励系数分配：	0.00	0.60	0.75	0.90	1.00

9. 数字经济下水利工程数字建管平台应用激励考核表（表 18-32、表 18-33）

表 18-32　数字建管平台应用激励考核汇总表

考核对象：________________　　　　时间：　　年　　月　　日

序号	考核项目	考评情况	权重/%	考评得分（满分 100）	加权得分	奖励系数	每次最高奖励金额/万元（累计最高奖励金额为 X 万元，分 Y 次考核）	每次实际奖励金额/万元
一	信息管理制度		20				$20\% \times X/Y$	
二	建管平台应用		70				$70\% \times X/Y$	
三	建管平台优化		10				$10\% \times X/Y$	
总计							X/Y	

考核部门：　　　　考核人签字：

分项奖励系数计算方法：分项指标采用评分制，Z 为分项指标加权平均得分。

分项奖励评分区间：　$Z<60$　　$60\leqslant Z<70$　　$70\leqslant Z<80$　　$80\leqslant Z<90$　　$90\leqslant Z\leqslant 100$

分项奖励系数分配：　0.00　　0.60　　0.75　　0.90　　1.00

表 18-33　数字建管平台应用激励考核表

考核对象：________________　　　　时间：　年　月　日

序号	考核项目	评分标准	考评情况	权重/%	考评得分（满分 100）	加权得分	奖励系数	每次最大奖励分配金额/万元	每次实际奖励金额/万元
一	信息管理制度	建立完善的信息管理制度		30				考核占比 20%，累计奖励最高限额 20%×X 万元，每次奖励最高限额 20%×X/Y 万元（分 Y 次考核）	
		建立完善的信息化人才培训方案		30					
		信息化人才培训到位		40					
		小计		**100**	-				
二	建管平台应用	在建管平台上传数据及时		20				考核占比 70%，累计奖励最高限额 70%×X 万元，每次奖励最高限额 70%×X/Y 万元（分 Y 次考核）	
		上传数据内容完整、格式规范		30					
		通过建管平台高效执行协同工作流程		30					
		利用建管平台充分分析项目实施问题及原因，并提出解决措施		20					
		小计		**100**	-				
三	建管平台优化	及时反馈建管平台使用中存在的问题		50				考核占比 10%，累计奖励最高限额 10%×X 万元，每次奖励最高限额 10%×X/Y 万元（分 Y 次考核）	
		能提出合理的建管平台优化建议		50					
		小计		**100**	-				
最终得分							-		

考核部门：　　　　考核人签字：

分项奖励系数计算方法：分项指标采用评分制，Z 为分项指标加权平均得分。

分项奖励评分区间：	$Z<60$	$60\leqslant Z<70$	$70\leqslant Z<80$	$80\leqslant Z<90$	$90\leqslant Z\leqslant 100$
分项奖励系数分配：	0.00	0.60	0.75	0.90	1.00

第19章 >>>>>>>>>>>>>

总结

19.1 数字经济下水利工程建设管理创新需求

为落实黄河流域生态保护和高质量发展先行区的建设目标，宁夏水利工程建设中心需要将水利工作的重心转到“新阶段水利高质量发展”上，不断推动宁夏水利工程在投资、建设、安全、环保、运维与信息化等方面进行管理创新。在水利工程建设创新管理模式下，建设中心应根据自身业务特点，基于利益相关方合作共赢机制，按照内外部资源匹配原则设计组织结构、业务流程和配置人力资源；同时建立多层次考核体系和指标，使水利工程建设项目有效实现经济性和公益性目标。

数字经济下水利工程建设管理创新包括以下方面：

(1) 针对项目前期论证、设计、招投标、施工、验收和运营等环节，思考如何建立合理的组织模式和业务流程，并配置相应的人力资源，以达到有效集成和管理各种资源的目的，顺利实现水利工程建设目标。

(2) 在市场中选择优质的参建队伍，包括设计方、咨询方、监理方、施工方和供应商等，并建立各方合作机制，明确参建各方的责权边界、协调流程和公平的利益风险分配机制，以调动各参与方的积极性，提升工程建设效率。

(3) 根据水利工程建设绩效链建立多视角、多层次考核体系，评价项目实施过程与结果，包括设计、采购、施工和信息管理过程，以及质量、安全、成本、进度、环保、社会经济效益等目标的实现。

(4) 提高参建各方工作人员在复杂的工程建设管理过程中的风险辨识、风险分析、风险应对和风险监控方面的能力，有效应对工程施工过程中来自技术、经济、社会和自然环境等方面的风险。

(5) 将水利工程建设信息技术平台与利益相关方合作管理组织平台进行耦合，运用BIM和移动互联网等技术，使性质不同、作用不同、地理空间分布不同的参建各方间形成高效的协同工作流程，并结合大数据、物联网、人工智能、虚拟现实等技术，支持各方高效处理信息、协同工作、决策和应对各种风险，提高水利工程建设管理水平。

19.2 数字经济下水利工程建设创新管理

1. 水利工程建设创新形式

当前水利工程建设管理最主要的创新形式是应用BIM等信息管理技术，研发应用新技术、新材料等形式相对较少。为此，应加强新技术、新材料等方面的引入，并探索新型投融资模式。

2. 水利工程建设创新的障碍

项目工期紧张是水利工程建设创新过程十分严重的问题，针对这一问题，创新管理人员应综合考虑工期紧张对创新的影响，针对性地制定创新计划，加大支持力度，并配备足够的资源。引导各方之间保持目标一致性、收益分配与风险分担的合理性，进而完善合作创新机制。同时，水利工程建设中心应摒弃传统试错方案和工艺，制定相应措施、投入资源，积极应对风险，鼓励创新。

3. 水利工程建设参建各方对创新的影响

水利工程参建各方对创新的影响排序为：业主、设计方、承包商和监理方。出于节约成本、提高质量和缩短工期的考虑，业主是创新活动的主要动力，可以提出创新需求、创造支持创新的环境，鼓励其他参建方通过创新来解决问题、提高项目绩效。设计方在创新中也起到了关键作用，能够为创新提供具体的技术方案以及具体实施方法。承包商和监理方是项目的直接实施者，他们对创新的影响也不能忽视。应建立参建各方之间良好的合作创新机制，通过充分协调、沟通，促进各方共同努力实现水利工程建设创新。

4. 数字经济下水利工程建设创新管理措施

1）建立创新机制

建立内部学习与创新相关制度，包括知识学习、知识管理、组织培训等，并有针对性地制定激励机制，促进组织内部成员进行知识共享和经验学习。充分重视与外部组织的合作创新，与设计、施工、监理等项目主要参建方通过良好合作以完成项目创新，并与高校、科研院所等机构建立合作机制，共同推进水利工程建设创新。

2）建立知识共享与创新管理信息平台

在现有数字化建管平台中建立知识与创新管理模块，将创新案例和经验教训总结下来，在知识积累的基础上找到创新点，促进组织内外知识、经验的总结、积累、提炼、分享，提高学习效率。同时，也可以通过机器学习、人工智能等工具的应用，实现知识积累的持续提升。

3）推动数字化转型

推进数字建管平台和BIM等信息管理技术的应用，根据技术水平和工程需要，灵活调整组织结构和组织制度，充分发挥数字平台的优越性，提高组织工作效率。持续提高数字化程度，实现组织的数字化转型。

19.3　数字经济下水利工程利益相关方合作管理

1. 水利工程参建方合作伙伴关系

水利工程参建各方建立合作伙伴关系,需实现以下要素。

(1) 共同目标:参建各方对共同目标有着明确的认识,并积极实现目标;

(2) 态度:友好地接受其他参建方的提议;

(3) 承诺:各方信守承诺;

(4) 公平:各方处事公正;

(5) 信任:各方相互信任;

(6) 开放:营造参建各方间开放的氛围,以鼓励信息交流顺畅;

(7) 团队建设:鼓励团队合作,促使每个成员积极参与;

(8) 有效沟通:各方建有完善的正式与非正式交流渠道,并进行有效沟通;

(9) 解决问题:各方建有完善的解决问题的方法与流程,且行之有效;

(10) 及时反馈:信息反馈迅速,以及时调控项目活动。

伙伴关系可以通过两种途径提升项目绩效:一是促进各方积极投入资源参与项目建设,通过合作实现项目资源高效集成与转化,从而提升项目绩效;二是通过合理分配各方责任和权利,保障在项目实施过程中各方资源配置合理,并高效转化为项目最终成果。

2. 基于 BIM 云的利益相关方信息化管理

BIM 云通过提供信息集成平台,简化沟通方式,实现参与各方高效协同。基于 BIM 云的利益相关方信息化管理应满足以下 3 个需求:

(1) BIM 云能够高效地集成和共享信息;

(2) BIM 云结构要满足不同参与方、不同用户的信息需求与管理权限要求;

(3) BIM 云结构要实现信息动态更新和可视化要求。

3. 数字经济下水利工程流程管理阶段性工作

为实现水利工程利益相关方信息化管理,促进工程参建各方合作共赢,需要设立以下阶段目标。

第一阶段:建立利益相关方合作机制,明确各方责权分配,实现各方资源高效集成;

第二阶段:建设基于 BIM 云的数字化利益相关方管理平台,促进参建各方信息公开和交流;

第三阶段:在信息公开、资源集成的基础上,与各利益相关方形成开放信任的合作伙伴关系,实现多方合作共赢的目标。

19.4　数字经济下水利工程建设前期论证和设计管理

1. 水利工程前期论证和设计管理措施

(1) 优化组织结构。可以结合职能型组织和横向型组织两种模式:办公室、财务审计科采用职能型组织,并按不同项目的特点建立核心流程,每个项目设项目流程主管。流程主管是负责人，团队成员在项目不同阶段根据流程需要流动，以实现跨专业人员协同工作，优化人力资源配置。将内部人员流动起来，有利于培养熟悉不同阶段业务的综合型人才，提高建设管理绩效。

（2）重视流程制定。明确各项任务的责任部门，确定任务进行顺序，明确规定每一项任务的输出成果，使各项工作有序进行。

（3）建立设计进度动态管控机制。围绕规划、控制和协调进行，包括制定进度基准计划、滚动更新进度计划、动态进度控制、加强设计与施工进度的协调等措施。

（4）选择合适设计单位。选择实力较高的设计单位开展设计工作，引入外部优质设计单位进行设计咨询等，也可考虑全过程设计咨询。

（5）加强设计合同管理。包括完善设计激励机制，在合同中列出暂定金额，按照设计方的考核结果将暂定金额按比例奖励给设计方；细化设计费用的支付阶段，按照进度计划完成情况支付设计费用；明确地质勘探审查机制，在合同中规定地勘范围和精度，并将地勘结果上传信息平台，定期进行地质勘探的质量抽查；在合适条件下选择 EPC 模式。

（6）加强与利益相关方的沟通协调。将管理理念向上游前期和设计阶段倾斜，管理视角扩大至项目所在的人文自然、政治经济、技术环境。在前期论证阶段加强与政府、设计方和咨询方的协调，设计管理阶段加强参建各方的协调。

（7）重视设计考核。依据设计合同和已通过审核的设计计划，对设计单位固定周期（如年度、季度或月度）设计任务完成情况进行考核，根据考核结果进行合同设计费用的支付或激励。

（8）加强设计信息化管理。应在招标文件中明确设计信息管理要求、在合同中划分信息管理费用、实现设计资料的信息化管理、开发地质勘探信息化系统、开发移动端信息共享 App 等。

2. 数字经济下水利工程设计管理激励机制与指标

数字经济下水利工程应建立完善的设计管理激励机制，包括：

（1）在合同中设置激励条款，对地质勘探、设计质量、设计进度、现场设计配合、“四新”技术应用及科技创新进行激励；

（2）建立信息化设计激励机制，划分用于设计信息系统开发、人员培训和系统维护等方面的专项费用；

（3）细化设计费用的里程碑支付节点，或依据进度计划完成情况对设计费用分比例支付。

同时，应建立完善的设计考核体系，对设计资质、质量管理、进度管理、投资管理、接口管理、现场设计配合、设计变更、事故和突发事件应急处置、工程验收、科技创新与设计优化、设计信息化等方面的指标进行考核。

数字经济下水利工程设计管理应实现设计管理体系规范化、设计过程控制精细化和设计管理数字化。设计管理体系方面，应优化组织结构、制定完善的流程、制度和考核体系等；设计过程控制方面，应对设计质量、进度、成本和设计相关的接口管理实施有效的过程控制；数字化设计管理方面，应实现设计资料信息化、设计图纸多维化、设计勘察数字化、设计专业协同化、设计变更可视化、设计审批自动化和方案比选最优化。

3. 数字经济下水利工程设计管理成效

数字经济下的水利工程设计管理取得了以下成效：

(1) 设计方与业主、施工方、监理方和供应商均建立了相互信任的良好伙伴关系，能够基于共赢理念努力实现共同目标，提高水利工程建设项目的管理效率。

(2) 设计方在项目中投入的人员充足，前期设计深度能够满足项目需要，有效控制了项目实施进度和投资成本。

(3) 业主给设计方的设计费用充足，能够满足设计方进行各项规划设计活动的需要；业主设置的设计激励措施强度合理，能充分调动设计人员的积极性。

(4) 设计方的专业设计能力得到提升并获得了参建各方的认可，能够较为完整地掌握设计基础资料，编制的设计方案具有可操作性，并能够考虑到资源可获得性，符合业主意图。

(5) 业主有较好的设计合同管理能力、设计相关接口管理能力和设计方案技术审查能力，能够在设计合同明确设计的深度和责任，对设计变更引起的争端和索赔处理及时；促进设计方与参建各方有效沟通，保证设计在既定时间内提供准确的技术规格，并能针对现场情况对设计方案进行优化；能够对设计方案的造价核算、质量审核和进度分析等建立完善的设计审核流程，确保设计方案符合要求。

(6) 设计方案能及时集成环保、移民等信息，充分发挥水利工程建设带来的经济、社会和环境效益；设计方能按时交付造价合理、满足深度要求，符合水利工程建设进度、成本和质量目标的设计成果。

(7) 进行了数字经济下的水利工程设计管理创新，包括：制定并实施了标准化设计管理制度与流程，在数字建管平台添加了“要件办理计划”和“电子沙盘”模块，建立了设计进度动态管控机制，引入了外部优质设计单位进行设计咨询，设置了设计激励机制，对设计方进行了全面绩效考核，使用数字化 BIM 设计等。

(8) 明确了数字建管平台的设计管理重点，包括：将设计工作纳入数字建管平台，提高数字建管平台可操作性，设置流程节点自定义功能、添加文件管理模块、设计进度计划动态管理模块和设计审批模块，加强地质勘探信息化管理，实现全过程 BIM＋GIS 正向设计，在移动 App 中开发设计管理模块等。

19.5 数字经济下水利工程建设招投标管理

1. 建设工程项目招投标过程

建设工程项目的招标活动拥有完整、连续的工作流程，由项目招标方作为发起人，相关部门作为监督方，投标单位作为竞争方，三方共同完成招标活动的流程，主要包括确定招标方式、资格预审、开标、评标、定标、中标结果公示和合同签订等过程。

2. 水利工程建设招投标管理情况

对宁夏水利工程建设招标管理现状进行的深入调研和分析，得到以下三项结果。

(1) 招投标管理情况较好，招标方能严格依照公司的招投标流程体系进行管理，并拥有经验丰富的专业人才，有效保障招投标各个流程的工作。

(2) 招标文件编制整体而言较为清晰合理，参建各方认为业主招标文件中对项目范围、责权利、合同条款和风险分配等方面的界定仍有提升空间。

(3) 招标准备工作整体表现良好，在招标准备过程中对履约重点和合同文件组成与要求分析较为透彻。

3. 数字经济下水利工程招投标管理措施

数字化建设能够显著提高招标工作的质量，数字化的管理体系在具体的数字化建设工作过程中会逐渐形成，能避免人为操作可能出现失误的情况，使招标过程更加合理，进而全面提升招标工作质量。数字经济下水利工程建设招投标管理措施具体包括：

(1) 建设招标管理网络平台。在招标管理部门内部开展数字化建设，能够在实际交易的开展过程中，凸显出数字化管理的相关优势；对所有招标项目的各项工作进行及时跟踪和报道，打破传统的招标管理工作中存在的诸多局限；对投标成功的招标文件进行立卷并进行统一的管理，定期进行查询和监管，从而使招标管理工作变得更加数字化和立体化。

(2) 建立招标数据库。实现招标管理部门的信息化办公，从而对所有相关工程建设企业的运作进行充分了解。对信息公示机制进行创新，将中标结果利用网络进行公示，同时开启全新的对外沟通通道，允许企业或个人对有异议的部分进行质疑，利用网络对信息和数据进行妥善处理。

(3) 标准化招标文件管理。建立招标工作网络平台系统，为信息发布、资料信息下载和数据查询等业务带来便利。出台招标管理工作的标书表格形式与评价系统的标准，对招标文件进行数字化加工。

(4) 智能化招标分析。对历史招标产生的所有数据进行分类和进一步加工，做到大量信息数据的累积，保证在评价历史招标项目时的科学性和合理性。

4. 数字经济下水利工程招投标管理成效

宁夏水利工程数字建管技术及招投标管理措施逐步完善，具有显著的应用效果。招投标方能严格依照公司的招投标流程体系进行管理，有效保障招投标各个流程的工作。建立了完善的招标管理制度与工作流程，加强了招标相关信息的公开性与透明性，实现了招投标程序的标准化、流程化和数字化。在政府采购相关招投标法律法规和监管要求的基础上，结合数字建管平台，积极探索电子招投标工作的方法与流程，有效推进了数字经济下水利工程的招投标工作，具体包括：建立了招标数据库；建立了数字化招标流程；建立了招标台账管理机制；建立了供应商数字化评价方法。

19.6 数字经济下水利工程建设合同管理

1. 水利工程建设合同管理重点

水利工程建设合同管理重点在于：重视合同签订管理、合同履约管理、合同风险管理、合同变更管理和合同索赔管理等方面，建立高效的合同管理组织制度和工作体系。

2. 水利工程建设合同管理措施

(1) 建立完善的合同管理组织机构。

(2) 建立完善的合同管理流程与制度。

(3) 建立完善的针对典型合同风险的评估流程制度。

（4）建立完善的合同履行情况监控流程与制度。

（5）建立完善的合同争议解决机制。

（6）建立完善的合同变更管理制度。

（7）建立完善的索赔管理流程。

（8）建立完善的合同管理信息系统模块。

3. 水利工程建设合同管理成效

（1）合同管理的组织结构、流程制度、合同争议解决机制和合同变更管理流程表现情况较好，合同管理体系建设较为完善。

（2）合同内容描述清晰合理，合同对于变更、争议和索赔事项有明确的规定。

（3）项目合同管理过程总体情况较好，业主与承包商在合同拟定、谈判和签订过程中表现较好，且能较好地理解合同内容，并明确合同中的工作内容和关键时间节点以及各参与方的职责。

（4）变更管理情况总体表现较好，同时，还需要重视数字建管平台对工程变更事项的支持，更加有效地辅助合同管理人员进行合同变更管理。

19.7 数字经济下水利工程建设采购管理

1. 建立规范化采购制度

（1）设立采购部门，规范采购流程，注重采购经验的积累。

（2）进行设备供应商招标时，针对运维方面提出明确要求，合理、准确地考察供应商的业绩。

（3）采购计划制定时，应与相关方沟通协调，充分考虑物资的库存、运输和使用情况。

（4）建立物流风险预警及应急措施机制，充分运用信息化手段进行物流跟踪并做好风险预警。

（5）针对特殊材料制定完善的保存措施，对于瓶颈物资建立完善的风险控制体系，对仓储及材料领用情况进行监控。

2. 数字经济下采购管理措施

1）对内建立标准

（1）设立采购管理部门：建立专职采购工作部门并明确采购部门的责权范围。在建设管理信息系统中，建立采购工作平台，由采购部门负责管理和运营。该工作平台中，需包含供应商数据库及各项目供应商、采购招投标进度、各项目采购合同、各项目采购流程进度，对各项目物资物流仓储及领用等情况做好登记。

（2）建立标准工作流程：确定采购标准化工作流程，将各项制度规定的工作流程纳入采购管理平台作为标准流程，实施信息化、数字化管理；需将数字化、信息化作为要求融入到各项采购制度，引导供应商、承包商等其他各方的数字化过程。

2）向外深度整合

（1）供应链一体化管理：与参建各方建立合作伙伴关系，为供应链建设提供基础，逐步建立并完善供应链参与方之间的信息网络和管理机制。结合数据积累和数据分析、决策技术，实现供应链智能化管理。

（2）推动采购与设计、施工一体化管理：采购管理平台应有上游的设计方和下游的施工方的相关人员加入协同管理，使各方在项目初期就开始合作，三方共同确定设备物资的数量、质量、时间要求。依托采购管理平台，打破组织间和项目功能间的边界，促进设计、采购、施工、监理等各主要参与方之间的交流、协调与合作。

3）采购管理重点

（1）对设备的设计、制造和安装及物资供应等方面的优化制定相应的激励措施，充分发挥各方的优势来优化资源采购和配置。

（2）除注意设备物资价格比较外，还应进一步完善质量检测制度，可采用临时取样抽检的方式进行质量检测，从而避免工程缺陷、减少安全隐患的发生，以保障所采购设备和物资的性价比。

（3）加强采购与设计、施工方的沟通协调，各方进行信息共享，合理掌握设计方案的渐进明细尺度，为机电设备的采购、制造和安装预留充足时间。

4. 数字经济下水利工程采购管理成效

1）建立了明确的采购制度和工作流程

以《招投标法》《招投标实施条例》等相关法律法规和监管要求作为采购管理的基础，建立了明确的招投标管理制度和采购工作流程，并总结了采购所需要的准备工作和关键工作步骤，包括具体要求、输出成果和流程接口。

建管平台中，建立了招投标管理模块，便于记录招标活动的计划、执行与评价结果，组织内部参与招标的部门也可以据此计划、安排自己的工作，保障招标活动顺利进行。

2）建立了设备、材料验收制度

由建管中心各部门（包括质量安全科、建设管理科、规划计划科、财务审计科与办公室）和项目组共同完成验收工作，以充分保障设备、物资的质量。

在建管平台中，建立了设备及材料验收模块，该模块能够收集设备出厂验收与设备、材料进场验收的数据。以材料进场验收为例，在现场进行验收流程之后，相关资料可上传到平台中记录和存储。

3）建立了采购合同履约评价机制

为规范设备（材料）合同履约过程，建立了合同履约评价及管理办法。建设管理科对履约评价管理工作进行统筹、监督和指导，其他各职能科室分工协作，对设备（材料）采购合同实行周期评价。根据不同周期合同履约分值的分析，得到最终履约分值，对采购合同履约进行评价。

19.8 数字经济下水利工程建设质量管理

1. 基于全面质量管理，建立参建各方合作伙伴关系

应贯彻全面质量管理，提升参建各方质量管理积极性。可通过成立质量管理机构、重视员工的培训、提倡全员参与质量管理、建立供应商评价体系、重视知识管理、成立质量管理提升小组，以及为各部门制定质量目标与评价指标体系等措施，帮助参建各方识别共同目标，建立各方间沟通机制，实现各方质量协同管理。

2. 结合 BIM 等信息技术,优化数字建管平台质量管理模块

应注重知识积累,建立参建各方的伙伴关系,加强技术人员培训,并制定绩效考核方案。总体上,可分为 4 个发展阶段,即实现质量管理规范化、标准化,实现质量管理的全员参与,搭建 BIM 全面质量管理平台,以及实现质量管理数字化。同时,为充分发挥信息技术的作用,在搭建质量管理信息平台时应重视三维建模技术、数据库技术、3S 技术、文本分析、社会网络分析、AR 技术和人工智能等关键技术。

3. 建立激励机制与绩效评价体系,全面提升参建各方质量管理水平

质量管理激励机制方面,应在合同中设置施工质量管理奖励条款、作业人员激励条款、质量管理教育培训激励条款以及技术创新激励条款;质量管理考核体系方面,应对质量管理制度、质量标准、质量管理人员要求、质量文件管理、质量控制、质量问题处理以及质量信息化管理等方面的指标进行考核;质量管理阶段性工作评价方面,应强调“全员参与,流程规范,事前控制,科学决策”,从质量管理全员参与、质量管理规范化标准化、BIM 质量管理平台和质量管理信息化 4 方面进行评价。

4. 数字经济下水利工程质量管理成效

数字经济下水利工程质量管理的创新通过应用激励机制、采用数字建管技术来完成。质量管理上创新明显提升了参建各方对工程质量的监控能力与协同管理效率,完善了质量管理模块,实现了参建各方间质量协同管理的持续优化。

1) 创新了数字经济下质量管理模式

(1) 建立了明确的质量管理制度和工作流程。

(2) 建立了参建各方质量管理合作机制。

(3) 建立了参建各方质量管理激励机制。

2) 数字建管平台提高了质量管理效率

(1) 设计了质量管理模块,促进了质量管理的持续优化。

(2) 存储了质量管理全过程的资料,为大数据分析提供了基础。

(3) 开发了数字建管平台移动端应用,提高了质量验评效率。

(4) 集成了质量管理可视化应用,实现了质量管理信息的全面共享。

(5) 规范了质量管理的流程,提升了文件审批的效率。

19.9 数字经济下水利工程建设进度管理

1. 基于模型-视图-控制器理念,优化数字建管平台进度管理模块

数字经济下水利工程建设采用了基于模型-视图-控制器理念的 BIM 进度管理模式,优化数字建管平台架构。其中,模型层用于构建三维建筑信息模型,存储工期、价格等属性信息;视图层用于结合模型信息与工期、资金等信息,进行施工模拟;控制层用于处理用户与系统数据库的交互操作。进度管理优化过程总体上可分为 3 个发展阶段,即搭建基于模型-视图-控制器理念的 BIM 进度管理系统阶段,建立基于 BIM 的进度管理制度与标准阶段,以及实现进度管理信息化阶段。

2. 建立进度信息化管理方案，充分发挥信息技术优势

应根据模型-视图-控制器系统设计理念，建立 BIM、工作分解结构、网络计划间关联，设计应用框架体系；按照总进度计划、二级进度计划、周进度计划和日常工作计划 4 个层次开展进度管理流程设计与分析；并从进度工期管理、资源分配管理、预算费用管理 3 方面进行进度管理模块的功能设计，以实现线上的进度控制信息化、进度管理流程优化，以及工程效益提升。

3. 建立进度管理绩效评价体系，促进参建各方积极参与进度管理

进度管理考核体系方面，应对进度管理制度、进度计划编制、进度控制以及进度信息化管理等方面的指标进行考核；对于进度管理阶段性工作评价方面，应强调“全面模拟，实时监控，快速纠偏”；对于进度管理制度规范化，应注重进度管理职责制度和进度标准的建立；对于进度管理平台智能化，应注重 BIM 进度管理平台和信息化进度管理功能的设计。

4. 数字经济下水利工程进度管理成效

数字经济下水利工程的质量管理通过建立考核指标体系，采用数字建管技术实现创新。总体上，参建各方的进度管理水平得到明显提升，促进了各方间进度协同管理，提高了进度信息化管理水平，实现了参建各方间进度协同管理的持续优化。

1）创新了数字经济下进度管理模式

（1）建立了明确的进度管理制度和工作流程。

（2）实现了参建各方的协同进度管理。

2）数字建管平台提高了进度管理效率

（1）设计了进度管理模块，提高了进度管理信息化水平。

（2）实现了参建各方之间的进度管理信息共享，促进了参建方沟通交流。

（3）实现了进度的远程监控。

19.10 数字经济下水利工程投资与成本管理

数字经济下水利工程应实现全过程投资管理，将工程项目投资与成本控制工作贯穿于整个工程建设过程中，以确保在批准的项目投资概算内完成工程项目的建设。应加强参建方在协同投资与成本控制方面的交流，充分沟通交流，统筹各方资源，共同监控投资风险和成本偏差，以实现项目投资和成本的合理控制。

应基于 BIM 平台不断提升数字化投资与成本管理能力，可通过智能化管理实现投资和成本的精确控制。具体如下：

（1）建立规范的成本管理流程，项目各阶段成本管理工作内容定义清晰。

（2）通过优化人员聘用流程、人才技能培训、组织管理、机械化施工和信息化监控等方面的管理内容来提高人力资源管理水平，控制人力成本。

（3）通过利益相关方合作管理控制项目投资。

（4）通过优化设计与施工技术方案来节约建设成本。

（5）设计、采购、施工一体化管理。

（6）建立参建各方合作风险管理机制。

(7) 通过水利工程信息管理平台实现成本数据资料的存储、流转以及对数据的分析和预测。

(8) 项目投资数据集成到BIM信息系统,实现多维数据融合。

(9) 利用AI和大数据技术实现对成本的实时监控和预测。

19.11　数字经济下水利工程建设安全生产管理

1. 水利工程安全生产管理措施

(1) 明确责任分工,加强合作管理。加强与当地居民在安全生产管理体系和业务流程等方面的沟通与合作；加强与安全相关部门间的沟通交流与协同工作,提升不同参与方和不同业务间接口管理效率；建立职业健康安全生产管理体系,实现各方之间流程化、系统化的动态循环管理过程；建立安全生产管理激励约束机制,强化督促检查。

(2) 完善组织保证体系。组织保证体系的构建主要包括机构设置、人员配备和工作机制。施工现场应设置安全生产领导小组,配备足够的安全生产管理人员,保证对施工现场全过程进行安全生产的精细化管理。

(3) 完善制度保证体系。制度保证体系包括安全生产的岗位管理制度、措施管理制度、投入与供应管理制度和日常管理制度四个方面。在项目实施过程中,必须完善各个方面的制度管理,加大制度检查落实力度,增强各级管理人员的工作责任心和责任感,规范全体参建人员的日常行为,为安全生产各个环节提供制度支持与保证。

(4) 完善技术保证体系。在工程实施过程中,要根据不同项目和工种提出切实可行的安全保证技术,确保安全保证体系落实到位。

(5) 强化投入保证体系。投入保证体系是为确保施工项目安全生产而必须投入的人力、物力和财力。应按合同要求足额投入安全生产管理人员、材料和资金,并对其使用实行监管记录,确保各项安全措施落实。因此,安全措施费用要做到及时拨付、专款专用；完善安全生产费用台账；加强对安全生产费用的审核检查与监督管理；加大检查力度。

(6) 完善信息保证体系,实现资源共享。信息保证体系主要指通过建立大数据平台,促进参建各方的安全相关信息的共享,发挥信息系统对安全生产工作的推动作用,应做到信息共享、资源共享；对大量安全生产信息数据分析,找到安全生产管理中的薄弱环节；及时调整管理重点和方向；利用信息技术建立更公平合理的评价考核与激励机制。

(7) 加强安全教育,建设人才队伍。开展日常安全教育培训,学习安全生产管理相关基础知识；开展典型案例教育,吸取教训、学习经验,增强员工的安全意识；创造应急演练虚拟仿真环境,定期开展安全应急救援预案演练,提高员工应急处置和应急救援能力；加强岗前三级安全教育和安全技术交底工作；利用互联网等现代化安全生产管理技术防范和化解安全风险,提升综合保障能力；建设人才培养和评价体系,培养复合型人才队伍。

2. 水利工程安全生产管理绩效评价与激励机制

为确保安全生产管理体系的适用性、充分性和有效性,需对安全生产管理进行绩效评价,并结合绩效评价结果,运用激励机制来促进安全生产管理相关人员水平的不断提升,以实现安全管理规范化、安全管控智能化和安全评价常态化。为落实安全生产管理措施,可在施工合同中设置安全施工奖励条款,以此来调动一线作业人员进一步落实安全生产要求；

例如，在合同中将安全费用从1.5%提高至1.8%，所增加的0.3%主要用于对一线作业人员安全施工的奖励。

3. 水利工程安全生产管理成效

宁夏水利工程建设在安全生产管理方面取得较好成效，包括安全生产思想意识、安全生产教育培训、安全生产方案执行力和安全生产检查等。具体包括以下方面。

(1) 建立了参建各方安全生产管理合作机制。各利益相关方能清楚地认识并致力于实现共同的安全生产管理目标，以实现规范化安全生产管理。

(2) 从组织、制度、技术、投入和信息方面建立了安全保证体系，包括组织保证体系、制度保证体系、技术保证体系、投入保证体系和信息保证体系，并确保各体系的应用与落实。

(3) 利用数字建管平台进行安全生产日常管理。规范电子档案的分类、上传、存储和检索功能；增加对安全问题的统计和分析功能，系统呈现安全生产管理要素信息；在各方之间共享安全分析报告，帮助参建方制定针对性安全生产管理措施，指导各级安全责任人及管理人员开展安全工作；加强数字建管平台的可视化功能，实现工程建设全维可视、安全生产实时管控，及时反馈安全生产问题，促进安全生产整改；增加安全教育培训功能，提高参建人员的安全意识和安全生产技能。

(4) 利用激励机制对施工一线人员和安全管理人员进行约束管理。加强安全法规和制度的宣传教育，提升一线作业人员的安全意识；组织一线作业人员系统学习安全施工的基础知识，做好岗前三级安全教育和安全技术交底工作。

19.12 数字经济下水利工程建设环境保护管理

1. 水利工程环保水保管理措施

(1) 加强环保水保内部控制管理，包括工作制度、内部分工、岗位职责及成本控制管理。

(2) 加强环保水保合作管理，主要包括：根据项目实际情况，针对环境问题共同制定详细的环保水保管理条例，进行严格的环保水保管理；对施工人员进行环保水保专业培训，提高施工人员的技术水平和综合素质；建立激励机制，规范施工人员的行为；加强对施工单位的环保水保监督工作，将环保水保管理评价纳入对施工单位的考核体系；提高环保水保管理绩效指标在各参建单位考核体系的重要性和所占比重；建立参建各方环保水保管理协同工作业务流程，加强沟通交流，使各方环保水保相关业务流程衔接良好。

(3) 对环保水保进行全过程管理，包括：充分掌握环保水保相关基础资料；建立环保水保管理制度保证体系；强化环保水保管理措施落实；严格开展环保水保验收工作。

2. 水利工程环保水保管理绩效评价与考核机制

(1) 建立环保水保绩效评价体系。为确保环保水保管理体系的适用性、充分性和有效性，需对环保水保管理进行绩效评价，并结合绩效评价结果，运用激励机制来促进各方环保水保管理人员水平的不断提升，以实现环保水保管理规范化、环保水保管控智能化和环保水保评价常态化。

(2) 建立环保水保内部考核机制。环保水保管理应制定内部考核制度，并逐条细化成为考核表的形式，定期对项目部人员进行工作情况考核，并做到考核透明、有理有据。具体包括：职业素质考核、外业工作考核及内业工作考核。

3. 水利工程环境保护管理成效

宁夏水利工程环境保护管理措施应用取得较好成效，包括环境保护思想意识、环境保护教育培训、环境保护方案执行力和环境保护检查等。具体包括以下方面。

(1) 注重洒水工作，积极采取降尘措施。

(2) 避开居民作息时间，减少噪声污染。

(3) 回收利用部分可再次利用材料，节约成本，减少污染。

(4) 加强环境监测，对环境监测结果进行综合分析，制定相应解决措施。

(5) 利用激励机制对环保管理人员进行内部考核。

19.13 数字经济下水利工程建设监理管理

1. 规范招投标报价，促进监理提升管理水平

在招标文件中对监理单位的报价进行调控能够从以下两方面着手：一方面，可以在招投标过程中对监理的报价设置基准线，低于基准线以下的报价按照其与基准线的差值扣分；另一方面，可以在招标文件中规定暂列金额等不可竞争费，这部分费用可在监理的绩效考核成绩达标时作为激励的奖金来源。通过规范招投标报价制度，促进监理管理水平提升。

2. 建设"互联网＋"智慧工地，实现监理信息化管理

应充分利用传感技术、云计算、人工智能等先进信息化技术打造智慧工地，促进建筑工程现场的重点设备人员管理、绿色施工等各个方面进行智慧融合，实现智能化的交互与高效化的工作。智能工地在满足建筑现场精细化管理业务需求基础的同时，也能健全环保系统、安全事故防护系统、施工现场管理等系统，智能化辅助项目管理者进行科学检测，以促进建筑施工行业信息化转型升级。按照"工程数据实时共享、工程建设全维可视、工程质量智能预警、工程交付立体透明"建设目标，结合招投标报价和"互联网＋"智慧工地，推动监理业务信息化、施工管理数字化、项目运营智能化。

3. 建立激励机制与绩效评价体系，全面提升建设监理项目管理水平

数字经济下水利工程项目监理管理激励机制把学习与创新、项目实施过程、结果评价指标与激励相结合，建立了8个方面的评价指标，分别是：监理资源配置、监理安全环保管理、监理设计审查工作、监理进度管理、监理质量管理、监理造价管理、监理物资管理和监理综合管理。指标的建立使得激励机制与监理能力相容性增加，监理的建设管理水平有所提升，激励措施在促进监理人员工作积极性方面起到了较大作用，使监理人员以更积极的状态投入监理工作。应通过进一步完善激励机制、丰富奖励资源，使监理人员有动力和资源更好地完成监理工作，从而减少业主监管资源的投入。

4. 数字经济下水利工程监理管理成效

(1) 绩效评价与激励机制以及数字建管技术的应用是提升监理人员工作积极性和管理水平的有效方式。

(2) 项目信息更加公开透明，数字建管平台在建设实施阶段已实现电子沙盘、现场视频监控等功能的应用，项目参建各方均可通过平台了解工程实况，并在各自的系统权限内完成任务。平台梳理了制度体系并完成了对法律法规的识别，可供参建各方直接在线学习，进一步掌握项目要求。

（3）监理管理沟通效率得到提高，数字经济下水利工程建设中，施工方仅需要通过平台传送电子表单给监理，监理可直接在线上对接施工方和业主，缩短了沟通时间并节约成本。

（4）工程问题解决效率提升，数字建管平台有定期催促监理解决待办事项的功能，保证监理工作及时反馈；监理可直接将巡检中发现的质量安全问题拍照上传 App，第一时间传达至施工现场负责人，使问题及时得到解决。

（5）监理工作更加标准规范，数字建管平台细化了对监理日志、旁站记录等表单填写提交时间、内容等要求，一方面，避免了因监理在项目后期赶资料而造成资料不合格或不能按时提供合格资料的验收风险；另一方面，档案的及时提交使得参建方快速掌握施工现场情况，以方便管控和改进项目建设。

19.14 数字经济下水利工程建设风险管理

1. 水利工程主要风险因素

（1）安全事故。

（2）当地地质地貌条件不利。

（3）当地水文气象条件恶劣。

（4）施工方管理能力不足。

（5）监理方管理能力不足。

（6）设计方案变更影响。

（7）合同价格定额偏低。

2. 数字经济下水利工程风险管理措施

（1）建立完整的风险管理体系。

（2）风险识别与评估：进行风险识别以及风险评级。

（3）风险应对措施与落实：对重点风险的风险内容、风险应对措施以及风险处理措施的落实情况进行记录。

（4）风险监控：统计和分析已发生风险，以监控项目实施过程中的潜在风险。

（5）建立有效的风险管理激励机制。

（6）提升信息化风险管理技术水平。

（7）建立协同风险管理机制，实现数据共享、协同决策，实现对项目风险管理的过程控制和早期介入。

3. 加强基于 BIM 的风险管理

（1）利用 3D、4D、5D 等数字模拟及可视化技术，模拟整个施工过程，从而预测风险并提前规避。

（2）利用实时监控技术，建立项目安防系统，以便于及时有效发现并应对突发风险。

(3) 利用 BIM 风险管理系统实现风险因素库建立、风险辨识、风险评估、风险应对、风险监控的全过程风险管理。

(4) 利用 BIM 系统实现参建各方共同风险管理、全面风险管理。

4. 建立数字经济下风险管理激励机制

(1) 对风险识别并及时上报的激励机制。

(2) 对风险全过程管理的激励机制。

(3) 对风险管理学习的激励机制。

(4) 对风险管理技术创新的激励机制。

(5) 参建方风险合理分配。

5. 数字经济下水利工程风险管理成效

宁夏水利工程在应用数字建管技术及风险管理措施后,工程风险管理效果得到显著提升,对风险监控、风险辨识、风险评估和风险应对都有了较为有效的管理措施。同时,也有效降低了水利工程风险管理制约性因素的影响。

数字建管平台有效支持了参建方风险管理,具体包括以下方面。

(1) 促进了协同风险管控。

(2) 形成了风险信息库,实现了风险闭环管理。

(3) 加强了廉政风险管控。

19.15 数字经济下水利工程建设业务流程

1. 水利工程建设业务流程管理措施

1) 协调各相关方进行项目实施流程制定

在流程制定时,应协调组织内不同部门的工作,明确定义各岗位的职责以及相关任务,对各岗位工作人员进行充分授权,并考虑组织内不同部门之间的工作衔接,使各部门能够协同、高效工作。此外,还需关注与参建各方之间工作的衔接和协调,加强参建各方组织内与组织间业务流程与接口管理。

2) 提高流程执行的标准化和规范化程度

应提高各项流程的标准化程度和可重复性,强化并行工作,规定各环节时间节点,严格执行确定的工作流程,建立流程反馈机制,从而提高流程执行水平。

3) 推进业务流程信息化

通过信息化来提高各项工作的执行效率、促进各参与方之间的沟通、协调。建设管理平台应以完善的工作流程图为基础,并配合执行效果和积累的数据,逐步开发建设管理智能化流程管理功能,提高流程的执行效率。

2. 水利工程建设业务流程管理成效

1) 流程设置

(1) 业务流程设置与项目建设实际操作匹配度高,很少有重复或冗余的工作。

(2) 为参建各方提供了沟通、反馈的流程,使流程设置能兼顾参建各方的需求。

(3) 业务流程设置清晰,可操作性强。

(4) 设置了知识管理流程,对工程建设管理经验教训进行了总结,实现知识积累。

2) 流程执行与优化

(1) 对各项任务规定了明确的时间节点,强化了并行工作,实施扁平化管理。

(2) 参建各方在流程执行过程中反馈的问题能得到及时回应和解决。

(3) 允许自治区外部的优质相关单位参与设计、施工、监理等工作的竞争,充分发挥激励机制的引导、约束作用。

(4) 强调过程信息的管控,建立了健全过程文件档案的管理、存档制度;引导项目工作人员建立信息留档的意识。

(5) 运用了激励机制,促进参建各方高效执行建设管理业务流程,及时反馈业务流程中存在的问题,从而实现建设管理业务流程的持续优化。

3. 流程管理信息化

(1) 建管平台的工作流程与参建各方实际操作相匹配,避免了不必要的工作。

(2) 参建各方能在建管平台上对业务流程各环节工作进行审批,有效提升了业务流程各环节的执行效率。

(3) 参建各方能通过建管平台进行反馈、沟通和协调,优化了参建各方间的交流流程。

19.16 数字经济下水利工程建设接口管理

1. 水利工程建设接口管理情况

1) 接口管理标准化

参建各方业务接口管理标准化措施比较到位。其中,合同交底、与各方制定清晰的接口流程落实情况较好,各方之间的责权分配也较为明晰,有专职的协调人员负责项目对外和对内在技术和管理上的协调,以及对合同履行情况进行实时跟踪。

2) 设计接口管理

(1) 接口衔接效率方面,参建各方业务流程接口衔接效率整体水平中等偏上,但仍有改善空间。其中,业主和施工方之间的协同工作效率最高,表明施工方较为配合业主的工作,双方协同效率高。

(2) 接口衔接效果方面,参建各方业务流程接口衔接效果整体水平中等偏上。业主和施工方之间协同工作效果最高,表明施工方能积极配合业主的工作,双方不仅协同效率排名第一,而且效果良好。

(3) 设计阶段业主与设计方的接口管理问题主要体现为设计报告提供不及时,设计深度不足。

3) 施工接口管理

(1) 施工方与当地政府的对接最困难:施工方经常需要与项目当地县政府水务局、国土局、自然保护部门对接,以获取相关的审批文件,但相关文件审批流程复杂,导致要件审批方面效率相对较低。

(2) 施工方与业主方的接口问题:资料标准化程度较低,影响施工效率。

(3) 信息平台设计和使用问题:业主强制施工方使用其信息平台,但业主的信息平台设计不够合理,功能落后,仅能进行资料存储。

(4) 相比于其他类型的冲突,项目参建方与监理方之间在工作方式方面的冲突较为明显,尤其是设计-监理-施工之间多方协调问题值得关注。

2. 水利工程建设接口管理指标体系

1) 合同接口管理规范化

(1) 合同签订后,组织合同交底,明确合同中需要对接的工作内容和关键时间节点。

(2) 各项目参与方在对接工作中的职责明确,并精确到具体人员。

(3) 有专职的协调人员负责项目对外和对内在技术和管理上的协调,以及对合同履行情况进行跟踪。

2) 参建方间接口管理标准化

(1) 建立参建方间清晰的、具体的接口管理流程。

(2) 项目各方之间管理范围和责权划分明确。

(3) 整个项目有统一的信息管理系统或平台,用于主要参与方之间的信息传递和沟通,以保证项目每一层面信息的一致性和同步性。

(4) 对外和对内的接口文档(如结算清单、进度报告等)有规范的格式。

(5) 项目组织结构设置有利于推动各组织、各部门的协同工作。

3. 水利工程建设接口管理措施

(1) 建立合作伙伴关系,促进接口管理各方的沟通交流。

(2) 明确关键接口管理流程和职责划分。

(3) 加强接口管理信息化建设。

(4) 工作流程设计时,更关注组织间衔接与协调。

(5) 简化部分流程和表格。

(6) 补充内部流程管理的时间要求。

(7) 定期召开项目层面的接口例会。

(8) 建立流程反馈机制。

19.17 数字经济下水利工程数字化建设管理平台

1. 水利工程数字建管平台建设目标和需求

应用现代化项目管理理念以及大数据、互联网、物联网、人工智能和建筑信息模型(BIM)等先进信息技术是水利工程数字建管平台建设的总体目标,建设以业主为主体、参建各方协同参与的项目全过程管理的水电工程管理综合信息管理平台,整合项目内外部资源,支持各项业务流程的执行,从而高效实现项目目标。为此,建管平台应从适用性、先进性、灵活性、可扩展性、可维护性、稳定性以及安全性 7 个方面确保系统的性能,满足以下需求。

(1) 数字建管平台应重视参建各方的沟通互动,需要顶层整体架构设计,充分考虑应用间的接口需求,保证各应用间的数据互通、交流、共享,使得建管平台能够支撑各方协同工作。

(2) 在工程管理数据库建设方面,建管平台应有完整的数据库规划方案,应做到各方数据的集成整合。可以采用基于物联网等技术的数据收集方式,结合人工填报的各类数据,提升数据库的数据量和完整性,以支撑项目的优化设计、施工、监控和决策。

(3) 在设计管理方面,建管平台可引入 BIM 技术,实现工程设计模型数字化,有效简化设计流程,实现优化设计。

(4) 在投资管理方面,建管平台应重视工程进度信息、成本信息和资金使用信息的匹配,实现成本精细化管理,并及时反馈项目资金使用情况。

(5) 在施工管理方面,建管平台应对整个施工过程进行优化和控制,精确计算、规划和控制工期,及时发现并解决工程项目中的隐患,减少施工过程中的不确定性和风险。同时,进行施工信息化管理,应对人、机、料、法等施工资源进行统筹调度、优化配置,实现对工程施工过程交互式的可视化和信息化管理。

(6) 在采购管理方面,应建立建管平台采购管理信息系统,对各供应商的成本、价格、质量等进行收集、整合与分析,以方便选择;采购平台应能纳入各供应商供货信息,实时监控采购过程中的各项信息,保证供应质量、进度,并降低采购成本。

(7) 在安全环保和风险管理方面,通过建管平台,综合利用物联网和大数据技术,通过各类传感器、图像采集设备和人工填报数据,能够实现全方位采集项目实施过程中的安全环保信息,提升项目的安全环保管理水平,并整合多源信息,有效识别和预估各类风险,提升风险管理水平。

(8) 建立水利工程大数据系统。通过物联网、移动网络、大数据、云计算等新技术的结合使用,建立智能感知、多方协同、科学决策的水利工程数字建管平台,实现水利工程智慧规划、智慧设计、智慧施工、智慧监测、智慧决策、智慧应急,全面提升工程全生命周期管理水平。

2. 水利工程数字建管平台阶段性工作和指标体系

1) 建管平台开发和应用阶段性工作

第一阶段:制定组织信息化管理制度,不断培训信息化人才。

第二阶段:细化建管平台建设需求,完成建管平台整体规划设计和基础设施建设,确保基础设施和建管平台架构支持各功能模块开发以及持续迭代开发需求。

第三阶段:完成建管平台以及设计和开发各业务功能模块,将平台投入工程应用,在实际应用过程中不断完善各业务功能模块,开展迭代开发。

第四阶段:集成各业务功能模块信息及功能,建设建管平台大数据决策支持系统。

第五阶段:在建管平台应用过程中,针对新时代所带来的新变革、新技术和新需求,应对建管平台进行持续迭代更新,形成完全智能化的水利工程数字建管平台并推广应用。

2) 数字建管平台应用考核指标

(1) 建管平台应用:各方应熟练掌握建管平台业务流程;各方数据在建管平台集成与共享;各方利用建管平台进行高效沟通。

(2) 反馈机制建立:各方及时反馈业务流程中存在的问题;各方共同协调解决业务流程中存在的问题;各方及时反馈建管平台使用过程中的问题;各方共同协调解决合作伙伴在建管平台使用过程中所反馈的问题。

(3) 信息化水平提升:各方持续优化建设管理业务流程;各方持续提升自身信息化水平。

3. 水利工程数字建管平台应用成效

（1）工程所需各项功能齐全。建管平台大部分功能模块均已投入使用，各功能模块均实现了资料收集和存储的工程电子化，以及各类工程建设所需表单的线上审批流转，从而达到工程建设过程知识积累以及工程建设管理效率提升的目标。

（2）工程资料电子化。建管平台目前已较为全面地收集了工程所需的各项资料，并形成电子化文档在建管平台中存储和管理，使参建各方能够快速获取所需信息，实现各方信息共享和高效流通，并有助于工程建设过程知识积累。

（3）工程表单线上审批流转。相比传统的线下表单的审批方式，线上表单能够做到远程审批，大大提高了表单的流转效率。基于线上表单，参建各方之间沟通更加高效，沟通内容更加结构化，从而使各方知识积累和知识挖掘成为可能。

（4）施工现场远程管理。通过电子沙盘、视频监控和环保监测等现场感知功能，可以使参建各方不在施工现场时，仍可以对现场情况有初步认识，实现施工现场信息共享。

（5）平台移动端部署。施工人员可以通过安卓手机客户端和微信小程序，实现施工现场数据的远程无线传输，辅助解决实际工程问题，提高工程实施效率。

（6）平台运营维护效率高。建管平台能够针对参建各方反馈的情况，及时回应并解决问题，并持续进行系统升级和功能更新，保障平台安全稳定、功能持续优化，满足参建各方需求。

19.18 数字经济下水利工程建设激励机制与考核指标体系

1. 水利工程建设激励机制的作用

（1）激励机制调整了项目的责任和风险分担方式，使其更加合理。

（2）激励机制加快了项目目标的实现。

（3）激励机制引导参建各方目标协调一致。

（4）激励机制使项目的责、权、利分配更加公平。

2. 建立水利工程全面激励机制

应建立覆盖全员的全面激励机制，以充分调动各方、各层次项目参与成员的积极性，提高项目绩效，激励机制内容具体如下：

（1）建立基于共赢理念的伙伴关系。

（2）设置合理的激励强度、设计激励分配原则，全面覆盖绩效考核范围。

（3）构建精准激励机制，调动一线工作人员的积极性。

（4）确保奖励资金合法依规。

（5）充分发挥非物质奖励的激励作用。

3. 建立数字经济下水利工程绩效考核体系

（1）建立绩效考核体系，对员工个人或组织的工作状态及结果进行考核与评价，用来衡量和评价组织的总体目标完成程度和发展情况，并将评定结果及时反馈，用以指导生产和经营的过程。

(2) 充分利用大数据技术实现绩效考核的信息化管理，体现绩效考核高效化、标准化、动态化、智能化的特点。绩效考核管理大数据，不仅包括传统的绩效考核相关的数据，还包括实时动态监控产生的大量数据，如施工现场的视频监控系统数据等，从而为绩效考核提供多视角、全方位和高准确度的数据依据。具体如下：①优化信息统计；②不断完善绩效评价指标体系；③绩效考核结果及时反馈；④确保操作应用便捷；⑤实现多平台联动。

参考文献

[1] 陈云华，唐文哲，王继敏，等. 大型水电 EPC 项目建设管理创新与实践[M]. 北京：中国水利水电出版社，2020.

[2] SELWYN N. Apart from technology: understanding people's non-use of information and communication technologies in everyday life [J]. Technology in society, 2003, 25(1): 99-116.

[3] ROGERS E M. Diffusion of innovations [M]. New York: Simon and Schuster, 2003.

[4] TAFERNER B. A next generation of innovation models? an integration of the innovation process model big picture© towards the different generations of models [J]. Review of Innovation and Competitiveness: A Journal of Economic and Social Research, 2017, 3(3): 47-60.

[5] TORTORIELLO M, MCEVILY B, KRACKHARDT D. Being a catalyst of innovation: the role of knowledge diversity and network closure [J]. Organization Science, 2015, 26(2): 423-438.

[6] FREEMAN R E. Strategic management: a stakeholder approach [M]. Cambridge university press, 2010.

[7] 余自业，张亚坤，吴泽昆，等. 基于伙伴关系的水利工程建设管理模型——以宁夏水利工程为实证案例 [J]. 水力发电学报，2022，41(1)：35-41.

[8] 江若尘. 企业思维模式的新趋势：企业利益相关者问题研究 [J]. 商业经济与管理，2006，(6)：35-41.

[9] CONSTRUCTION INDUSTRY INSTITUTE. In search of partnering excellence [M]. Construction Industry Institute, University of Texas at Austin, 1991.

[10] TANG W Z, DUFFIELD C F, YOUNG D M. Partnering mechanism in construction: an empirical study on the chinese construction industry [J]. J Constr Eng Manage, 2006, 132(3): 217-229.

[11] LIU Y, TANG W Z, DUFFIELD C F, et al. Improving design by partnering in engineering-procurement-construction (EPC) hydropower projects: a case study of a large-scale hydropower project in china [J]. Water, 2021, 13(23): 20.

[12] 唐文哲，强茂山，陆佑楣，等. 建设业伙伴关系管理模式研究 [J]. 水力发电，2008，(3)：9-13，43.

[13] 王硕. 电力行业项目前期论证的思考和建议[J]. 科技创新导报，2008(33)：146.

[14] 赵金先，梁亚，许坎坎. 城市河道治理工程项目前期论证及方法实证研究[J]. 建筑经济，2013(5)：44-47. DOI：10.14181/j.cnki.1002-851x.2013.05.010.

[15] 刘建华. 建设项目业主方的设计管理研究[D]. 天津：天津大学，2013.

[16] PROJECT MANAGEMENT INSTITUTE. A guide to the project management body of knowledge [M]. 6th ed. Pennsylvania: Project Management Institute, Inc, 2017.

[17] 刘杰. 凉水河河道治理工程的科学管理研究[D]. 长春：吉林大学，2015.

[18] 赵继伟. 水利工程信息模型理论与应用研究[D]. 北京：中国水利水电科学研究院，2016.

[19] 中国 BIM 培训网. BIM 主流软件有哪些？BIM 软件介绍！[EB/OL]. (2019-08-15) [2022-02-22]. https://baijiahao.baidu.com/s?id=1641909544177786946&wfr=spider&for=pc.

[20] 王正凯. 基于 BIM 的装配式建筑预制构件设计加工技术研发[D]. 北京：中国建筑科学研究院，2018.

[21] 中华人民共和国住房和城乡建设部. 关于推进建筑信息模型应用的指导意见 [EB/OL]. (2015-06-16) [2022-02-22]. https://www.mohurd.gov.cn/gongkai/fdzdgknr/tzgg/201507/20150701_222741.html.

[22] 中华人民共和国住房和城乡建设部. 建筑信息模型应用统一标准：GB/T 51212—2016 [S]. 北京：中国建筑工业出版社，2016.

[23] 中华人民共和国住房和城乡建设部. 建筑信息模型分类和编码标准：GB/T 51269—2017 [S]. 北京：中国建筑工业出版社，2017.

[24] 中华人民共和国住房和城乡建设部. 建筑工程信息模型存储标准：GB/T 51447—2021 [S]. 北京：中国建筑出版传媒有限公司，2021.

[25] 中华人民共和国住房和城乡建设部. 建筑信息模型施工应用标准：GB/T 51235—2017 [S]. 北京：中国建筑工业出版社，2017.

[26] 中华人民共和国住房和城乡建设部. 建筑信息模型设计交付标准：GB/T 51301—2018 [S]. 北京：中国建筑工业出版社，2018.

[27] 中华人民共和国住房和城乡建设部. 制造工业工程设计信息模型应用标准：GB/T 51362—2019 [S]. 北京：中国计划出版社，2019.

[28] 中华人民共和国住房和城乡建设部. 建筑工程设计信息模型制图标准：JGJ/T 448—2018 [S]. 北京：中国建筑工业出版社，2018.

[29] 中国水利水电勘测设计协会. 关于联盟 [EB/OL].（2019-04-28）[2022-02-22]. http://xh. giwp. org. cn/article/1/2dd98e88b6c94a2499ace54f811def7c.

[30] 中国水利水电勘测设计协会. 水利水电 BIM 标准体系 [EB/OL].（2017-12-02）[2022-02-22]. http://www. greatchinaca. com/web/upload/at/file/20180129/1517187926133897FDA6. pdf.

[31] 任顺. 基于 BIM 技术的水利工程协同设计[J]. 山西水利科技，2019(4)：5-7，11.

[32] 陈小花. 工程项目招标中关键问题的研究与对策[D]. 西安：西安工业大学，2019.

[33] 延韬. BIM 技术在建筑施工中的应用[J]. 价值工程，2019，38(31)：182-183.

[34] 孙强. 工程施工招标中业主风险的分析与防范[J]. 工程建设与设计，2016(2)：161-162，165.

[35] 闫封任. 国内大型水电 EPC 项目招投标管理研究[D]. 北京：清华大学，2020.

[36] LONG J . The key points on lowest bidding based on game theory[C]// International Conference on Intelligent Computation Technology & Automation. IEEE，2016.

[37] 李曙光. 企业招标管理部门的信息化建设探讨[J]. 现代营销(经营版)，2020(10)：80-81.

[38] 于大伟. AP 公司国际工程总承包项目合同管理研究[D]. 大连：大连理工大学，2019.

[39] 高斌. 国际工程总承包项目合同管理与变更索赔[D]. 成都：西南交通大学，2012.

[40] 张志红. 国际 EPC 工程总承包项目合同管理分析[J]. 建筑技术开发，2017，44(13)：70-71.

[41] 王慧玲. 建设工程招投标合同签订工作的开展与管理探讨[J]. 中国集体经济，2022(8)：44-46.

[42] 刘江艳. 建筑施工全面合同履约管理中的合同风险管控研究[J]. 企业改革与管理，2021(20)：220-221.

[43] 赵斌. 高速公路工程合同风险管理模式探讨[J]. 西部交通科技，2021(7)：206-208.

[44] 黎泽君. X 公司合同管理信息化方案的设计与实施研究[D]. 哈尔滨：哈尔滨工业大学，2019.

[45] COOPER M C，LAMBERT D M，PAGH J D. Supply chain management：more than a new name for logistics[J]. The international journal of logistics management，1997，8(1)：1-14.

[46] PAGELL M. Understanding the factors that enable and inhibit the integration of operations, purchasing and logistics[J]. Journal of operations management，2004，22(5)：459-487.

[47] COPACINO W C. Supply chain management：the basics and beyond[M]. London：Routledge，2019.

[48] LEUSCHNER R，ROGERS D S，CHARVET F F. A meta-analysis of supply chain integration and firm performance[J]. Journal of Supply Chain Management，2013，49(2)：34-57.

[49] MACKELPRANG A W，ROBINSON J L，BERNARDES E，et al. The relationship between strategic supply chain integration and performance：a meta-analytic evaluation and implications for supply chain management research[J]. Journal of Business Logistics，2014，35(1)：71-96.

[50] WESHAH N，GHANDOUR W E，JERGEAS G，et al. Factor analysis of the interface management (IM) problems for construction projects in Alberta[J]. Canadian Journal of Civil Engineering，2013，40(9)：848-860.

[51] 王姝力. 基于供应链一体化的国际工程 EPC 项目采购管理研究[D]. 北京：清华大学，2016.
[52] 申明亮，何金平. 水利水电工程管理[M]. 北京：中国水利水电出版社，2012.
[53] TANG W Z, QIANG M S, COLIN F D, et al. Enhancing total quality management by partnering in construction[J]. Journal of Professional Issues in Engineering Education and Practice, 2009, 135(4): 129-141.
[54] 牛博生. BIM 技术在工程项目进度管理中的应用研究[D]. 重庆：重庆大学，2012.
[55] 赵盟. 基于 BIM 的进度看板研究[D]. 武汉：华中科技大学，2013.
[56] KANG T W, CHOI H S. BIM perspective definition metadata for interworking facility management data[J]. Advanced Engineering Informatics, 2015, 29(4): 958-970.
[57] 张盼. 水利工程建设项目投资管理与控制研究[J]. 黑龙江水利科技，2019, 47(3): 200-202.
[58] 钟胜蓝. 水利工程建设项目全过程投资控制探讨[J]. 江西建材，2017(4): 130-131.
[59] 裴艳. 基于 BIM 技术的建设项目前期投资控制流程研究[D]. 阜新：辽宁工程技术大学，2016.
[60] 孙鹏璐. 基于 BIM 的建设项目投资控制研究[D]. 徐州：中国矿业大学，2015.
[61] 贾瑞华，赵会敏. 水利工程项目建设的造价与投资控制[J]. 河南水利与南水北调，2013(2): 58-59.
[62] 田伟. 海外工程监理特点及应对策略[J]. 施工技术(中英文)，2021, 50(17): 154-157.
[63] 王将军，张敬. 工程监理招标中若干重点的解析[J]. 建筑技术，2013, 44(3): 255-258.
[64] 张梦泽，金潇. 基于中外对比的我国建设监理行业分析[J]. 建设监理，2016(4): 8-11.
[65] 赖跃强，杨君，徐蕾，等. 工程建设监理企业信息化管理系统设计与应用[J]. 长江科学院院报，2016, 33(6): 140-144.
[66] 马智亮. 2020 年工程建设行业信息化发展趋势[J]. 中国建设信息化，2020(1): 20-23.
[67] 杨静，李娜. 工程建设招标风险管理与风险识别 [J]. 建筑市场与招标投标，2008 (3): 10-12.
[68] 向文武. 大型工程项目风险管理的相应策略 [J]. 管理世界，2004(1): 143-144.
[69] 王志丰，季笠. 项目风险管理规划在水利项目管理中的应用 [J]. 水利规划与设计，2007 (5): 16-17, 26.
[70] 项志芬，尉胜伟，徐澄. 工程项目全过程风险管理模式探讨 [J]. 管理工程学报，2005, 19(B10): 207-209.
[71] 王宏伟，孙建峰，吴海欣，等. 现代大型工程项目全面风险管理体系研究 [J]. 水利水电技术，2006, 37(2): 103-105.
[72] 窦连辉，林娟. 工程项目的全面风险管理 [J]. 科技与管理，2007, 9(4): 65-67.
[73] 秦松华，刘强. 基于 BIM 和 AR 技术的石化项目全生命周期风险管理 [J]. 项目管理技术，2015(9): 106-111.
[74] 王廷魁，胡攀辉，杨喆文. 基于 BIM 与 AR 的施工质量控制研究 [J]. 项目管理技术，2015(5): 19-23.
[75] 范庆和. 风险预警系统设计与研究 [J]. 科技视界，2013(24): 183.
[76] 朱赛鸿，李爽，苏珊，等. 建筑设计单位在设计阶段基于 BIM 的设计管理 [J]. 城市建筑，2016(24): 189.
[77] 李振作，赵三青. BIM 信息模型在施工成本控制中的应用 [J]. 建筑工程技术与设计，2017(10): 1906, 2409.
[78] 张建平，范喆，王阳利，等. 基于 4D-BIM 的施工资源动态管理与成本实时监控 [J]. 施工技术：下半月，2011(2): 37-40.
[79] 马杰. 流程管理研究综述 [J]. 技术经济与管理研究，2020(5): 65-69.
[80] 黄艾舟，梅绍祖. 超越 BPR——流程管理的管理思想研究 [J]. 科学学与科学技术管理，2002(12): 105-107.
[81] 刘念，周利雪. 基于知识链的建筑企业流程管理研究 [J]. 工程经济，2021, 31(12): 54-56.
[82] 康延领，唐文哲，沈文欣，等. 基于伙伴关系的水电 EPC 项目业务流程管理 [J]. 水力发电学报，

2020，39(2)：25-31.
[83] 李爱民. 业务流程再造理论研究综述与展望 [J]. 现代管理科学，2006(8)：29-32.
[84] 姜慧. 建筑企业业务流程管理信息化平台研究 [J]. 安徽建筑，2017，24(5)：331-333.
[85] BILAL M，OYEDELE L O，QADIR J，et al. Big data in the construction industry：a review of present status，opportunities，and future trends [J]. Aduanced engineering informatics，2016，30(3)：500-521.
[86] 鄂竟平. 坚定不移践行水利改革发展总基调 加快推进水利治理体系和治理能力现代化——在2020年全国水利工作会议上的讲话 [J]. 中国水利，2020(2)：1-15.
[87] 吴宇迪. 智慧建设理念下的智慧建设信息模型研究 [D]. 哈尔滨：哈尔滨工业大学，2015.
[88] 吴泽昆，张亚坤，张旭腾，等. 基于伙伴关系的水利工程建设信息化管理 [J]. 清华大学学报(自然科学版)：2022,62(8)：1351-1356.
[89] BRYDE D，BROQUETAS M，VOLM J M. The project benefits of building information modelling (BIM) [J]. Int J Proj Manag，2013，31(7)：971-980.
[90] 薛延峰. 基于物联网技术的智慧工地构建 [J]. 科技传播，2015，7(15)：64，156.
[91] TANG S，SHELDEN D R，EASTMAN C M，et al. A review of building information modeling (BIM) and the internet of things (IoT) devices integration：present status and future trends [J]. Autom Constr，2019，101：127-139.
[92] EADIE R，BROWNE M，ODEYINKA H，et al. BIM implementation throughout the UK construction project lifecycle：an analysis [J]. Autom Constr，2013，36：145-151.
[93] DENISI A S，MURPHY K R. Performance appraisal and performance management：100 years of progress? [J]. Journal of Applied Psychology，2017，102(3)：421-433.
[94] FERGUSON L W. The development of a method of appraisal for assistant managers. [J]. Journal of Applied Psychology，1947，31(3)：306-311.
[95] LAWLER E E. The multitrait-multirater approach to measuring managerial job performance. [J]. Journal of applied Psychology，1967，51(5,pt. 1)：369-381.
[96] JURAN J M. Universals in management planning and controlling[J]. Management Review，1954，43(11)：748-761.
[97] KAPLAN R S，NORTON D P. The balanced scorecard：measures that drive performance[J]. Harvard business review，1992，83(7)：71-79.
[98] KAGIOGLOU M，COOPER R，AOUAD G. Performance management in construction：a conceptual framework[J]. Construction Management and Economics，2001，19(1)：85-95.
[99] DRUCKER P. The practice of management[M]. London,1955.
[100] NIVEN P R，LAMORTE B. Objectives and key results：Driving focus，alignment，and engagement with OKRs[M]. NewJersey John Wiley & Sons，2016.